José Abrantes

A Geometria Descritiva

Como base conceitual e introdutória ao Desenho Técnico Projetivo

Coordenadas cartesianas.
Ponto, reta, planos, poliedros, cilindros, cones, prismas e pirâmides. Perspectivas.
Aplicações da Geometria Descritiva.
As projeções cilíndricas ortogonais.
Exemplos de Desenhos Técnicos.

EDITORA CIÊNCIA MODERNA

A Geometria Descritiva – Como Base Conceitual e Introdutória ao Desenho Técnico Projetivo

Editor: Paulo André P. Marques
Produção Editorial: Dilene Sandes Pessanha
Capa: Daniel Jara
Diagramação: Daniel Jara
Copidesque: Equipe Ciência Moderna

FICHA CATALOGRÁFICA

ABRANTES, José.

A Geometria Descritiva - *Como Base Conceitual e Introdutória ao Desenho Técnico Projetivo*

Rio de Janeiro: Editora Ciência Moderna Ltda., 2022.

1. Matemática 2. Geometria Descritiva
I — Título

ISBN: 978-65-5842-123-8 CDD 510
516.6

Editora Ciência Moderna Ltda.
R. Alice Figueiredo, 46 – Riachuelo
Rio de Janeiro, RJ – Brasil CEP: 20.950-150
Tel: (21) 2201-6662/ Fax: (21) 2201-6896
E-MAIL: LCM@LCM.COM.BR
WWW.LCM.COM.BR

01/22

Sobre o autor

José Abrantes é natural do bairro do Catete, no Rio de Janeiro, onde nasceu no morro Nova Cintra, em 07 de fevereiro de 1951, tendo sido criado no Conjunto Habitacional do IAPI, em Padre Miguel. Cursou o Ginásio Industrial entre 1963 e 1966 (ETVM, atual Faetec), é técnico de nível médio em Máquinas e Motores (CEFET/RJ - 1969), engenheiro mecânico (UERJ - 1976), especialista em docência do Ensino Superior (FABES/ISEP - 1995), mestre em Tecnologia (CEFET/RJ - 1997), licenciado em Desenho (UCAM - 2001), especialista em docência do Ensino Fundamental e Médio (UCAM - 2001), doutor em Engenharia de Produção (COPPE/UFRJ - 2001), pós-doutorado na área de Educação (FEAGRI/UNICAMP - 2003), pós-doutorado em Pedagogia Empresarial (UFF - 2009) e licenciado em Matemática (UCAM - 2014). Entre 1970 e 1976 atuou como desenhista técnico. Entre 1974 e 1975, foi professor auxiliar do CEFET/RJ, atuando no curso técnico de Máquinas e Motores, lecionando as disciplinas de Máquinas Térmicas e Máquinas Hidráulicas. Entre 1977 e 1998 atuou como engenheiro, principalmente trabalhando no projeto, cálculos, construção, operação e manutenção de indústrias. Foi professor da FAETEC, entre 1999 e 2002, lecionando Desenho técnico. Desde 1998 atua, exclusivamente, como professor e pesquisador, tendo atuado em várias instituições privadas de Ensino Superior, lecionando disciplinas dos cursos de Administração e Engenharia. É palestrante e autor de vários artigos acadêmicos e até 2021, além desse, já tinha publicado 20 livros das áreas de Educação, Engenharia, Gestão Empresarial e Matemática, incluindo dois livros de ficção, como o romance premiado em Portugal: "Saudades do Rio Dão". Desde agosto de 2015, é professor associado aposentado do Colégio de Aplicação CAP/UERJ, onde lecionou: Desenho Geométrico, no Ensino Fundamental e Geometria Descritiva no Ensino Médio. Em 2022, era professor Titular ativo, em regime de Dedicação Exclusiva, do Departamento de Geometria e Representação Gráfica, do Instituto de Matemática e Estatística, da Universidade do Estado do Rio de Janeiro – UERJ, lecionando disciplinas para turmas dos cursos de Engenharia e licenciatura em Matemática, bem como coordenando a disciplina Geometria Descritiva I.

Prefácio

Após cerca de 25 anos lecionando "Geometria Descritiva" e "Desenho Básico" para os alunos do ciclo básico dos cursos de Engenharia e Arquitetura da Uerj, posso assegurar que a supressão, pura e simples, das disciplinas de "Desenho Geométrico" e "Geometria Descritiva" da grade curricular do ensino básico foi um dos maiores equívocos já perpetrados num país cada vez mais carente de técnicos e engenheiros com excelente nível de formação. Jogar estas disciplinas na vala comum do desenho artístico só fez piorar o que havia ficado ruim.

Algumas universidades, entre as quais a Uerj nos cursos de Engenharia, tentaram e ainda tentam resumir toda a geometria descritiva num só semestre acadêmico, o que é absolutamente impossível. Além da inconsistência de conteúdo e do desconhecimento quase total das operações gráficas da geometria elementar, falta ao aluno egresso do vestibular um mínimo de visão-espacial que deveria ter sido exercida no ensino médio. Esse livro, do professor José Abrantes, visa justamente suprir essas carências, especialmente para os futuros engenheiros.

Tratando os assuntos de forma clara e objetiva, o livro aborda os aspectos essenciais do método da dupla projeção ortogonal, conjunto de operações gráficas estabelecido por Gaspar Monge (1746-1818), direcionando seus procedimentos às aplicações práticas.

O texto, muito bem elaborado, reconstrói a ponte que liga o desenho projetivo ao desenho técnico, permitindo que o aluno identifique através das vistas ortográficas as formas e proporções que caracterizam os projetos gráficos de Engenharia.

Com essa obra, os grandes mestres do passado que construíram a história da geometria descritiva no Brasil, ficam eternizados com a certeza absoluta que seus esforços não foram em vão. Muito pelo contrário. Esse livro, e muitos outros, não teriam sido escritos não fosse o legado que nos foi passado por Álvaro José Rodrigues, Alcyr Pinheiro Rangel, Roberto Muniz Gregory, Felipe dos Santos Reis, Mendell Coifman, Alfredo dos Reis Príncipe Júnior, Léa Santos Bustamante e muitos outros.

Paulo Sérgio Brunner Rabello*.

Professor associado da Faculdade de Arquitetura da Uerj.

*Esse prefácio foi escrito no primeiro semestre de 2018, quando Brunner tinha se transferido para a Faculdade de Arquitetura da UERJ, em Petrópolis. Infelizmente, no domingo, 16 de setembro de 2018, o professor Paulo Sérgio Brunner Rabello faleceu, não tendo a oportunidade de manusear esse livro, que também contém informações por ele sugeridas. Professor Brunner, a ti dedico esse livro. Muito obrigado amigo. Tenho certeza que estais em boas companhias, em especial de nossos queridos e antigos mestres. Descanse em paz meu grato e saudoso amigo.

José Abrantes (D.Sc.).

SUMÁRIO

Apresentação do livro

Esta obra foi elaborada com o objetivo de servir de livro texto e didático da disciplina "Geometria Descritiva", normalmente lecionada nos seguintes cursos: Academias Militares, Arquitetura, Belas Artes, Desenho Industrial, Engenharia e Licenciaturas em Desenho e Matemática. A geometria descritiva, aqui, é vista como a base conceitual da representação gráfica dos desenhos técnicos projetivos, como estudados nos cursos citados. Além das dezenas de exercícios resolvidos, o livro apresenta centenas de imagens, tanto em épura (plano X, Y), quanto na visão espacial ou tridimensional (X, Y, Z).

Embora seja possível uma pessoa entender um desenho técnico projetivo, sem grandes (ou nenhum) conhecimentos específicos de "Geometria Descritiva", como é o caso de muitos trabalhadores da construção civil e de fábricas em geral (alguns até analfabetos), o seu estudo ajuda especialmente a desenvolver as habilidades, ou melhor, as inteligências lógico-matemática, viso-espacial e pictórica, bem como ajuda a melhorar o processo criativo.

O autor procurou ser o mais prático e objetivo possível, usando toda a sua experiência de mais de 50 anos como técnico de nível médio, engenheiro e professor de "Desenho Geométrico", "Geometria Descritiva" e "Desenho Técnico Projetivo". Foram buscados os tópicos mais específicos para uma boa visão espacial, o que é essencial na representação gráfica.

O objetivo do desenho técnico projetivo é representar peças e objetos tridimensionais, ou seja, compostos por planos e superfícies, em duas dimensões. Como planos são compostos por retas e pontos, e retas são compostas por pontos, este livro começa estudando o ponto, em seguida define uma reta como a união de dois pontos e aborda os conceitos básicos da "Geometria Descritiva", definindo um plano como compostos por retas e pontos.

Também deve ser destacada a interação entre as geometrias plana, analítica e descritiva, além de cálculos trigonométricos, bem como dos diversos exemplos de aplicações práticas, dos princípios da "Geometria Descritiva", nomeadamente na Engenharia.

O autor espera com este livro preencher uma lacuna no mercado editorial técnico, onde faltam obras recentes, práticas e objetivas sobre a "Geometria Descritiva" introdutória, e estudada como base conceitual do desenho técnico projetivo.

Rio de Janeiro, 07 de fevereiro de 2022. José Abrantes (D.Sc.).
Professor Titular do Departamento de Geometria e Representação Gráfica do Ime/Uerj.
Matrícula: 33695-8.

Observações sobre o ensino e aprendizado da geometria descritiva

Infelizmente muitas instituições de ensino superior, em especial as com cursos de Engenharia, já há alguns anos aboliram o ensino da "Geometria Descritiva", fazendo o aluno cursar diretamente a disciplina de "Desenho Técnico Auxiliado por Computador", em geral utilizando o Programa AutoCad.
De início isto parece prático e moderno, já que atualmente, e há muito tempo, os desenhos técnicos são feitos usando-se programas cada vez mais sofisticados. "Para que perder tempo, se o computador faz tudo!" O autor já ouviu esta frase muitas vezes, inclusive de coordenadores de cursos. "O ensino da geometria descritiva é chato e não serve para nada!" Esta é outra frase, muito ouvida. Estas colocações estão erradas por vários motivos, senão vejamos.
Não é o ensino da geometria descritiva que é chato, mas sim a forma como ela é apresentada, principalmente nos cursos que a têm como base conceitual o desenho técnico projetivo. Uma coisa é ensinar e aprender geometria descritiva com o viés apenas da Matemática, especialmente para o desenvolvimento de novos programas de representação gráfica. Outra coisa é aprendê-la para desenvolver a visão espacial, que é importante para todos, principalmente para técnicos industriais, arquitetos, engenheiros e desenhistas industriais, além de militares que trabalharão em determinadas funções.
Outra observação importante é que, por exemplo, engenheiros não são contratados para "ficar desenhando no computador", isto é feito normalmente por desenhistas e projetistas, os chamados "cadistas", que se especializam na computação gráfica. Engenheiros são resolvedores de problemas de sistemas de produção, criadores de "coisas" e tomadores de decisões. Tanto para resolver problemas, quanto para criar "coisas" a visão espacial é fundamental. Este é o grande objetivo da abordagem da geometria descritiva neste livro: ajudar a desenvolver a visão espacial.
O ensino e aprendizado da geometria descritiva envolvem basicamente percepções e facilidades lógico-matemática, viso-espacial e pictórica, que são as principais características exigidas principalmente para profissionais das áreas de Engenharia, Arquitetura e Desenho Industrial ou *Design*, sendo que, dependendo da área específica de atuação, alguns as usam mais, outros menos. O que se vê na prática é que, mesmo profissionais de outras áreas, por exemplo, de Medicina e Direito, muito se beneficiam e facilitam suas atuações diárias quando fazem estudos de disciplinas ligadas principalmente à percepção espacial, como as geometrias planas e espaciais. Todo profissional de qualquer área, antes de resolver um problema procura "vê-lo mentalmente". O estudo da geometria descritiva, juntamente com a base da geometria plana, além de suas aplicações técnicas específicas, muito ajuda qualquer pessoa a criar e ver as soluções nas suas mentes. Primeiro se visualiza e "desenha" o problema na mente, depois se resolve. Também não se pode deixar de citar que ao ajudar a desenvolver, tanto a percepção visual, quanto a de se expressar por linhas e símbolos, o estudo da geometria descritiva melhora o uso do lado direito do cérebro, que é onde são criadas e sentidas as emoções e as manifestações artísticas.
Em 1983 o professor americano Howard Gardner publicou a sua teoria sobre as "Inteligências Múltiplas", definindo inteligência como a capacidade de resolver problemas e ou de criar coisas consideradas úteis por determinados contextos culturais. Por esta definição, todo ser humano é inteligente e capaz, sendo que estudos neurobiológicos recentes comprovam a incrível elasticidade e adaptações de nossos neurônios, mesmo em idades mais avançadas. Na época, Gardner detalhou sete tipos de inteligências, deixando claro que certamente os seres humanos são dotados de muitas outras.
Em 2021 já eram aceitas e estudadas as seguintes 12 inteligências: viso-espacial, verbo linguística, lógico-matemática, cinestésico corporal, musical, interpessoal, intrapessoal, emocional, naturalista, existencial, pictórica e social. Embora sejamos dotados de todos estes tipos de inteligências (e outras mais, ainda não desvendadas), para cada problema do cotidiano e atividades profissionais usamos algumas, conforme nossa formação genética, conhecimentos adquiridos e desenvolvidos. Pouco adianta um médico com alto conhecimento específico de medicina e baixo equilíbrio emocional. Do mesmo jeito que um engenheiro ou arquiteto sem conhecimentos e preocupações ambientais ou naturalistas. O que dizer de um advogado com baixa percepção existencial?

De forma resumida as três inteligências usadas e desenvolvidas pela geometria descritiva podem ser definidas, como adiante descritas.

Inteligência lógico-matemática

Expressa a capacidade de calcular, quantificar, considerar proposições e hipóteses e realizar operações matemáticas, desde as mais simples, até as mais complexas. Também expressa a "sensibilidade a/e capacidade de discernir padrões lógicos ou numéricos; capacidade de lidar com longas cadeias de raciocínio" (ARMSTRONG, 2001, p. 16). O professor Celso Antunes (2000, p. 111) a define como: "Facilidade para o cálculo e para a percepção da geometria espacial. Prazer específico em resolver problemas embutidos em palavras cruzadas, charadas ou problemas lógicos como os tangram, dos jogos de gamão e xadrez". Tangram é um tipo de jogo, de origem oriental, onde sete pedaços de figuras geométricas como triângulos e quadrados, devem ser encaixados em determinadas posições. Gamão é um jogo de pequenas tábulas e dados.

Segundo Campbell (2000, p. 52), a pessoa que tem a inteligência lógico-matemática bem desenvolvida, apresenta as seguintes características (uma ou várias): 1) Reconhece os objetos e sua função no ambiente; 2) Está familiarizada com os conceitos de quantidade, tempo, causa e efeito; 3) Usa símbolos abstratos para representar objetos e conceitos concretos; 4) Demonstra habilidade para a resolução de problemas lógicos; 5) Percebe padrões e relacionamentos; 6) Levanta e testa hipóteses; 7) Usa diversas habilidades matemáticas e têm boa percepção para informações na forma de gráficos; 8) Gosta de operações complexas como: cálculo, física, programação de computador, estatística e métodos de pesquisa quantitativos; 9) Pensa matematicamente; 10) Usa a tecnologia para resolver problemas matemáticos; 11) Expressa interesse por carreiras como: Engenharia, Arquitetura, Física, Química, Contabilidade, Direito, Matemática e Estatística; 12) Cria novos modelos ou pesquisa ciências exatas, incluindo a Matemática.

Inteligência viso-espacial

Expressa a habilidade para pensar de maneira tridimensional (comprimento, largura e altura), além de perceber, criar e modificar imagens. Também expressa a capacidade em produzir e entender informações gráficas. É muito desenvolvida nas pessoas, por exemplo, que têm grande facilidade de localização espacial e geográfica. Você, com certeza, já conheceu pessoas que têm dificuldades em encontrar o seu automóvel no estacionamento, após passar algum tempo no supermercado! E quanto àquelas que não conseguem encontrar a casa do amigo, mesmo estando com o endereço! O professor Celso Antunes (2000, p.111) a define como: "...capacidade de perceber o mundo visual com precisão, de efetuar transformações sobre as percepções, de imaginar movimento ou deslocamento interno entre as partes de uma configuração, ...".

Segundo Campbell (2000, p. 103), a pessoa que tem a inteligência viso-espacial bem desenvolvida, apresenta as seguintes características (uma ou várias): 1) Aprende através da visão e da observação, reconhecendo fisionomias, objetos, formas, cores, detalhes e cenas; 2) Têm grande senso de direção e localização; 3) Percebem e produzem imagens mentais. Pensam através de imagens. Usam imagens visuais, especialmente as cores, para recordar informações; 4) Entendem com facilidade gráficos, tabelas, mapas e diagramas; 5) Gostam de desenhar, rabiscar, pintar, esculpir, modelar e de reproduzir objetos e formas visíveis; 6) Gostam de construir "coisas" tridimensionais como, por exemplo, a dobradura em papel ou *origami*, por mais complexas que sejam; 7) Vê as coisas de maneiras diferentes ou segundo um outro ângulo ou ponto de vista (costuma-se dizer que estas pessoas vêem o que as "normais" não conseguem ver); 8) Além dos padrões normais, percebe as sutilezas; 9) Tem facilidade para representação concreta ou visual da informação; 10) Tem facilidade para representações e abstrações; 11) Expressa interesse e aptidão para ser artista, fotógrafo, engenheiro, desenhista industrial (*designer*), crítico de arte, piloto e outras ocupações que exijam habilidades visuais; 12) Cria novas formas e expressões viso-espaciais ou obras de arte originais.

Inteligência pictórica

O termo pictórica refere-se à pintura e expressão por traços e desenhos. O professor Nilson José Machado, defendeu em 1994 o seu trabalho de Livre Docência, na USP, onde complementando os conceitos de Gardner, propôs a existência da inteligência pictórica formando um par complementar com a musical, ao lado dos outros três pares: inter/intrapessoal, corporal/espacial e verbo linguística/lógico-matemática. Antunes (2000, p. 67) cita que Gardner não aceitou a proposta do professor Nilson, quando apresentado a ela em um seminário sobre inteligências múltiplas, em São Paulo.

A inteligência pictórica pode ser identificada pela capacidade de expressão por meio do traço, sensibilidade para o movimento, beleza e expressão a desenhos e pinturas e pela autonomia em apanhar as cores da natureza e traduzi-las de várias formas. Esta capacidade pode ser expressa, tanto pela pintura clássica, quanto pelo desenho publicitário (ANTUNES, 2000, p. 68), bem como por caricaturas e traços humorísticos.

Giotto, Botticelli, Rafael, Leonardo da Vinci, Michelangelo, Maurício de Souza (o pai da Mônica e do Cebolinha), Ziraldo (o pai do menino maluquinho), Henfil (o pai dos fradinhos), Salvador Dali, Pablo Picasso, Tarsila do Amaral, Cândido Portinari, Vincent van Gogh, Henri Matisse, Rembrandt van Rijn, Piet Mondrian, Claude Monet, Tomie Ohtake, Anita Mafaltti, Henri Matisse e Marc Chagall são exemplos de pessoas famosas, dotadas de forte inteligência pictórica.

Com o intuito de facilitar o estudo e tornar útil e prazerosa a geometria descritiva, recomenda-se tanto para professores, quanto para alunos, o uso de modelos tridimensionais reais e ou virtuais, de forma a que se "veja o problema", antes de colocá-lo no papel. Mesmo pessoas com fortes dificuldades de percepção espacial, muito se beneficiam quando manipulam modelos de peças em madeira, papelão, metal ou plástico. Também recomenda-se a observação e manuseio de embalagens de papel, papelão e metal, especialmente de alimentos e medicamentos. Por exemplo, uma forma muito prática de se entender e perceber melhor o processo de planificação de superfícies é pegando-se uma embalagem de papelão e desmontando-a. Uma simples caixinha de remédio, após desmontada, nos mostra como se partiu do plano para o espaço, ou seja, como se fez uma coisa tridimensional (comprimento, largura e altura), a partir de um pequeno pedaço de papelão que só tem duas dimensões: comprimento e largura. O ensino e aprendizagem da geometria descritiva ficam muito mais fáceis, práticos e lúdicos, quando se parte do concreto tridimensional, tanto com modelos, quanto com imagens em perspectivas, para o abstrato do desenho bidimensional através das épuras. Alguém já disse que uma imagem vale mais do que mil palavras.

E quanto aos modelos virtuais? Com poucos minutos de busca na internet é possível ter-se acesso a muitos *sites* específicos sobre geometria descritiva e desenho técnico, inclusive e em especial, com modelos tridimensionais e com movimentos, que muito ajudam a compreensão e desenvolvimento das três inteligências mais exigidas pela geometria descritiva: a lógico-matemática, a viso-espacial e a pictórica.

A geometria descritiva, também chamada de geometria mongeana ou método de Monge, é um ramo da geometria que tem como objetivo representar objetos do espaço tridimensional ou R^3 ou comprimento (ou altura) x largura x profundidade (X,Y,Z), no espaço ou plano bidimensional R^2 ou comprimento (ou altura) x largura (X,Y). Vejamos um exemplo.

Ao se pedir uma pessoa comum para fazer o desenho de uma cruz, imediatamente vem à mente a imagem a seguir:

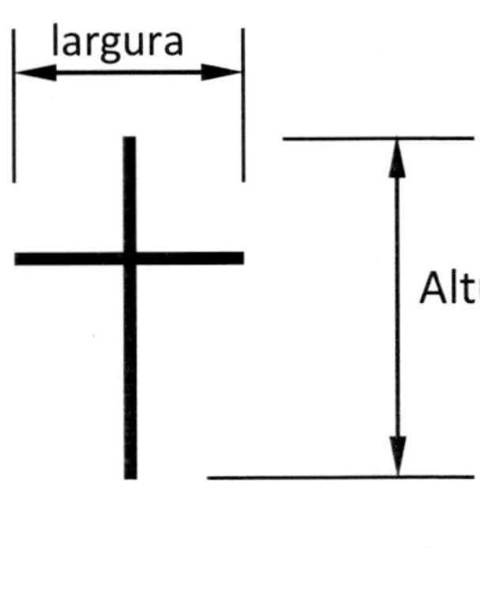

Mas você quer um "desenho", não apenas traços. Como fica a cruz? Provavelmente da seguinte forma:

Mas você quer uma cruz maior e onde apareça a ideia de volume. Como fica a cruz? Muito provavelmente da seguinte forma, configurando a visão espacial em perspectiva.

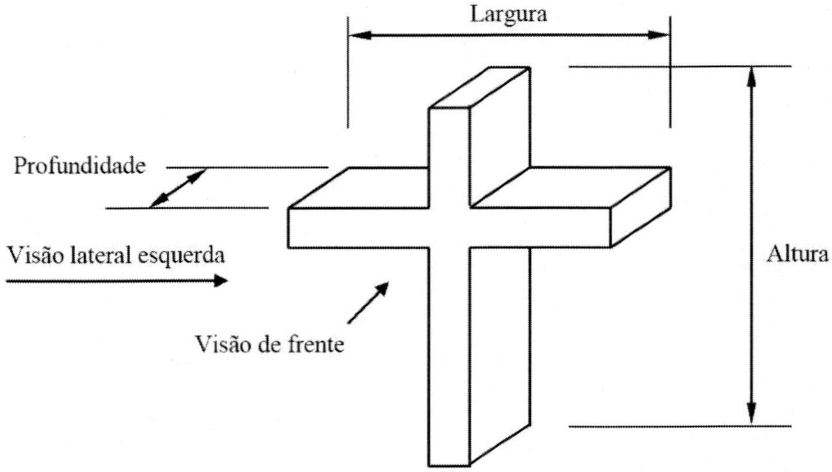

Se você quiser construir esta cruz em madeira, basta fazer este desenho com as medidas, especificar a madeira e pronto, um bom carpinteiro a fará sem problemas. Mas, onde entra a geometria descritiva na história desta cruz? Se você pedir a uma pessoa que saiba se expressar por desenho técnico, para desenhar esta cruz, para ser fabricada, o desenho poderá ficar da seguinte forma, configurando as vistas ortográficas.

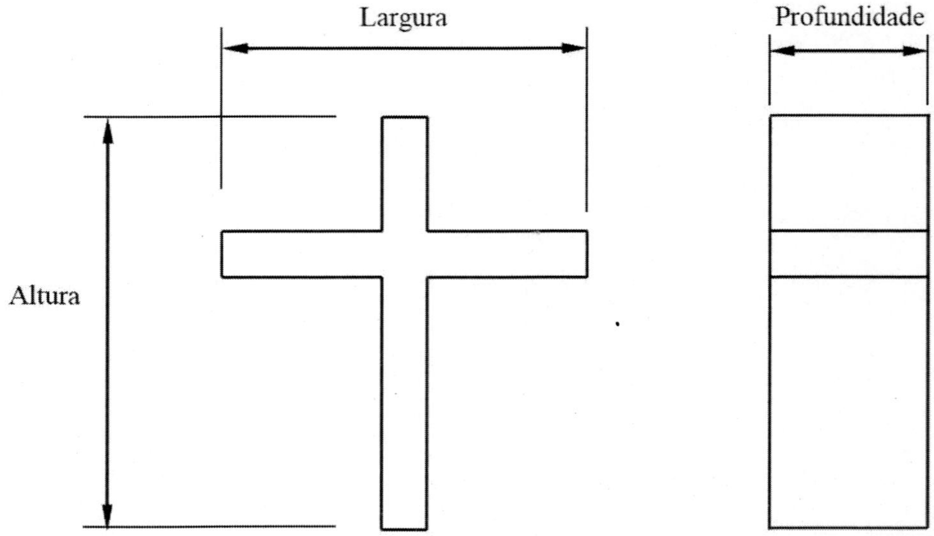

O que fez quem desenhou? Representou a cruz, como se estivesse olhando-a de frente e pela lateral esquerda, como indicado no desenho anterior.
Como base conceitual do desenho técnico, é isto que o estudo da geometria descritiva faz, ou seja, mostra conceitos, procedimentos e métodos que ajudam a compreender como se representa em uma folha de papel com largura e altura, um objeto ou peça que tem largura, altura e profundidade. A propósito, os dois desenhos anteriores, resultados da visão de frente e da lateral esquerda, segundo as normas usadas em desenho técnico são chamadas de: vista de frente e vista lateral esquerda. Se é lateral esquerda, por quê está desenhada à direita? Isso está detalhado no capítulo 7.

O material de desenho necessário à prática da geometria descritiva

Nos cursos que têm a "Geometria Descritiva" como disciplina pré-requisito para o "Desenho Técnico Projetivo", a mesma é ministrada nos primeiros períodos, quando os alunos ainda não têm maturidade acadêmica, nem conhecimento e prática de programas de representação gráfica como, por exemplo, o Cabri-Geometry. Desta forma torna-se necessário o uso do material clássico de desenho, recomendando-se os seguintes:
1) Escalímetro ou escala triangular, com as seguintes escalas: 1:125, 1:100, 1:75, 1:50, 1:25 e 1:20. 2) Um par de esquadros médio. 3) Um compasso pequeno. 4) Uma borracha Plástica. 5) Uma lapiseira 0,5 e outra 0,7. 6) Minas de grafite Hb e B. 7) No mínimo 20 folhas A4, lisa, ou seja, sem linha e sem margem. 8) Bloco prancha formato A3, com margens e 9) Calculadora científica, que tenha inclusive linhas trigonométricas diretas e inversas.
Além do uso deste material também é importante que o aluno comece a criar a prática do desenho à mão livre, principalmente para a visualização espacial, que é demorada para ser realizada com instrumentos. Esta prática à mão livre é muito útil no desenvolvimento do desenho técnico projetivo, especialmente com a necessidade de se fazer estudos preliminares e *croquis* ou rascunhos.
Uma informação útil é que é perfeitamente possível realizar a maioria das práticas da geometria descritiva, usando-se a barra de ferramentas de desenho do programa Word da Microsoft, bastando um pouco de treino. O livro que você está lendo foi originalmente todo desenvolvido em Word, tanto a parte escrita, quanto os desenhos, embora deva ser ressaltado que ao desenhar com o programa Word, não se tem a precisão dada, por exemplo, tanto pelo Cabri-Geometry, quanto pelo AutoCad.
Além do Cabri-Geometry, podem ser citados os seguintes programas: Sketchpad, Cinderella, Geometria Descritiva (Universidade Nova de Lisboa, Portugal), Euklid, Poly e GeoGebra (UFRJ). Também é possível usar o AutoCad, especialmente para o desenho de vistas ortográficas.

A geometria descritiva, as coordenadas cartesianas, os diedros de projeções e o estudo do ponto

1.1 A geometria descritiva ou geometria mongeana

Ou método de Monge, é um ramo da geometria que tem como objetivo representar objetos do espaço tridimensional ou R^3 no espaço ou plano bidimensional R^2. Esse método foi desenvolvido pelo filósofo e matemático francês Gaspard Monge (1746-1818) e teve grande impacto no desenvolvimento tecnológico industrial, sendo considerada como a base conceitual do desenho técnico projetivo.
Mesmo os mais modernos programas de representação gráfica, inclusive com imagens tridimensionais que se movimentam, usam os conceitos básicos da geometria descritiva criados por Monge há mais de 220 anos, que também é apontado como grande teórico da geometria analítica, bem como considerado o pai da geometria diferencial de curvas e superfícies do espaço.

1.1.1 O conceito de projeção

A geometria descritiva usa um sistema de projeção cilíndrica e ortogonal, ou seja, como pertencentes a um cilindro e fazendo 90^0 com o plano de projeção. As primeiras ideias de projeção de uma figura sobre um plano, muito provavelmente se originou da observação da projeção da sombra de uma árvore no chão, devido à luz do sol. As primeiras projeções eram cônicas, exatamente como o olho humano vê as coisas. Isso pode ser confirmado quando se está em um grande corredor ou quando se olha um longo trilho de uma ferrovia. A sensação que se tem é que as linhas se encontram, quando não verdade são paralelas, ou seja, distância constante. Na sequência pensou-se na projeção cilíndrica oblíqua, ou seja, inclinada em relação ao plano de projeção e posteriormente na projeção cilíndrica ortogonal ou o método mongeano. As figuras a seguir ilustram esses detalhes.

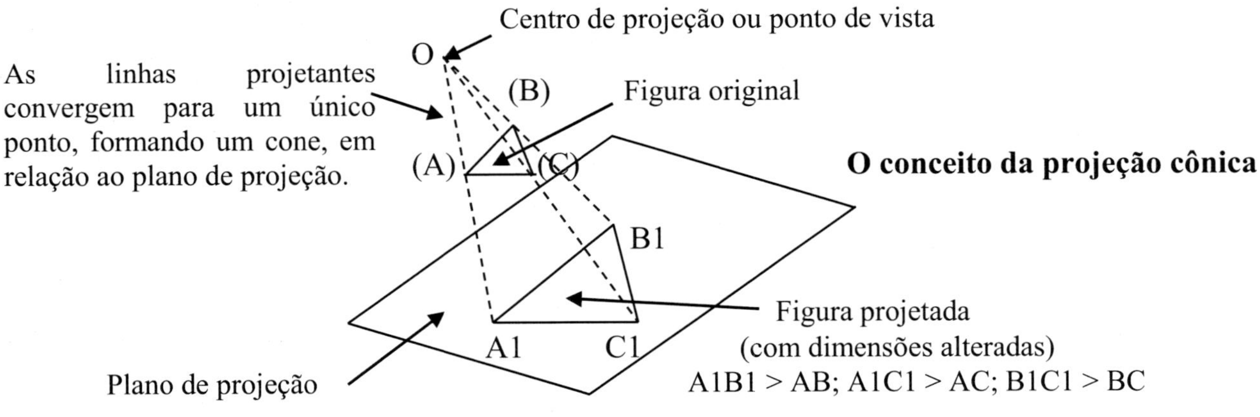

Projeções cônicas são muito utilizadas na área da Arquitetura, especialmente nas perspectivas cônicas.

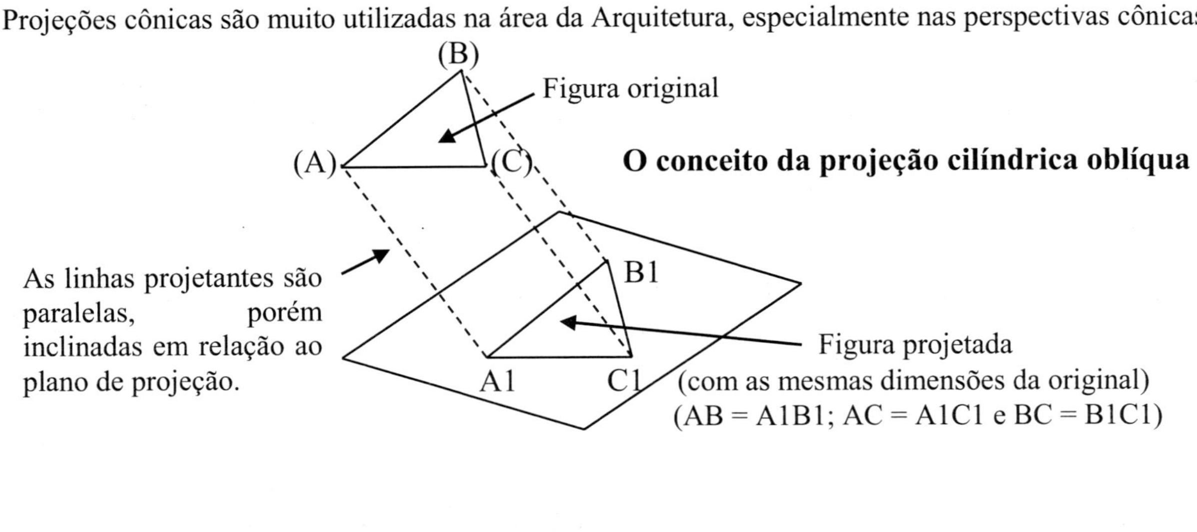

O conceito da
Projeção cilíndrica ortogonal
(Base do método mongeano)

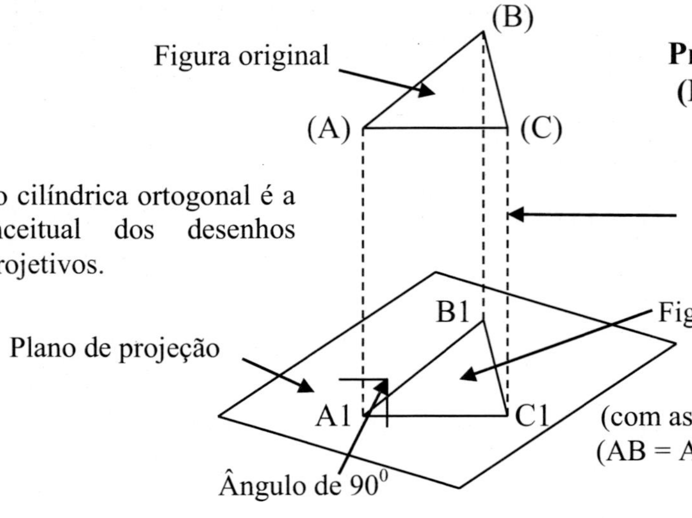

A projeção cilíndrica ortogonal é a base conceitual dos desenhos técnicos projetivos.

As linhas projetantes são paralelas e ortogonais (90^0) ao plano de projeção.

(com as mesmas dimensões da original)
(AB = A1B1; AC = A1C1 e BC = B1C1)

O termo cilíndrica vem do conceito de que é como se as linhas projetantes estivessem sobre a superfície de um cilindro. Com o método mongeano e os conceitos das coordenadas cartesianas e dos diedros de projeções, a geometria descritiva muito se desenvolveu, permitindo a representação gráfica bidimensional de peças e objetos através das normas e procedimentos do desenho técnico projetivo.

1.1.2 O método de Monge e a representação gráfica pelo desenho técnico projetivo

De acordo com registros históricos, o primeiro uso do desenho técnico consta no álbum de desenho da livraria do Vaticano, onde no ano de 1490, aos 47 anos de idade, o italiano Giuliano de Sangalo (1443-1516), escultor, arquiteto e engenheiro militar, já usava planta e elevação, ou seja, já representava objetos considerando a vista de cima ou superior e a vista de frente ou frontal, exatamente como são feitos os desenhos técnicos projetivos atuais.

Em 1795 Gaspard Monge (1746-1818), aos 49 anos de idade, criou um método baseado na dupla projeção ortogonal de um objeto tridimensional. Estas duas projeções, posteriormente, chamadas de vista de cima ou superior ou planta e a vista de frente ou frontal ou anterior, representadas em dois planos ortogonais ou perpendiculares, passaram a ser representadas em um único plano, através de um rebatimento, gerando o que se chama em geometria descritiva de épura, sendo a base conceitual do desenho técnico projetivo.
Originalmente, Monge projetou uma reta inclinada sobre um plano horizontal. Posteriormente foi feita a projeção dessa mesma reta, também sobre um plano vertical, perpendicular ao plano horizontal original. Estudos subsequentes, fizeram a projeção da mesma reta em um terceiro plano (de perfil), perpendicular aos outros dois: horizontal e vertical. A partir das projeções nos três planos, foi possível a representação gráfica de uma figura plana ou de um sólido, por três vistas ou projeções ortogonais. Sem se conseguir precisar datas, a grande evolução das projeções idealizadas por Monge, foi quando se concebeu as seis projeções cilíndricas ortogonais de um sólido, considerando-o como no interior de um hexaedro ou cubo.
O desenho técnico projetivo, tal qual é representado hoje, século XXI (2001 a 2100), foi uma evolução da geometria descritiva, devido à rápida necessidade dos problemas de Engenharia, principalmente em função da 1ª Revolução Industrial que ocorreu entre 1780 e 1860.
Três grandes áreas utilizam desenhos técnicos projetivos: Arquitetura, Desenho Industrial (*Design*) e Engenharia, em construções, fabricações e montagens. Essas áreas geram produtos que ou são construídos ou fabricados e ou montados. Edificações ou prédios, bem como navios, devido suas dimensões, são construídos, a partir de diversas partes ou peças, fabricadas uma a uma. Fabricar significa produzir em uma fábrica, pressupondo-se um local fechado, com várias máquinas e equipamentos. Automóveis são montados, a partir de centenas de peças, produzidas em diversas fábricas diferentes. Um automóvel tem entre 70 mil e 90 mil peças diferentes, sendo que cada uma, para ser fabricada, tem que ter, pelo menos, um desenho técnico projetivo.

Representação espacial da concepção original de Gaspard Monge, sobre a projeção cilíndrica ortogonal em dois planos

Esta foi a ideia inicial de Gaspard Monge, com projeções em dois planos ortogonais, no espaço. Observa-se que, em verdade, são feitas projeções de arestas ou retas, sendo que uma reta pode ser entendida como a união de dois pontos (A) e (B).

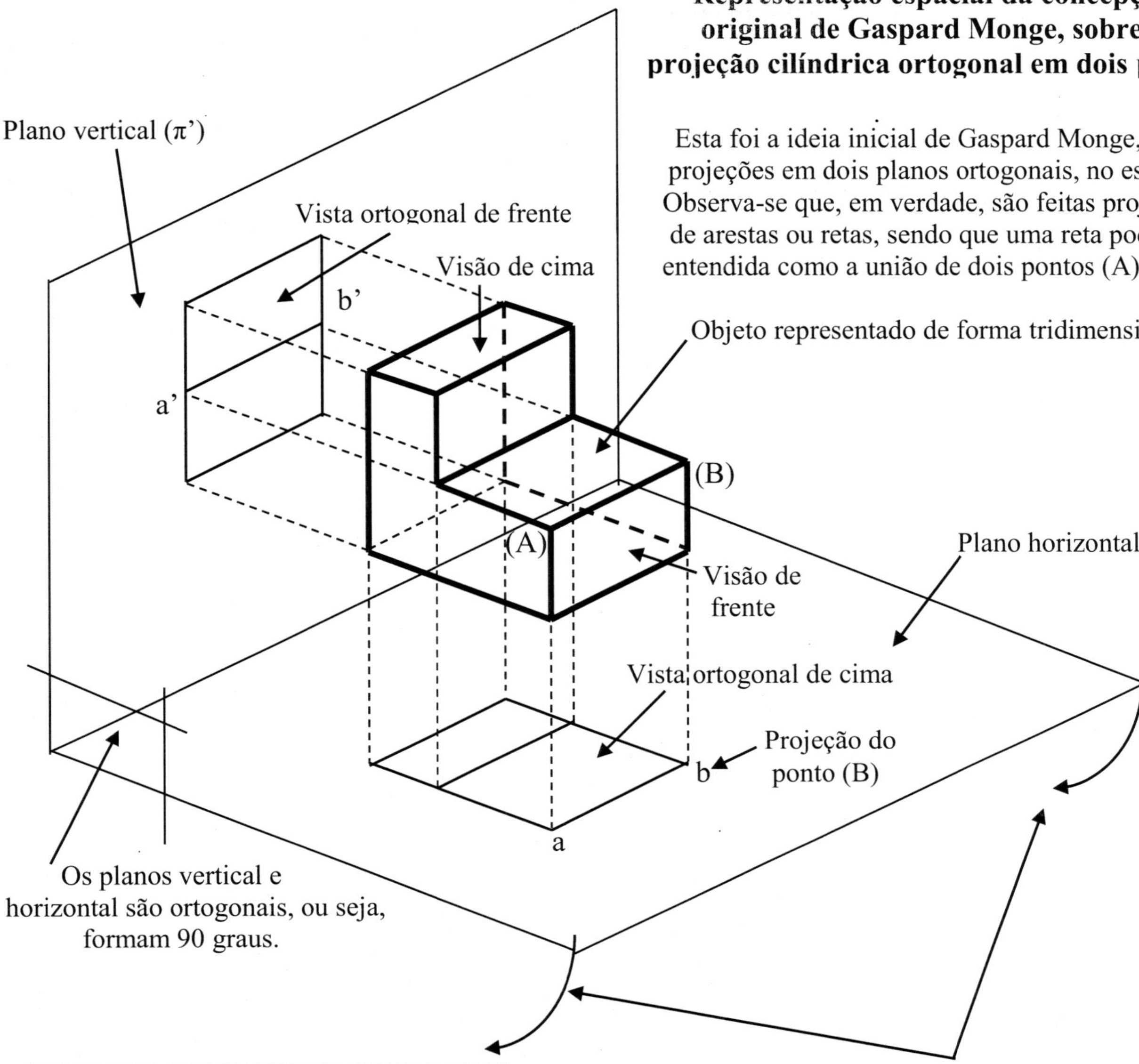

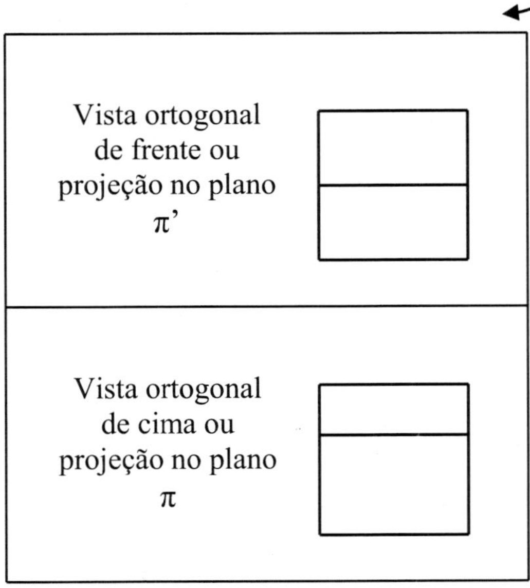

Rebatendo o plano horizontal para baixo, obtém-se uma planificação, chamada épura. Ou seja, Monge criou um método que permitiu representar um objeto tridimensional em duas projeções ortogonais. Este é o conceito básico do desenho técnico projetivo.

Posteriormente criou-se o terceiro plano ou plano de perfil (π''), permitindo a representação em três vistas e, no processo evolutivo do desenho projetivo chegou-se à concepção de imaginar o objeto no interior de um hexaedro ou cubo, permitindo a representação em até seis vistas,

1.2 As coordenadas cartesianas e os diedros de projeções

As coordenadas cartesianas foram propostas pelo filósofo e matemático francês René Descartes (1596-1650) há quase 400 anos, sendo há muito um sistema usado na geometria analítica e geometria descritiva, para localizar um ponto em relação a dois (X, Y) ou três eixos (X, Y e Z). Foi a partir dos estudos de Descartes que Isaac Newton (1643-1727) e Gottfried Leibniz (1646-1716) desenvolveram o cálculo diferencial e integral, bem como Gaspard Monge (1746-1818) aprofundou os estudos da geometria descritiva.
A geometria descritiva considera o espaço tridimensional R^3 sendo composto de dois planos ortogonais, formando os quatro diedros (1^0, 2^0, 3^0 e 4^0), nominados no sentido anti-horário ou da direita para a esquerda. O termo "edro" significa plano e a palavra diedro dois planos, não necessariamente ortogonais. O plano horizontal é denominado como π (Pi) e o plano vertical como π' (Pi linha). A interseção destes dois planos determina a Linha de Terra (L.T.), que em épura tem uma representação característica (ver parágrafo 1.3).

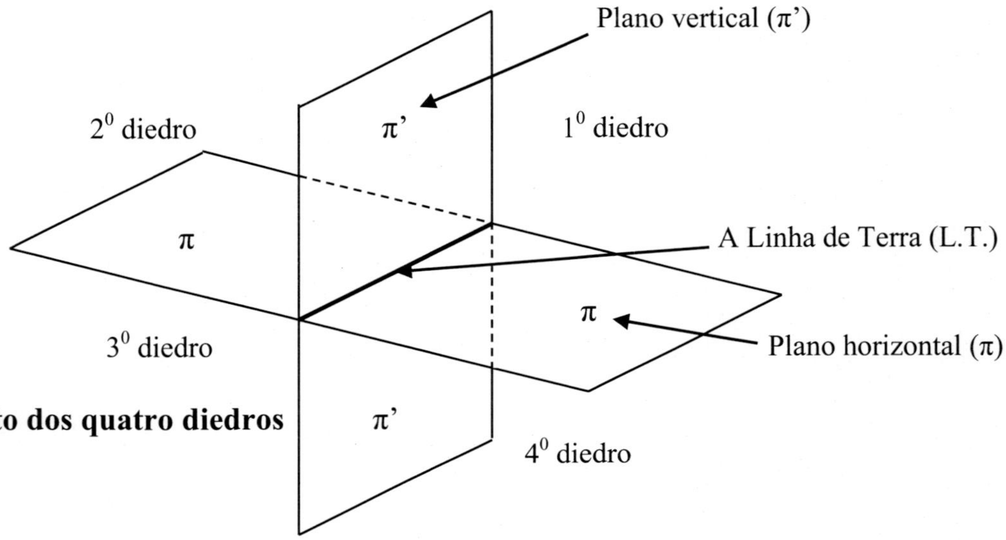

O conceito dos quatro diedros

A localização de um ponto, em cada diedro, é feita através das coordenadas cartesianas chamadas: abscissa, afastamento e cota. A abscissa é marcada sobre a Linha de Terra, a partir de uma origem aleatória. O afastamento é a distância entre o ponto e o plano vertical π'. A cota é a distância entre o ponto e o plano horizontal π. A seguir são mostradas as representações gráficas das três coordenadas cartesianas.

O conceito de abscissa (no 1^0 diedro)

Esta distância é o conceito de abscissa, marcada a partir de uma origem O, sobre a Linha de Terra (L.T.).

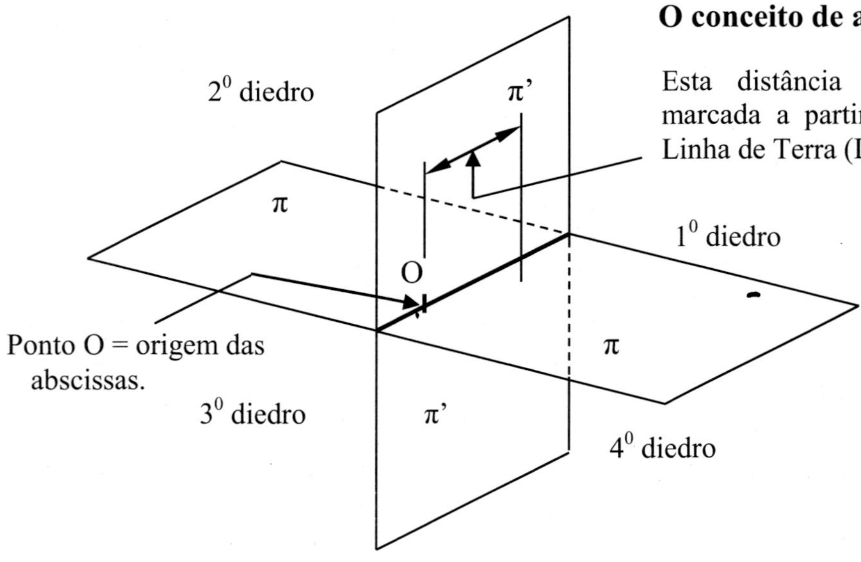

O conceito de afastamento (no 1^0 diedro)

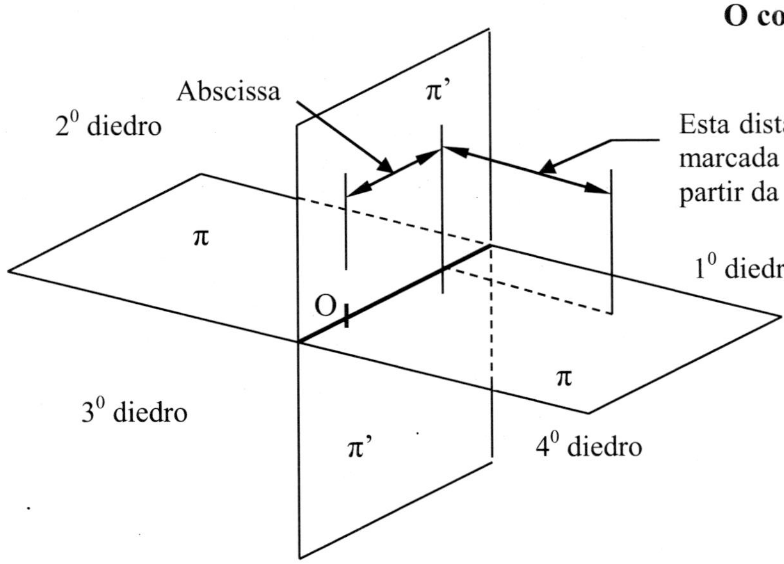

Esta distância é o conceito de afastamento, marcada a partir do plano vertical π' e a partir da abscissa do ponto.

O conceito de cota (no 1^0 diedro)

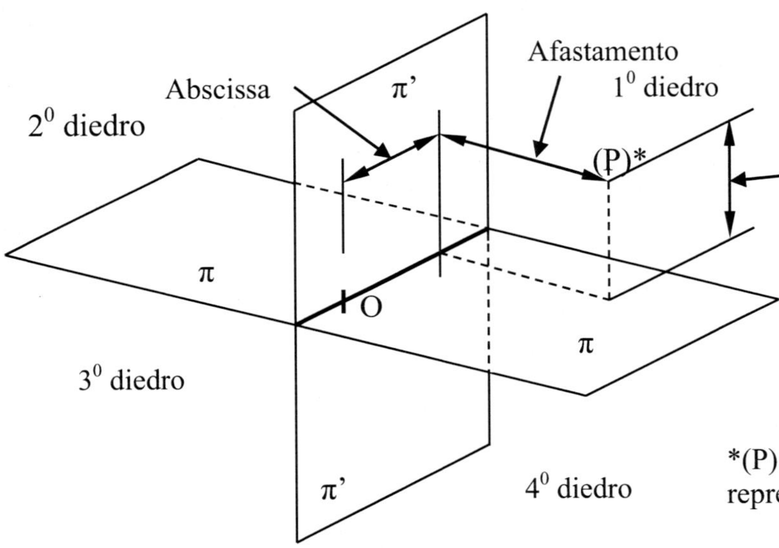

Esta distância é o conceito de cota, marcada a partir do plano horizontal π e a partir do afastamento do ponto.

*(P) Significa o ponto P no espaço, representado entre parênteses.

Dependendo da posição do ponto no espaço, ou seja, em qual diedro esteja, abscissas (Ab), afastamentos (Af) e cotas (Co) podem ter valores positivos ou negativos. Sobre a Linha de Terra, para a direita a abscissa é positiva, para a esquerda é negativa, sempre considerando o observador de frente para o 1^0 diedro, como mostrado no parágrafo 1.2.1. afastamentos nos 1^0 e 4^0 diedros são positivos, nos 2^0 e 3^0 diedros são negativos. Cotas nos 1^0 e 2^0 diedros são positivas, nos 3^0 e 4^0 diedros são negativas. Esses valores consideram o observador sempre de frente para o 1^0 diedro, como mostrado a seguir.

1.2.1 Observação sobre o sinal positivo ou negativo da abscissa

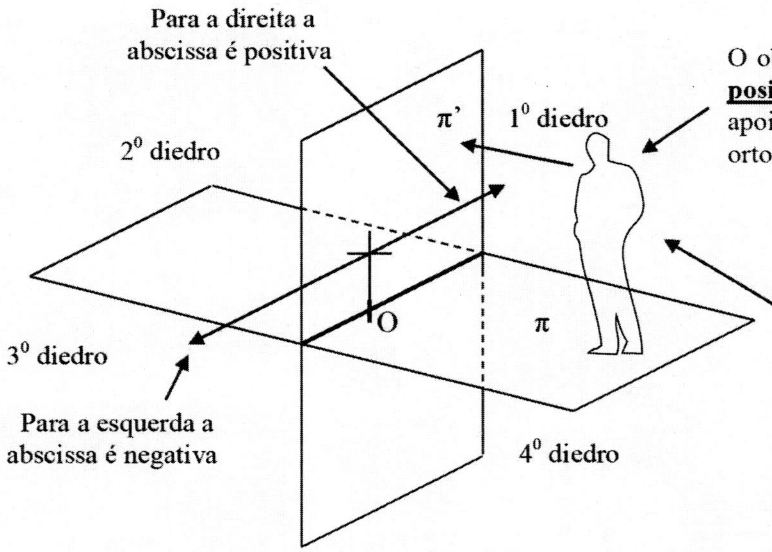

O observador é considerado **sempre nesta posição**, ou seja, de frente para o 1^0 diedro, apoiado no plano horizontal π e olhando ortogonalmente para o plano vertical π'.

Ao se estudar pontos nos 2^0, 3^0 e 4^0 diedros, sempre o sinal da abscissa será considerado em função da posição do observador no 1^0 diedro.

A seguir é mostrado "o sinal da cruz" que facilita a compreensão do sinal das coordenadas cartesianas: afastamento e cota, em cada diedro.

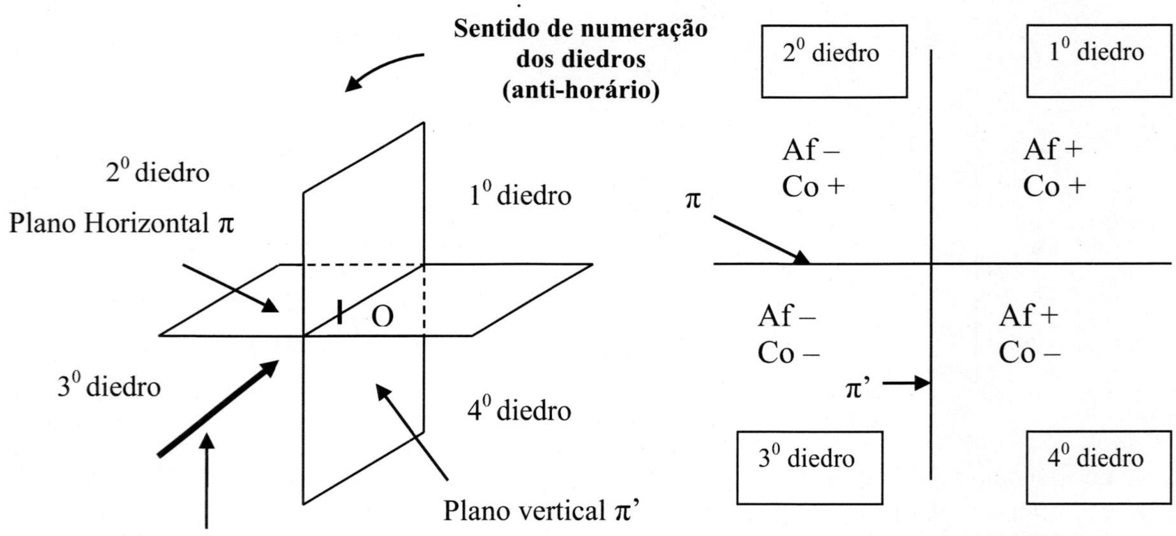

O "sinal da cruz" considera os quatro diedros sendo vistos desta posição.

"O sinal da cruz", mostrando os sinais dos afastamentos e cotas em cada diedro.

A localização de um ponto no espaço é dada pelas suas três coordenadas cartesianas, na seguinte ordem: (abscissa; afastamento; cota). Um ponto (A) (+2; - 4; +4)*, tem abscissa = +2; afastamento = -4; cota = +4, ou seja, este ponto está no 2^0 diedro. * Os valores 2, 3 e 4 são unidades de medidas, sendo que na prática acadêmica da geometria descritiva, normalmente são usados valores em centímetros.
Observe que os valores das coordenadas são separados por ponto e vírgula. (A projeção de um ponto, nos planos π e π' recebem as letras conforme indicadas no exercício 1.2.2). A figura a seguir mostra a visão espacial do ponto (A)(+2; -4; +4).

Caso o observador estivesse no 2^0 diedro ele veria esta abscissa +2* à esquerda da origem, ou seja, como valor negativo. (**O observador sempre é considerado no 1^0 diedro**).

Visão espacial do ponto (A)(+2*; - 4; +4), no 2^0 diedro, enfocando como se considera o sinal positivo ou negativo da abscissa.

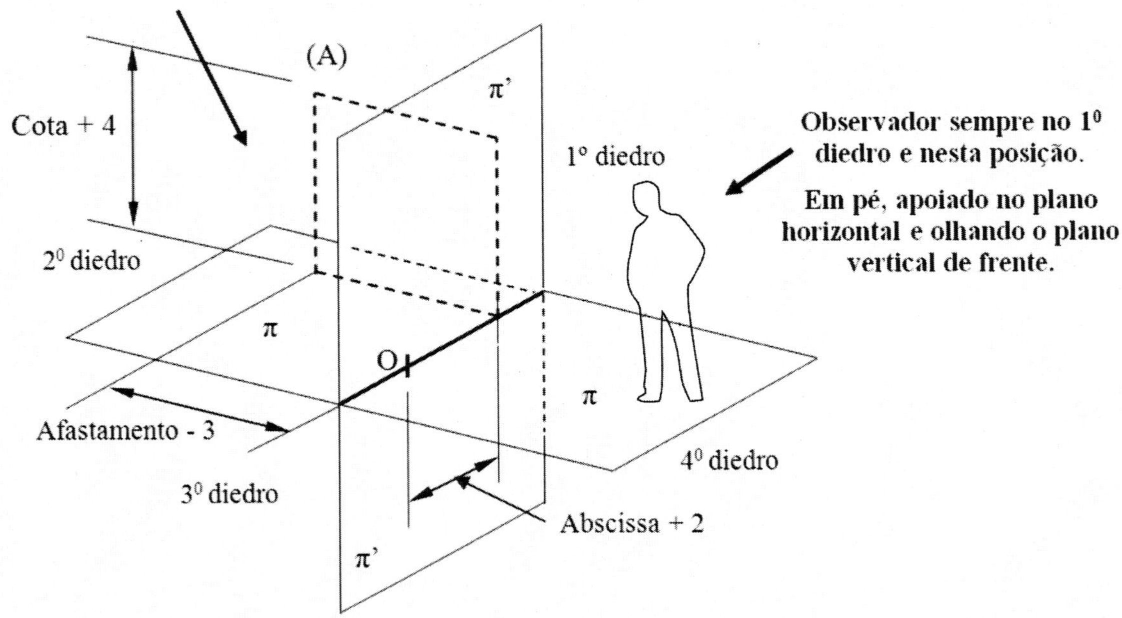

1.2.2 Exercício resolvido sobre projeção de pontos no espaço: Fazer a representação gráfica espacial dos seguintes pontos: (A)(+2; +3; +4), (B)(-2; - 3; +4), (C)(+2; - 3; - 4) e (D) (- 2; +3; - 4).

Visão espacial do ponto (A) no 1^0 diedro
(A) (+2; +3; +4)

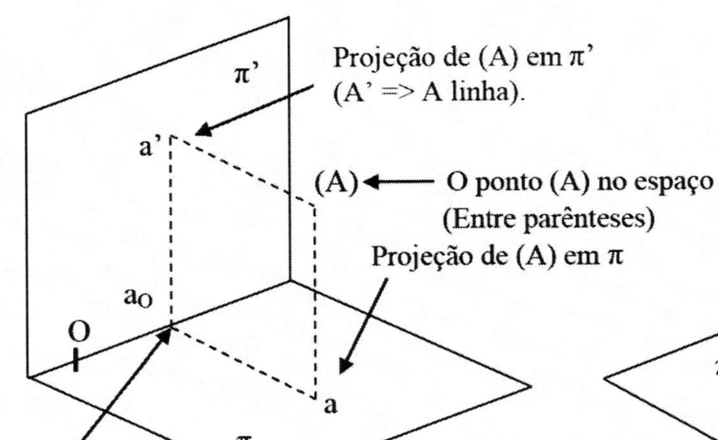

Visão espacial do ponto (B) no 2^0 diedro*
(B) (-2; - 3; +4)

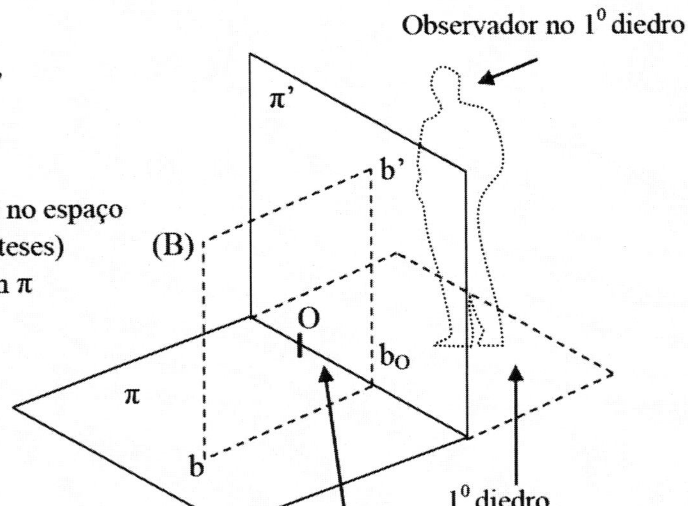

*Abscissa negativa fica à esquerda da Origem, sempre considerando o observador posicionado de frente para o 1^0 diedro.

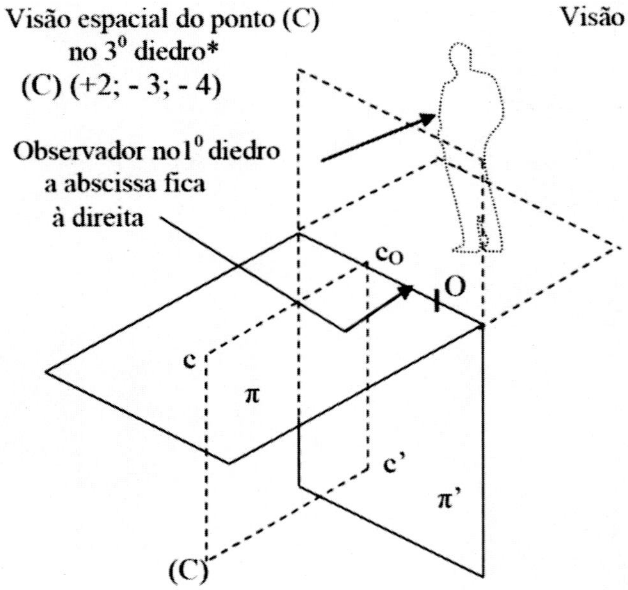

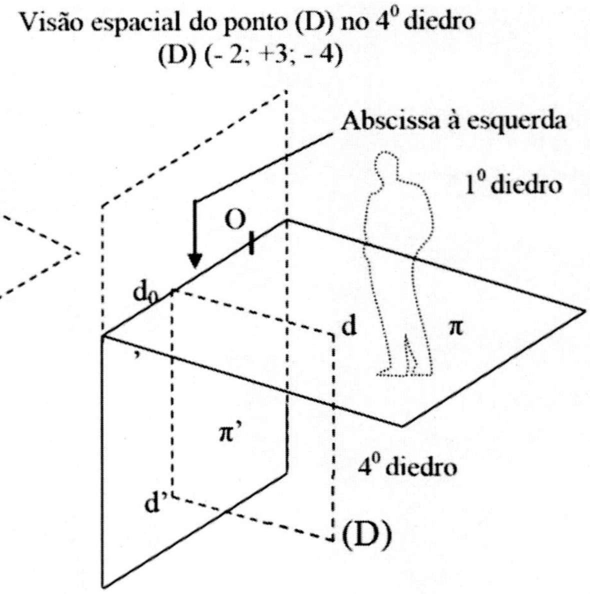

* Os 2º e 3º diedros foram desenhados para a frente, de forma a se ter uma melhor visualização.

1.3 A épura ou planificação dos diedros (rebatimento de π sobre π')

A épura é um rebatimento ou rotação de 90^0 do plano horizontal π no sentido horário, coincidindo com o plano vertical π', ou seja, passa-se do espaço R^3 ou tridimensional, para o espaço R^2 ou bidimensional. A épura é uma planificação, sendo uma forma menos trabalhosa de representar pontos e objetos no papel (X,Y), sem precisar fazer a visão espacial (X,Y,Z). Também é através da épura que são feitos os cálculos analíticos e matemáticos de retas, figuras planas e poliedros, como serão vistos adiante. Esta foi a grande contribuição de Gaspard Monge (1746-1818), sendo a essência da geometria descritiva. As figuras a seguir mostram como é feita a rotação e como ficam os planos π e π' em cada um dos quatro diedros.

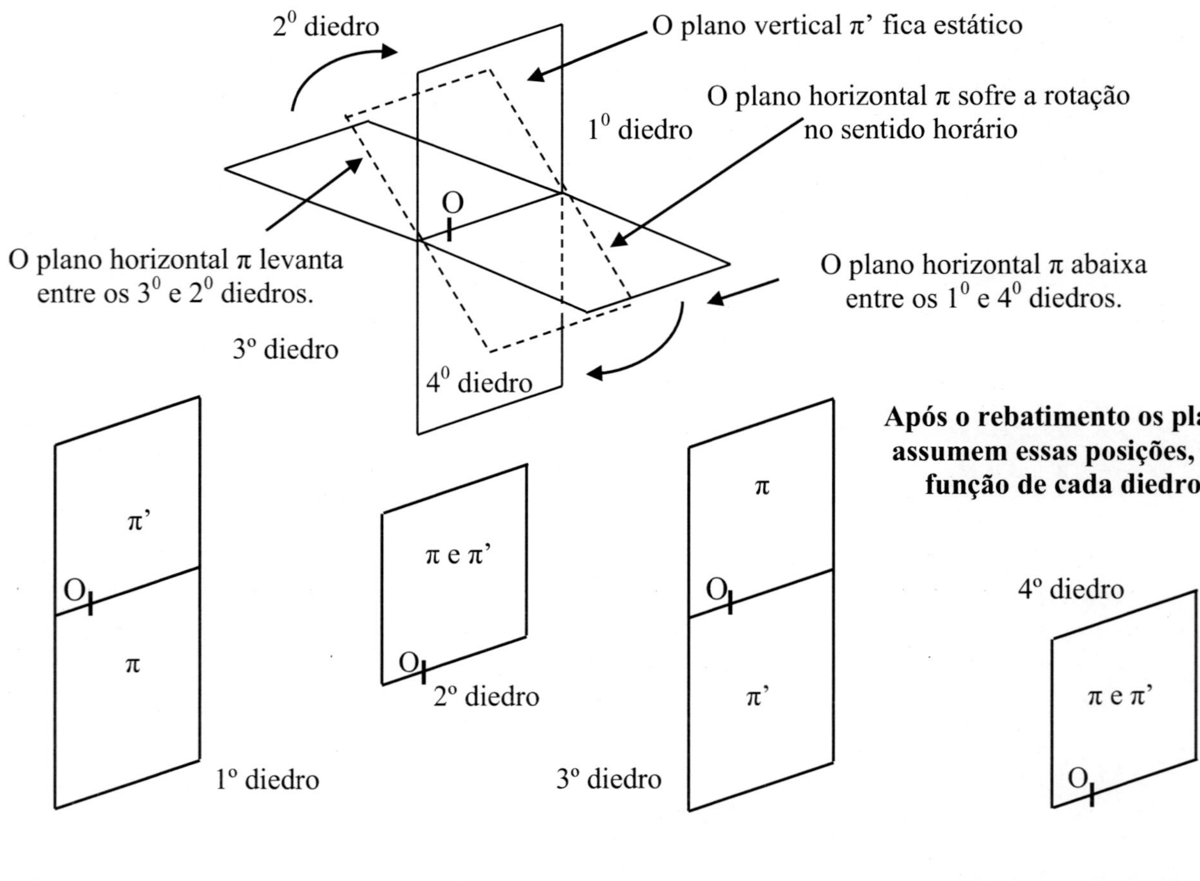

A rotação do plano horizontal π, no sentido horário, originando a épura

Em épura, no 1º diedro, as cotas são representadas acima e os afastamentos abaixo da Linha de Terra (L.T.).

Épura do 1º diedro

Visão espacial do 1º diedro

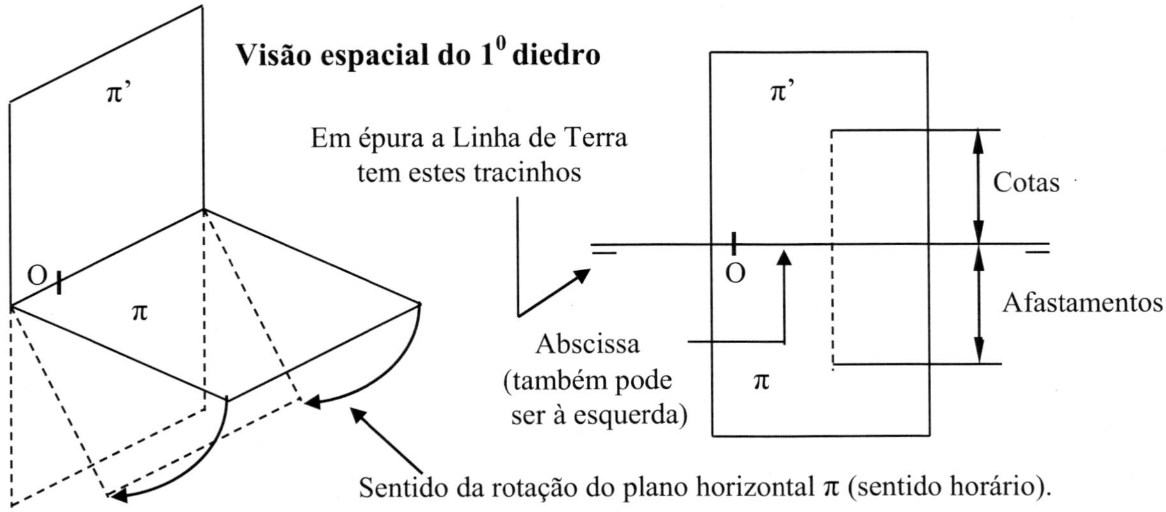

Em épura, no 2º diedro, as cotas e os afastamentos são representados acima da Linha de Terra (L.T.).

Visão espacial do 2º diedro

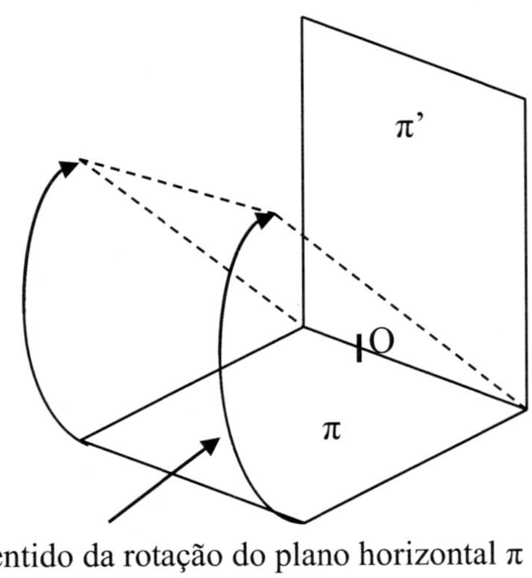

Sentido da rotação do plano horizontal π

Épura do 2º diedro

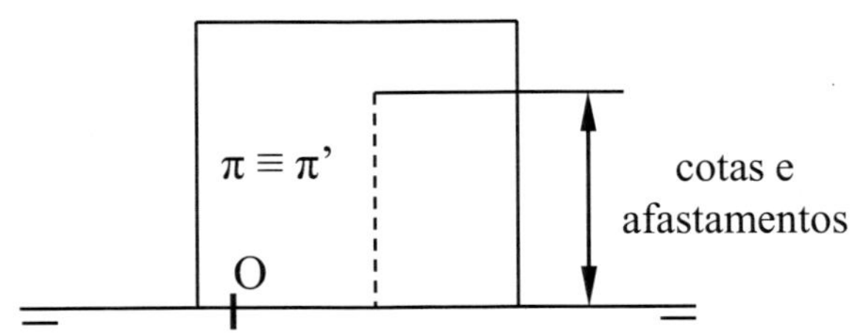

Os planos π e π' coincidem na parte de cima da Linha de Terra (LT).

Em épura, no 3^0 diedro, as cotas são representadas abaixo e os afastamentos acima da Linha de Terra (L.T.).

Visão espacial do 3^0 diedro

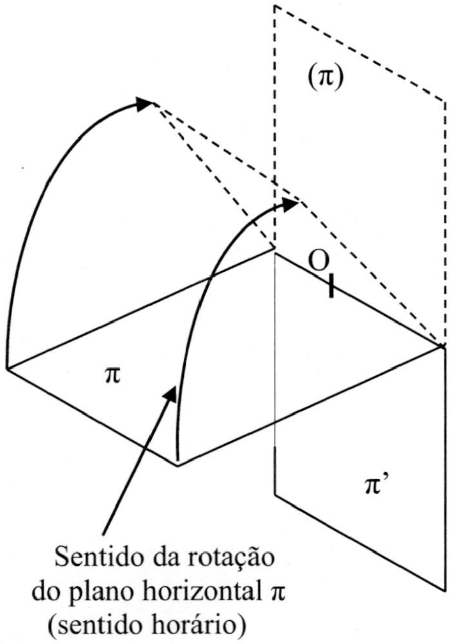

Épura do 3^0 diedro

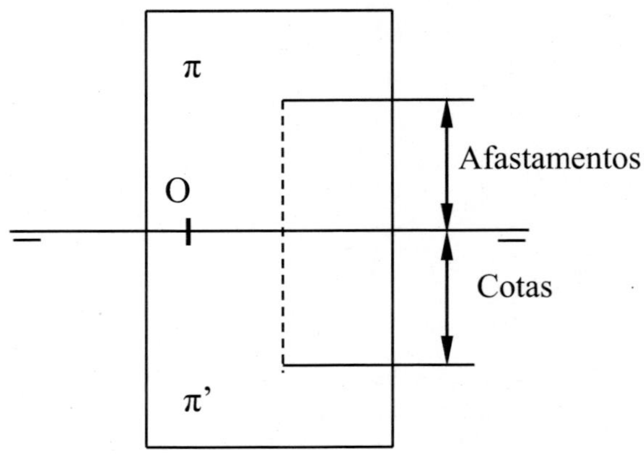

Afastamentos e cotas ficam invertidos no 3^0 diedro, em relação ao 1^0 diedro.

Em épura, no 4^0 diedro, as cotas e os afastamentos são representados abaixo da Linha de Terra (L.T.).

Visão espacial do 4^0 diedro

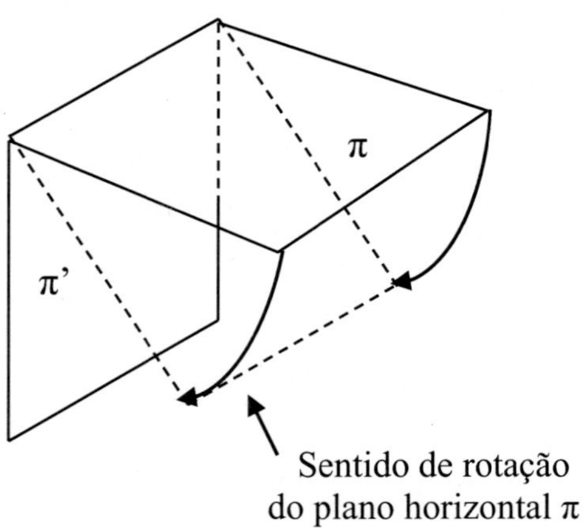

Épura do 4^0 diedro

Afastamentos e cotas ficam invertidos no 4^0 diedro, em relação ao 2^0 diedro.

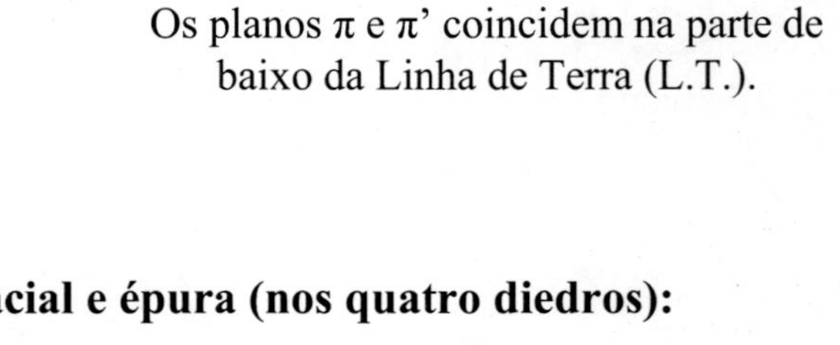

Os planos π e π' coincidem na parte de baixo da Linha de Terra (L.T.).

1.3.1 Exercício resolvido sobre visão espacial e épura (nos quatro diedros):

Fazer a visão espacial e em épura dos seguintes pontos: (A) (+2; +3; +4), (B) (-2; - 3; +4), (C) (+2; -3; -4) e (D) (-2; +3; -4).

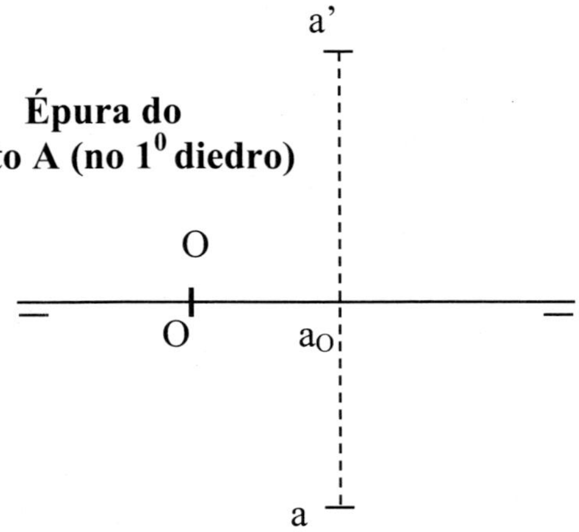

Épura do ponto A (no 1^0 diedro)

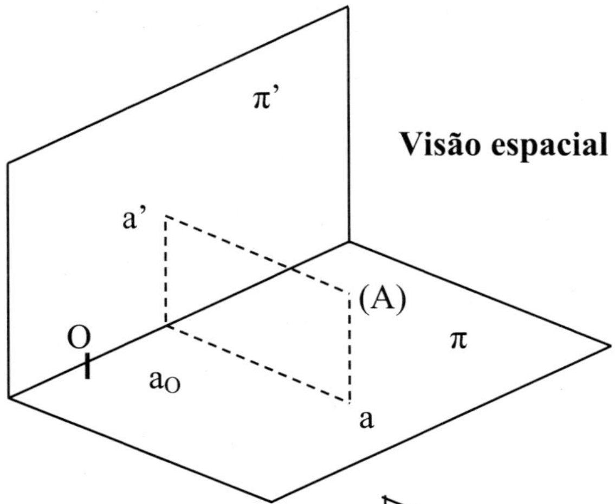

Visão espacial

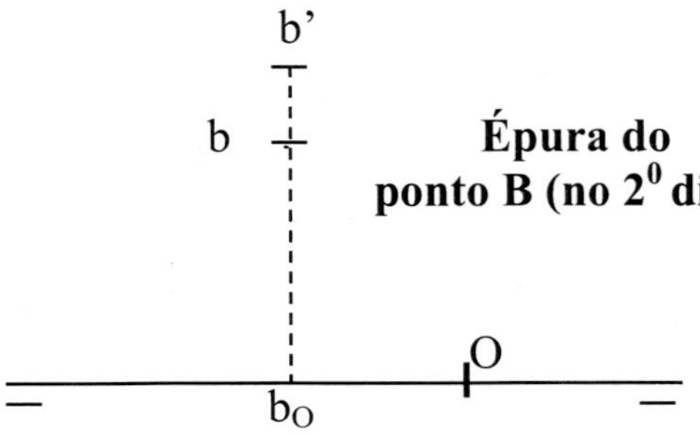

Épura do ponto B (no 2^0 diedro)

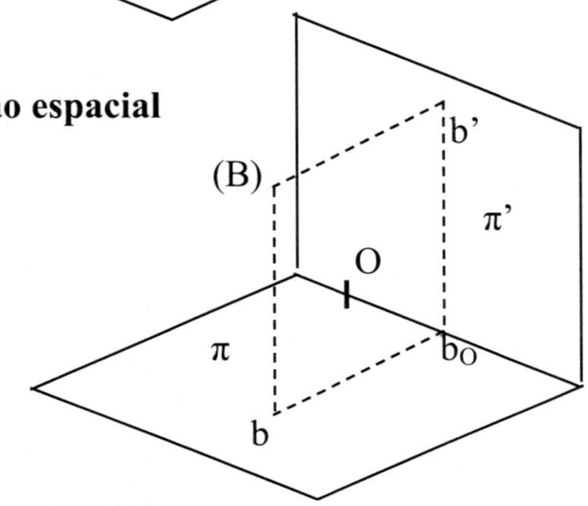

Visão espacial

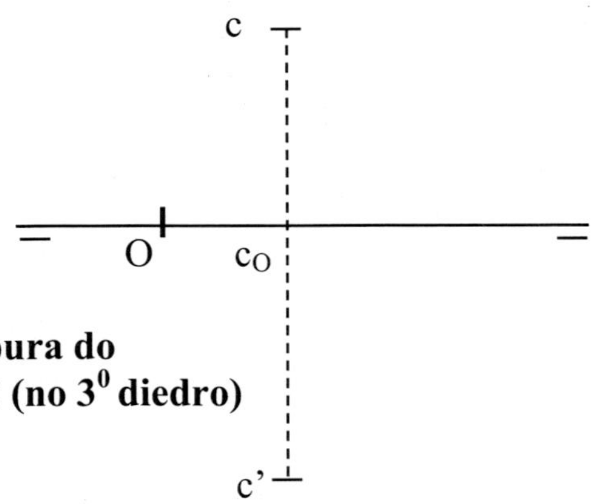

Épura do ponto C (no 3^0 diedro)

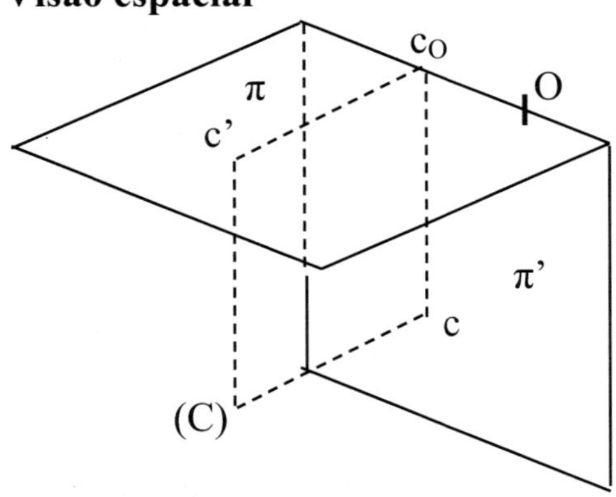

Visão espacial

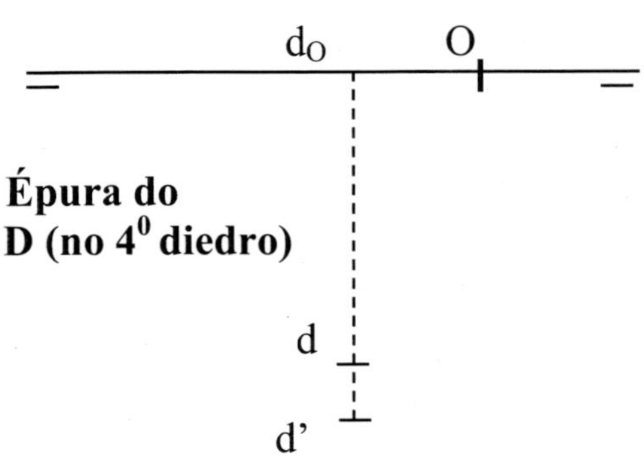

Épura do ponto D (no 4^0 diedro)

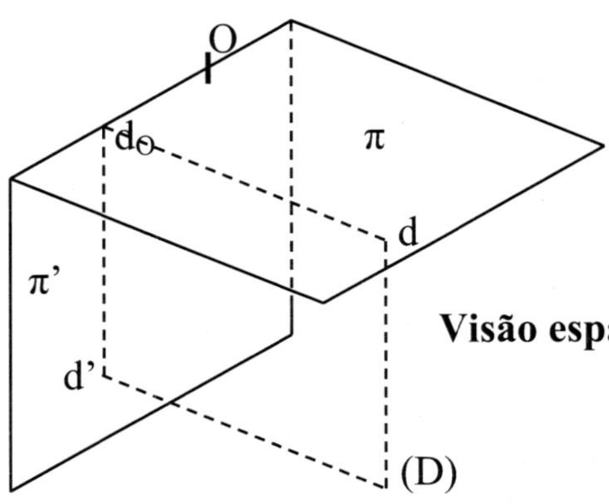

Visão espacial

Resumo da posição dos planos π e π', na épura de cada diedro

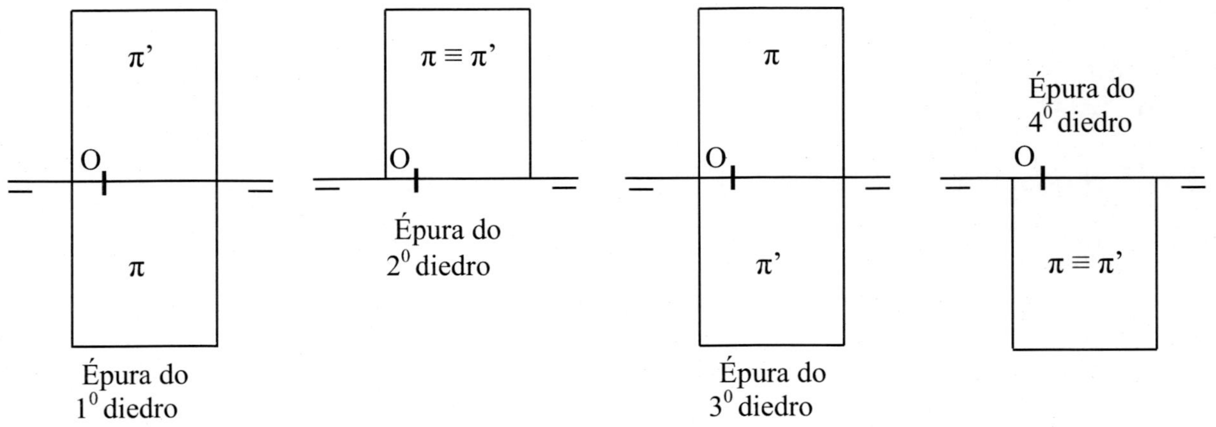

1.4 O terceiro plano de projeção ou plano de perfil π" (Pi duas linhas). O 1^0 triedro.

Com a evolução da complexidade das peças a serem desenhadas, apenas duas projeções não davam boa compreensão aos desenhos e, então, foi concebido o terceiro plano de projeção, obtendo-se então três projeções ou vistas. Teoricamente este plano de perfil divide o espaço R^3 em quatro triedros, mas na prática, tanto da Engenharia, quanto da Arquitetura e do Desenho Industrial, os desenhos técnicos são conduzidos apenas nos 1^0 e 3^0 triedros, embora sejam ditos como nos 1^0 e 3^0 diedros.

O terceiro plano de projeção, o plano de perfil ou π" (Pi duas linhas). Nesta região os planos π, π' e π" formam o 1^0 triedro.

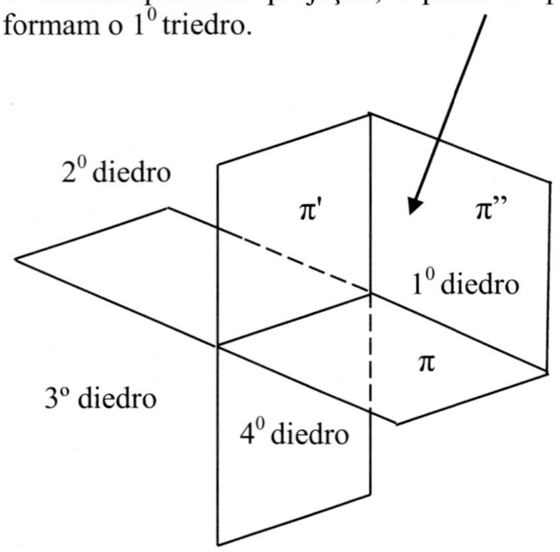

O conceito das projeções no plano de perfil só se aplica ao 1^0 diedro e especialmente em problemas de geometria descritiva.
Quando se utilizam as projeções cilíndricas ortogonais, para os desenhos técnicos projetivos, sejam no 1^0 ou 3^0 diedros, usa-se o conceito de imaginar o objeto a ser representado, dentro de um cubo ou hexaedro básico, possibilitando a projeção em seis planos, surgindo as chamadas vistas ortogonais. No capítulo 7 são mostrados os conceitos destas vistas, tanto no 1º, quanto no 3º diedro.

Na Europa e no Brasil usam-se o conceito do 1^0 diedro, enquanto nos EUA trabalha-se no 3^0 diedro. Em verdade, na prática do desenho técnico projetivo usa-se o termo diedro, ao invés de triedro, ou seja, os desenhos seguem a planificação do 1^0 ou 3^0 diedro. Em desenho técnico projetivo o conceito das seis vistas ortográficas utilizadas no Brasil e Europa é baseado na planificação do 1^0 diedro. Nos EUA eles utilizam o conceito do 3^0 diedro.
Quando se faz a épura do 1^0 triedro, além da rotação para baixo do plano horizontal ou π, faz-se a rotação do plano de perfil ou π" no sentido anti-horário, como mostrado a seguir.

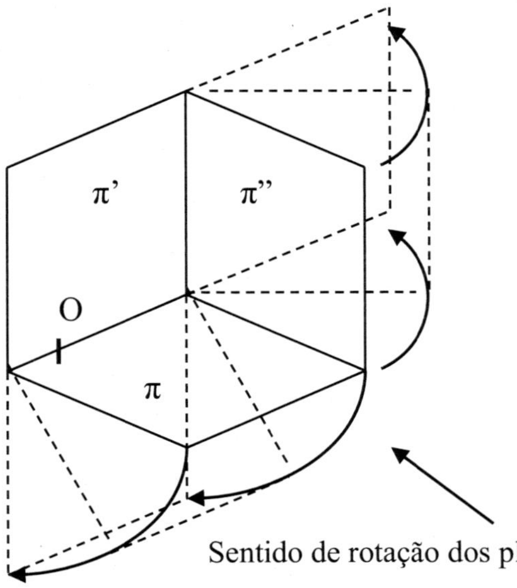

Sentido de rotação dos planos π e π” no 1^0 triedro

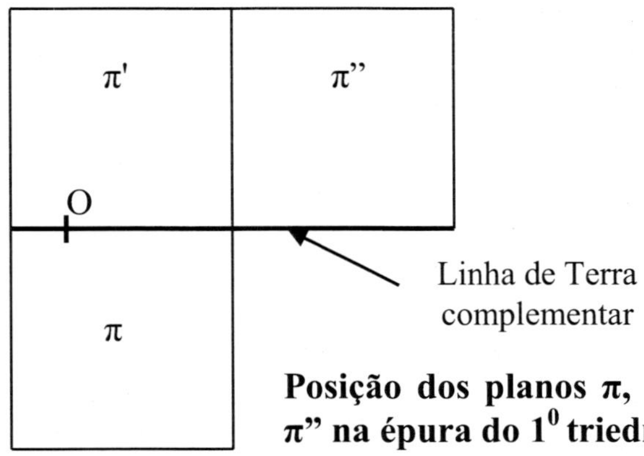

Posição dos planos π, π’ e π” na épura do 1^0 triedro

1.4.1 Exercícios resolvidos sobre projeções de pontos (e retas) no 1^0 triedro:

1.4.1.1) Representar o ponto P, localizado no 1^0 triedro, tanto na visão espacial quanto em Épura, sabendo que: (P)(+2; +3; +4).

Visão espacial do ponto P, no 1^0 triedro **Épura do ponto P, no 1^0 triedro**

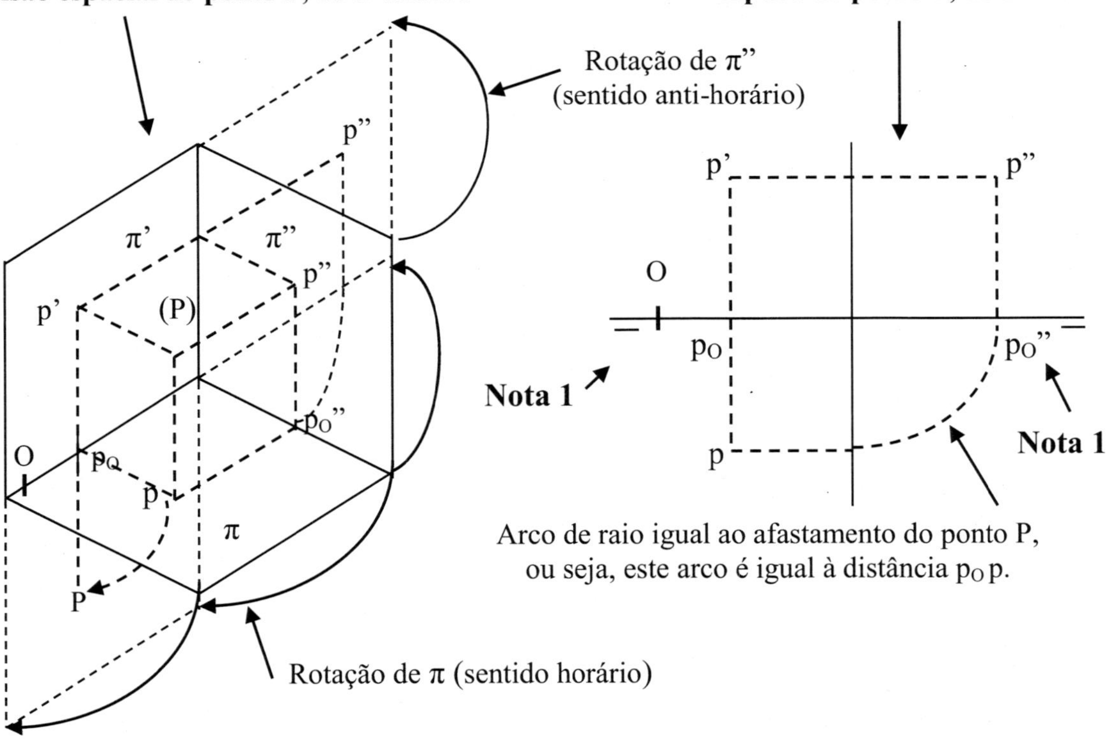

<u>**Nota 1**</u>: a denominação “p_O” significa que é a projeção do ponto P sobre a linha de interseção entre o plano horizontal ou π e o plano de perfil ou π”, que configura uma “Linha de Terra complementar”, mostrando-se como um prolongamento da Linha de Terra (L.T.) normal. A denominação o” foi idealizada pelo professor José Abrantes, em 2002.

Na prática, os modernos programas de computação gráfica (como o AutoCad) utilizam o conceito das coordenadas cartesianas, onde normalmente uma reta é traçada a partir das coordenadas de dois pontos e depois são unidos.

1.4.1.2) Representar os seguintes dois pontos, no 1^0 triedro, tanto na visão espacial quanto em [epura: (A)(+1;+2;+2) e (B)(+2;+3;+4).

Visão espacial (dos pontos AB)

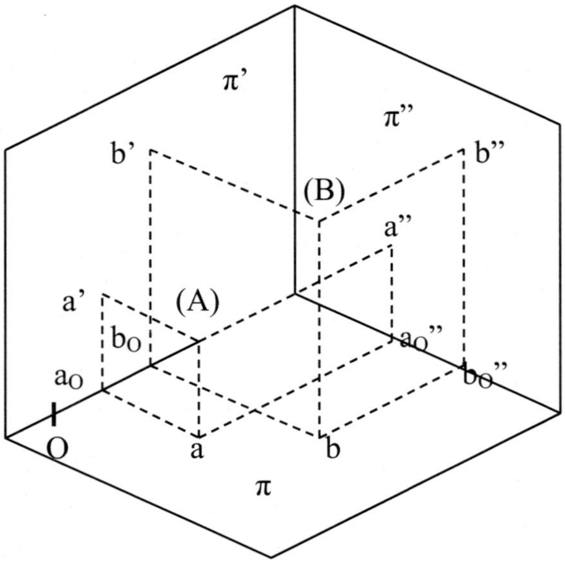

Épura (dos pontos AB)

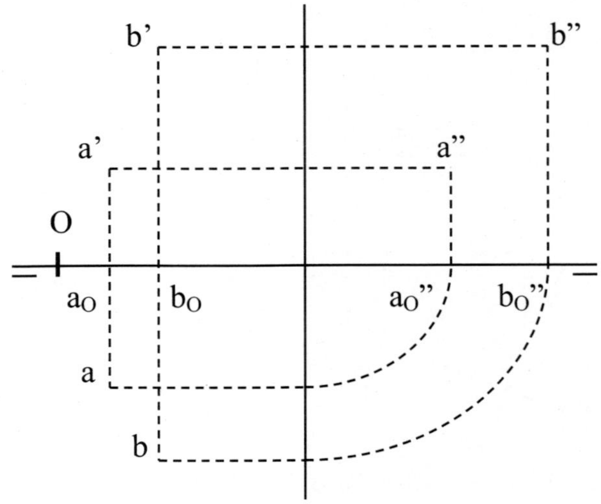

Ao unir os 2 pontos tem-se uma reta, pois dois pontos definem uma reta. Desta forma a visão espacial e a épura ficam da seguinte forma:

Visão espacial (da reta AB)

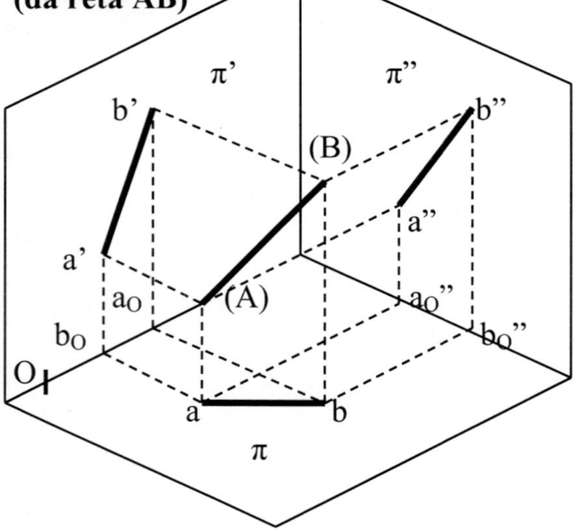

Épura (da reta AB)

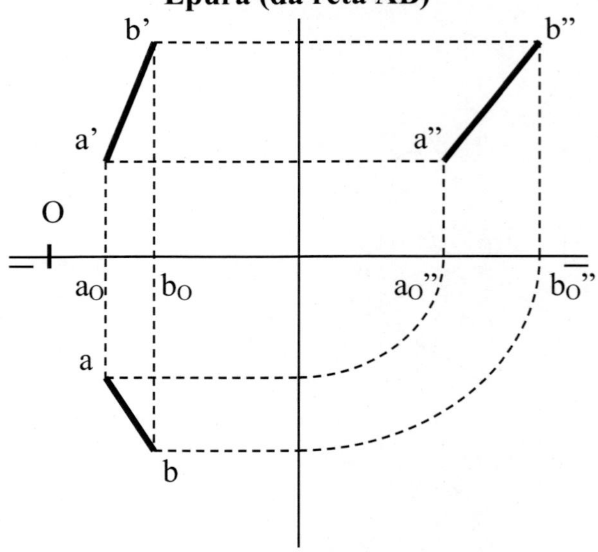

Como será visto no parágrafo 2.1.7, esta reta é do tipo genérica ou qualquer, sendo inclinada em relação aos três planos: π, π' e π''.

1.4.1.3) Representar os seguintes três pontos, no 1^0 triedro, tanto na visão espacial quanto em épura: (A)(+1;+2;+2), (B)(+2;+3;+4) e (C)(+2;+3;+2).

Visão espacial (dos pontos A, B, e C)

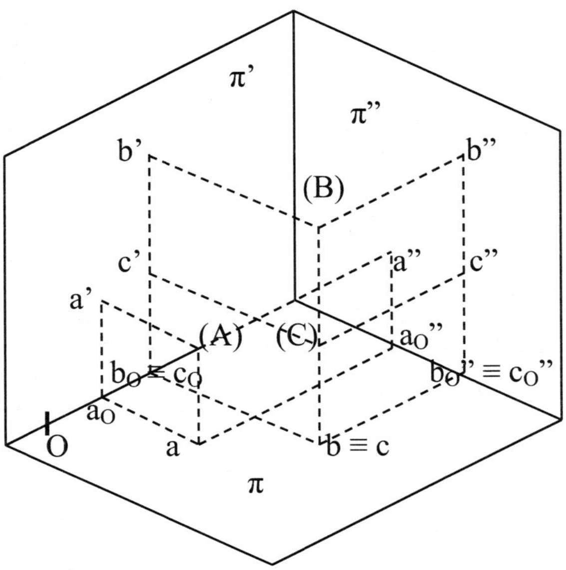

Épura (dos pontos A, B, e C)

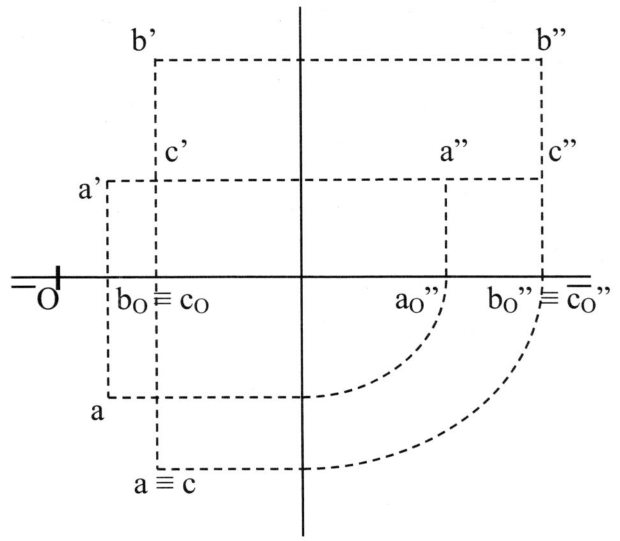

Ao unir-se os 3 pontos tem-se um triângulo, que está em um outro plano diferente de π, π' e π''. Três pontos, não sobre a mesma reta, definem um plano. O sinal ≡ significa coincidente. *Observa-se que a reta (A)(C) é paralela ao plano π e (B)(C) é paralela ao π'. Isto significa que a projeção ac representa a verdadeira grandeza de (A)(C), assim como b'c' representa a verdadeira grandeza de (B)(C).

Visão espacial (do triângulo A, B, C)

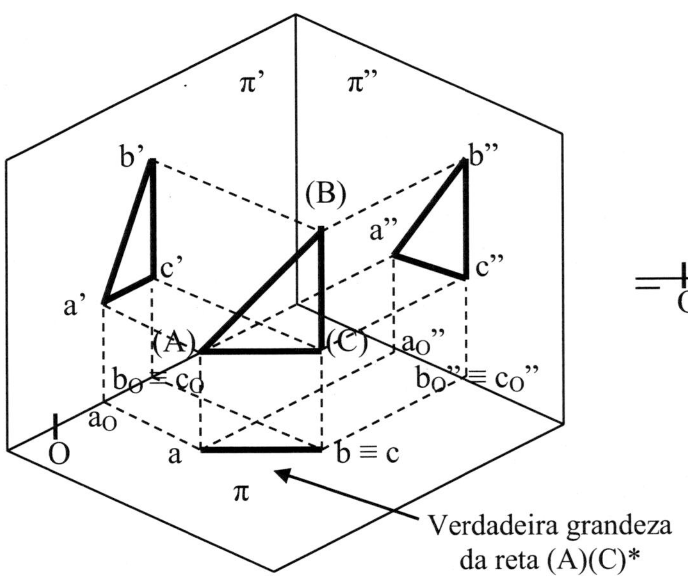

Épura (do triângulo A, B, C)

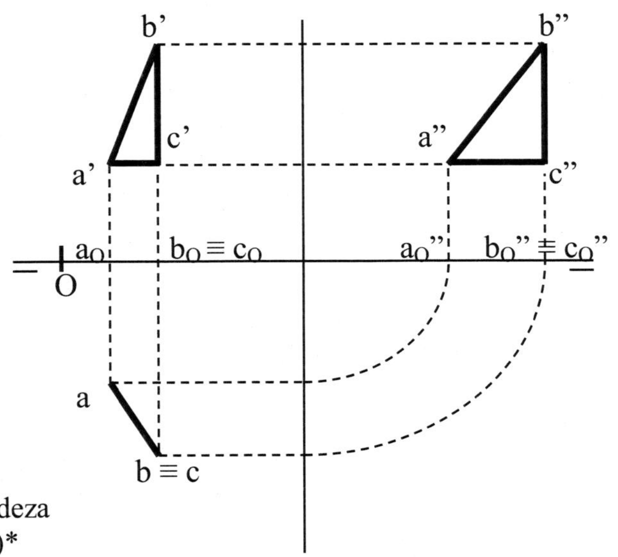

1.4.1.4) Representar os seguintes quatro pontos, no 1^0 triedro, tanto na visão espacial quanto em épura: (A)(+1;+2;+2), (B)(+2;+2;+2), (C)(+2;+2;+4) e (D)(+2;+3;+2). Faça as representações já unindo os pontos, dois a dois, obtendo as respectivas retas.

Visão espacial (do tetraedro)

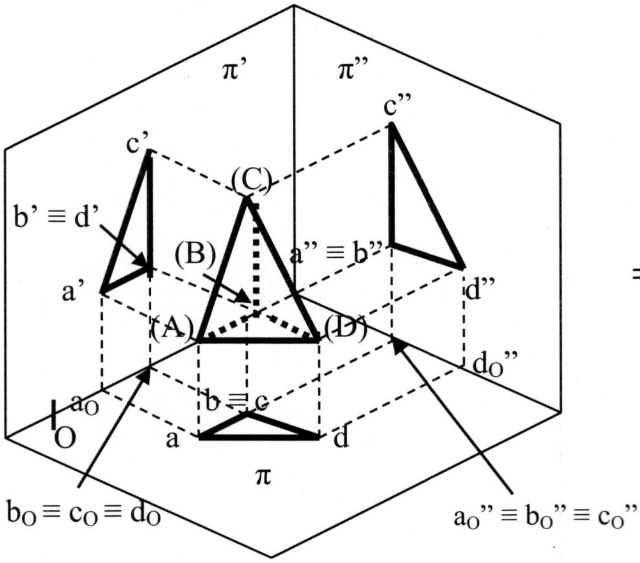

Épura (do tetraedro)

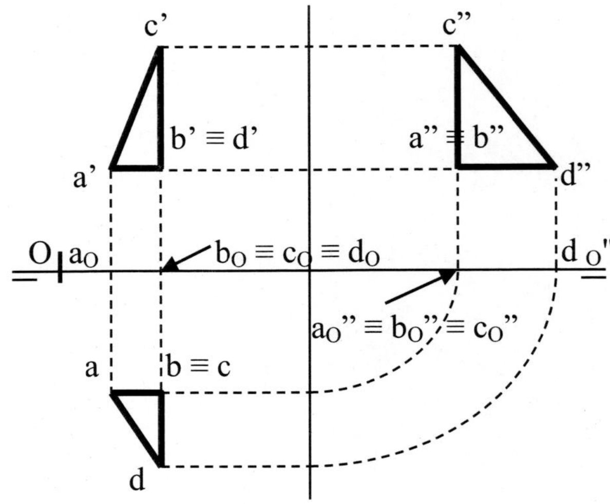

Observa-se que ao unir os 4 pontos, 2 a 2, são obtidas 6 retas ou arestas (AB, AC, AD, BC, BD e CD), formando um poliedro ou sólido de 4 faces ou tetraedro. Neste caso trata-se de um tetraedro irregular, pois não são 4 triângulos equiláteros.

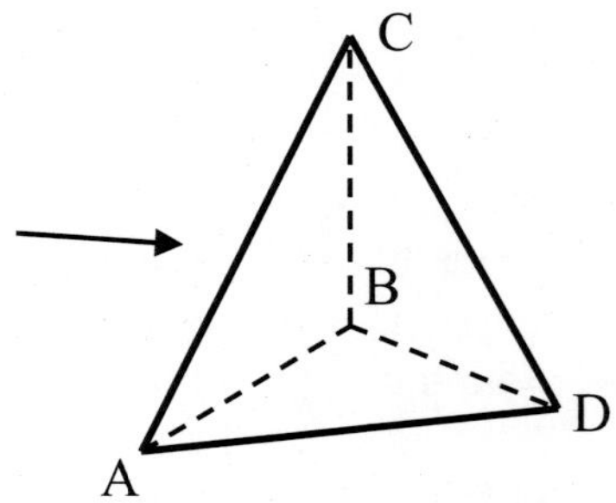

Por 4 pontos obteve-se um tetraedro ou um poliedro com 4 faces. Por 4 pontos também se pode ter uma pirâmide de base triangular. Ainda por 4 pontos situados no mesmo plano é possível obter-se os quadriláteros convexos (quadrado, retângulo, trapézio e paralelogramo) bem como vários côncavos ou irregulares.

1.4.1.5) Representar os seguintes cinco pontos, no 1^0 triedro, tanto na visão espacial quanto em épura: (A)(+1;+2;+2), (E)(+1;+4;+2), (F)(+3;+2;+2), (G)(+3;+4;+2) e (I)(+2;+3;+4). Faça as representações já unindo os pontos, dois a dois, obtendo as respectivas retas e planos.

Visão espacial (da pirâmide)

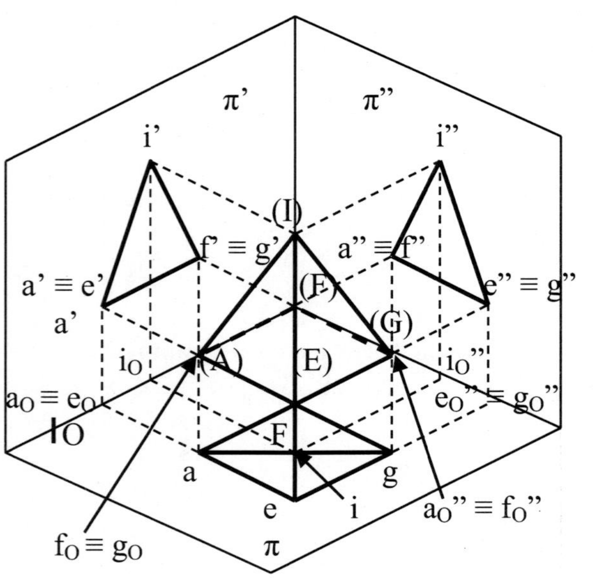

Épura (da pirâmide)

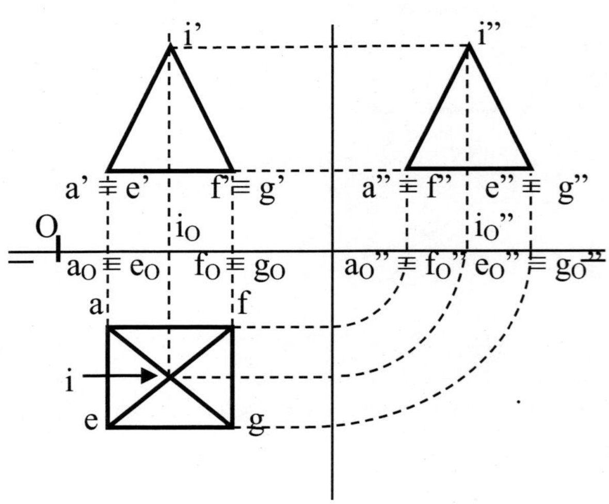

Por 5 pontos, em planos diferentes, obteve-se uma pirâmide de base quadrada. Por 5 pontos, no mesmo plano, também se pode ter um pentágono regular ou irregular.

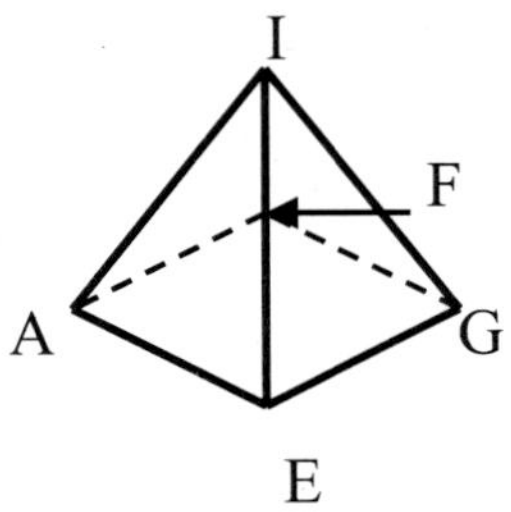

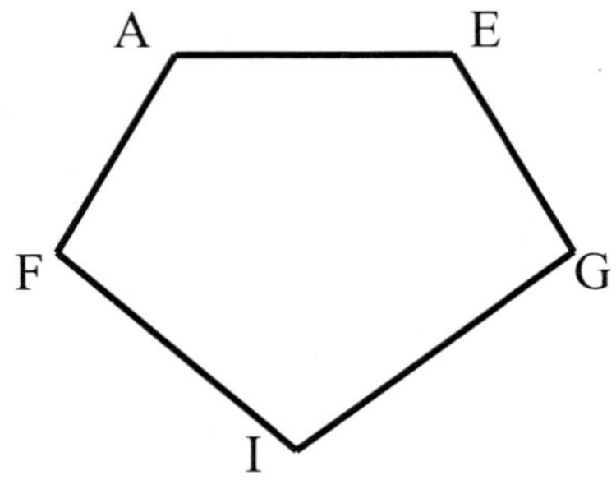

1.4.1.6) Representar os seguintes oito pontos, no 1^0 triedro, tanto na visão espacial quanto em épura: (A)(+1;+2;+2), (B)(+1;+4;+2), (J)(+3;+4;+2), (K)(+3;+2;+2), (L)(+1;+2;+4), (M)(+3;+2;+4); (N)(+3;+4;+4) e (Q)(+1;+4;+4). Faça as representações já unindo os pontos, dois a dois, obtendo as respectivas retas e planos.

Observa-se que ao unir os 8 pontos, 2 a 2, obtém-se um sólido de 6 faces, 12 retas ou arestas, formando um hexaedro ou cubo.

Visão espacial

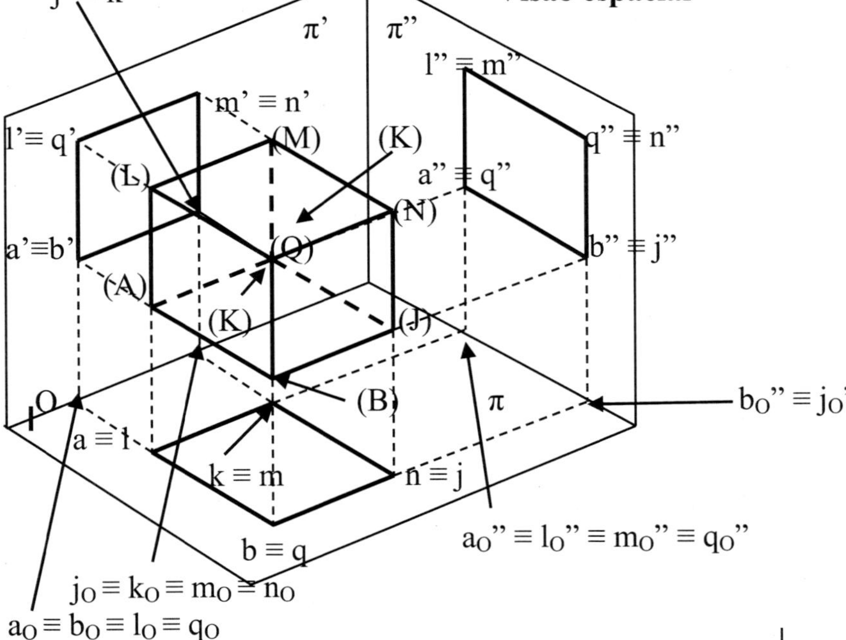

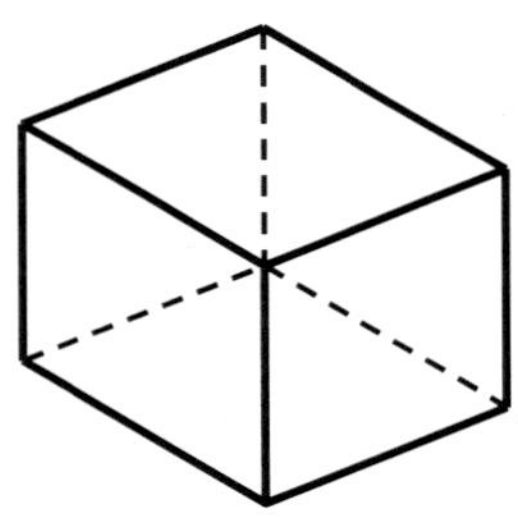

Épura

X ($a_O \equiv b_O \equiv l_O \equiv q_O$);
Y($j_O \equiv k_O \equiv m_O \equiv n_O$);
Z($a_O'' \equiv l_O'' \equiv m_O'' \equiv q_O''$);
W($b_O'' \equiv j_O'' \equiv n_O'' \equiv q_O''$).

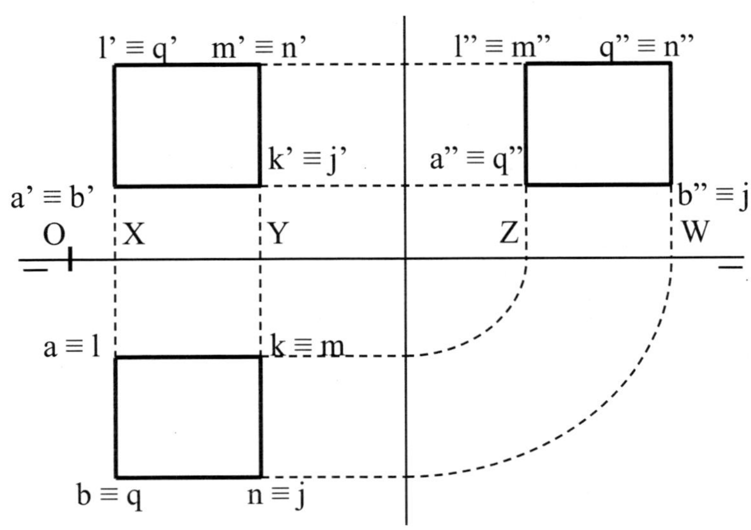

Deve ser observado que, para se representar os oito pontos, obtendo-se o cubo ou o hexaedro, tanto na visão espacial, quanto na épura, faz-se necessário a localização de dezenas de projeções de pontos nos três planos e no espaço, o que "congestiona" o desenho e até "atrapalha" o entendimento. Por este motivo foram usadas as notações X, Y, Z e W.

Observação: por 6 pontos, em planos diferentes, pode-se obter um octaedro ou um poliedro com 8 faces e 12 retas ou arestas.

O octaedro

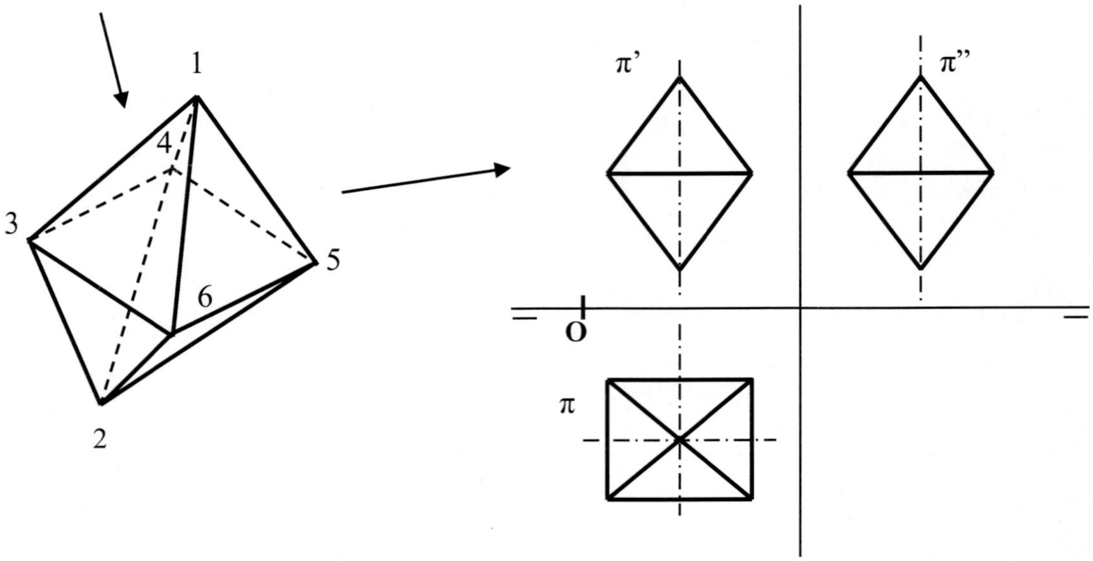

No desenho simplificado do octaedro, não foram mostradas as dezenas de projeções dos pontos e nota-se mais clareza. Este mesmo octaedro representado segundo as normas do desenho técnico projetivo fica da seguinte forma:

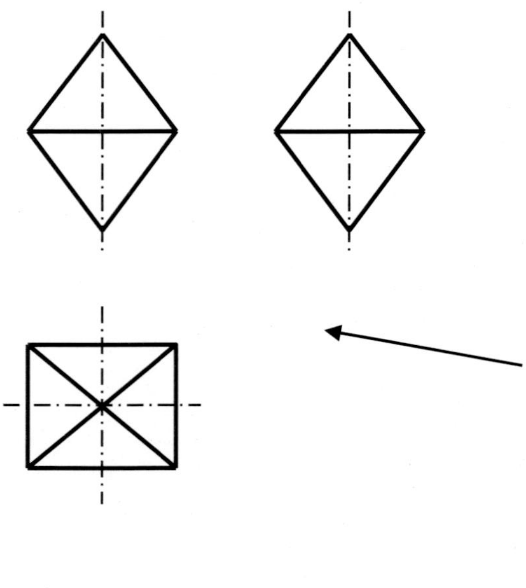

Qualquer pessoa, em qualquer lugar do mundo, que entenda desenho técnico projetivo, olha para estas três vistas (projeções) e logo percebe que se trata de um octaedro. Ou seja, na prática, não são nominados pontos, retas e planos, apenas são feitas as vistas ou projeções, obviamente com as dimensões (a cotagem).

Este é o grande objetivo deste livro: apresentar a geometria descritiva como base conceitual do desenho técnico projetivo.

Neste desenho estão representadas as seguintes vistas: de frente (projeção em π'), vista superior ou planta (projeção em π) e vista lateral esquerda ou de perfil (projeção em π'').

A seguir tem-se a visão espacial do octaedro.

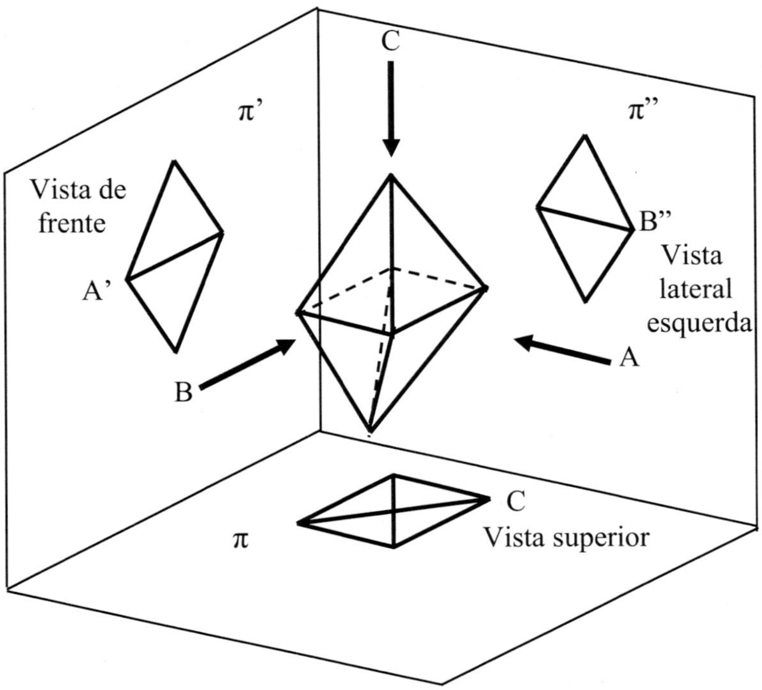

*Observe que, em épura a vista superior fica embaixo e a vista lateral esquerda fica na direita, devido às rotações dos planos π e π''.

1.4.2 Exercícios propostos (veja soluções e respostas no Apêndice A)

1.4.2.1) Considere os pontos (A)(+2;+5;+3) e (B)(-2;-5;-3), considere os 4 diedros e: a) Faça suas representações espaciais; b) Una os pontos e interprete o que acontece; c) Faça a épura dos pontos.
1.4.2.2) Considere os pontos (A)(+5;+5;+5), (B)(+2;+5;+2) e (C)(+2;+2;+2), faça suas representações espaciais e épuras. Una os pontos e interprete o que ocorre.

Estudo das retas. Classificações, traços e posições no espaço

Retas podem ser definidas e localizadas a partir das coordenadas cartesianas de dois pontos. Em geometria descritiva as retas são nominadas e estudadas segundo suas posições em relação aos planos π, π' e π''. Na prática as retas são provenientes da interseção de dois planos, ou melhor, de duas faces de uma peça ou objeto, formando as arestas. Quando são feitos os desenhos técnicos projetivos, as retas são simplesmente projetadas e desenhadas, sem receberem as classificações aqui estudadas. O estudo dos nomes das retas objetiva desenvolver a percepção espacial das projeções cilíndricas ortogonais ou vistas de um objeto ou peça, usadas no desenho técnico projetivo, até porque mudando-se a posição do objeto, muda-se o "nome" da reta.

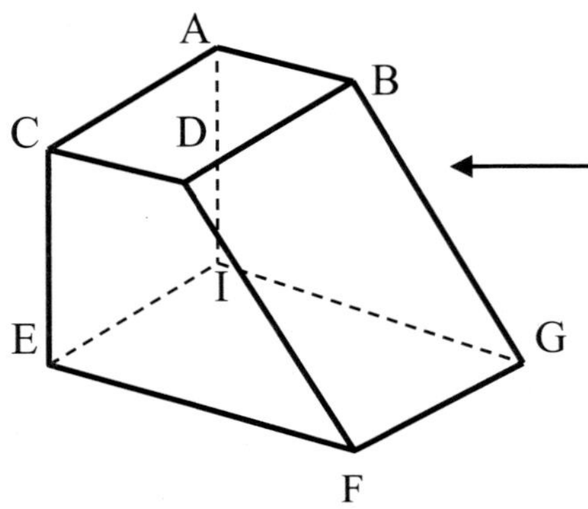

Todas estas doze arestas: AB, CD, CE, EF, FG, BG, DF, AC, BD, AI, EI, IG, são retas provenientes das interseções dos seis planos: ABCD, CDEF, DBFG, ABIG, ACEI, EIFG.
Observa-se que nesta simples peça, formada por oito pontos existem planos e retas: paralelos, perpendiculares e inclinados.

Uma reta pode ser paralela, perpendicular ou inclinada, em relação a um ou dois e até três planos. Para simplificação da definição serão utilizados os seguintes símbolos:

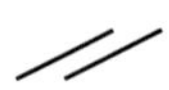 Para simbolizar retas paralelas aos planos

 Para simbolizar retas perpendiculares aos planos

 Para simbolizar retas inclinadas aos planos

Exercício resolvido: Dados os pontos P e J, analisar a posição da reta PJ, em relação aos planos π, π' e π''. (P)(+2; +3;+2), (J)(+2; +3; +4). (Trata-se de uma reta vertical).
Uma primeira análise mostra que os pontos P e J têm as mesmas abscissas e os mesmos afastamentos e estão no 1^0 triedro. Vamos à análise espacial.

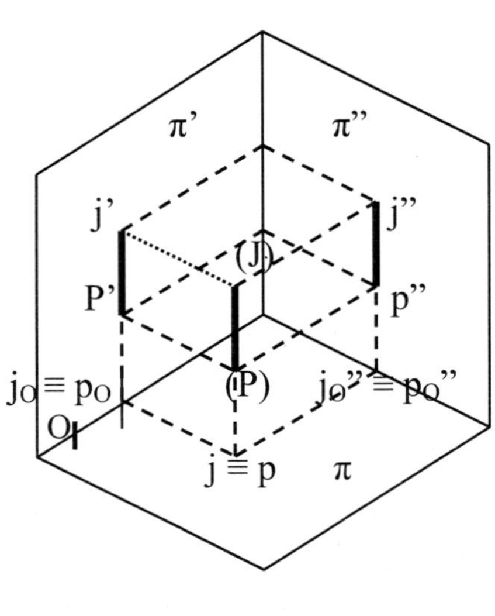

A visão espacial mostra que a reta PJ é:

Perpendicular a π ou 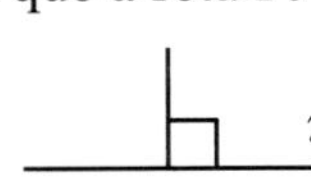 π

Paralela a π' ou  π'

Paralela a π'' ou 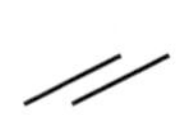 π''

2.1 Classificação e estudo das retas (na visão espacial e em épura)

Em função de suas posições em relação aos planos de projeções, existem sete (7) tipos de retas como a seguir descritas:

Tipo de reta	Posição	Símbolo
Fronto horizontal	Paralela a π ou	// π
	Paralela a π' ou	// π'
	Perpendicular a π'' ou	⊥ π''
Horizontal ou de nível	Paralela a π ou	// π
	Inclinada a π' ou	∠ π'
	Inclinada a π'' ou	∠ π''
Frontal ou de frente	Inclinada a π ou	∠ π
	Paralela a π' ou	// π'
	Inclinada a π'' ou	∠ π''
Vertical	Perpendicular a π ou	⊥ π
	Paralela a π' ou	// π'
	Paralela a π'' ou	// π''
De topo ou de ponta	Paralela a π ou	// π
	Perpendicular a π' ou	⊥ π'
	Paralela a π'' ou	// π''
De perfil	Inclinada a π ou	∠ π
	Inclinada a π' ou	∠ π'
	Paralela a π'' ou	// π''
Reta genérica ou qualquer	Inclinada a π ou	∠ π
	Inclinada a π' ou	∠ π'
	Inclinada a π'' ou	∠ π''

A seguir serão mostradas as visões espaciais e épuras de cada uma das sete retas no 1^0 triedro, sempre mostrando-se um objeto ou peça onde a mesma aparece.

Reta fronto horizontal (paralela a π e π' e perpendicular a π")

Considere-se uma reta definida pelos pontos (A)(+1; + 3; +4) e (B)(+3; +3; +4). Observa-se que nesta reta os afastamentos e as cotas dos pontos A e B são iguais, pois a reta é paralela aos planos π e π' variando apenas as abscissas.

Visão espacial

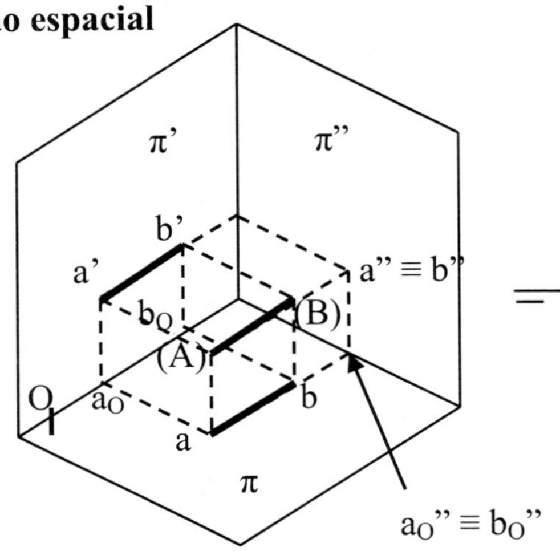

Épura

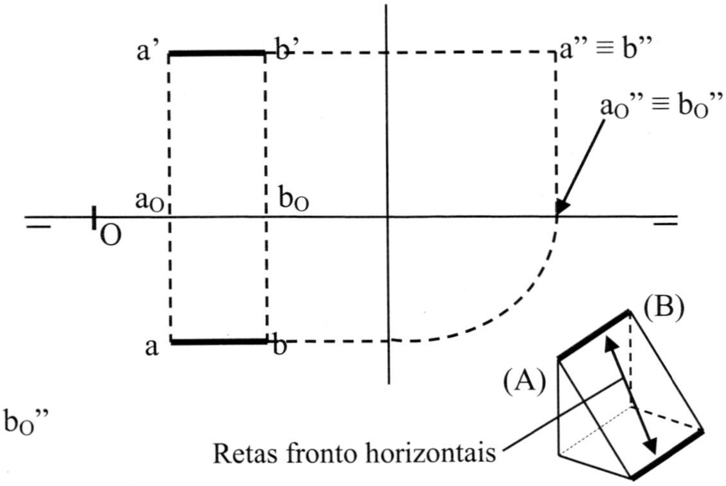

Reta horizontal ou de nível (paralela a π e inclinada a π' e π")

Considere-se uma reta definida pelos pontos (C)(+1;+2;+2) e (D)(+3;+4;+2). Observa-se que nesta reta as cotas são iguais, pois a reta é paralela ao plano π.

Visão espacial

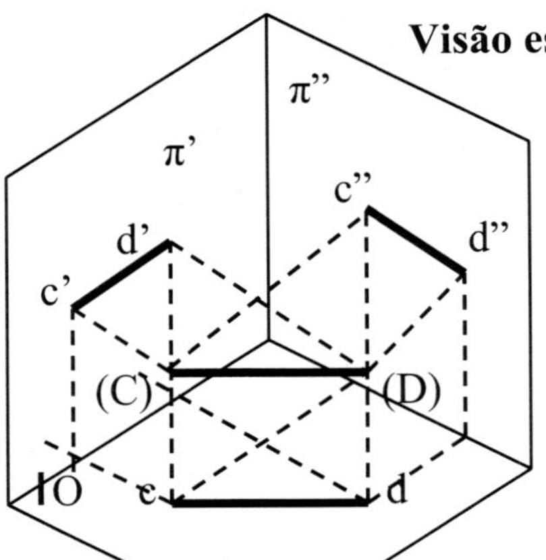

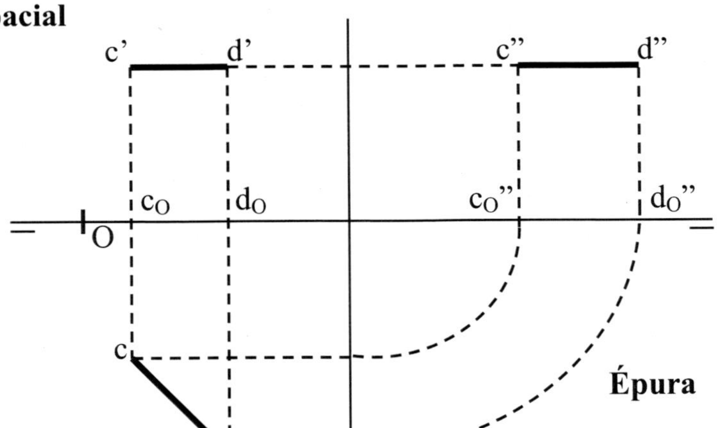

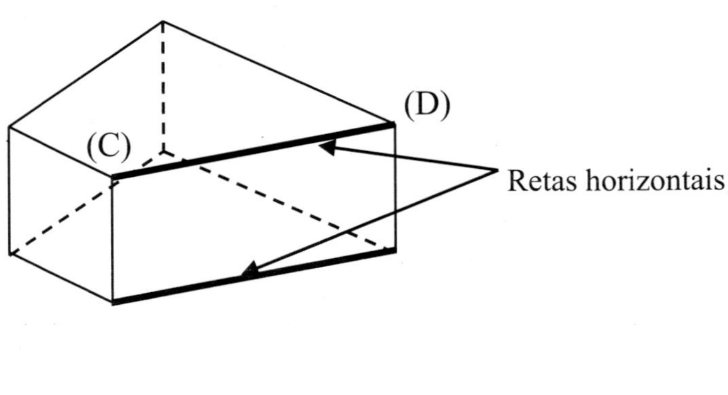

Reta frontal ou de frente (inclinada a π e π'' e paralela a π')

Considere-se uma reta definida pelos pontos (E)(+1;+3;+2) e (F)(+3;+3;+3). Observa-se que nesta reta os afastamentos são iguais, pois a reta é paralela ao plano π'.

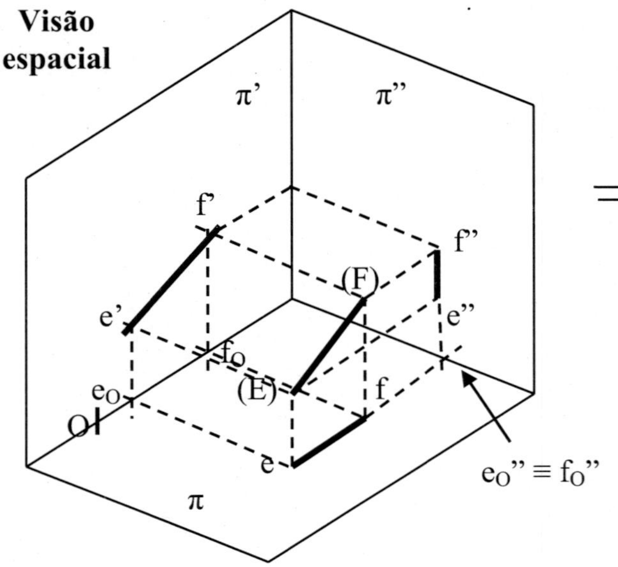

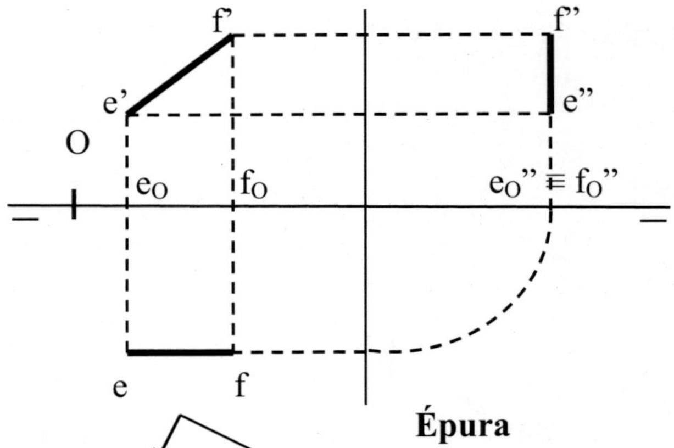

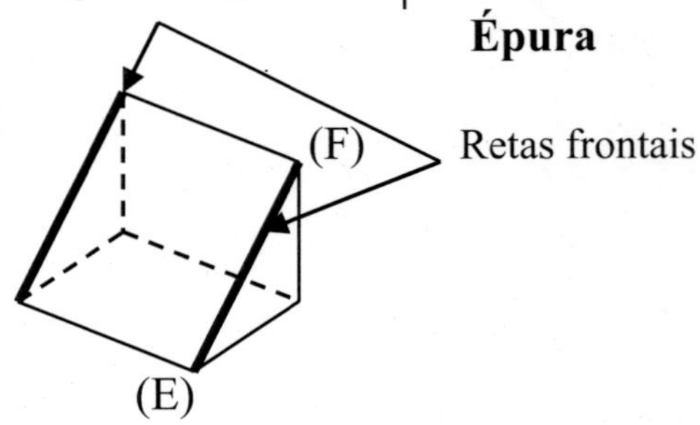

Reta vertical (perpendicular a π e paralela a π' e π'')

Considere-se uma reta definida pelos pontos (G)(+1;+2;+1,5), (I)(+1;+2;+3). Esta reta têm as mesmas abscissas e os mesmos afastamentos, pois é paralela aos planos π' e π'', e perpendicular ao plano π.

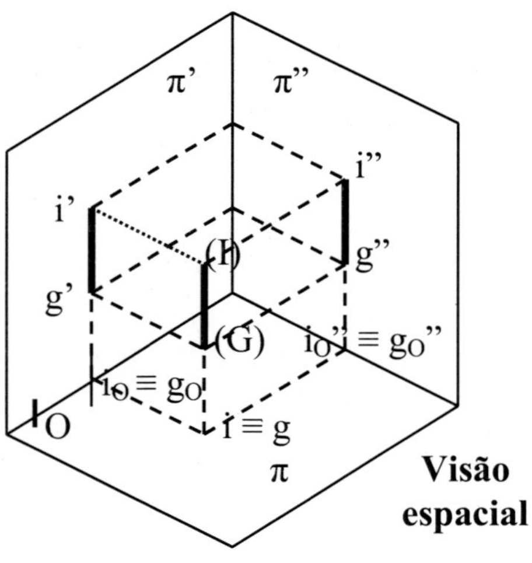

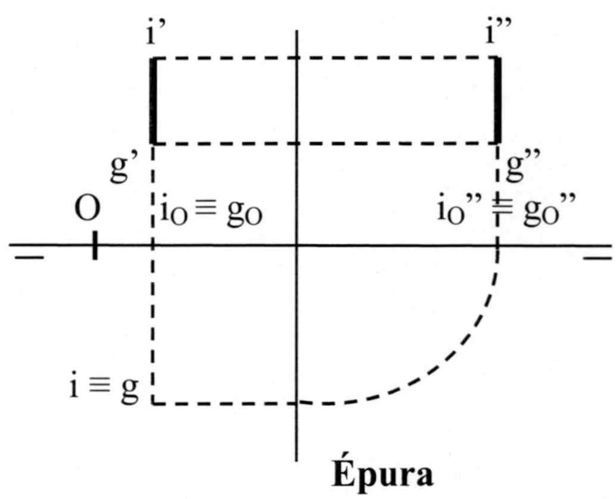

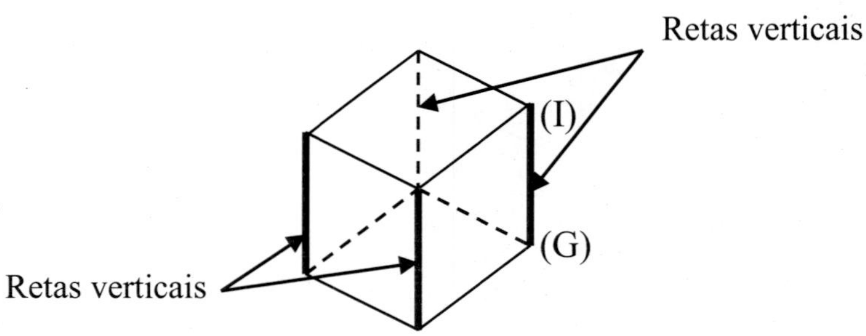

Reta de topo ou de ponta (paralela a π e π'' e perpendicular a π')

Considere-se uma reta definida pelos pontos (J)(+1;+2;+1,5) e (K)(+1;+3,5;1,5). Esta reta têm as mesmas abscissas e as mesmas cotas, pois é paralela aos planos π e π'', e perpendicular ao plano π'.

Visão espacial

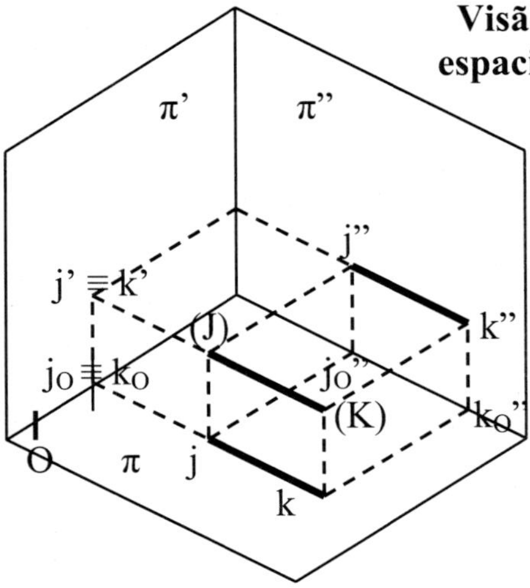

Épura

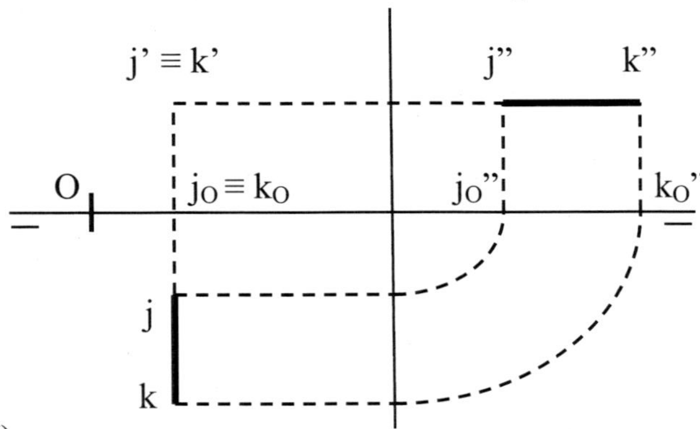

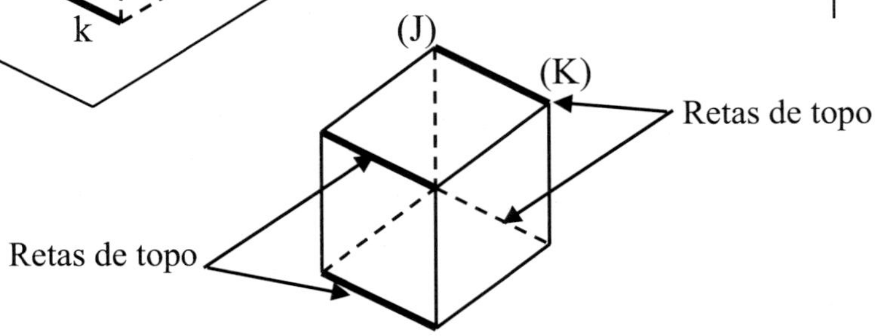

Reta de perfil (inclinada a π e π' e paralela a π'')

Considere-se uma reta definida pelos pontos (L)(+1;+2;+2,5) e (M)(+1;+3;+1). Esta reta têm as mesmas abscissas, com afastamentos e cotas diferentes. É inclinada em relação aos planos π e π' e paralela ao plano π''.

Visão espacial

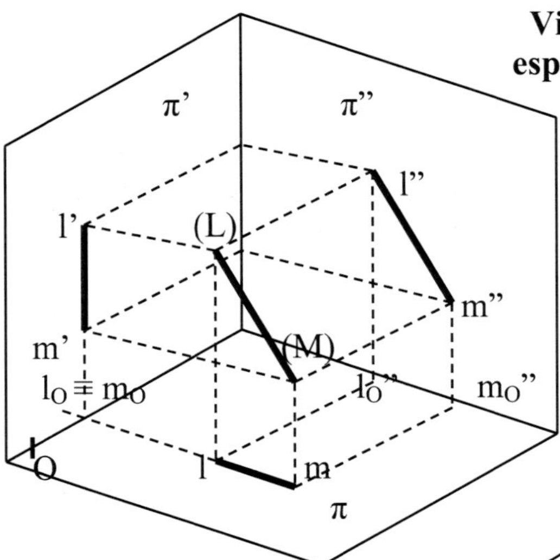

Épura

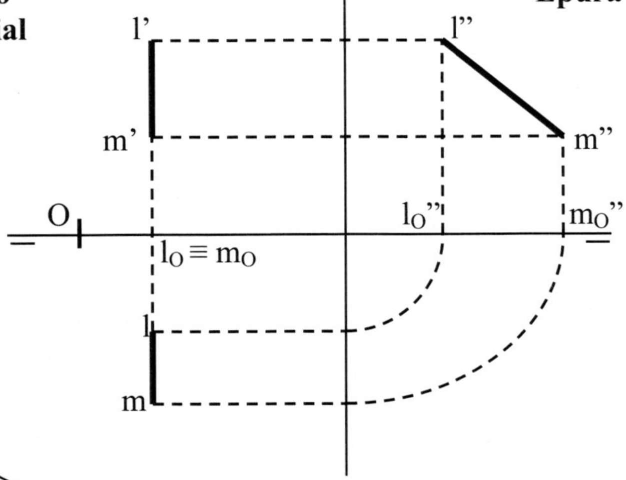

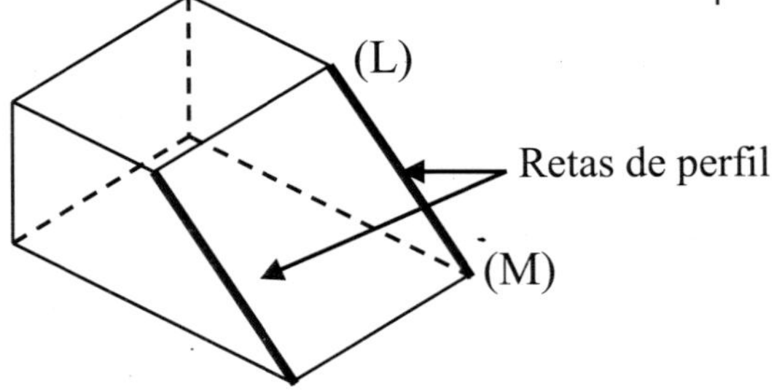

Reta genérica ou qualquer (inclinada a π, π' e π")

Considere-se uma reta definida pelos pontos (N)(+1;+2;3,5). (Q)(+1,5;+3;2,5). Esta reta é inclinada em relação aos três planos: π, π' e π".

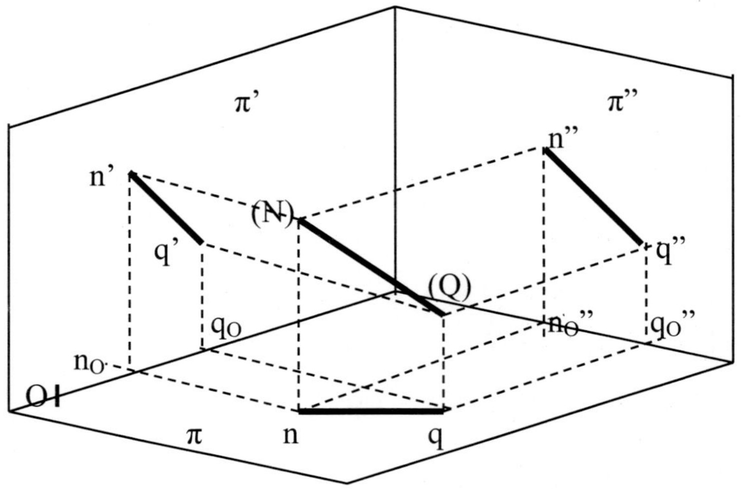

Visão espacial

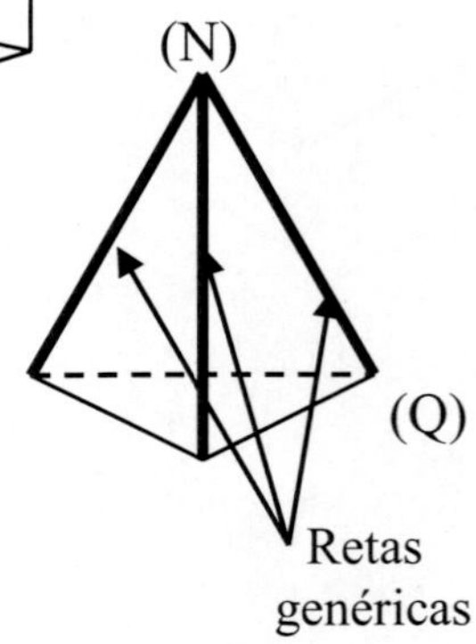

Épura

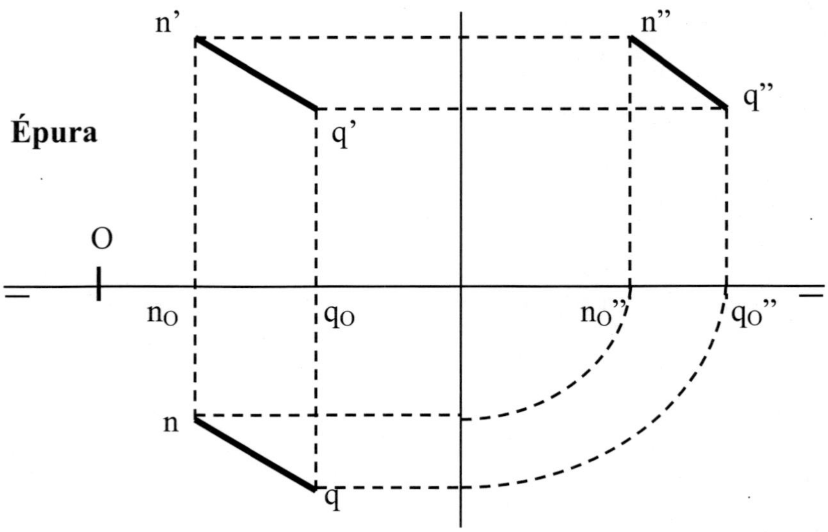

2.2 Exercício resolvido: Analise o sólido a seguir, defina o tipo das retas CE e AE, fazendo suas épuras no 1^0 triedro. Além das coordenadas do ponto (A), são dados os valores de algumas arestas. Inicialmente deve-se calcular as coordenadas cartesianas dos pontos C e E.

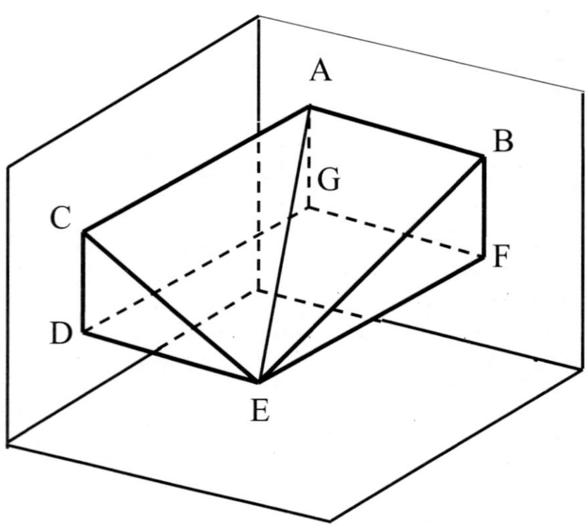

(A)(+6;+2;+4)
AB = 3, AC = 4, CD = 2
AB = DE = GF
AG = BF = CD
AC = DG = EF

Cálculo das coordenadas dos pontos C e E

(C)(6-AC; +2; +4), como AC = 4, portanto: (C) (+2; +2; +4)
(E)(+2; 2+DE; 4-CD), Como DE = 3 e CD = 2, logo: (E)(+2; +5; +2).
Reta AE: (A)(+6;+2;+4) e (E)(+2;+5;+2) é uma reta genérica ou qualquer.
Reta CE: (C)(+2;+2;+4) e (E)(+2;+5;+2) é uma reta de perfil.

Épura da reta AE (genérica ou qualquer)

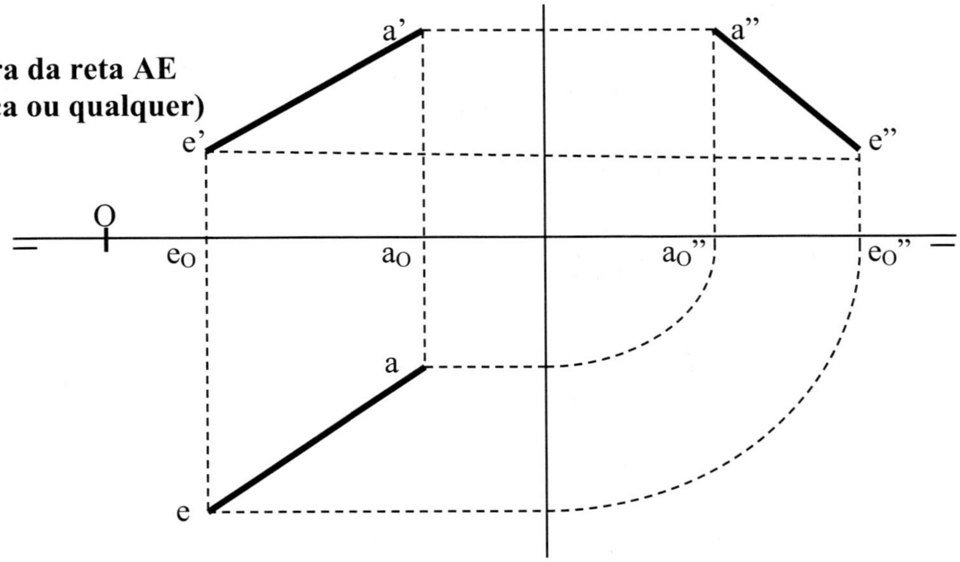

Épura da reta CE (de perfil)

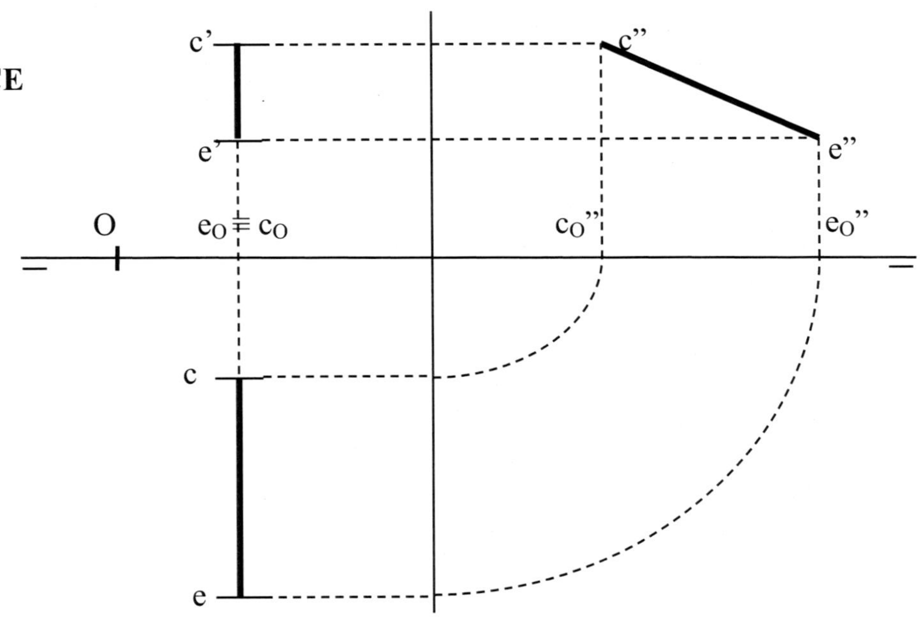

2.3 Pertinência de ponto e reta

Um ponto pertence a uma reta quando suas projeções coincidem com as projeções similares da reta. Em alguns casos, como nas retas de perfil e genérica, só com a análise das três projeções, ou seja, em π, π' e π" é que se consegue confirmar que realmente o ponto pertence à reta. Analise os pontos (A)(+1,5; +1,5; +3,0), (B)(+1,5; +3,5; +1,0) e (P)(+1,5; +2,5; +2,5) e veja se o ponto (P) pertence à reta AB.

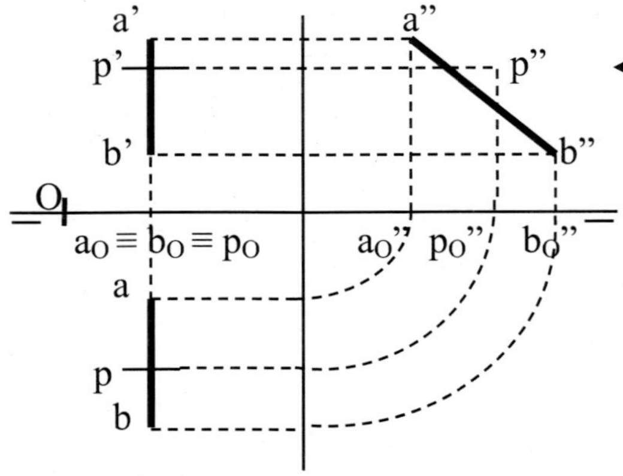

Análise pela épura

(A)(+1,5;+1,5:+3,0); (B)(+1,5;+3,5;+1,0) e (P)(+1,5;+2,5;+2,5)

Analisando apenas as projeções em π e π' pode-se pensar que o ponto P pertence à reta de perfil AB, já que as projeções coincidem, porém, ao analisar a projeção em π'', constata-se que o ponto P está fora e acima da reta AB.

Conclusão: o Ponto p não pertence à reta AB.

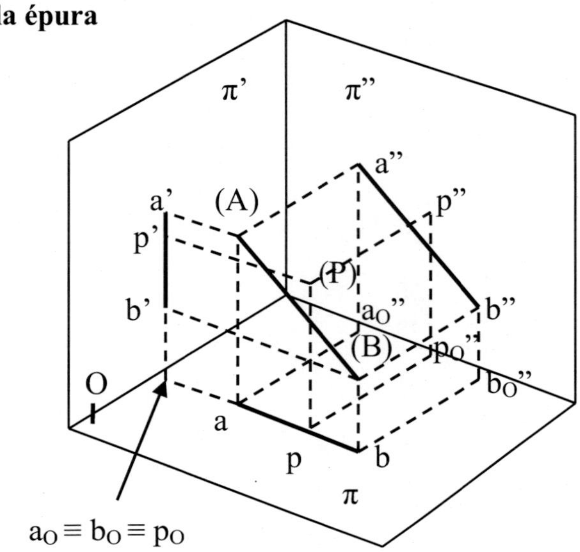

Análise pela visão espacial

Conclusão: o ponto P não pertence à reta AB.

2.3.1 Exercício resolvido: Dada uma reta CD, com (C)(+2;+3;+4) e (D)(+4;+6;+4), defina o seu tipo, faça sua épura no 1^0 triedro e determine um ponto E que pertença à reta, calculando suas coordenadas cartesianas. Mostre também a visão espacial.

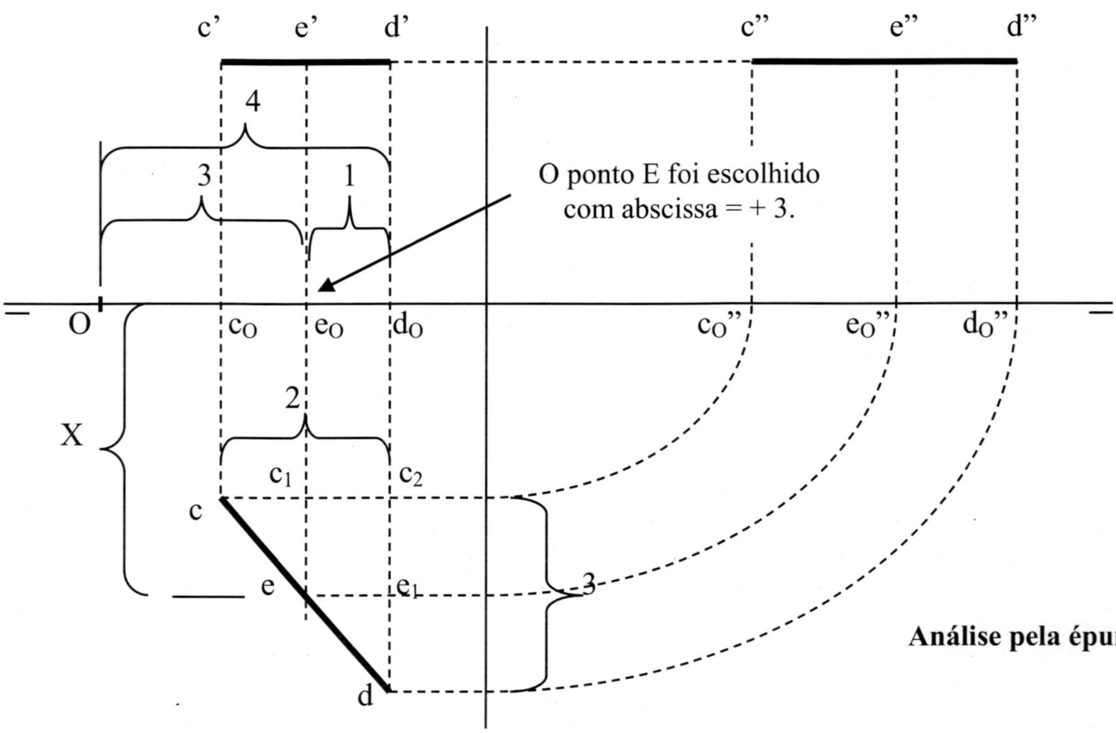

Análise pela épura

A reta CD é tipo horizontal, ou seja, paralela ao plano π, pois os pontos C e D possuem a mesma cota. A a abscissa de E foi definida como igual a +3 ficando no ponto médio entre C e D. A cota do ponto E é +4, pois a reta é paralela ao plano π. Só fica faltando calcular o afastamento de E que é o valor X, que é igual ao segmento e_O e, que é igual à e_Oc1 (que é o afastamento de C) mais o segmento c_1e. Portanto, tem-se que calcular o valor de c_1e. As coordenadas cartesianas do ponto E são (E)(+3; X; +4).
O cálculo é feito por semelhança dos triângulos cc_2d e cc_1e.

$cc_2 / cc_1 = c_2d / c_1e$ ou seja: $2 / 1 = 3 / c_1e$. Calculando tem-se: $c_1e = 1{,}5$
$c_1e + e_0c_1 = 1{,}5 + 3 = 4{,}5$; Portanto o afastamento de E = +4,5.

Portanto as coordenadas cartesianas de E são: (E)(+3; +4,5; +4).

Análise pela visão espacial

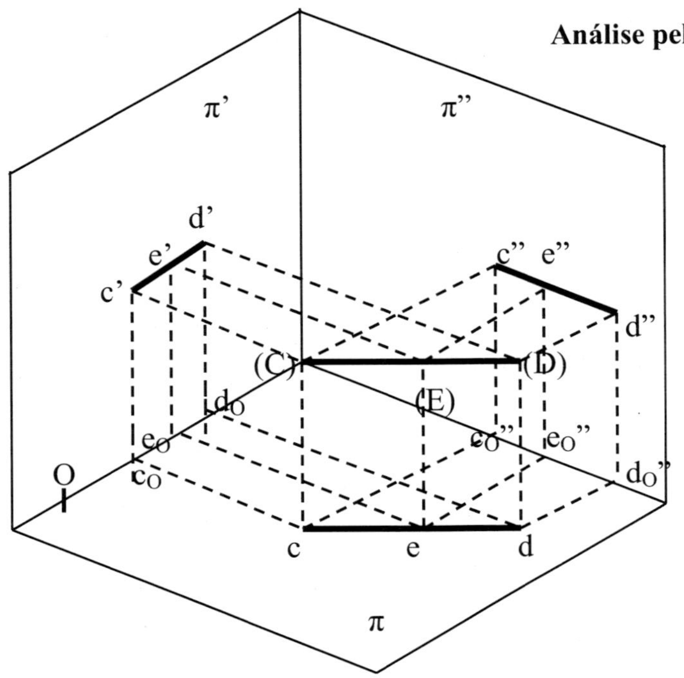

2.3.2 Exercício proposto sobre pertinência de ponto e reta: Determinar as coordenadas cartesianas do ponto (P), com afastamento +2 e pertencente à reta (A)(B), sabendo que: (A)(+2;+1;+5) e (B)(+2;+3;+2).

2.4 Posições relativas entre duas ou mais retas.

No espaço R^3, retas, ou melhor, arestas de objetos ou peças, podem assumir diversas posições: a) Podem pertencer a planos diferentes e serem reversas, ou seja, não se interceptam; b) Podem pertencer a planos diferentes e serem concorrentes e ou perpendiculares/paralelas; c) Podem pertencer a um mesmo plano e serem paralelas, concorrentes ou perpendiculares. O estudo dos planos é feito no Capítulo 3.

Exemplos de retas em planos diferentes ou reversas, ou seja, não se interceptam.

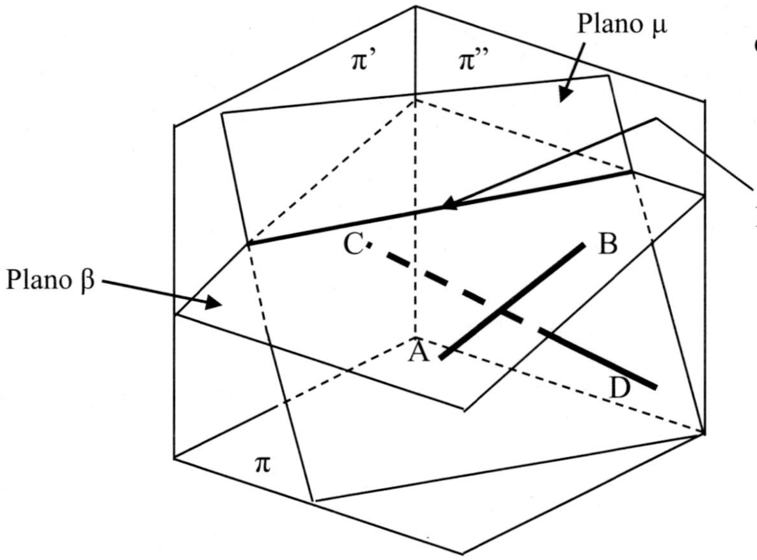

Deve ser observado que a interseção de dois planos gera uma reta. Neste caso é uma reta genérica.

A reta AB tipo frontal está no plano de topo β e a reta CD tipo de perfil está no plano genérico ou qualquer μ.

Exemplo de retas paralelas em planos diferentes

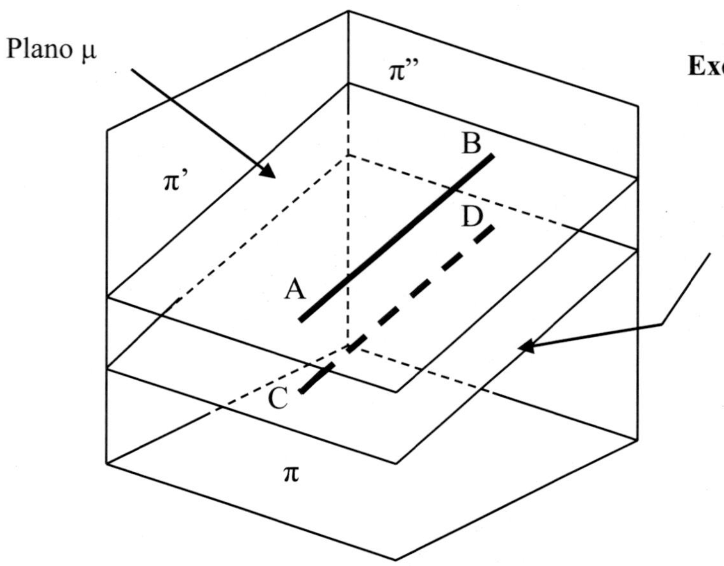

As retas AB e CD, são tipo de topo e estão em planos frontais μ e β paralelos entre si.

Exemplos de retas perpendiculares em planos diferentes

A reta AB no plano paralelo à Linha de Terra μ, é do tipo genérica ou qualquer. A reta CD no plano de perfil β, é do tipo de topo. Existe uma posição onde é possível que as duas sejam perpendiculares.

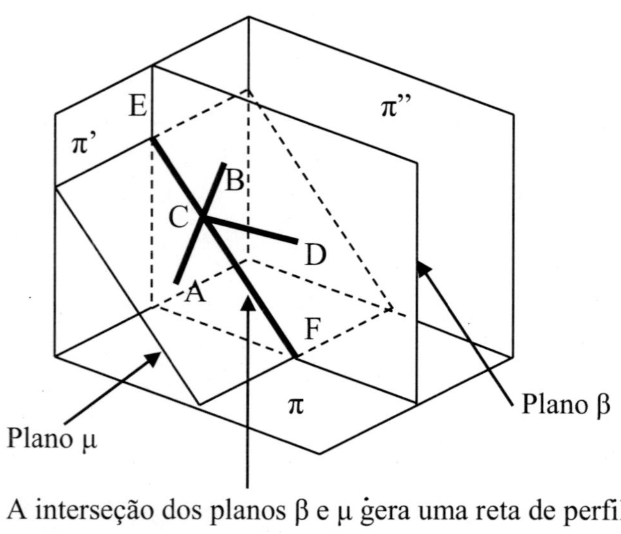

A interseção dos planos β e μ gera uma reta de perfil EF.

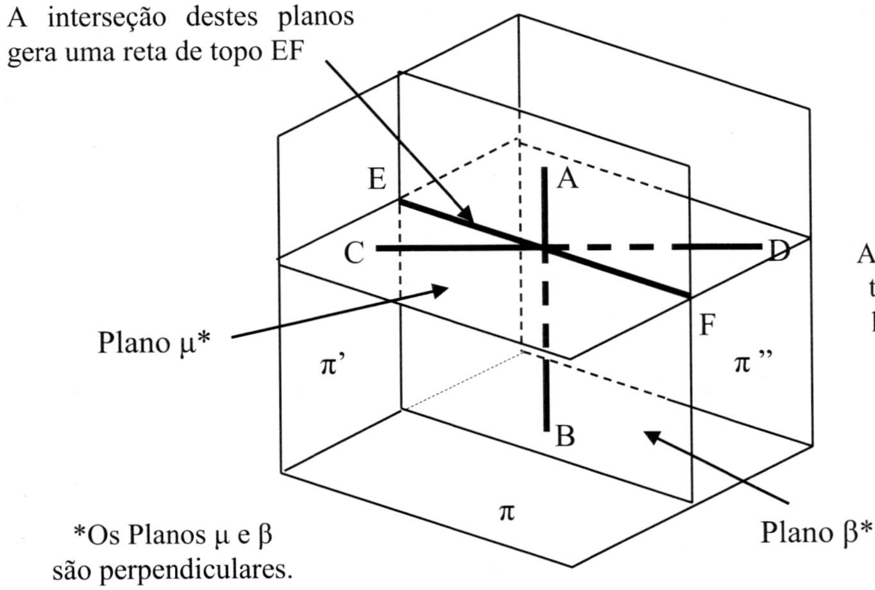

Exemplos de retas perpendiculares em planos diferentes

A reta AB no plano de perfil β é do tipo vertical e a reta CD no plano horizontal μ é do tipo horizontal.

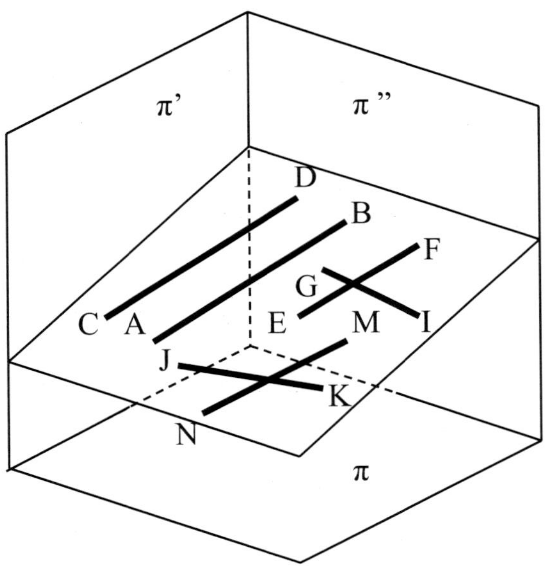

Exemplos de retas no mesmo plano:

Paralelas: AB e CD
Perpendiculares: EF e GI
Concorrentes: JK e MN

2.4.1 Exercício resolvido: Nesta figura identifique:

Retas paralelas e perpendiculares no mesmo plano e em planos diferentes.

Retas concorrentes no mesmo plano e em planos diferentes.

Identifique as retas, segundo as letras indicadas.

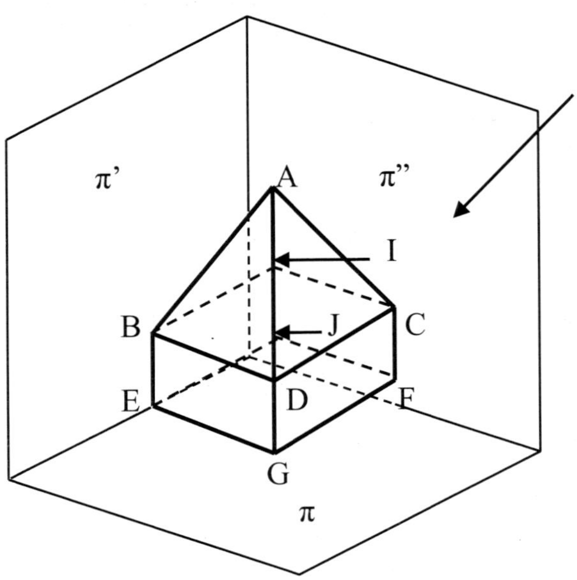

Observações: os planos formados pelas retas CDGF e IBEJ, são paralelos ao plano π'.
Os planos formados pelas retas BDEG e ICJF, são paralelos ao plano π''.
Os planos formados pelas retas IBDC e JEGF são paralelos ao plano π.

As seguintes retas são paralelas (//): BE//DG//CF//IJ: são retas verticais. BD//EG//CI//FJ: são retas de Topo. IB//JE//CD//FG: são retas fronto horizontais.

As seguintes retas são concorrentes: AB, AC, AD e AI: e são retas genéricas que se interceptam no ponto (A). Estas 4 retas pertencem a 4 planos diferentes, quais sejam: ACD (α), ABD (β), ABI (γ) e ACI (δ), porém cada duas retas destas pertencem ao mesmo plano. As retas AC, AD e CD pertencem ao plano α. As retas AB, AD e BD pertencem ao plano β. As retas AB, AI e CI pertencem ao plano γ. As retas AI, AC e CI pertencem ao plano δ.

As seguintes retas são perpendiculares: BD e DG; BD e EG; IJ e CF; IC e JF; IB e JE; BE e IJ; CD e FG; DG e CF.

2.5 Trajetória e traços de retas.

Dependendo do tipo e posição, as retas podem se situar apenas em um ou dois e até em três diedros. A reta fronto horizontal só percorre um diedro, pois é paralela aos planos π e π'. As retas vertical, de topo, frontal e horizontal percorrem dois diedros. As retas de perfil e genérica ou qualquer são as únicas que percorrem três diedros.
Traços de retas são os pontos onde as retas interceptam ou furam os planos π e π'. Traço horizontal ou H é o ponto onde uma reta intercepta ou fura o plano π. Traço vertical ou V é o ponto onde uma reta intercepta ou fura o plano π'.
Não existe nenhum sentido em se pensar em traço de perfil, ou seja, o ponto onde a reta interceptaria ou furaria o plano π'', até porque sua posição é "qualquer", já que não existe nenhuma medida, ou melhor, coordenada cartesiana, a ele relacionada, como são os casos dos afastamentos e cotas relacionados aos planos π e π'.
Em desenho técnico projetivo, em alguns tipos de peças, especialmente em troncos de poliedros, são necessárias construções geométricas que remetem a este conceito de traço de uma reta, apenas no sentido de, por exemplo, determinar o vértice de uma pirâmide ou até de um cone, para permitir a sua construção física.
A seguir são mostradas épuras e visões espaciais de algumas retas, no 1^0 diedro, com as representações de seus traços horizontal e vertical.

Este é o ponto **V** onde a reta AB fura o plano π', ou seja, é o traço vertical desta reta horizontal

Visão espacial do traço vertical V de uma reta horizontal

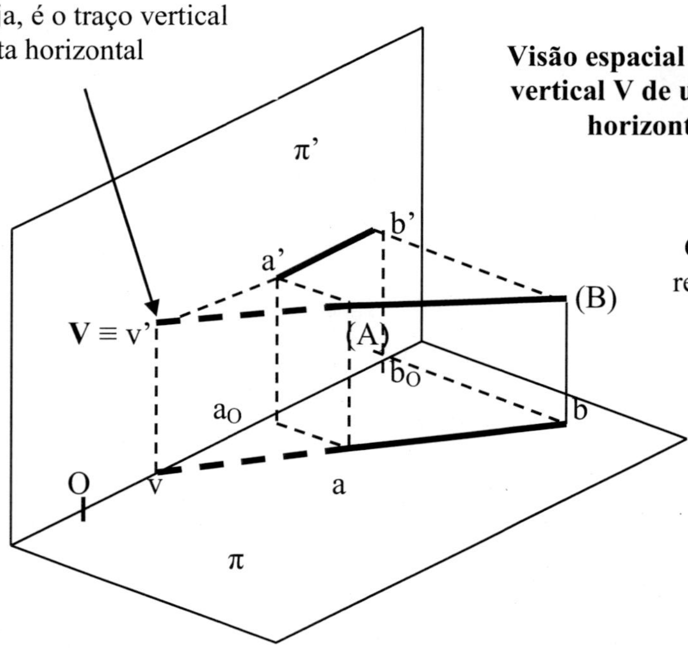

Com relação à trajetória, esta reta se situa nos 1^0 e 2^0 diedros.

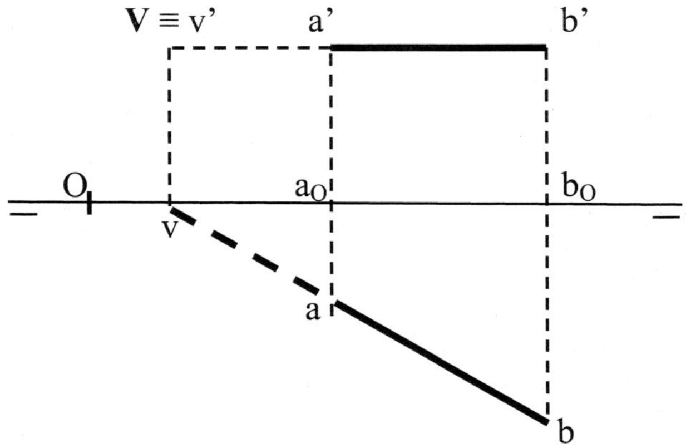

Épura do traço vertical V de uma reta horizontal.

Visão espacial do traço horizontal H de uma reta frontal.

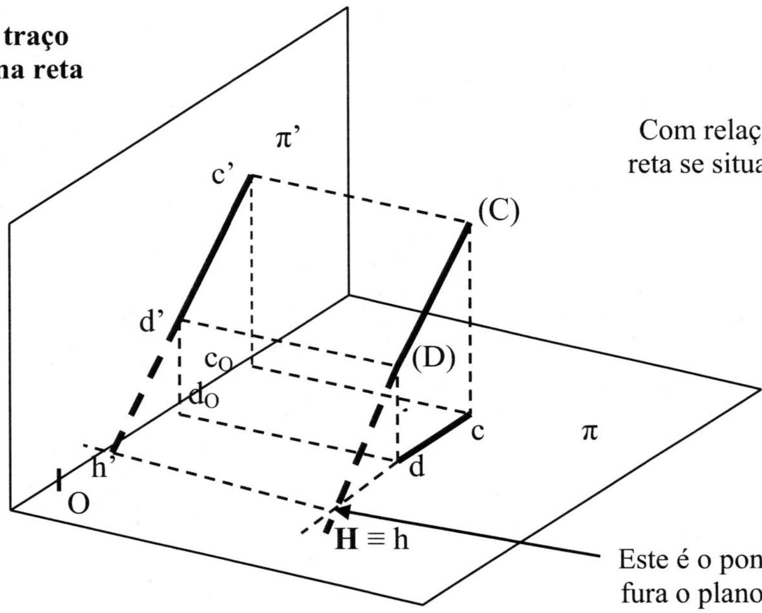

Com relação à trajetória, esta reta se situa nos 1^0 e 4^0 diedros.

Este é o ponto **H** onde a reta CD fura o plano π, ou seja, é o traço horizontal desta reta frontal.

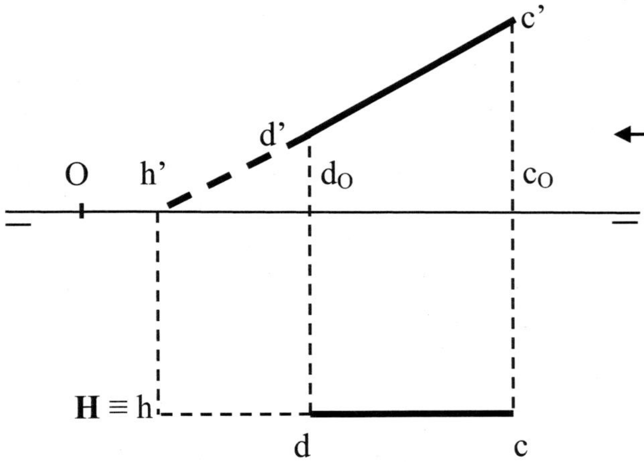

Épura do traço horizontal H de uma reta frontal.

Visão espacial dos traços horizontal H e vertical V de uma reta genérica ou qualquer. Com relação à trajetória, esta reta percorre os 2^0, 1^0 e 4^0 diedros.

Este é o ponto **V** onde a reta EF fura o plano π', ou seja, é o traço vertical desta reta.

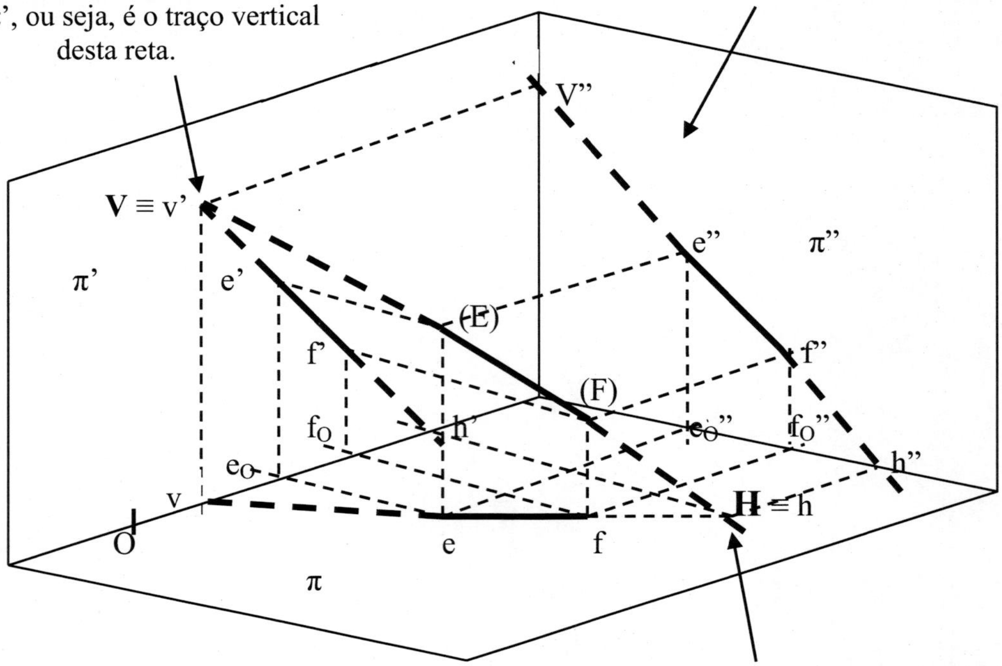

Este é o ponto **H** onde a reta EF fura o plano π, ou seja, é o traço horizontal desta reta.

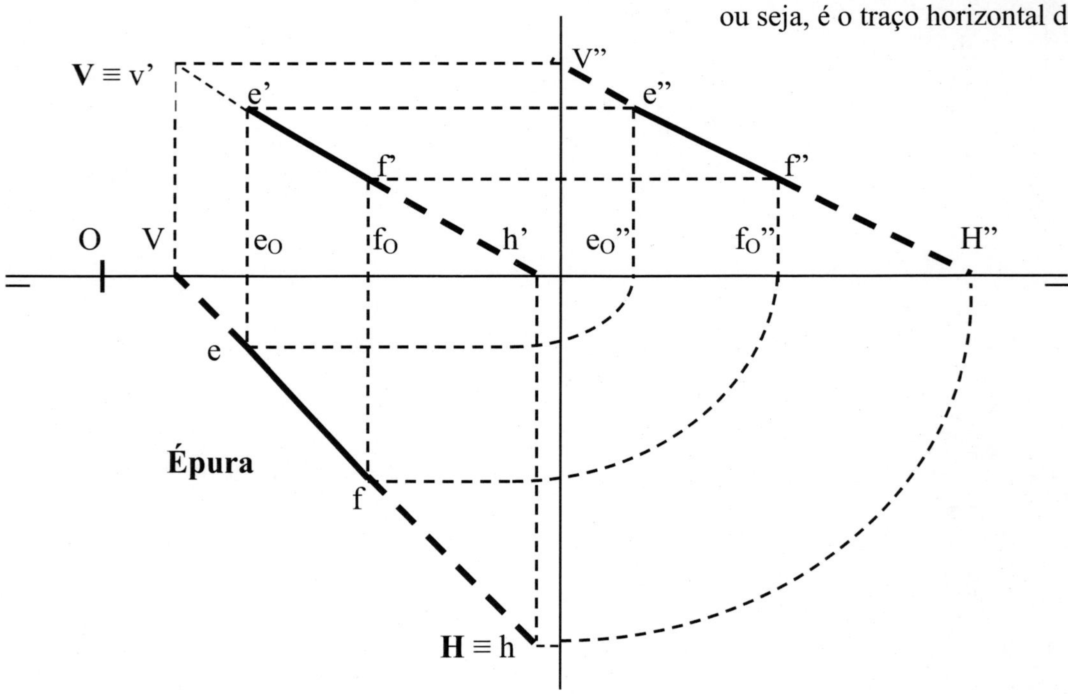

Após a análise destas três visões espaciais e épuras de traços de retas, podemos citar as regras para se determinar em épura os traços de uma reta, sem o recurso da visão espacial. Será utilizada a épura desta reta genérica ou qualquer EF, pois apresenta os dois traços: o horizontal H e o vertical V.

Regra para determinação do traço horizontal H de uma reta, em épura:

Prolonga-se a projeção vertical e'f'da reta até encontrar a Linha de Terra, onde se localiza o ponto h', ou seja, a projeção vertical do traço horizontal. A partir de h' traça-se uma reta auxiliar perpendicular à Linha de Terra (que pode ser para cima ou para baixo), até encontrar a projeção horizontal ef da reta, onde está o traço horizontal **H** (que coincide com a projeção no plano horizontal ou h).

Regra para determinação do traço vertical V de uma reta, em épura:

Prolonga-se a projeção horizontal ef da reta até encontrar a Linha de Terra, onde se localiza o ponto v, ou seja, a projeção horizontal do traço Vertical. A partir de v traça-se uma reta auxiliar perpendicular à Linha de Terra (que pode ser para cima ou para baixo), até encontrar a projeção vertical e'f' da reta, onde está o traço vertical **V** (que coincide com a projeção no plano vertical ou v).

Uma observação rápida mostra que para se determinar o traço horizontal prolonga-se a projeção vertical da reta e para o traço vertical prolonga-se a projeção horizontal.

Estas regras determinam graficamente os traços de uma reta, mas a determinação do afastamento do traço horizontal H, bem como a cota do traço vertical V é feita através de cálculos de geometria plana, normalmente envolvendo semelhança de triângulos e o Teorema de Pitágoras. Na prática faz-se o desenho da épura de forma analítica, ou seja, sem usar as reais medidas matemáticas e procede-se ao cálculo analítico.

2.5.1 Exercícios resolvidos, com retas no 1º diedro

2.5.1.1) Determinar, analiticamente (sem usar as medidas gráficas), a abscissa do traço vertical V da reta horizontal AB, e suas coordenadas cartesianas, sabendo-se que: (A)(+3;+1;+2) e (B)(+7;+2;+2). Observe que a reta horizontal tem cotas iguais, pois é paralela ao plano horizontal.
Inicialmente, faz-se a [epura da reta de forma gráfica, sem colocar os valores reais, ou seja, apenas para uma análise matemática. Esta reta está no 1^0 diedro.

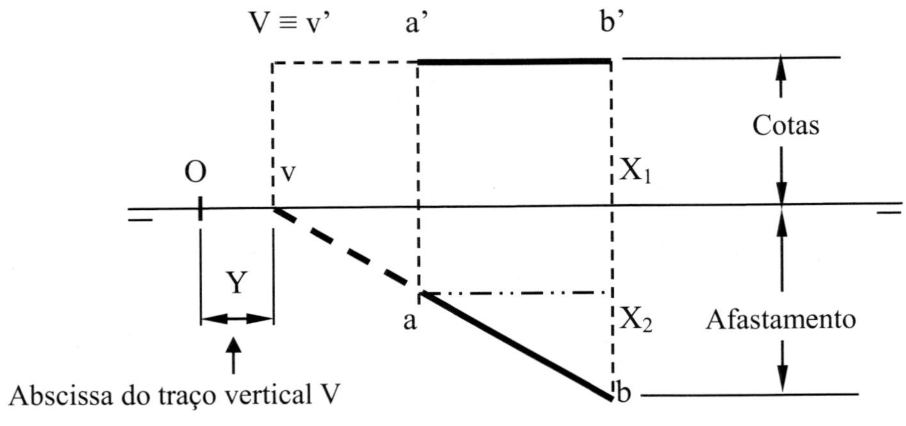

Épura da reta AB, para cálculos analíticos

Inicialmente nominam-se os pontos X_1 e X_2, e vê-se que o valor Y, da abscissa do traço vertical V, é a diferença dos segmentos OX_1 (que é a abscissa do ponto B = 7) e v X_1. Vê-se que os triângulos vX_1b e aX_2b são semelhantes, pois têm os três ângulos iguais. A solução está em determinar o valor do segmento vX1. Desta forma pode-se fazer:

aX_2 está para vX_1, assim como X_2b está para X_1b. ($aX_2 / vX_1 = X_2b / X_1b$)

Sabe-se que: $aX_2 = 4$ (diferença de abscissas dos pontos B e A); $X_2b = 1$ (diferença de afastamentos dos pontos B e A); $X_1b = 2$ (afastamento de B) e OX_1 (que é a abscissa do ponto B) = 7. Também sabe-se que: $Y = OX_1 - vX_1$. Portanto, tem-se:

$4 / vX_1 = 1 / 2$, logo: $vX_1 = (2 \times 4) / 1$, ou seja: $vX_1 = 8$. Como $Y = OX_1 - vX_1$, tem-se:

$Y = 7 - 8$, ou seja, $Y = -1$ (menos 1). O que este valor significa?

Significa que, em verdade, o ponto v está uma unidade à esquerda da origem, ou seja, a **abscissa do traço vertical V é -1**. Desta forma as coordenadas cartesianas do traço vertical são: (V)(-1;0;+2). O afastamento é zero, pois o ponto V está no plano vertical π'.

Ao se fazer o desenho em escala, usando-se os valores reais em centímetros, realmente constata-se que o valor Y está à esquerda da origem O, como a seguir mostrado.

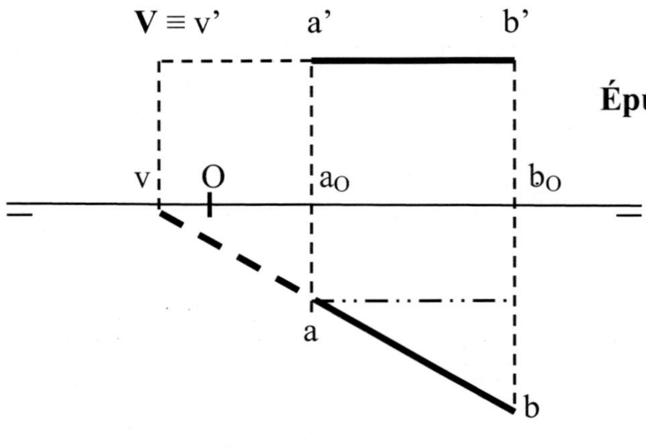

Épura real da reta AB

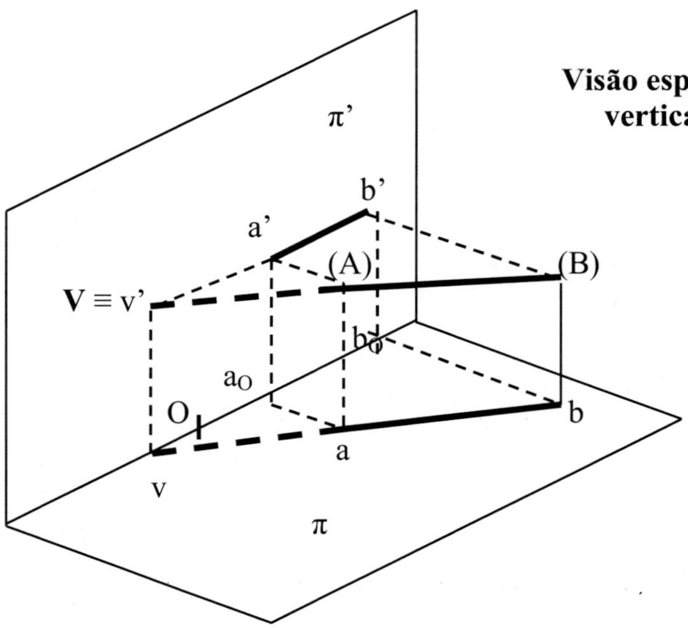

Visão espacial real do traço vertical da reta AB

2.5.1.2) Fazer a épura e o cálculo das coordenadas cartesianas dos traços horizontal H e vertical V da reta genérica ou qualquer AB, conhecendo-se: (A)(+2;+3;+1) e (B)(+6;+6;+12).

Esta reta está no 1^0 diedro, portanto a épura analítica assume a forma a seguir, já com as linhas auxiliares e ângulos, para se fazer o estudo dos triângulos que permitirão o cálculo geométrico das coordenadas cartesianas dos traços. Deve ser observado que o desenho da épura não está rigorosamente em escala, pois existe uma diferença muito grande entre as Cotas de A e B.

Épura analítica da reta genérica AB

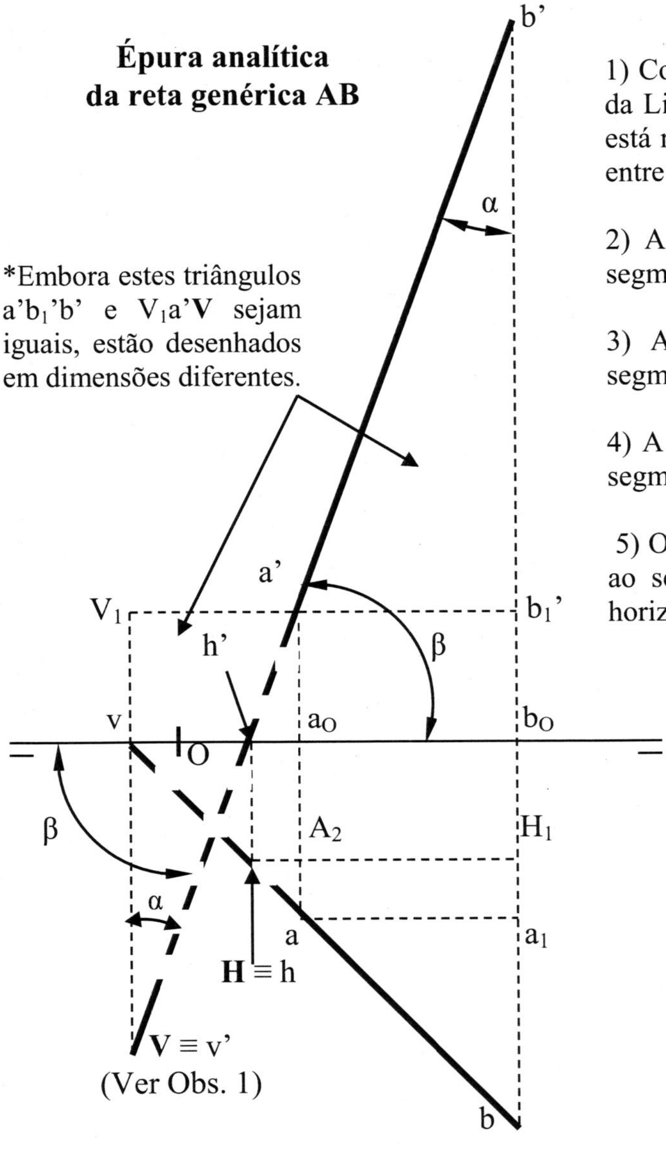

Observações e conclusões:

1) Como a cota do traço vertical **V** está abaixo da Linha de Terra, significa que esta reta (que está no 1^0 diedro) intercepta o plano vertical π' entre os 3^0 e 4^0 diedros.

2) A abscissa do traço vertical **V** é igual ao segmento Ov.

3) A cota do traço vertical **V** é igual ao segmento v**V**.

4) A abscissa do traço horizontal **H** é igual ao segmento h'O.

5) O afastamento do traço horizontal **H** é igual ao segmento h'**H**. A reta intercepta o plano horizontal π entre os 1^0 e 4^0 diedros.

Semelhanças de triângulos

Os seguintes triângulos são semelhantes:

$a'b_1'b'$ e $h'a_Oa'$

vb_Ob e aa_1b

$\mathbf{H}a_2a$ e aa_1b

$vH'\mathbf{H}$ e $v\,b_Ob$

Os triângulos $a'b_1'b'$ e $V_1a'\mathbf{V}$ são iguais*

Cálculo da abscissa do traço vertical V, ou seja, segmento Ov:

Como os triângulos $a'b_1'b'$e $h'a_Oa'$ são semelhantes, logo: $b'b_1' / a'a_O = a'b_1'/h'a_O$,
portanto: $11/1 = 4/h'a_O$, ou seja, $h'a_O = 4/11$

Como os triângulos vb_Ob e aa_1b são semelhantes, logo: $b_Ob / a_1b = vb_O / aa_1$,
Portanto: $6/3 = vb_O /4$, ou seja, $vb_O = 8$

$vb_O = vh' + h'a_O + a_Ob_O$, ou seja: $8 = vh' + 4/11 + 4$ ou $vh' = 8 - 4/11 - 4$,
logo $vh' = 40/11$
$Va_O = V_1a' = 40/11 + 4/11 = 44/11 = 4$
$Ov = Va_O - Oa_O = 4 - 2 = 2$, como Ov está à esquerda da Origem O, logo:

A abscissa do traço vertical V é – 2 (valor negativo).

Cálculo da cota do traço vertical V, ou seja, segmento Vv:

Como os triângulos a'b_1'b' e V_1a'V são iguais, logo: V_1V = b_1'b'= b_Ob' - $b_O b_1$' = 12 – 1 = 11. A cota do traço vertical V é igual a vV que é igual a V_1V - V_1v (que é a cota de A = 1), portanto V_1V - V_1v = 11 -1 = 10. Esta cota tem valor negativo, pois está abaixo da Linha de Terra, logo:

A cota do traço vertical V é – 10 (valor negativo).

Cálculo do afastamento do traço horizontal H, ou seja, segmento h'H:

h'H = $b_O H_1$ = $a_O a_2$

Como os triângulos **H**a_2a e aa_1b são semelhantes, logo: aa_1 / **H**a_2 = a_1b / a_2a,
Portanto: (4 / 4/11) = 3 / a_2a, ou seja: a_2a = (3 x 4/11) / 4 = 3 x 4/11 x 1 / 4 = 3 /11

H'H = $b_O H_1$ = 3 – 3/11 = 30/11, portanto:

O afastamento do traço horizontal H é igual a + 30/11.

Cálculo da abscissa do traço horizontal H, ou seja, segmento H'O:

Como os triângulos vh'**H** e vb_Ob são semelhantes, logo: vH' / vb_O = h'H / b_Ob, ou seja:
vh' = (vb_O x h'H) / b_Ob. Como:
v b_O = soma das abscissas de B e de V, ou seja: vb_O = 2 + 6 = 8
h'H é o afastamento de H = 30/11
b_Ob é o afastamento de B = 6, portanto:

vh' = (8 X 30/11) / 6, ou seja: vh' = (8 X 30/11) X 1/6, logo vh' = 40/11

A abscissa de H ou h'O é igual ao segmento vh' menos Ov, que é a abscissa do traço vertical, portanto: h'O = 40/11 – 2, logo h'O = 18/11, com valor positivo, pois está à direita da Origem O.

A abscissa do traço horizontal H é igual a + 18/11.

Finalmente podem-se definir as coordenadas cartesianas dos traços horizontal H e vertical V:

(H)(+18/11; +30/11;0). A cota é zero, pois H está no plano horizontal π.
(V)(-2;0;-10). O afastamento é zero, pois V está no plano vertical π'.

Na prática o conceito de traço de reta é utilizado, por exemplo, em planificações de tubulações e equipamentos de caldeiraria, quando se tem que descobrir, por exemplo, o foco ou vértice de uma peça cônica, que se usará apenas um tronco ou parte desta peça.

O desenho a seguir, considerando-se afastamentos e cotas, dá uma visualização da trajetória desta reta genérica ou qualquer, que percorre os 1^0, 4^0 e 3^0 diedros.

Vista lateral dos diedros (sinal da cruz) para se entender os traços horizontal e vertical da reta AB

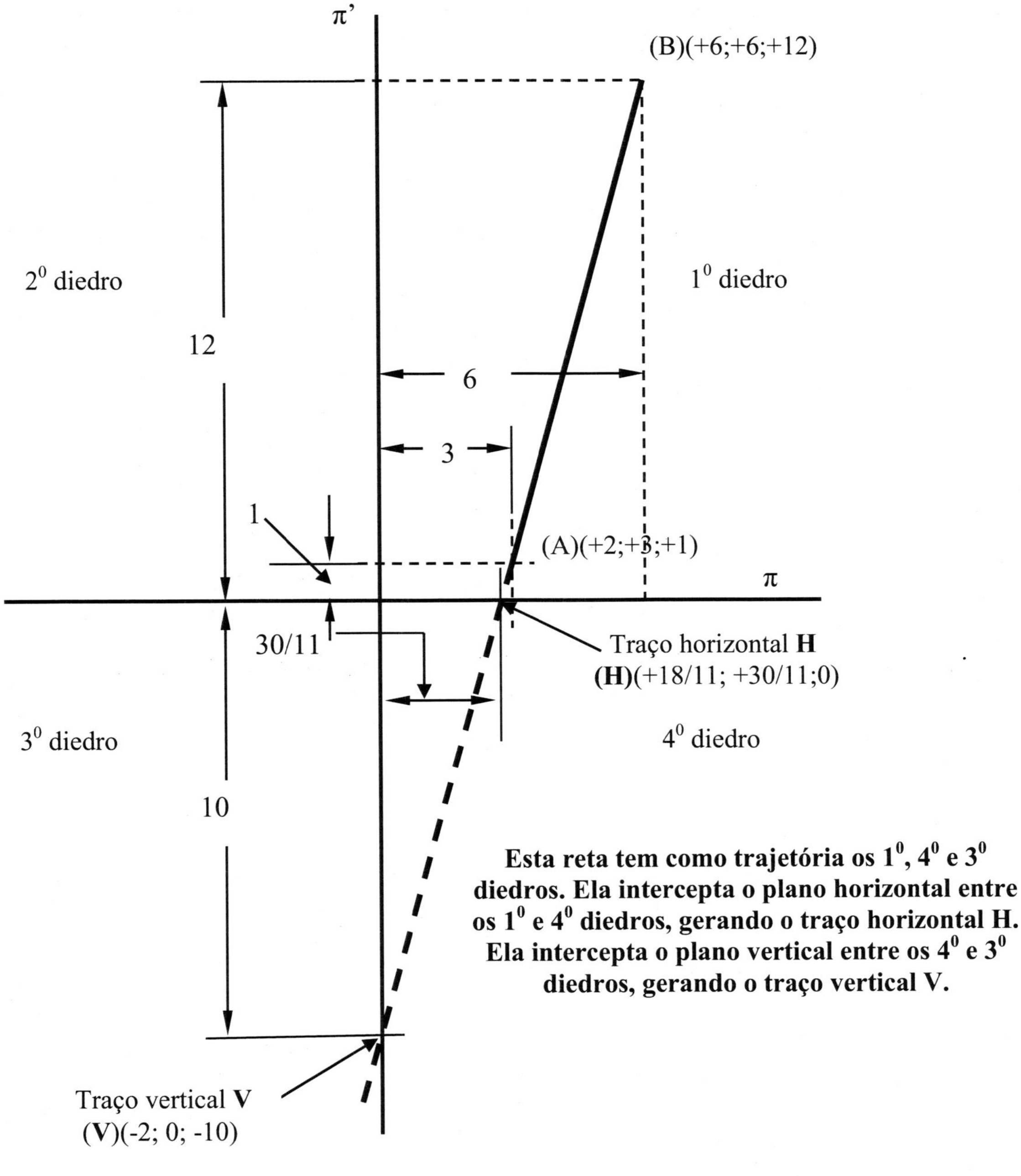

Esta representação serve para se ter uma ideia plana da trajetória da reta AB, onde são confirmados os pontos onde ocorrem as interceptações dos planos horizontal π e o vertical π'. A visão espacial a seguir mostra exatamente de forma tridimensional como a reta se situa no espaço.

Visão espacial da reta AB com os seus traços horizontal e vertical

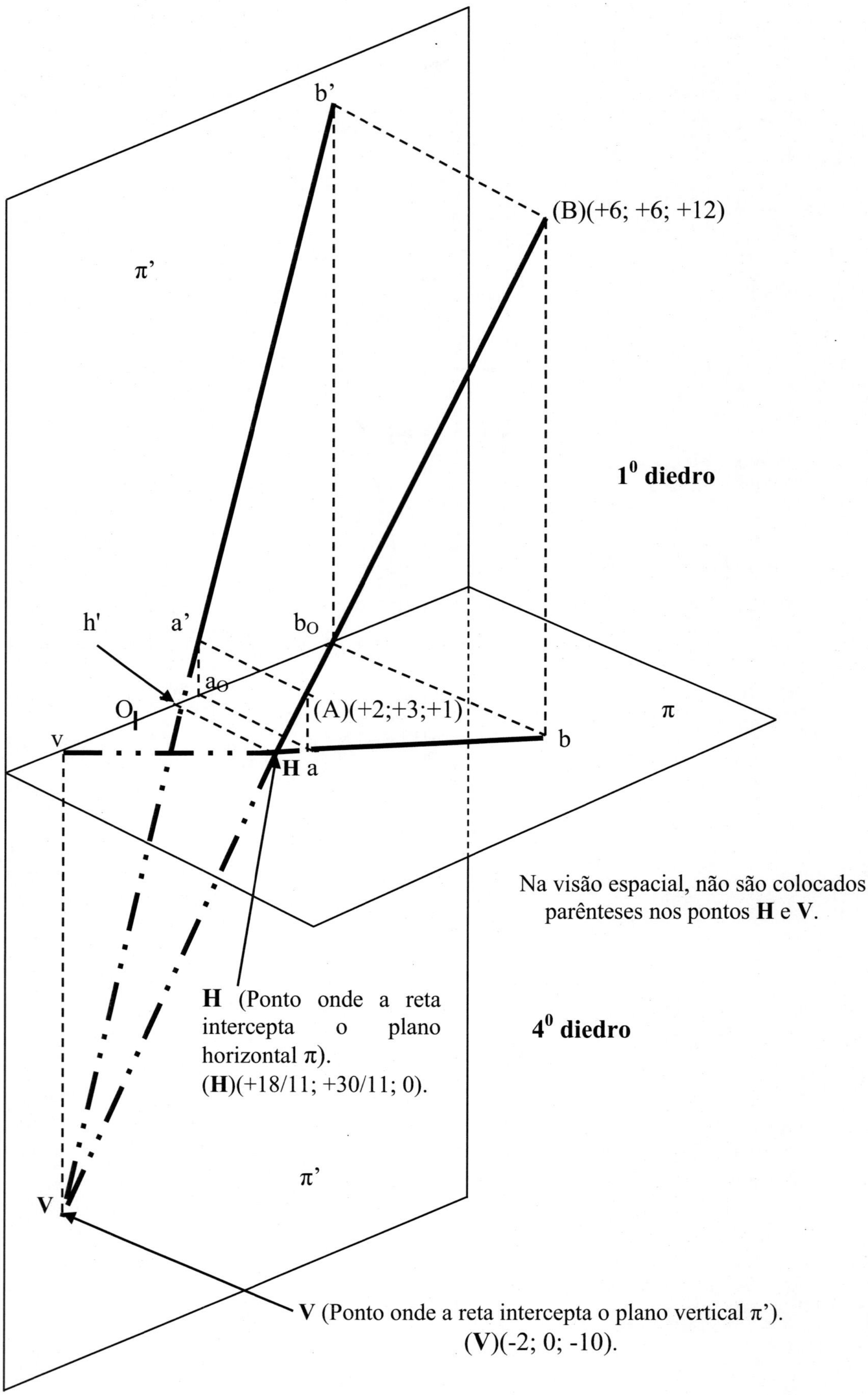

2.5.2 Exemplos de épuras de retas genéricas ou quaisquer, nos 2º, 3º, 4º e 1º diedros

Embora do ponto de vista prático, em especial da Engenharia, só se utilize retas no 1º diedro, é interessante analisar exemplos de retas nos demais diedros. A seguir são analisadas retas genéricas ou quaisquer, nos 2º, 3º e 4º diedros, ao final com uma reta no 1º diedro. Observa-se que: 1) Não será analisada a rotação do plano de perfil ou π' nos diedros, a seguir, considerados e 2) Como citado nos parágrafos 1.2.1 e 1.2.2, o observador sempre se posiciona no 1º diedro, apoiado no plano horizontal π e com o plano de perfil π" a sua direita.

Reta AB no 2º diedro, onde: (A)(+3; -4; +4) e (B)(+1; -2; +1).

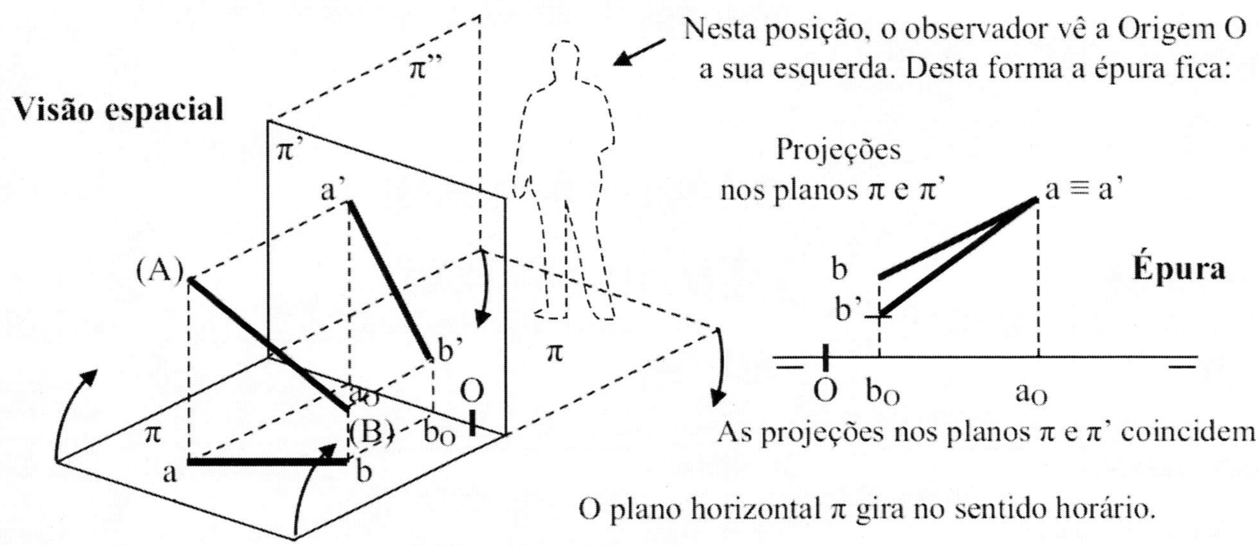

Reta CD no 3º diedro, onde: (C)(+2; -6; -7) e (D)(-2; -2; -1).

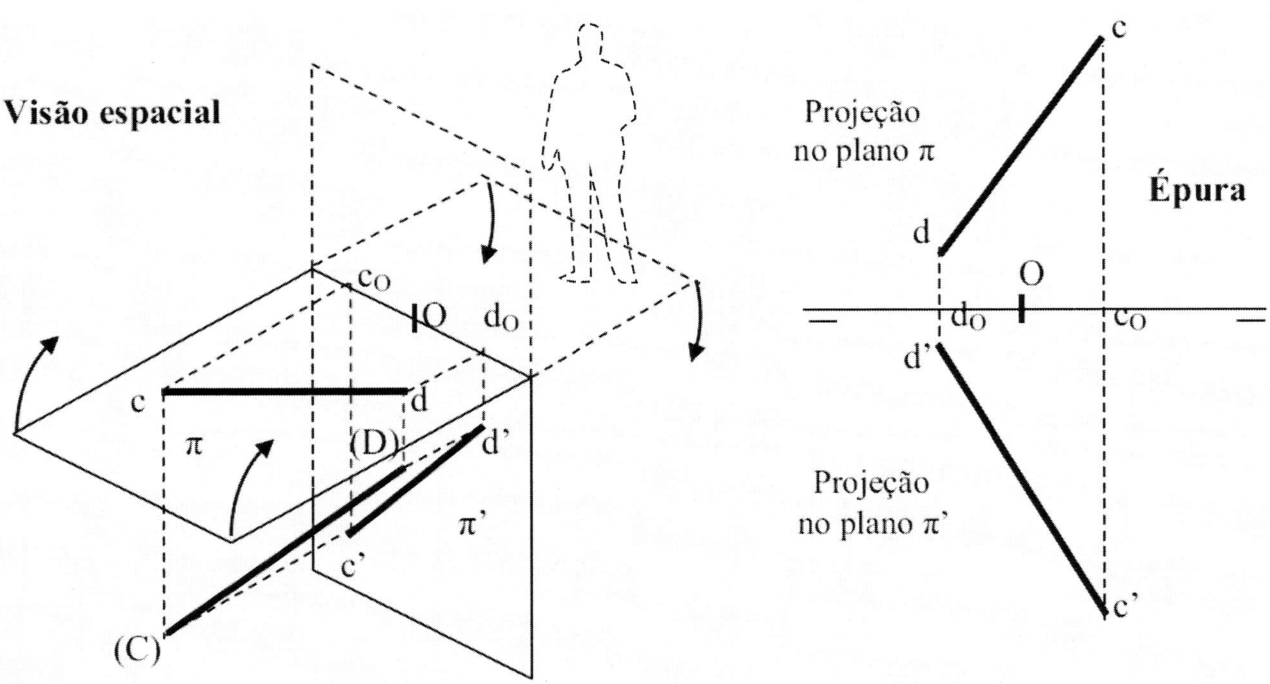

Reta EF no 4º diedro, onde: (E)(-1; +2; -2) e (F)(+2; +4; -5).

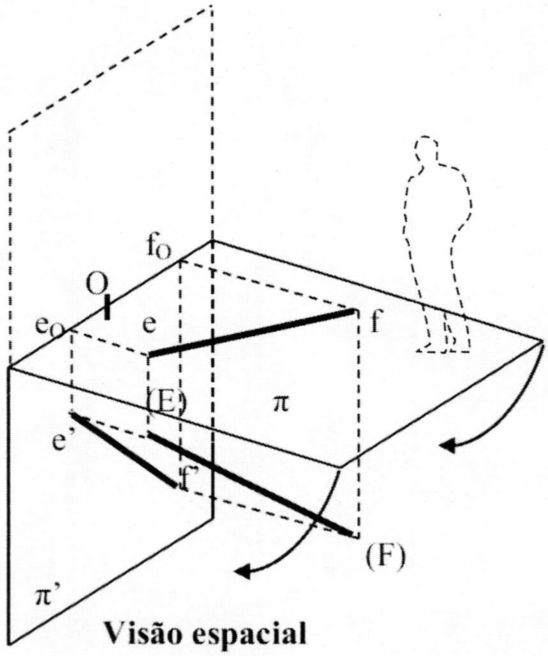

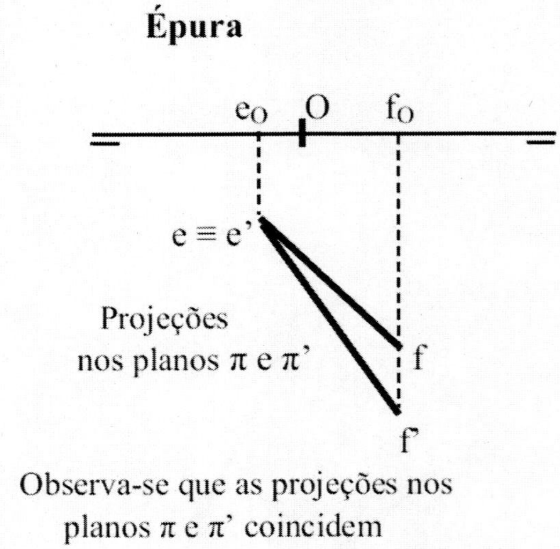

Reta GH no 1º diedro, onde: (G)(+1; +2; +3) e (H)(+5; +4; +4).

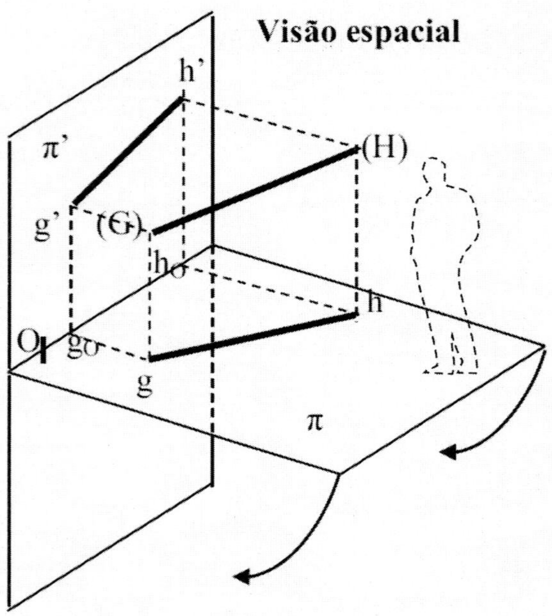

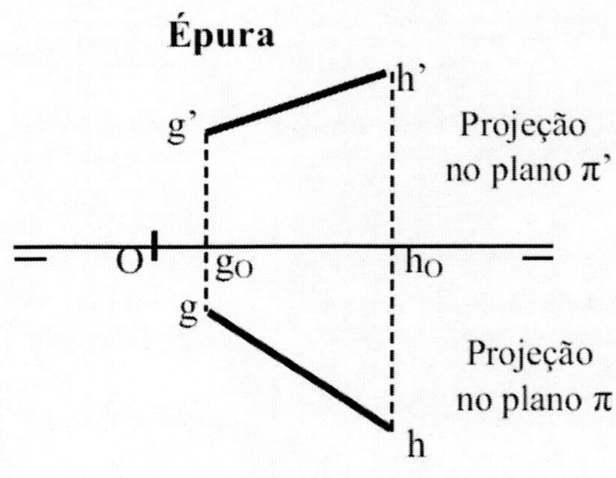

2.6 Verdadeira grandeza de uma reta (rebatimento)

Sempre que uma reta é paralela a um plano, a sua projeção neste plano aparece no seu tamanho real, ou melhor, em verdadeira grandeza. Algumas retas, ou melhor, arestas de peças apresentam-se de forma inclinada em relação aos três planos de projeções, π, π' e π", ou seja, são retas genéricas ou quaisquer. Nestes casos na visão espacial é possível ver-se claramente a inclinação e traçar os triângulos retângulos básicos, de forma a se fazer o cálculo analítico da hipotenusa, por exemplo, usando o Teorema de Pitágoras. Mas e em épura? Este parágrafo mostra qual o procedimento para se calcular a verdadeira grandeza de um segmento, tanto de forma analítica, usando a visão espacial, quanto de forma gráfica, usando a épura. Para tanto será considerada a reta genérica ou qualquer AB (no 1^0 diedro), a seguir detalhada, sabendo que: (A)(+2;+1,5;+3) e (B)(+1;+5;+2).

2.6.1 Exercício resolvido

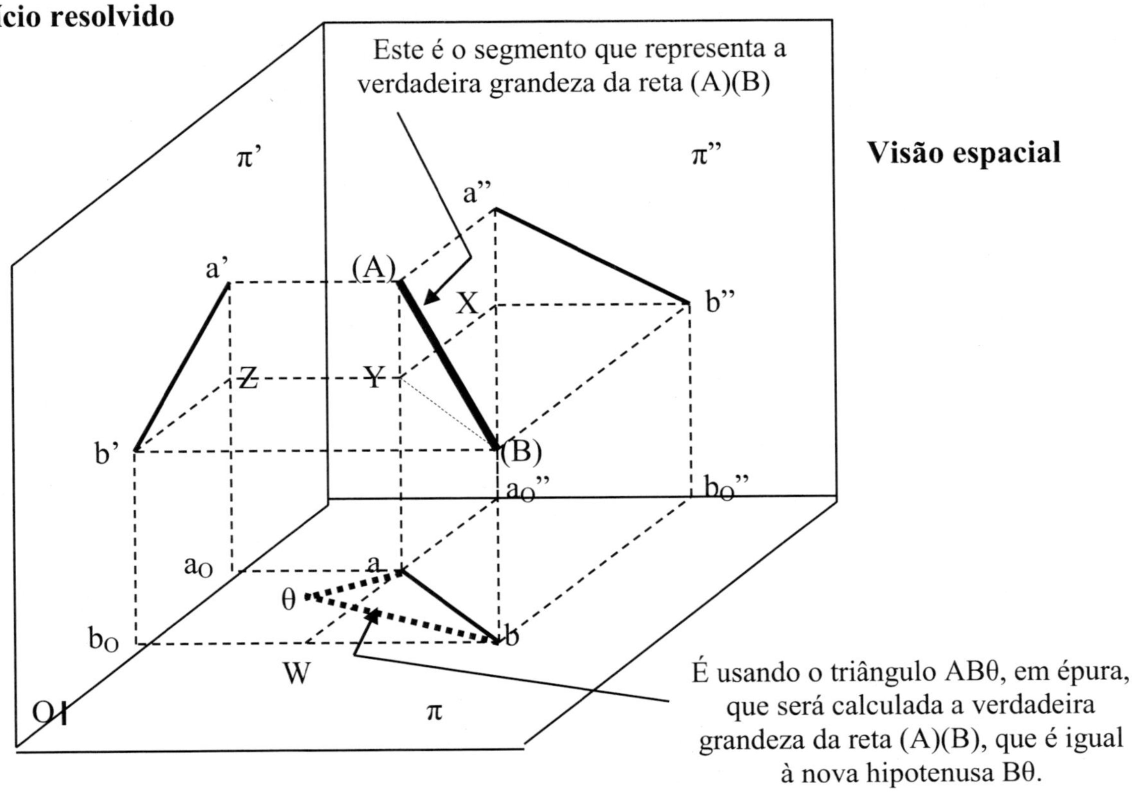

Visão espacial

O cálculo analítico da verdadeira grandeza de (A)(B) é feito calculando-se a hipotenusa do triângulo retângulo (A)(B)Y, assim tem-se:

(A)Y é a diferença de cotas entre (A) e (B), ou seja: 3 - 2 = 1
Y(B) é igual ao segmento ab, que é a hipotenusa do triângulo abW.
Primeiro calcula-se ab = YB, para depois calcular (A)(B).

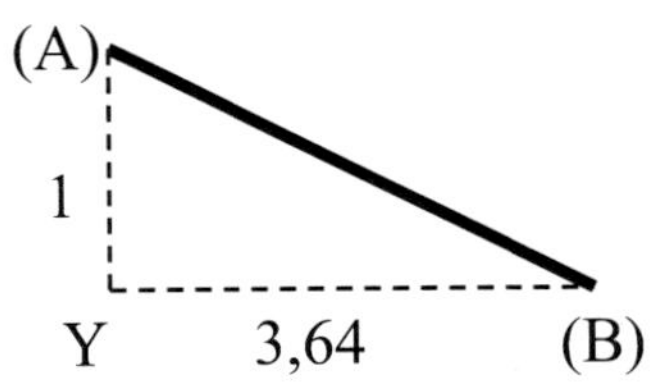

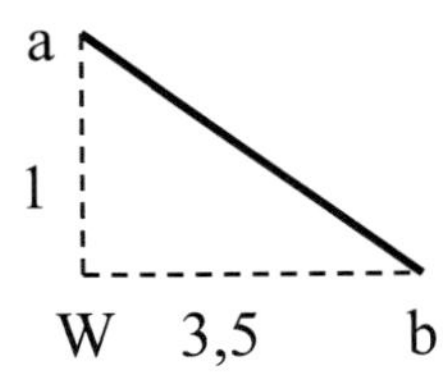

Análise geométrica

aW é a diferença de abscissas entre (A) e (B), ou seja: 2 - 1 = 1
Wb é a diferença de afastamentos entre (A) e (B), ou seja: 5 - 1,5 = 3,5
$(ab)^2 = (aW)^2 + (Wb)^2 = (1)^2 + (3,5)^2 = 1 + 12,25 = 13,25$

$(ab) = \sqrt{13,25}$ ou $(ab) = 3,64 = YB$

Agora pode-se, finalmente, calcular (A)(B), que é a verdadeira grandeza da reta.

$[(A)(B)]^2 = (YB)^2 + (AY)^2 = (3,64)^2 + (1)^2 = 13,25 + 1 = 14,25$

$[(A)(B)] = \sqrt{14,25}$ ou $(A)(B) = 3,7749$

Conclusão: a verdadeira grandeza da reta (A)(B) é 3,7749, pelo cálculo analítico.

Cálculo gráfico, usando-se a épura: no cálculo analítico da verdadeira grandeza da reta (A)(B) foi usado o triângulo espacial (A)(B)Y, que projetado no plano horizontal π originou o outro triângulo abθ. No cálculo gráfico em épura é isto que se faz, ou seja, na projeção horizontal ab, a partir de a traça-se de forma ortogonal o segmento aθ = 1, que é igual a diferença de cotas entre (A) e (B). A nova hipotenusa θb é a verdadeira grandeza da reta (A)(B). Este procedimento é conhecido como rebatimento.

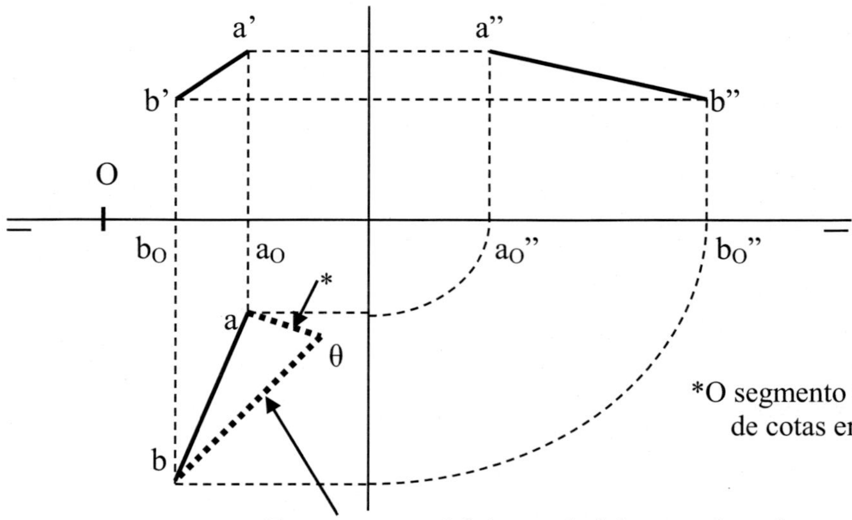

*O segmento aθ é igual à diferença de cotas entre (A) e (B) = 1

Este segmento bθ é a verdadeira grandeza da reta (A)(B)

Agora fica uma pergunta: como se consegue com o cálculo gráfico achar o valor de 3,7749 para a verdadeira grandeza de (A)(B)? É óbvio que usando-se esquadro, compasso e escalímetro, não se consegue chegar a tal precisão.

- Mas, e se na prática da engenharia mecânica, por exemplo, surgir uma necessidade real de se saber este valor exato, o que se faz?

Na prática faz-se o cálculo analítico. Os modernos programas de computação gráfica (por exemplo, o AutoCad 3D) fazem estes cálculos exatos, além do desenho é claro.

- Na prática, onde e como se usa o conceito de verdadeira grandeza de uma reta?

Na prática do desenho técnico projetivo, usa-se o conceito de "vista auxiliar". Um exemplo é a partir da peça mostrada a seguir.

"Vista auxiliar" perpendicular à face inclinada A, B, C e D

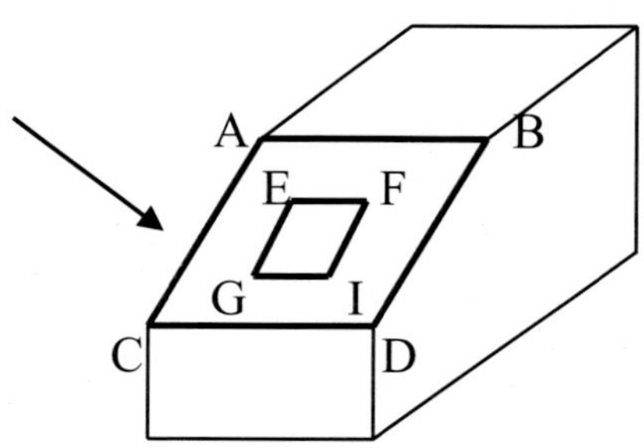

Exemplo do conceito de verdadeira grandeza aplicado à prática do desenho técnico projetivo.

Fazendo-se uma "vista auxiliar", perpendicular à face A, B, C e D, obtém-se os retângulos ABCD e EFDI com as suas verdadeiras grandezas.

Observa-se que o furo retangular, perpendicular à face inclinada, bem como a própria face, só tem suas dimensões reais, ou seja, em verdadeira grandeza, com o auxílio da "vista auxiliar".

"Vista auxiliar"

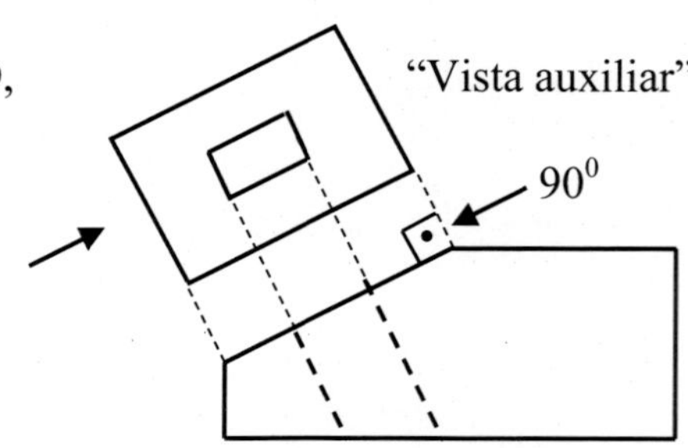

2.7 Exercícios propostos (veja soluções e respostas no Apêndice A)

Considere o sólido e os dados a seguir e resolva os exercícios propostos.

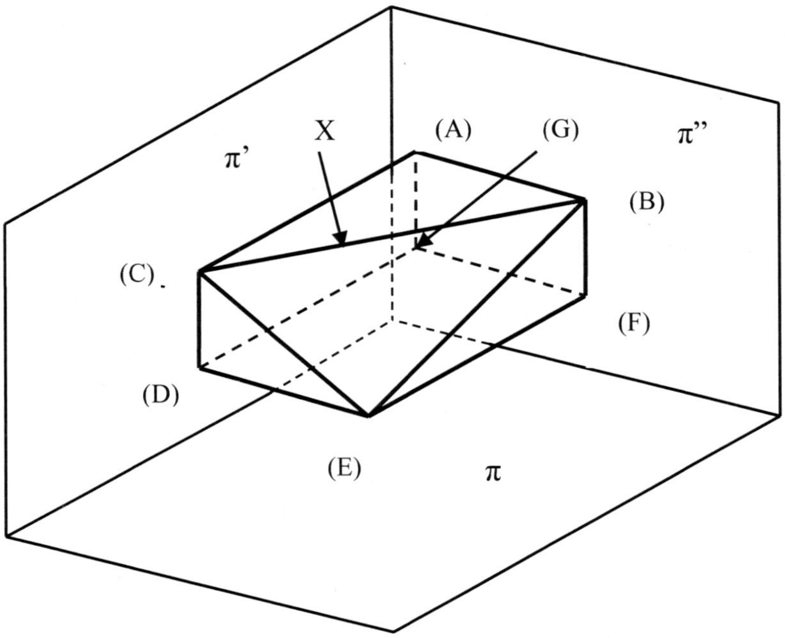

Dados:

(A)(+6;+2;+4)
AB = 3, AC = 4, CD = 2
AB = DE AG = BF = CD AC = DG = EF

2.7.1) Dê os nomes de cada uma das 12 retas (observe que existem retas semelhantes).
2.7.2) Dê as coordenadas cartesianas de cada um dos sete (7) vértices (A,B,C,D,E,F,G).
2.7.3) Faça a épura da reta BF, considerando o 1^0 triedro.
2.7.4) Determine os traços da reta CE e as coordenadas cartesianas destes traços.
2.7.5) Defina o tipo da reta AE (que não está representada no desenho).
2.7.6) Sobre a reta BC determine um ponto X qualquer, pertencente à reta, informando suas coordenadas cartesianas.
2.7.7) Matematicamente calcule os comprimentos das retas BC, BE e CE.

Capítulo 3

Estudo dos planos. Classificações. Traços e posições no espaço

Além dos três planos ortogonais de projeções horizontal ou π, vertical ou π'e de perfil ou π", o espaço R^3 ou tridimensional admite outros planos, como serão vistos a seguir. Conforme a posição do plano em estudo, seus traços ou interseções com os planos π, π' e π", são mostrados em Épura como απ, απ' e απ".
Segundo a geometria, um plano pode ser definido por:

Duas retas concorrentes

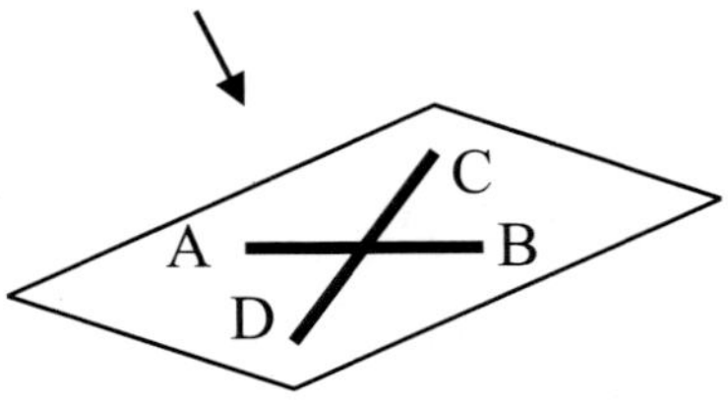

Duas retas paralelas

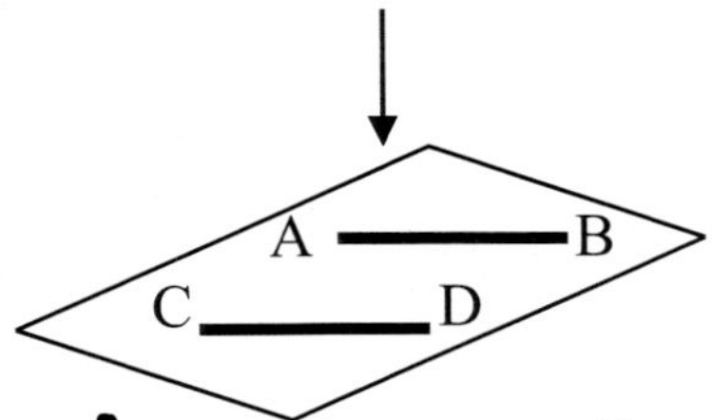

Uma reta e um ponto não pertencente à mesma

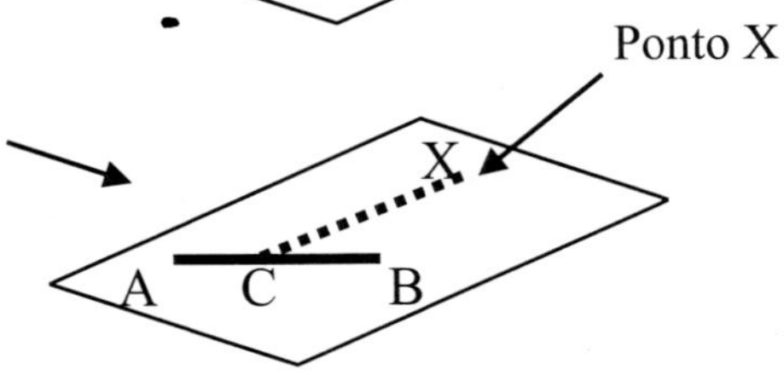

Observa-se que, se a partir do ponto X for traçada uma reta XC, onde C é um ponto da reta AB, em verdade tem-se duas retas concorrentes, que definem um plano.

Três pontos não em linha reta (Três pontos definem um plano)

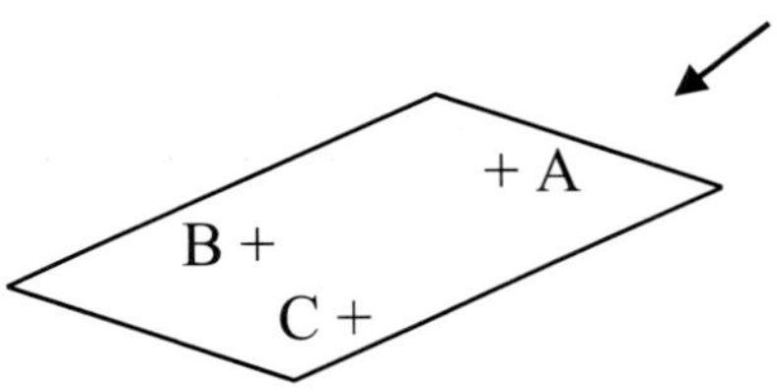

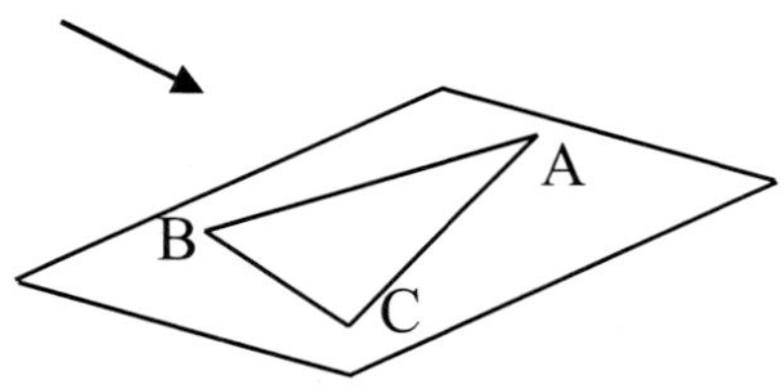

Ao unir os três pontos forma-se um triângulo, ou seja, uma figura plana.

Na prática os planos são as faces de peças ou objetos representados em desenho técnico projetivo.

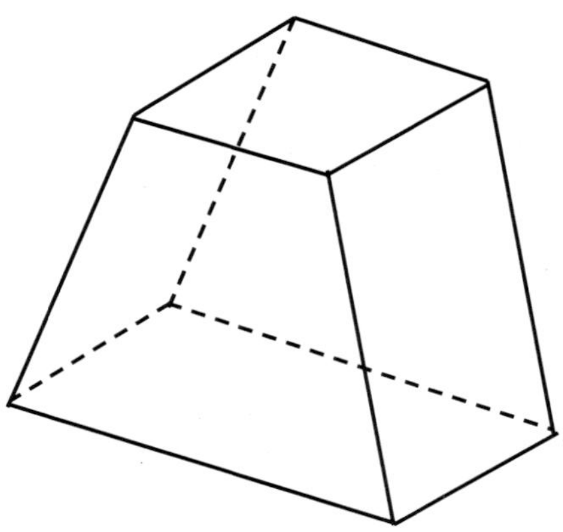

Esse poliedro irregular é um exemplo de um objeto ou peça com vários planos

Do ponto de vista teórico, e em relação aos planos π, π' e π", existem oito planos (8) estudados pela geometria descritiva, como a seguir detalhados.

3.1 Classificação e estudo dos planos (na visão espacial e em épura)

Em função de suas posições em relação aos planos de projeções, existem oito (8) tipos de planos como a seguir descritos:

Plano	Posição	Símbolo	Plano de projeção
Plano horizontal	Paralelo a π ou	//	π
	Perpendicular a π' ou	⊥	π'
	Perpendicular a π'' ou	⊥	π''
Plano vertical	Perpendicular a π ou	⊥	π
	Inclinado a π' ou	∠	π'
	Inclinado a π'' ou	∠	π''
Plano frontal	Paralelo a π' ou	//	π'
	Perpendicular a π ou	⊥	π'
	Perpendicular a π'' ou	⊥	π''
Plano de topo	Perpendicular a π' ou	⊥	π'
	Inclinado a π ou	∠	π
	Inclinado a π'' ou	∠	π''
Plano de perfil	Paralelo a π'' ou	//	π''
	Perpendicular a π ou	⊥	π
	Perpendicular a π'' ou	⊥	π''
Plano paralelo à LT ou tipo em rampa	Inclinado o π ou	∠	π
	Inclinado a π' ou	∠	π'
	Paralelo a π'' ou	//	π''
Plano que passa pela LT	Inclinado a π ou	∠	π
	Inclinado a π' ou	∠	π'
	Perpendicular a π'' ou	⊥	π''
Plano genérico ou qualquer	Inclinado a π ou	∠	π
	Inclinado a π' ou	∠	π'
	Inclinado a π'' ou	∠	π''

A seguir serão mostradas as visões espaciais e épuras de cada um dos oito planos no 1º triedro, incluindo seus traços em relação aos planos π, π' e π''.

Plano horizontal (paralelo a π e perpendicular a π' e π'')

É um plano paralelo ao plano π, com a seguinte épura no 1^0 triedro:

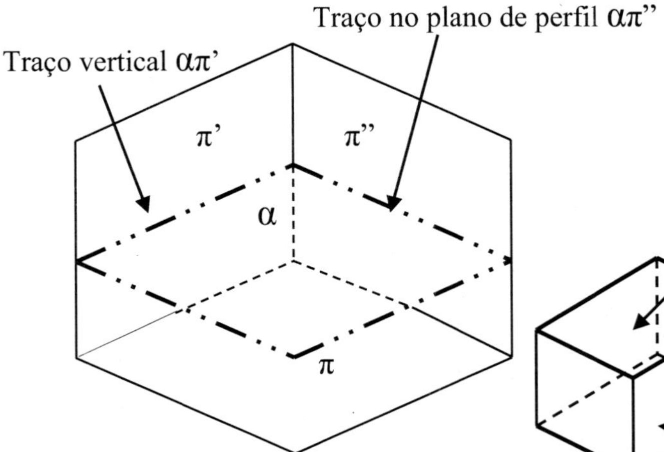

Este plano não tem traço horizontal α π.

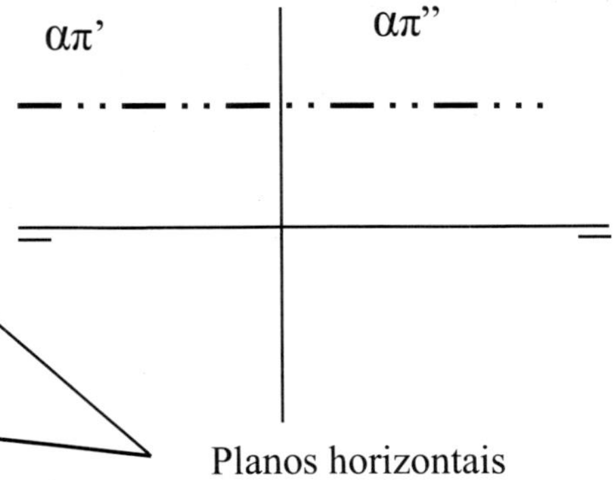

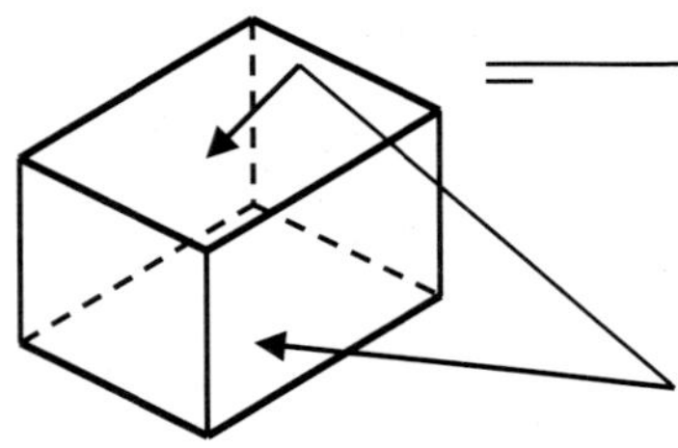

Plano vertical (perpendicular a π e inclinado a π' e π'')

É um plano perpendicular ao plano π e inclinado em relação aos planos π' e π'', com a seguinte épura no 1^0 triedro:

Este plano apresenta traços nos três planos π, π' e π''

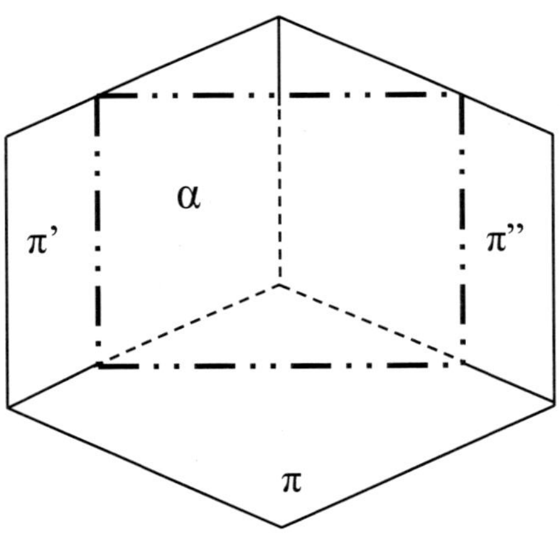

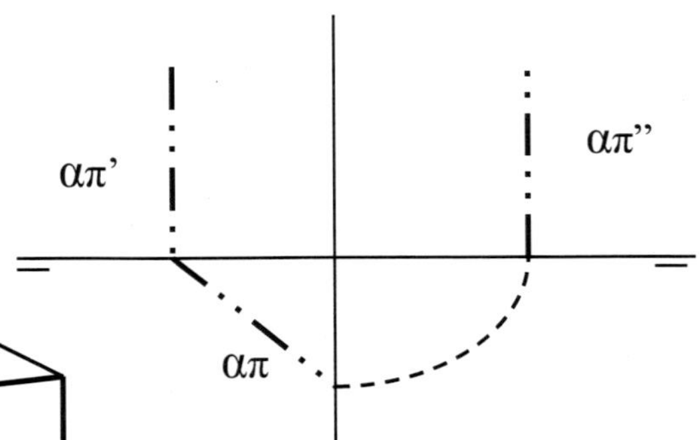

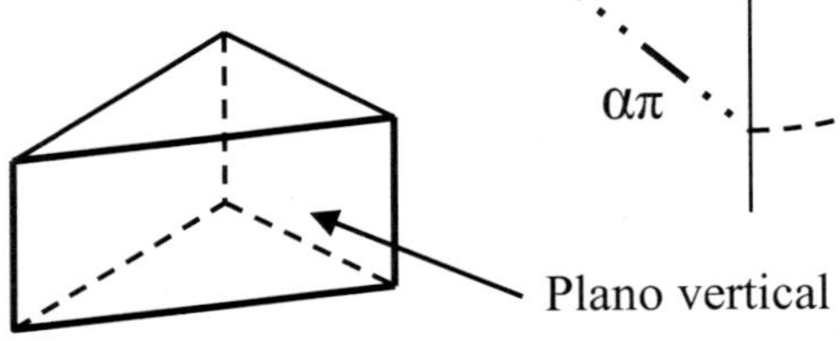

Plano frontal (perpendicular a π e π'' e paralelo a π')

É um plano perpendicular a π, paralelo a π' e perpendicular a π''. Apresenta os traços απ e απ'', como mostrados na épura do 1^0 triedro.

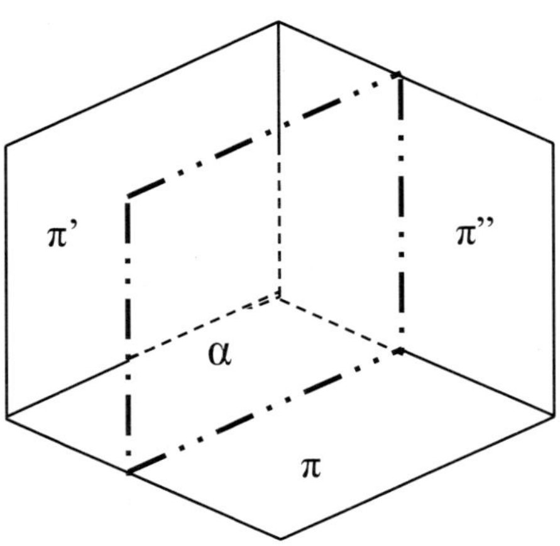

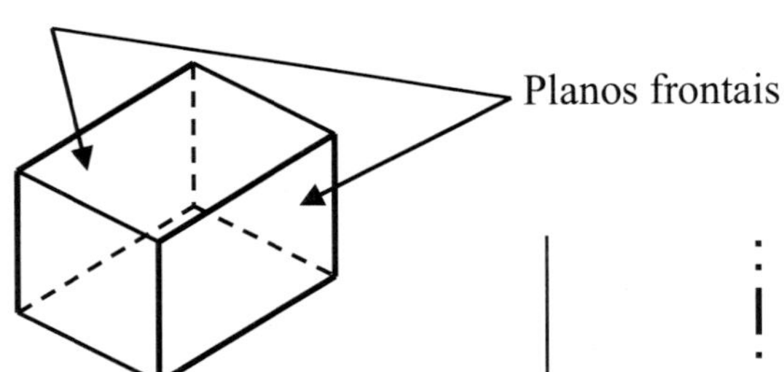

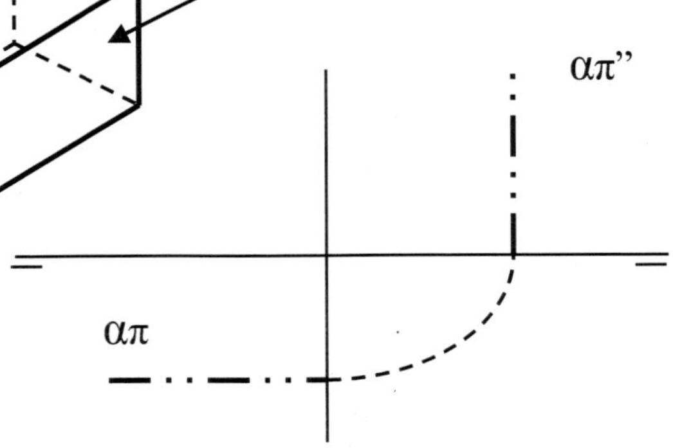

Plano de topo (inclinado a π e π'' e perpendicular a π')

É um plano inclinado em relação a π, perpendicular a π' e inclinado em relação a π''. Apresenta os traços $\alpha\pi$, $\alpha\pi'$ e $\alpha\pi''$, como mostrados na épura do 1^0 triedro.

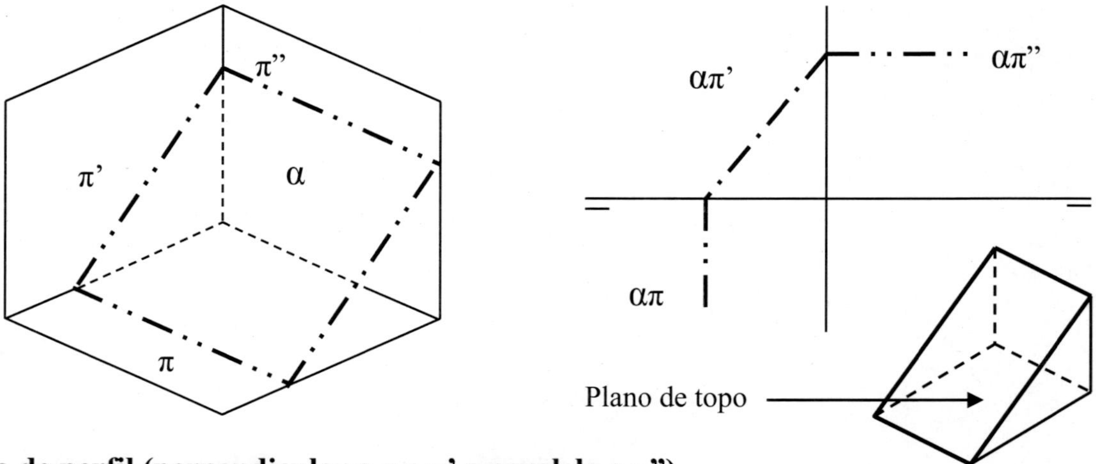

Plano de perfil (perpendicular a π e π' e paralelo a π'')

É um plano perpendicular a π, perpendicular a π' e paralelo a π''. Apresenta os traços $\alpha\pi$ e $\alpha\pi'$, como mostrados na épura do 1^0 triedro.

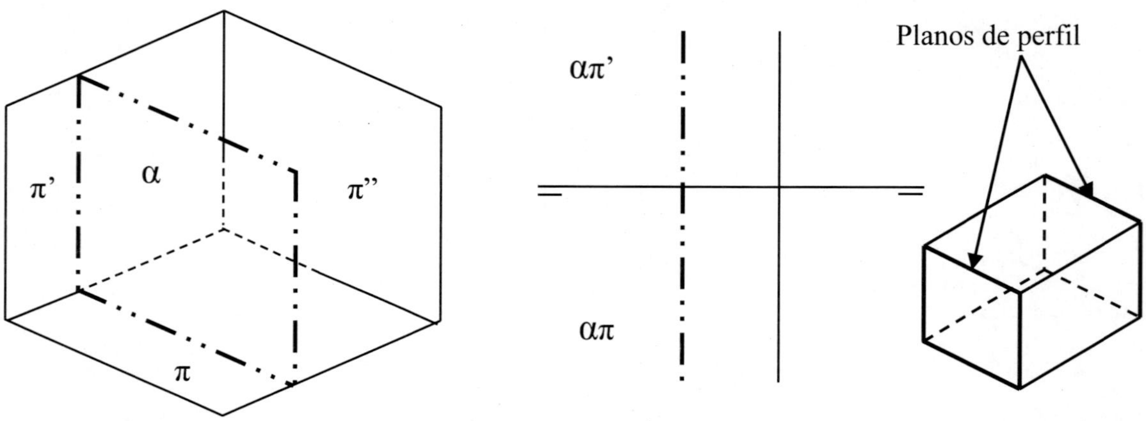

Plano paralelo à Linha de Terra ou plano em rampa (inclinado a π e π' e perpendicular a π'')

É um plano inclinado em relação a π, inclinado em relação a π' e perpendicular a π''. Apresenta os traços $\alpha\pi$, $\alpha\pi'$ e $\alpha\pi''$, como mostrados na épura do 1^0 triedro.

No Apêndice D é mostrada uma outra posição, para esse tipo de plano.

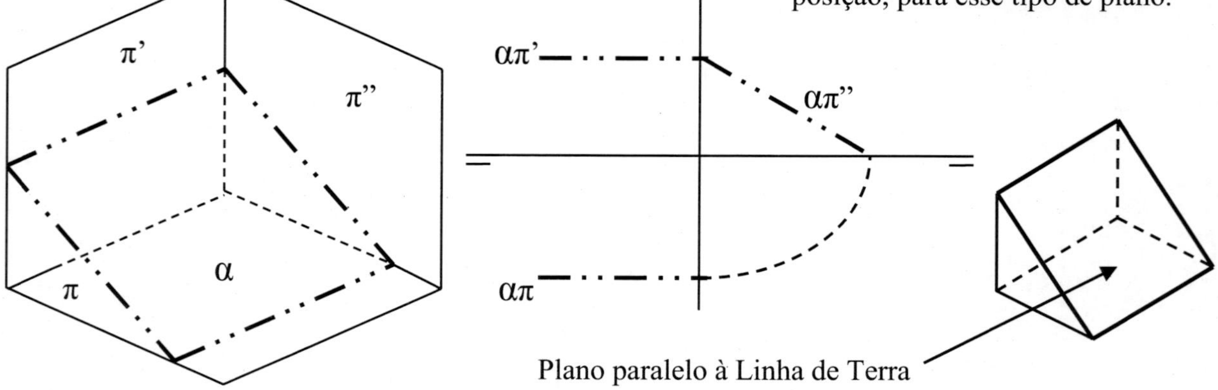

Plano que passa pela Linha de Terra (inclinado a π e π' e perpendicular a π")

É um plano inclinado a π e π', perpendicular a π", mas por passar ou coincidir com a Linha de Terra, apresenta apenas o traço απ", como mostrado na épura do 1^0 triedro.

Quando os ângulos β e γ são iguais, ou seja, 45^0 este plano chama-se bissetor.

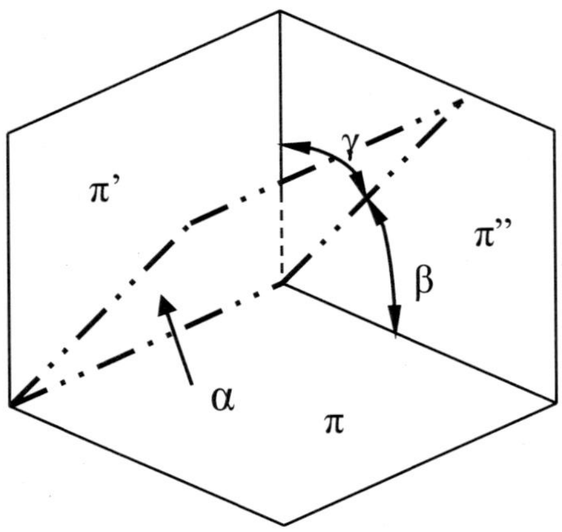

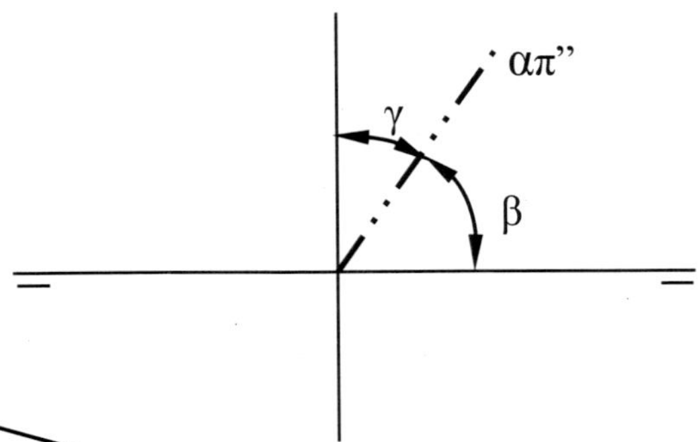

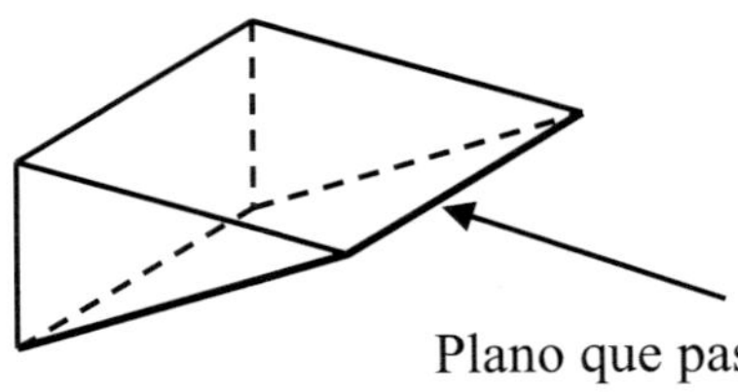

Plano que passa pela Linha de Terra

Plano genérico ou qualquer (inclinado a π, π' e π")

É o plano inclinado em relação aos três planos π, π' e π". Apresenta os traços απ, απ' e απ', como mostrados na épura do 1^0 triedro.

Este plano forma os ângulos σ, θ e μ em relação aos planos π, π' e π".

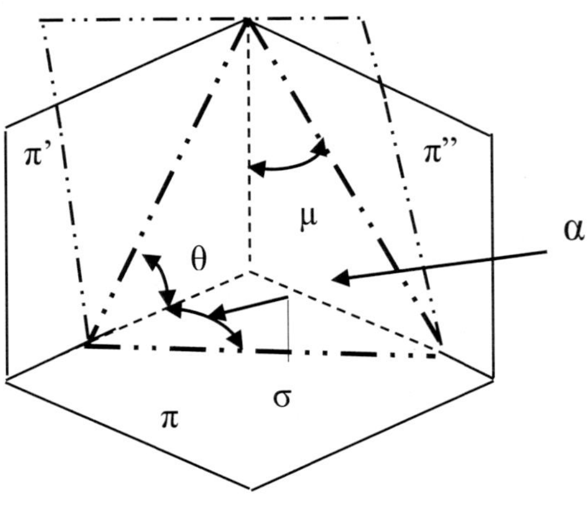

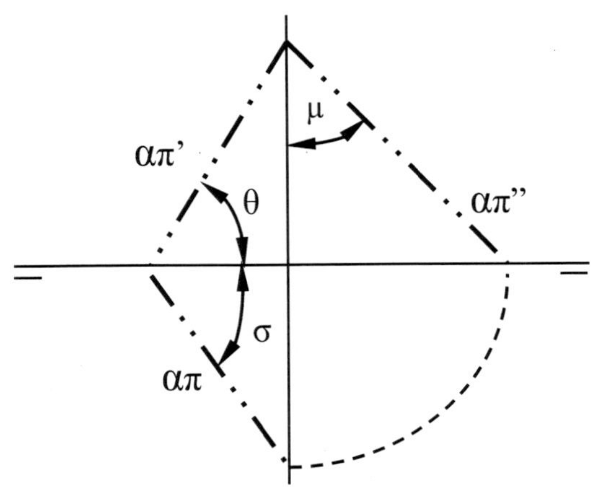

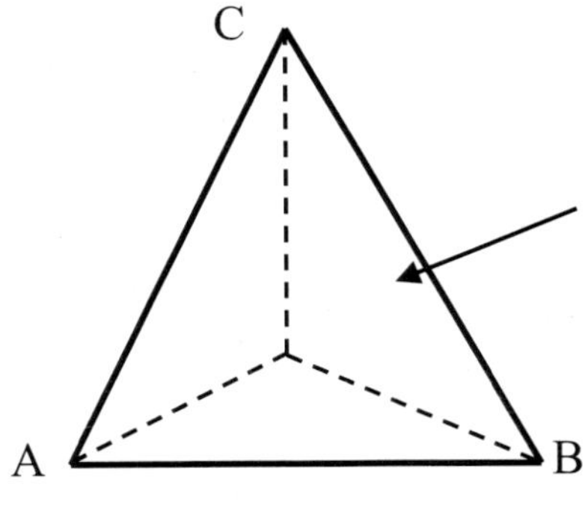

Plano genérico ou qualquer ABC.
(Três pontos definem um plano)

3.2 Exercício resolvido

Na figura a seguir identifique todos os planos existentes, em função de suas posições em relação a π, π' e π", as classificações já estudadas e as letras indicadas. Deve ser observado que três pontos definem um plano. Por exemplo, o plano ABC (onde o ponto D também é um dos pontos do plano) é paralelo a π, ou seja, é um plano horizontal.

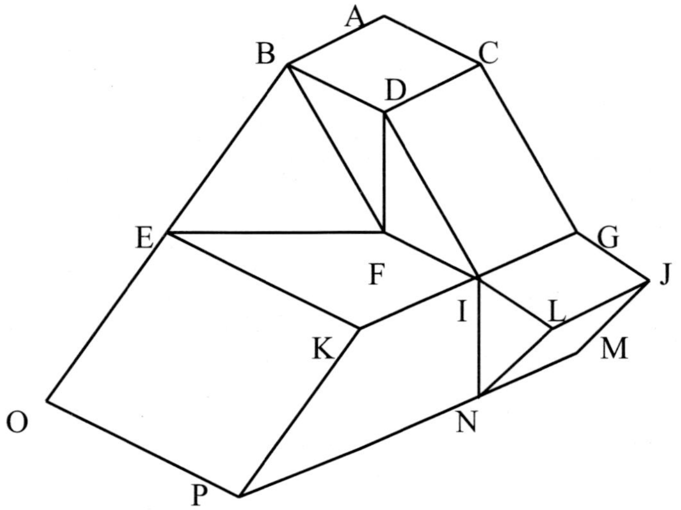

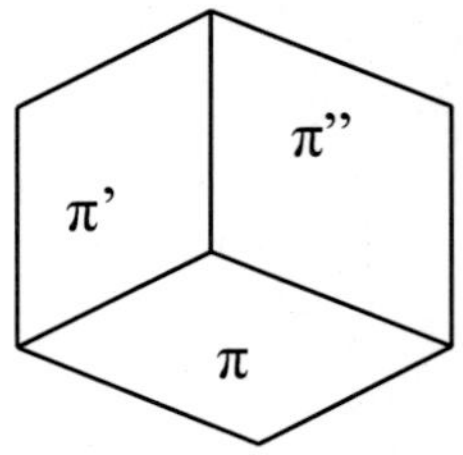

Posição dos planos de projeções

ABCD = EFKI = GJLI = planos horizontais. BEF = plano genérico ou qualquer.
EKPO = plano de topo. BDF = DFI = ILN = GJM = planos de perfil. KINP = plano frontal
DCIG = plano paralelo à Linha de Terra ou plano em rampa.
LJMN = plano que passa pela Linha de Terra (também pode ser um plano bissetor).

3.3 Retas pertencentes a planos.

Por cada plano é possível ter-se uma infinidade de retas, porém as sete (7) retas existentes com nomes específicos podem pertencer a determinados planos e não a outros. Por exemplo, uma reta sobre um plano horizontal só pode ser ou horizontal ou fronto horizontal ou de topo, e nenhum outro tipo. Como descobrir quais retas pertencem a determinados planos? A maneira mais prática e visual é imaginar um grande retângulo, ou plano imaginário, onde são traçadas quatro retas: uma vertical, uma horizontal, uma inclinada para a direita e uma inclinada para a esquerda. Dependendo da posição que este plano assume em relação aos planos π, π' e π", cada reta assume um nome. Observe a figura a seguir.

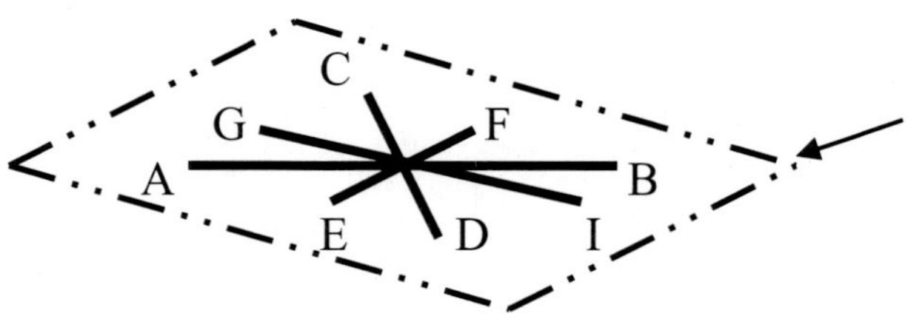

Este é o plano Ψ imaginário onde estão traçadas as quatro retas, nas posições que podem existir, em relação a este plano.

Na prática do desenho técnico projetivo, as retas pertencentes a planos são arestas de detalhes, furos ou rasgos no plano e não recebem nomes como de perfil, de topo, etc. A seguir são estudadas as sete retas que podem pertencer a cada um dos oito planos já estudados, mostrando-se poliedros onde existem estes planos.

Observa-se ser importante o estudante entender as posições de retas em planos, pois, apesar de não ter nenhuma aplicação prática direta, esse conhecimento em muito ajuda ao desenvolvimento da visão espacial, o que é uma habilidade fundamental para os que vão trabalhar nas áreas de Arquitetura, Desenho Industrial e Engenharia.

Retas pertencentes a um plano horizontal

Basta supor o plano Ψ imaginário (com as quatro retas possíveis) colocado como um plano horizontal, ou seja, paralelo a π e perpendicular a π' e π''. Em seguida analisam-se cada uma destas retas, em relação a estes três planos.

Visão espacial

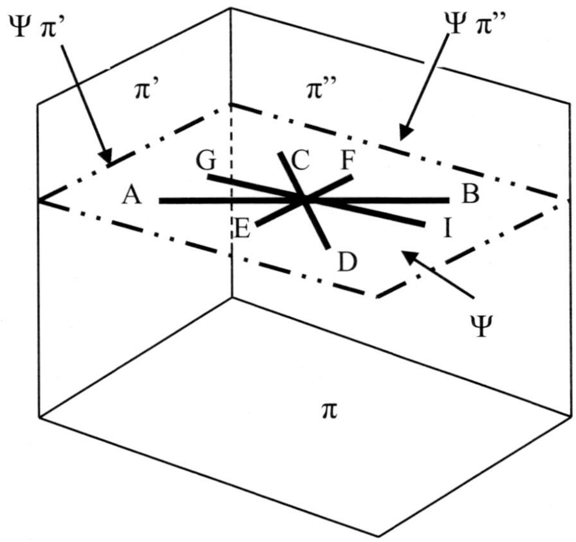

Em relação a π, π' e π'' estas retas são:

AB = horizontal
CD = horizontal
EF = fronto horizontal
GI = de topo

Conclusão: apenas retas: horizontal, fronto horizontal e de topo, pertencem a um plano horizontal.

Os planos JKLM e NOP são horizontais

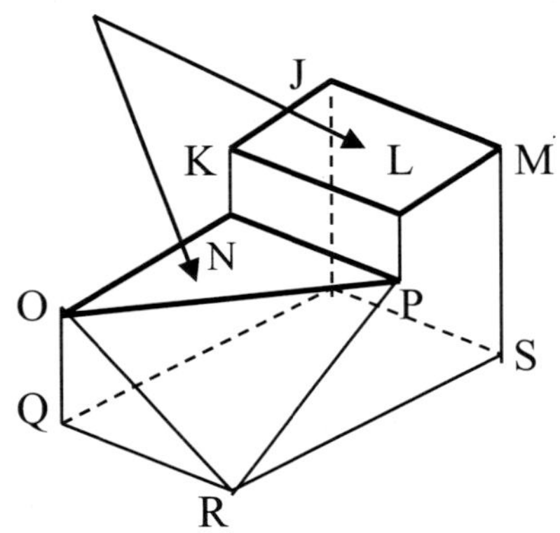

Nomenclatura geral dos traços dos planos

Ψ π = traço do plano Ψ no plano horizontal π
Ψ π' = traço do plano Ψ no plano vertical π'
Ψ π'' = traço do plano Ψ no plano de perfil π''

Esta nomenclatura é usada em todos os planos.

Épura da reta horizontal AB

Épura da reta horizontal CD

*Observe-se que as projeções das retas em π' e π' coincidem com os traços Ψπ' e Ψπ''.

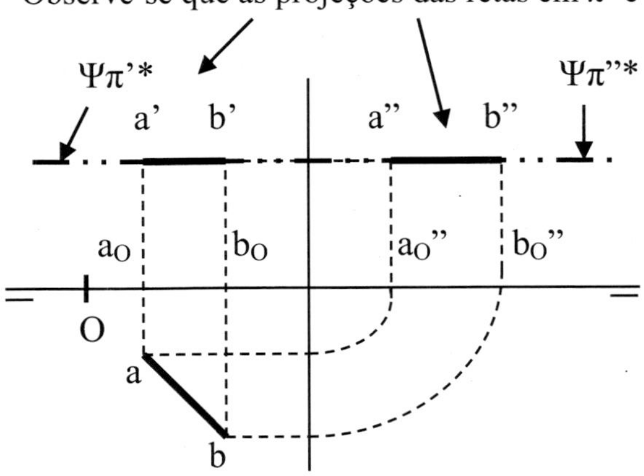

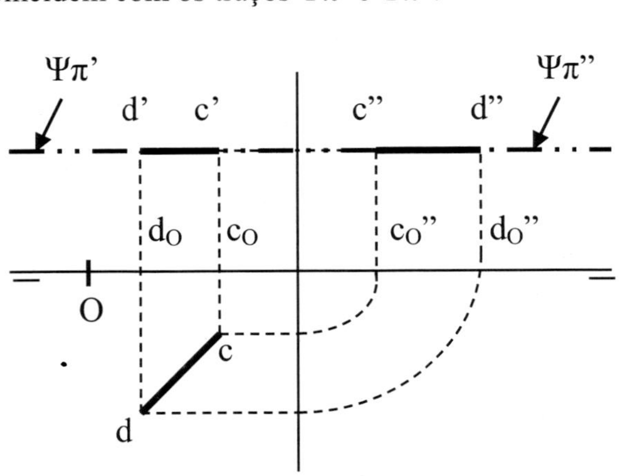

Épura da reta fronto horizontal EF

Épura da reta de topo GI

Observe-se que apenas as projeções vertical em π' e de perfil π" da reta coincidem com os traços vertical Ψ' e de perfil Ψ" do plano Ψ.

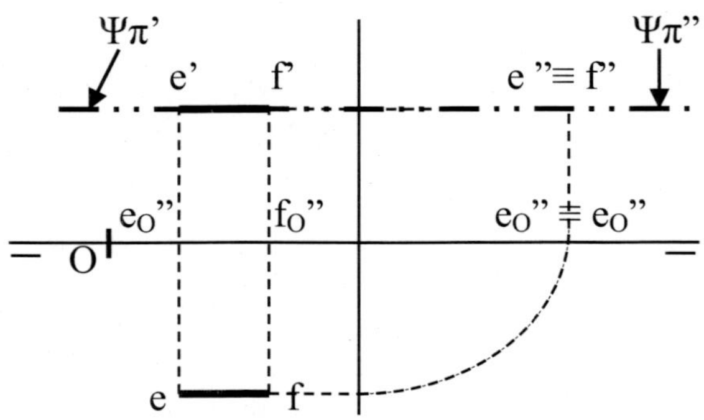

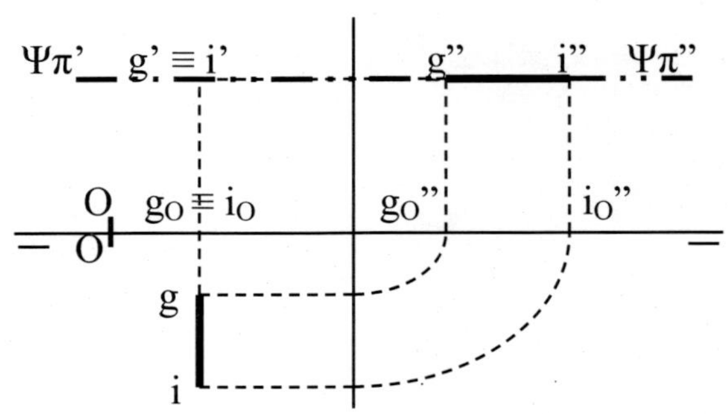

Retas pertencentes a um plano vertical

Basta supor o plano Ψ imaginário (com as quatro retas possíveis) colocado como um plano vertical, ou seja, perpendicular a π e inclinado a π' e π". Em seguida analisam-se cada uma dessas retas, em relação a esses três planos.

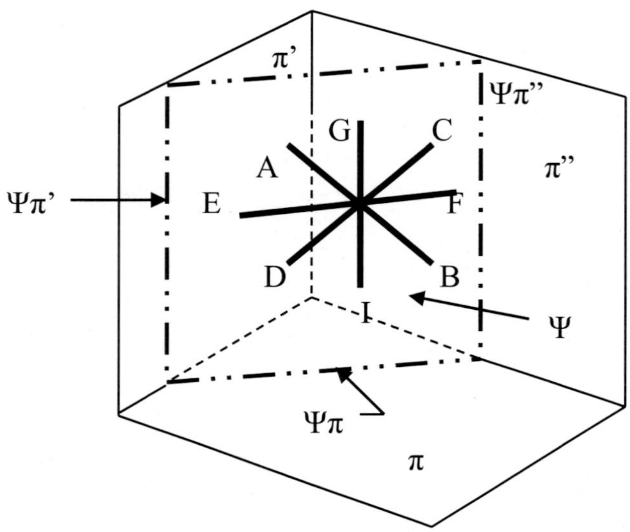

Em relação a π, π' e π" essas retas são:

AB = genérica ou qualquer
CD = genérica ou qualquer
EF = horizontal
GI = vertical

Conclusão: apenas retas: genérica ou qualquer, horizontal e vertical, pertencem a um plano horizontal.

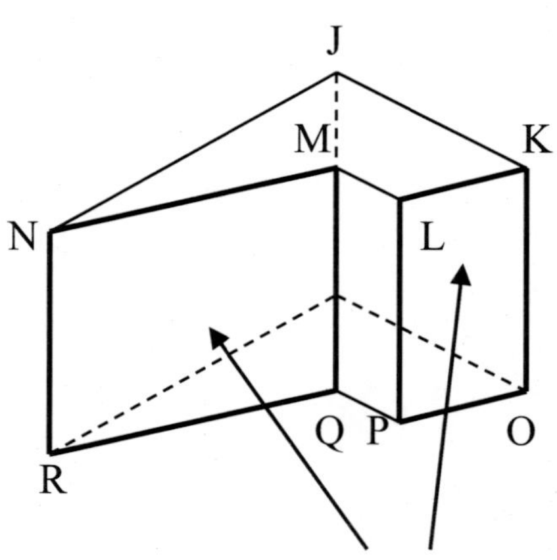

Os planos KLOP e MNQR são verticais

Épura da reta genérica ou qualquer AB

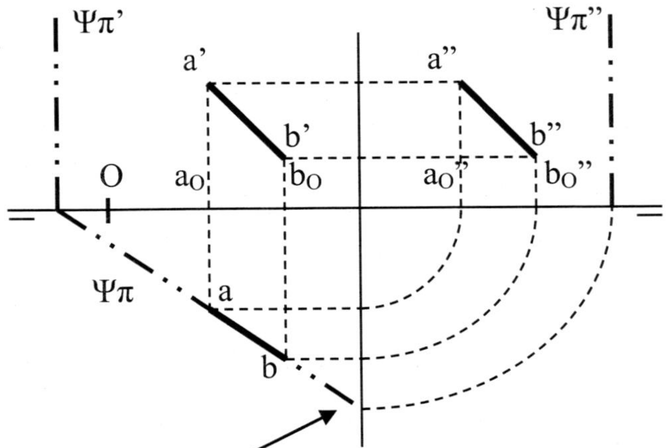

Épura da reta genérica ou qualquer CD

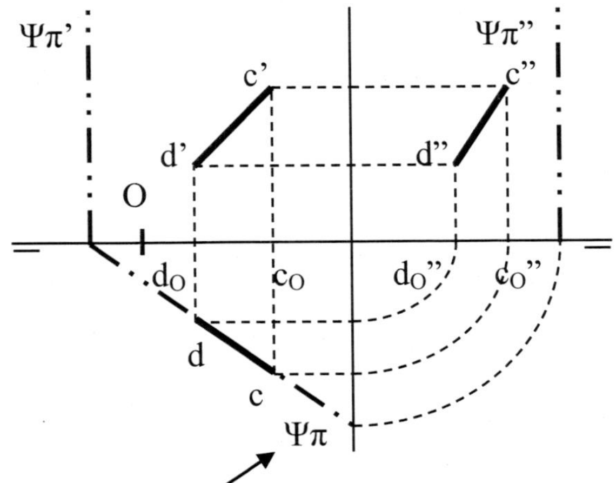

Observe-se que apenas a projeção horizontal em π da reta coincide com o traço horizontal Ψ' do plano Ψ

Épura da reta horizontal EF

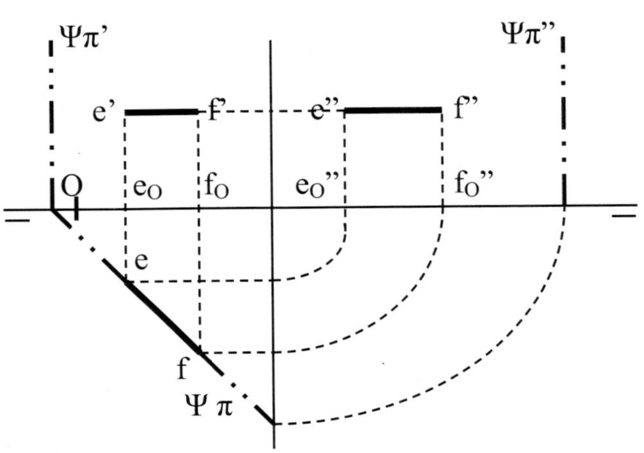

Épura da reta vertical GI

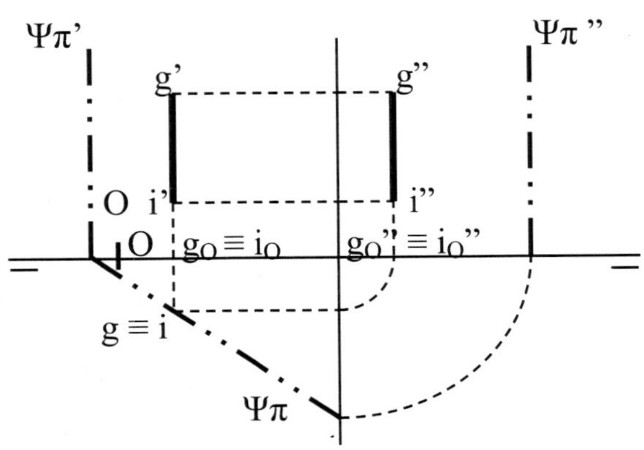

Retas pertencentes a um plano frontal

Basta supor o plano Ψ imaginário (com as quatro retas possíveis) colocado como um plano frontal, ou seja, perpendicular a π, paralelo a π' e perpendicular a π". Em seguida analisam-se cada uma destas retas, em relação a estes três planos.

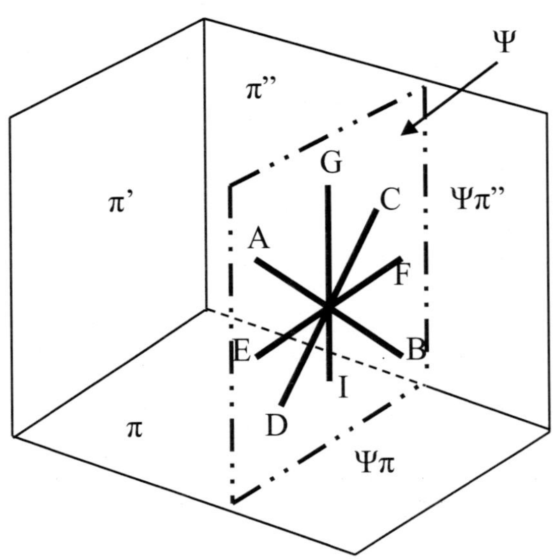

Em relação a π, π' e π" estas retas são:

AB = frontal
CD = frontal
EF = fronto horizontal
GI = vertical

Conclusão: apenas retas: frontal, fronto horizontal e vertical , pertencem a um plano frontal.

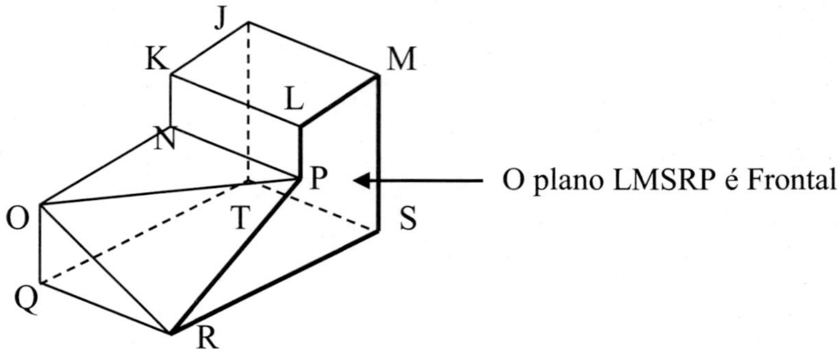

Épura da reta frontal AB

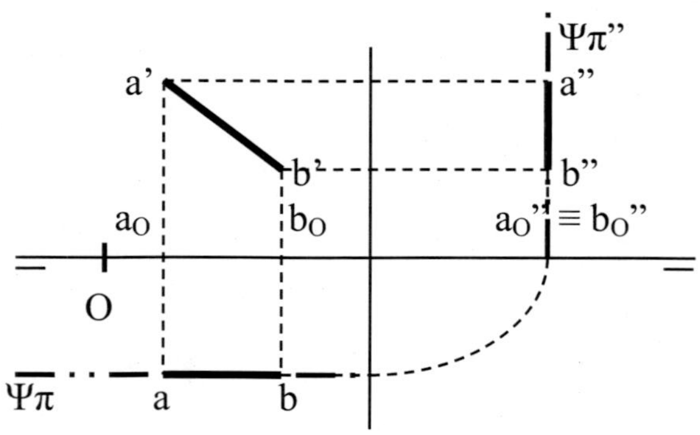

Épura da reta frontal CD

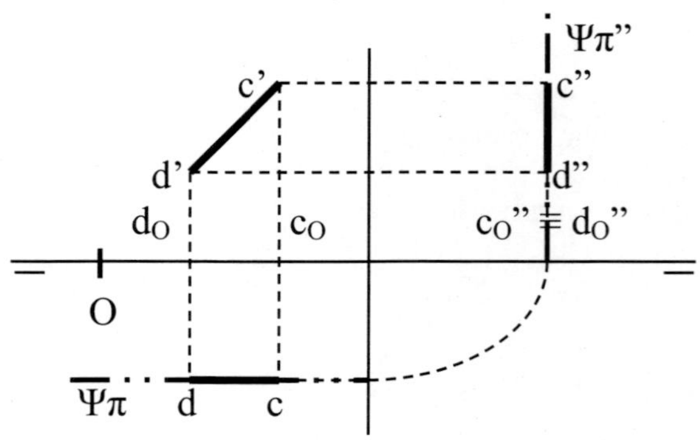

Épura da reta fronto horizontal EF

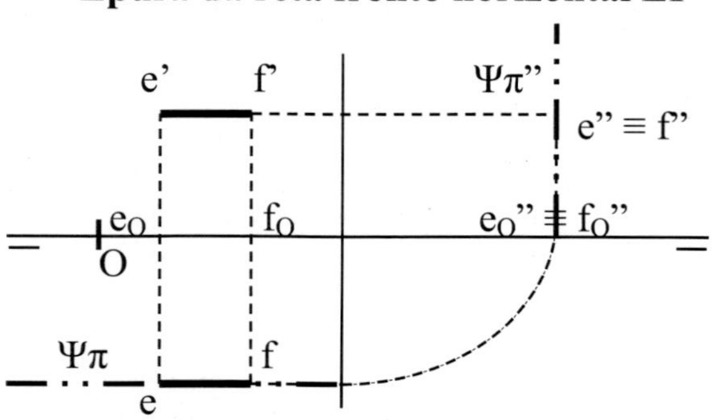

Épura da reta vertical GI

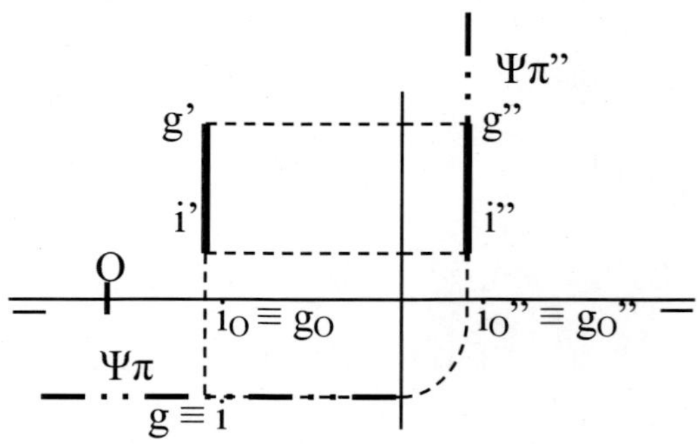

Retas pertencentes a um plano de topo

Basta supor o plano Ψ imaginário (com as quatro retas possíveis) colocado como um de topo, ou seja, inclinado a π e π” e perpendicular a π’. Em seguida analisam-se cada uma destas retas, em relação a estes três planos.

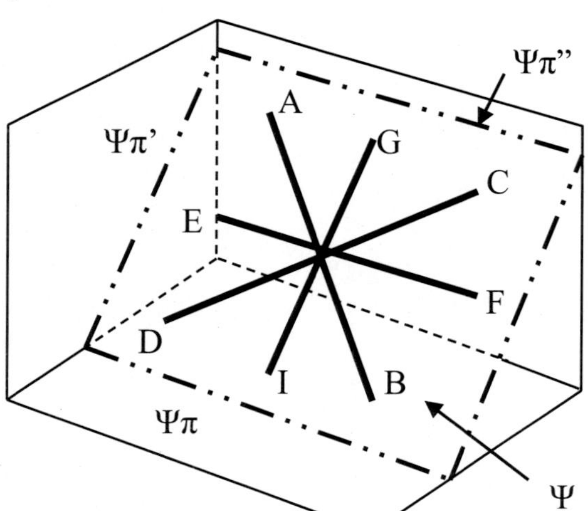

Em relação a π, π’ e π” estas retas são:

AB = genérica ou qualquer
CD = genérica ou qualquer
EF = de topo
GI = frontal

Conclusão: apenas retas: genérica ou qualquer, de topo e frontal, pertencem a um plano de topo.

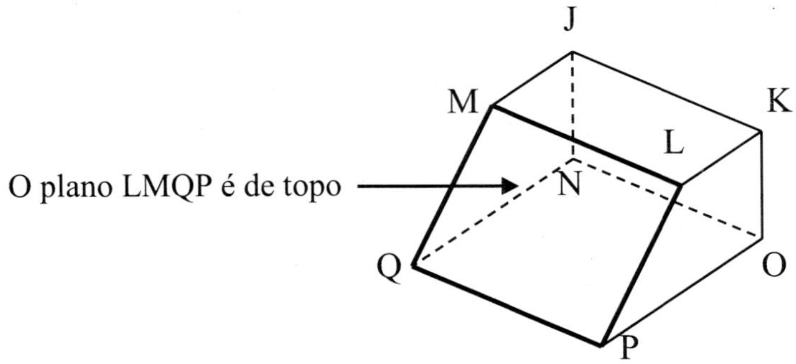

Épura da reta genérica ou qualquer AB

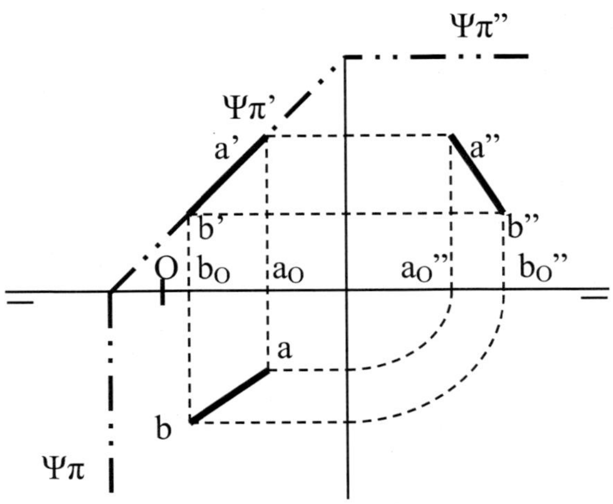

Épura da reta genérica ou qualquer CD

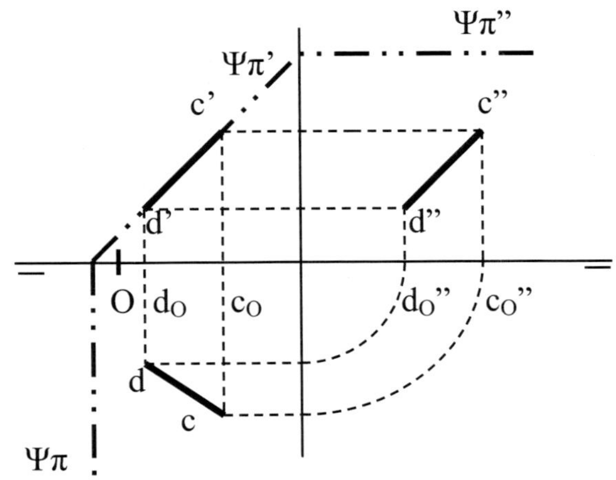

Épura da reta de topo EF

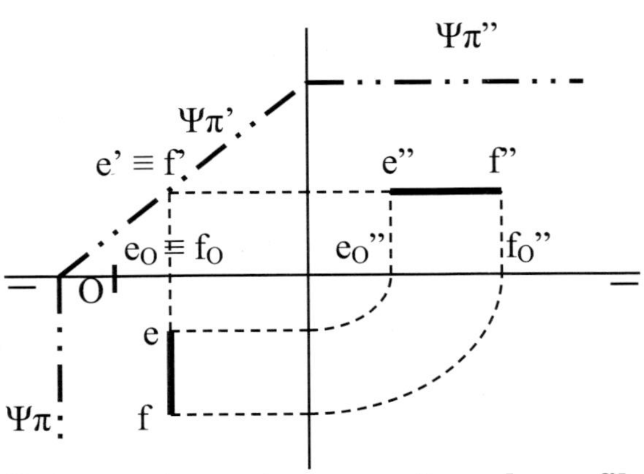

Épura da reta frontal GI

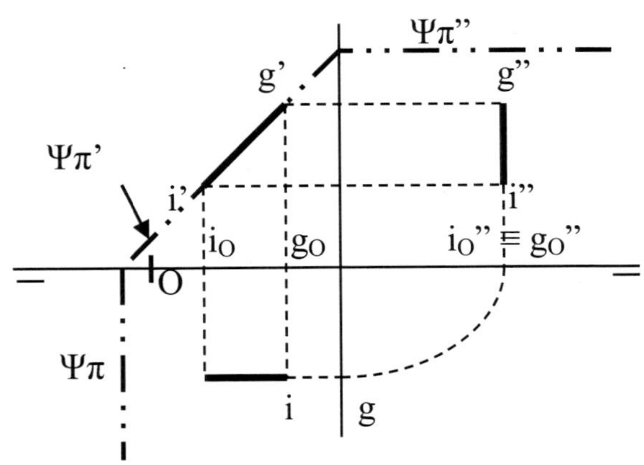

Retas pertencentes a um plano de perfil

Basta supor o plano Ψ imaginário (com as quatro retas possíveis) colocado como um plano de perfil, ou seja, perpendicular a π e π’ e paralelo a π”. Em seguida analisam-se cada uma destas retas, em relação a estes três planos.

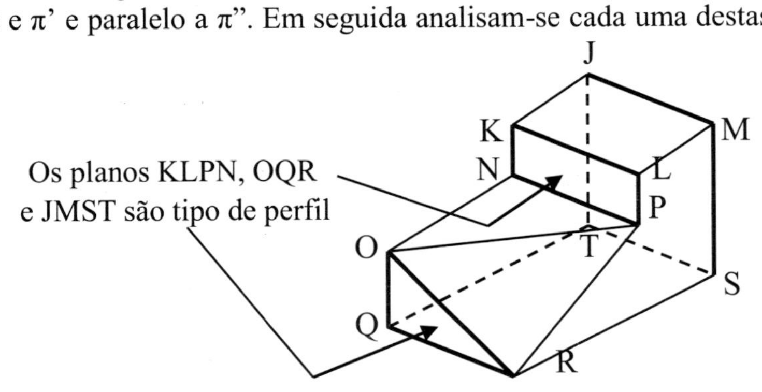

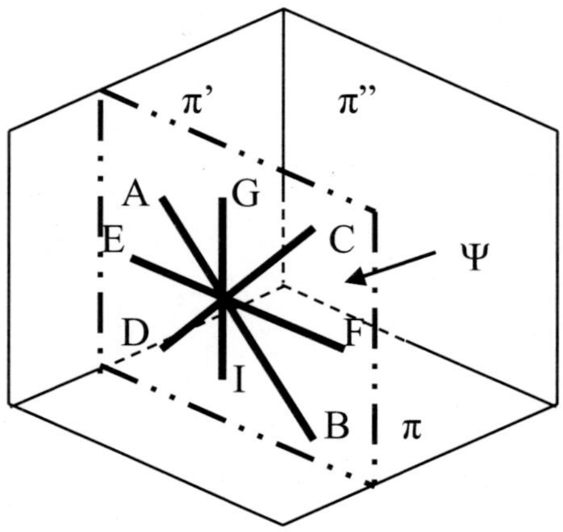

Em relação a π, π' e π'' estas retas são:

AB = de perfil.
CD = de perfil
EF = de topo
GI = vertical

Conclusão: apenas retas: de perfil, de topo e vertical, pertencem a um plano de perfil.

Épura da reta de perfil AB

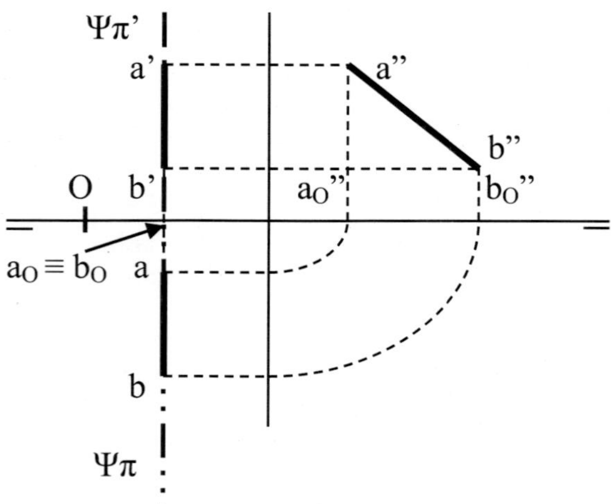

Épura da reta de perfil CD

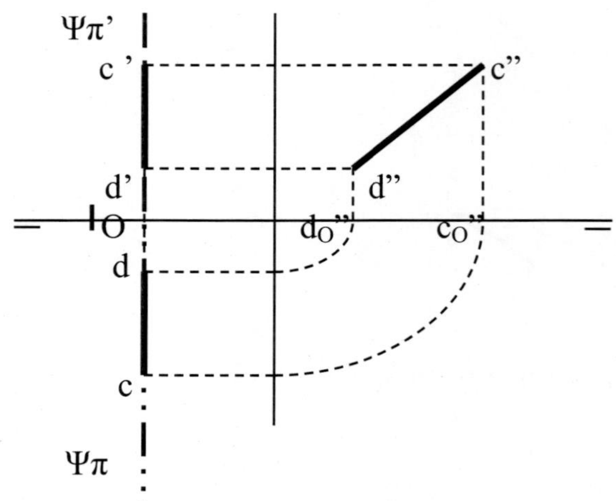

Épura da reta de topo EF

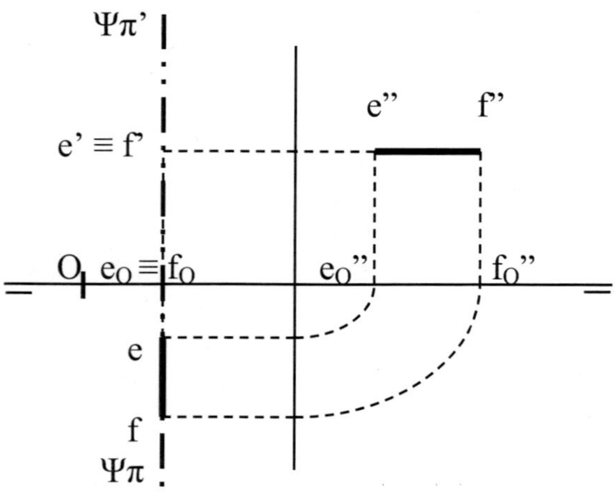

Épura da reta vertical GI

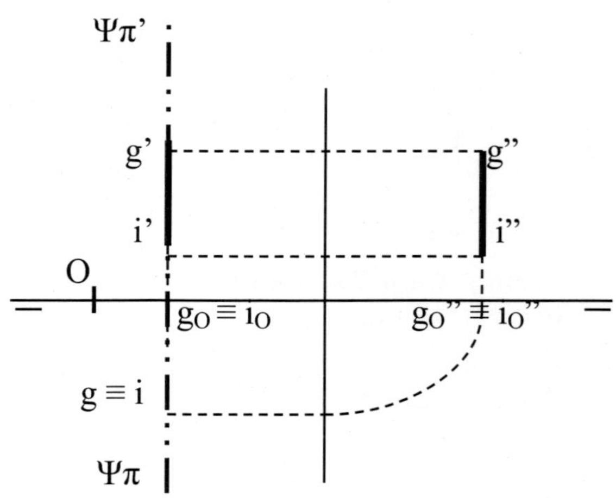

Retas pertencentes a um plano paralelo à Linha de Terra ou plano em rampa

Basta supor o plano Ψ imaginário (com as quatro retas possíveis) colocado como um plano Paralelo à Linha de Terra, ou seja, inclinado a π e π' e perpendicular a π''. Em seguida analisam-se cada uma destas retas, em relação a estes três planos.

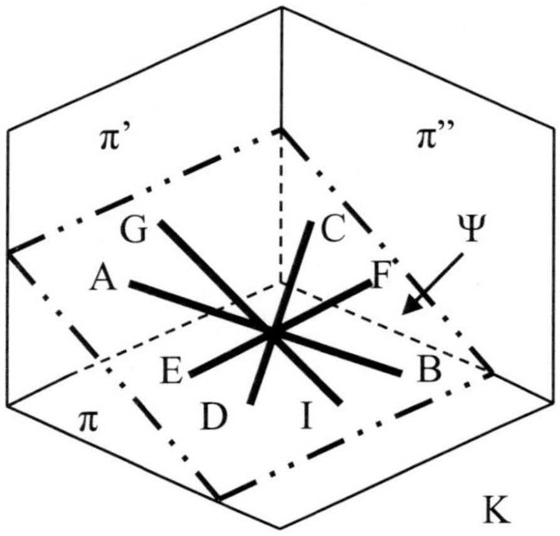

Em relação a π, π' e π'' estas retas são:

AB = genérica ou qualquer
CD = genérica ou qualquer
EF = fronto horizontal
GI = de perfil

Conclusão: apenas retas: genérica ou qualquer, fronto horizontal e de perfil, pertencem a um plano paralelo à Linha de Terra.

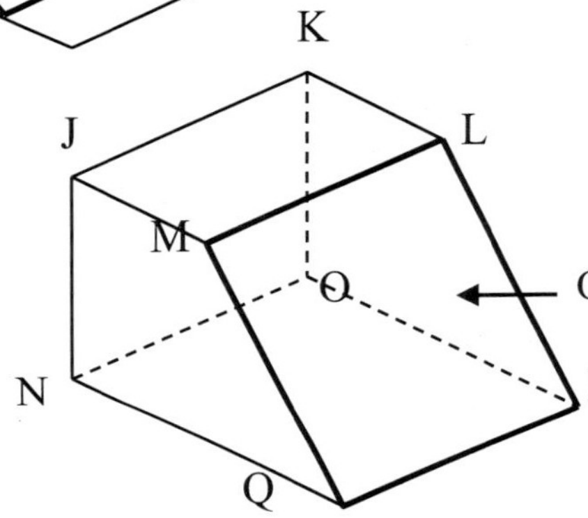

O plano LMQP é paralelo à Linha de Terra

Épura da reta genérica ou qualquer AB

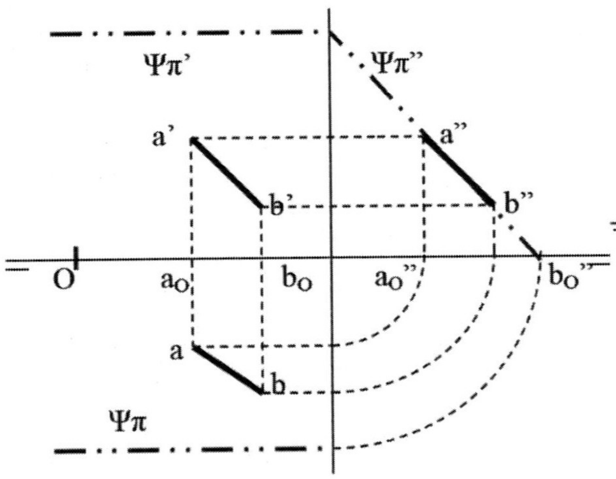

Épura da reta genérica ou qualquer CD

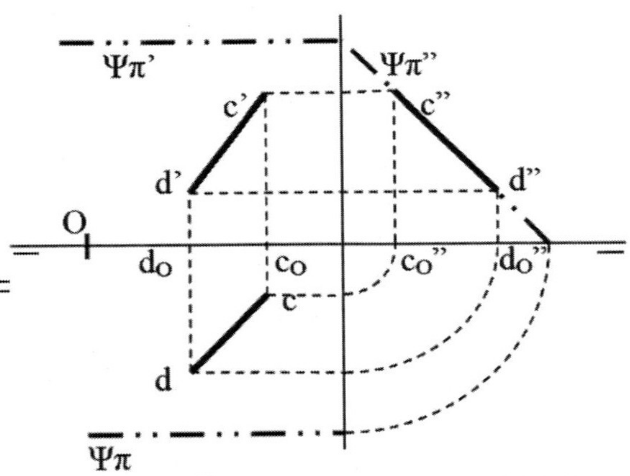

Épura da reta fronto horizontal EF

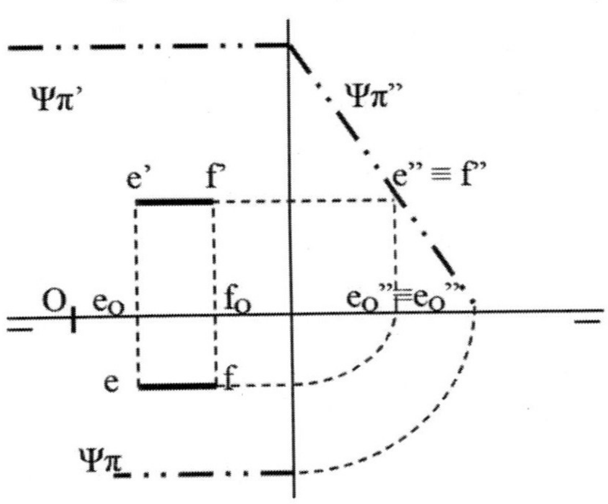

Épura da reta de perfil GI

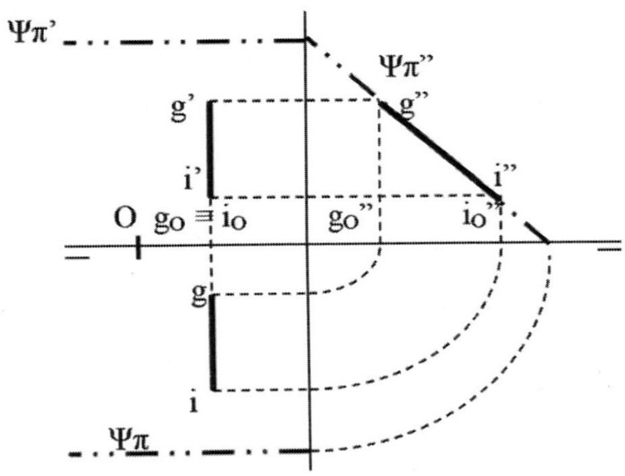

Retas pertencentes a um plano que passa pela Linha de Terra (que inclui o plano bissetor)

Basta supor o plano Ψ imaginário (com as quatro retas possíveis) colocado como um plano que passa pela Linha de Terra, ou seja, inclinado a π e π' e perpendicular a π''. Em seguida analisam-se cada uma destas retas, em relação a estes três planos.

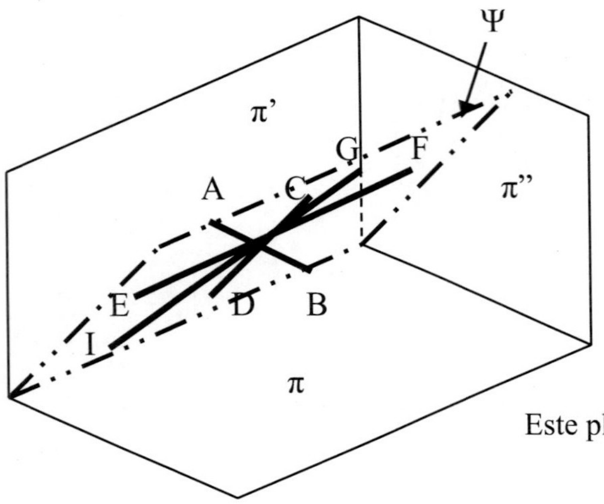

Em relação a π, π' e π'' estas retas são:

AB = genérica ou qualquer
CD = genérica ou qualquer
EF = fronto horizontal
GI = de perfil

Conclusão: apenas retas: genérica ou qualquer, fronto horizontal e de perfil, pertencem a um plano que passa pela Linha de Terra, incluindo o plano bissetor.

Este plano contém as mesmas retas que o paralelo à Linha de Terra.

O plano QMLP passa pela Linha de Terra

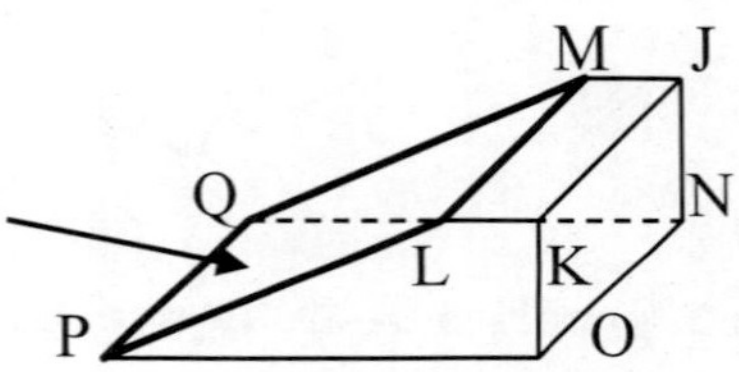

Épura da reta genérica ou qualquer AB

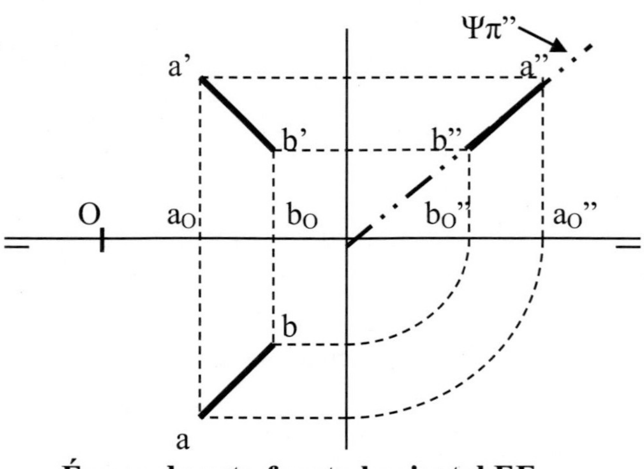

Épura da reta genérica ou qualquer CD

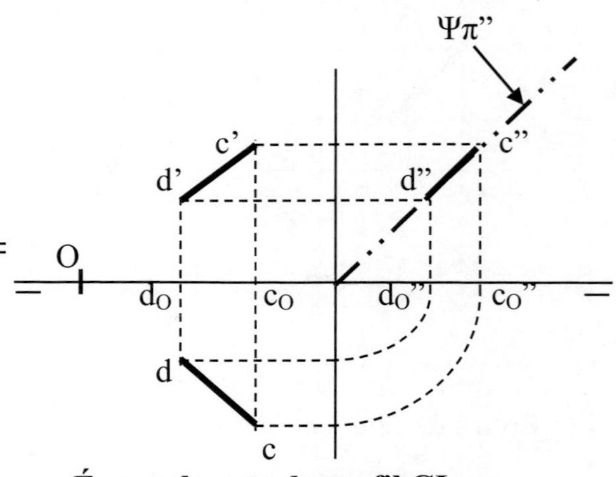

Épura da reta fronto horizotal EF

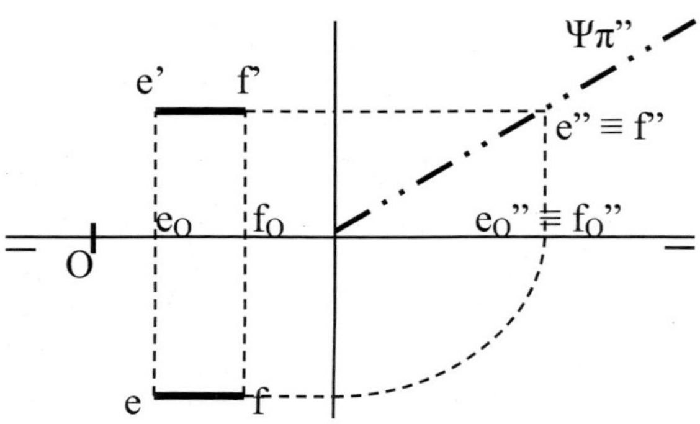

Épura da reta de perfil GI

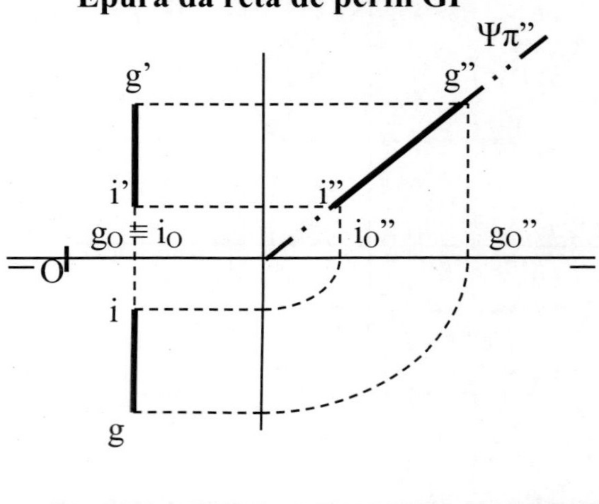

Retas pertencentes a um plano genérico ou qualquer

Basta supor o plano Ψ imaginário (com as quatro retas possíveis) colocado como um plano genérico ou qualquer, ou seja, inclinado em relação a π a π' e π". Em seguida analisam-se cada uma destas retas, em relação a estes três planos.

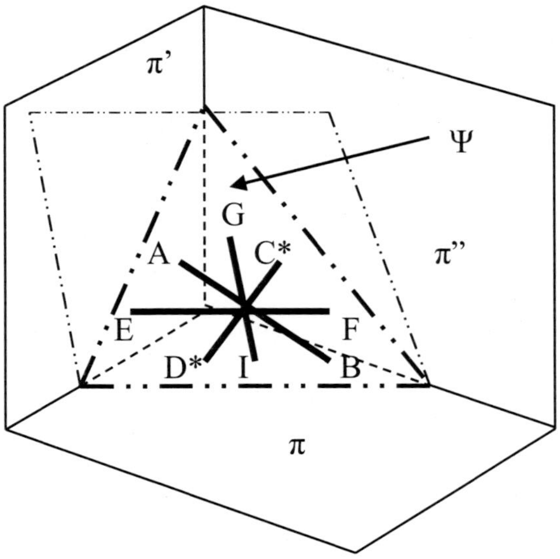

Em relação a π, π' e π" estas retas são:

AB = de perfil
CD = genérica ou qualquer ou
C*D* também como reta frontal
EF = horizontal
GI = genérica ou qualquer

Conclusão: apenas retas de perfil, horizontal e genérica ou qualquer, pertencem a um plano genérica ou qualquer.

* Em um plano genérico ou qualquer é possível ter-se uma reta CD paralela ao plano π' e inclinada aos planos π e π", tendo-se uma reta frontal.

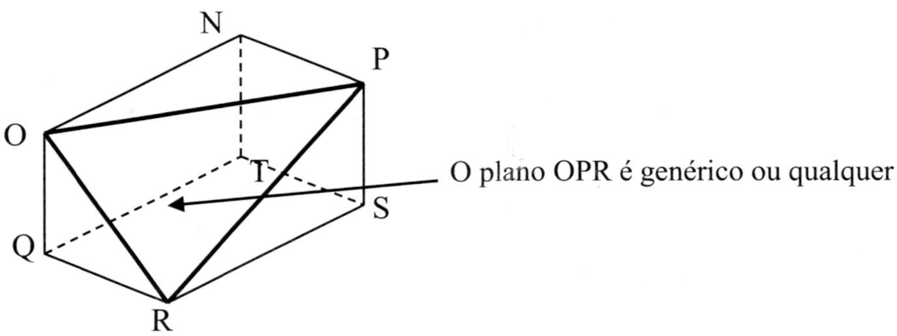

Épura da reta de perfil AB

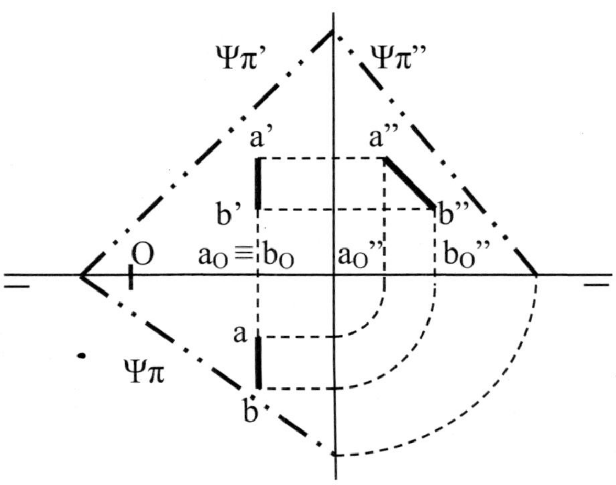

Épura da reta genérica ou qualquer CD

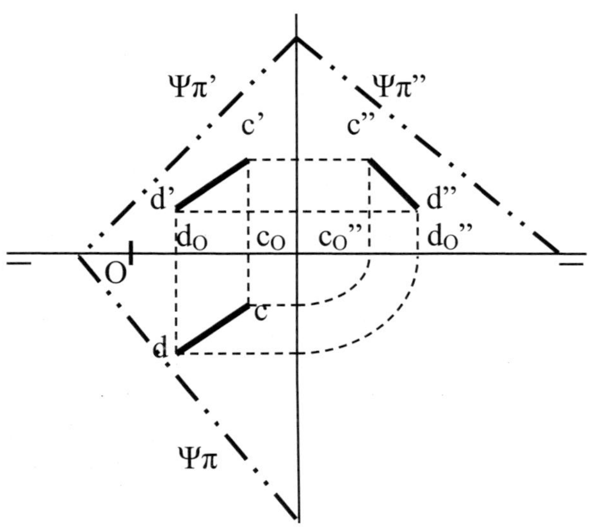

Épura da reta horizontal EF

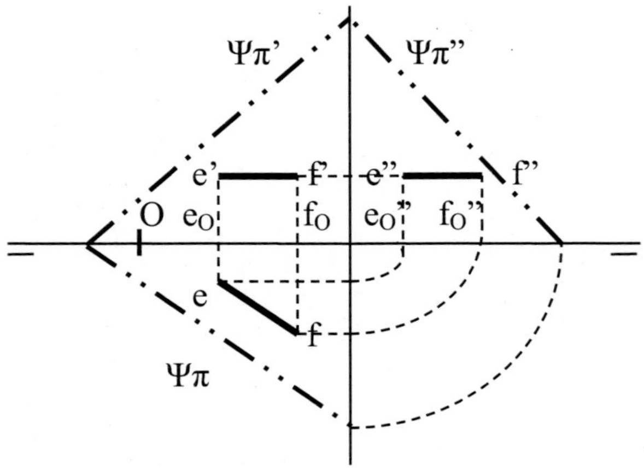

Épura da reta genérica ou qualquer GI

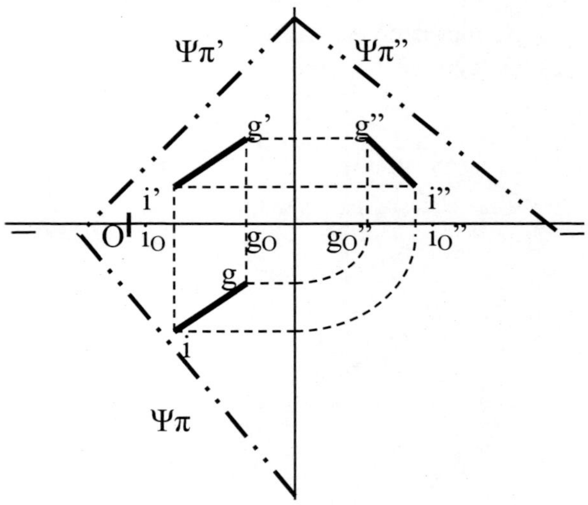

3.4 Interseção de planos

A interseção de dois planos origina uma reta, sendo que na prática a interseção de duas faces origina uma aresta, sendo assim representada em desenho técnico projetivo. Existem oito planos que podem se interceptar, dois a dois, gerando uma infinidade de retas, dentro das sete já estudadas. Este sub capítulo analisa a interseção de alguns planos, originando cada uma das sete retas já estudadas.

Interseção dos planos horizontal e frontal (gerando uma reta fronto horizontal)

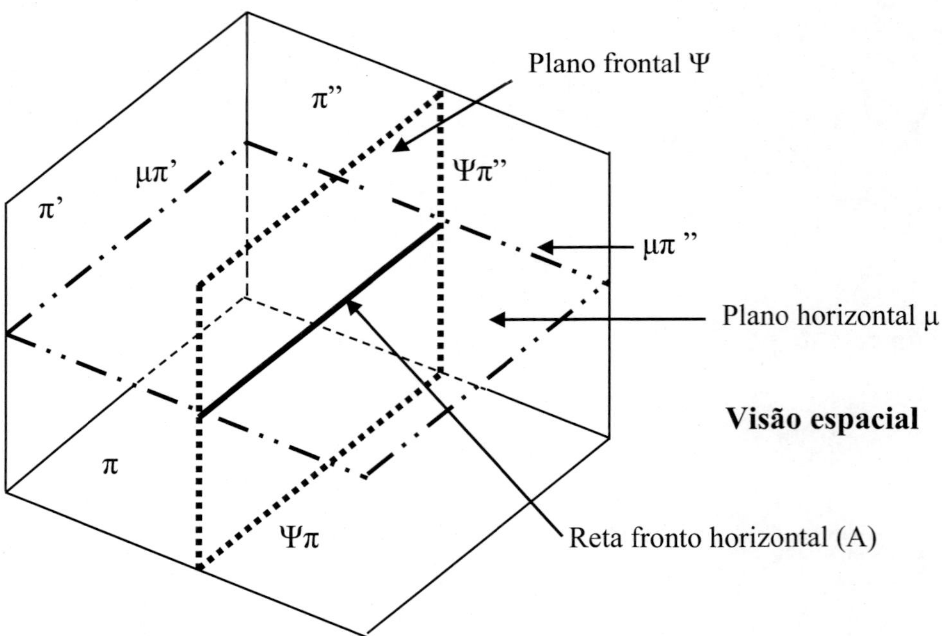

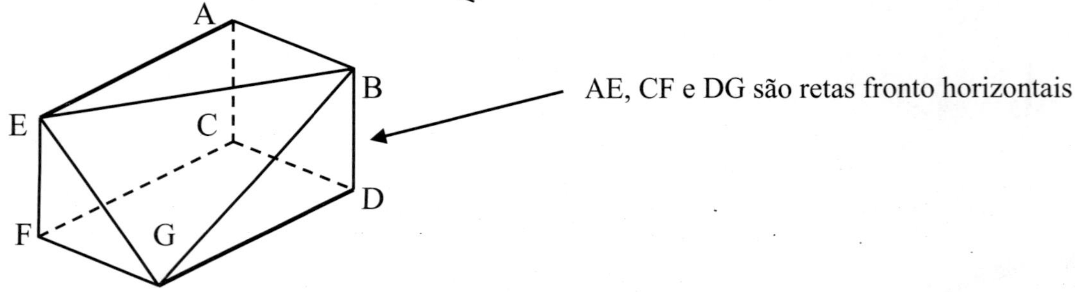

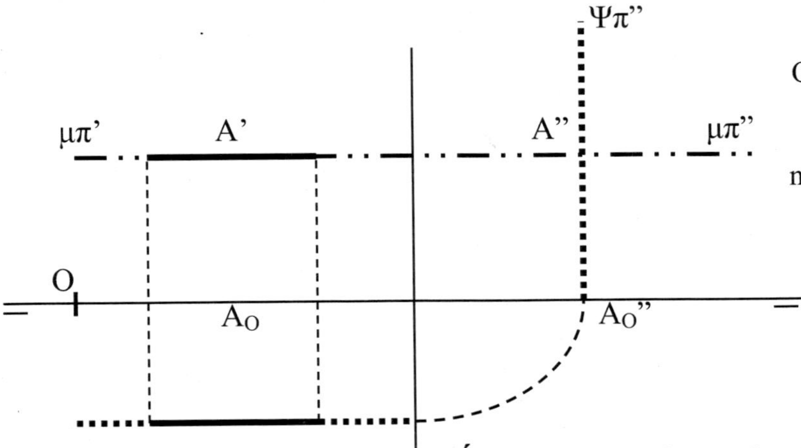

Observa-se que as retas, a seguir descritas, resultado das interseções de planos, serão nominadas por letras maiúsculas.

Épura da reta fronto horizontal (A)

Interseção dos planos frontal e de perfil (gerando uma reta vertical)

Visão espacial

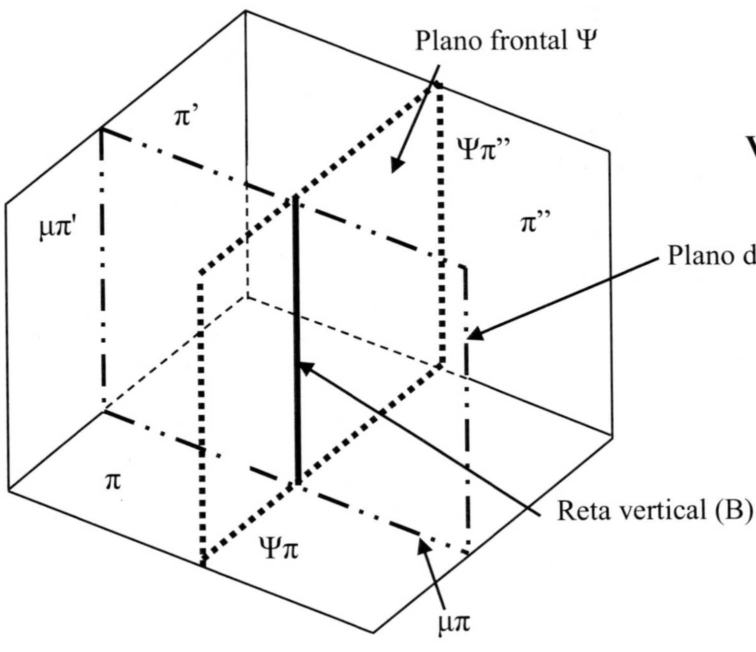

AC, BD e EF são retas verticais

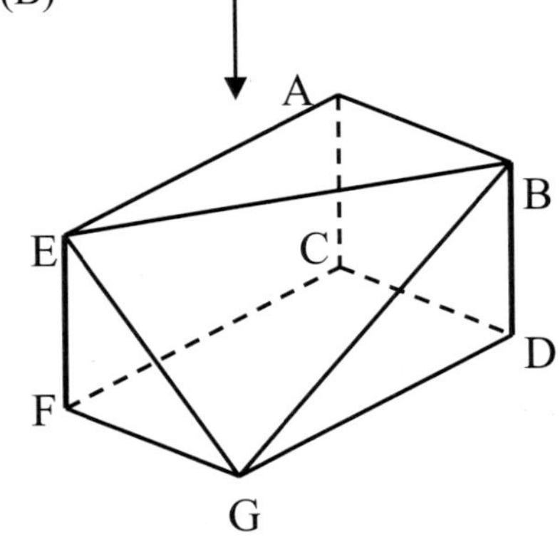

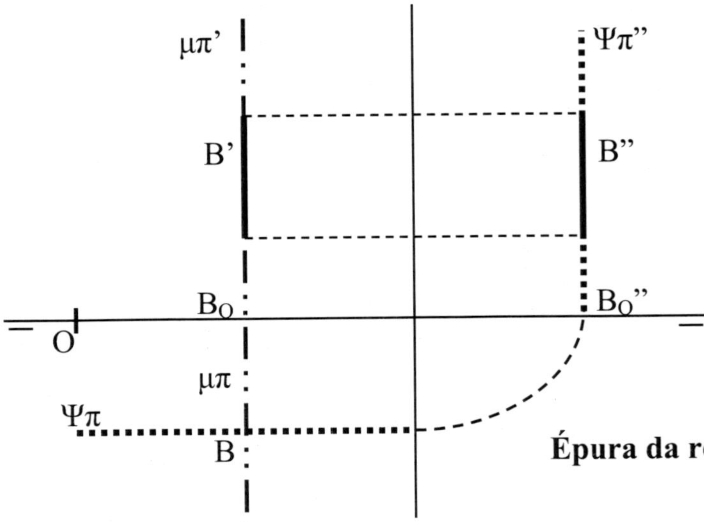

Épura da reta vertical (B)

Interseção dos planos frontal e de topo (gerando uma reta frontal)

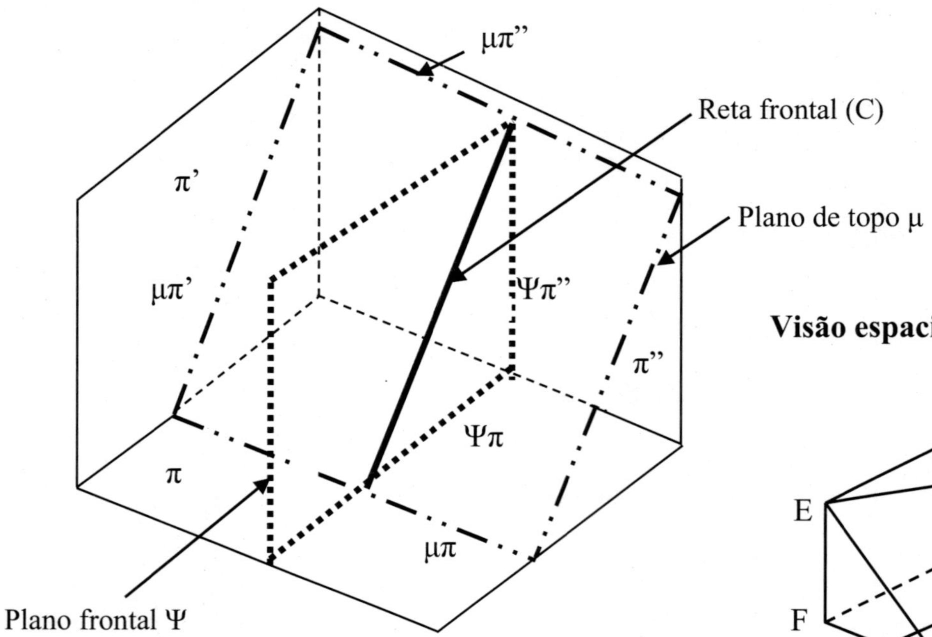

Visão espacial

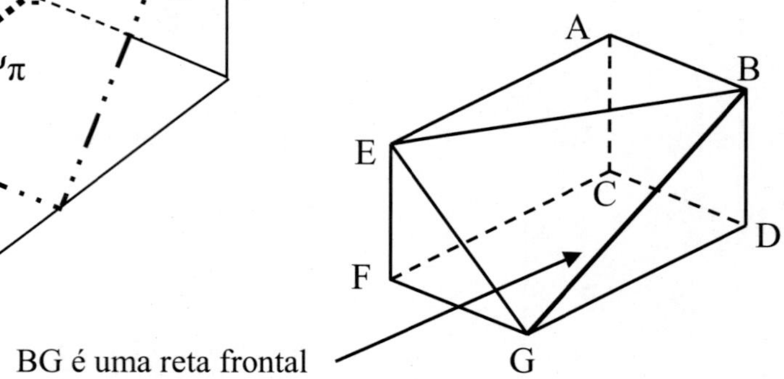

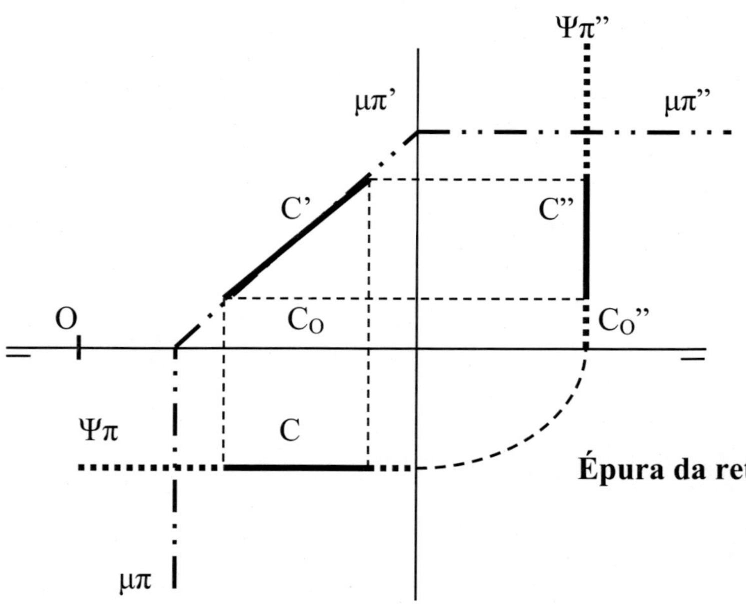

Épura da reta frontal (C)

Interseção dos planos de perfil e horizontal (gerando uma reta de topo)

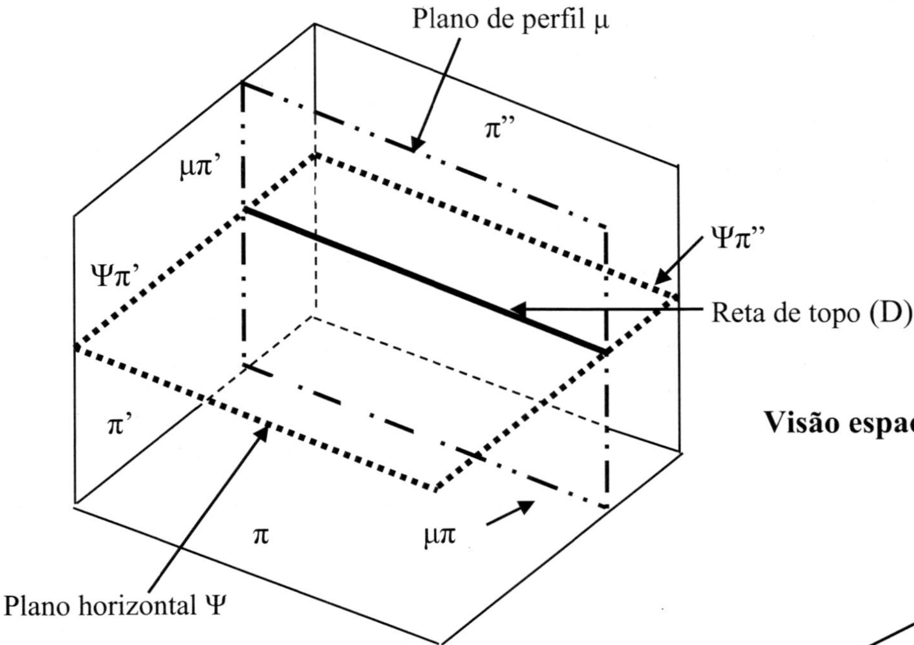

Visão espacial

AB, CD e FG são retas de topo

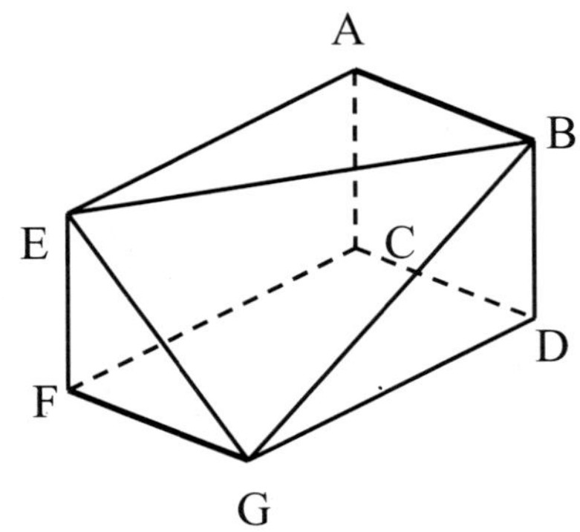

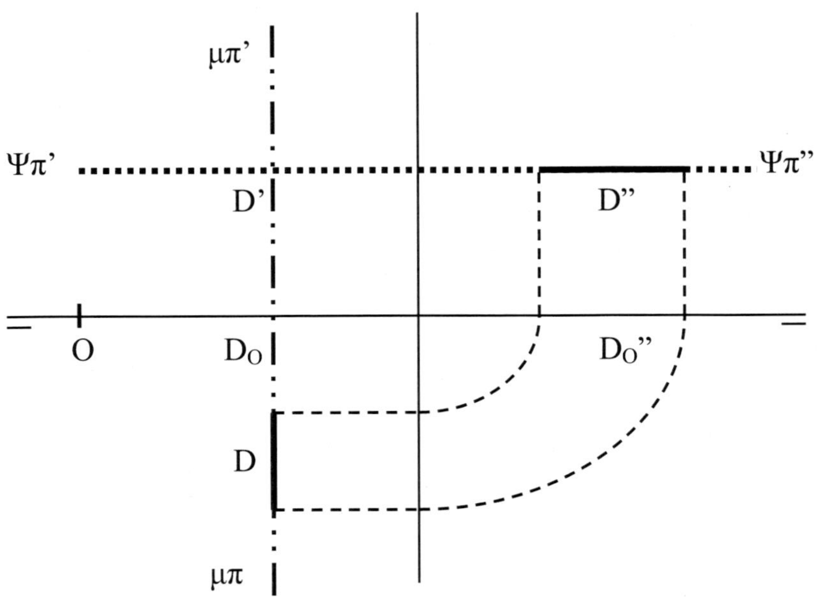

Épura da reta de topo (D)

Interseção dos planos de perfil e paralelo à Linha de Terra (gerando uma reta de perfil)

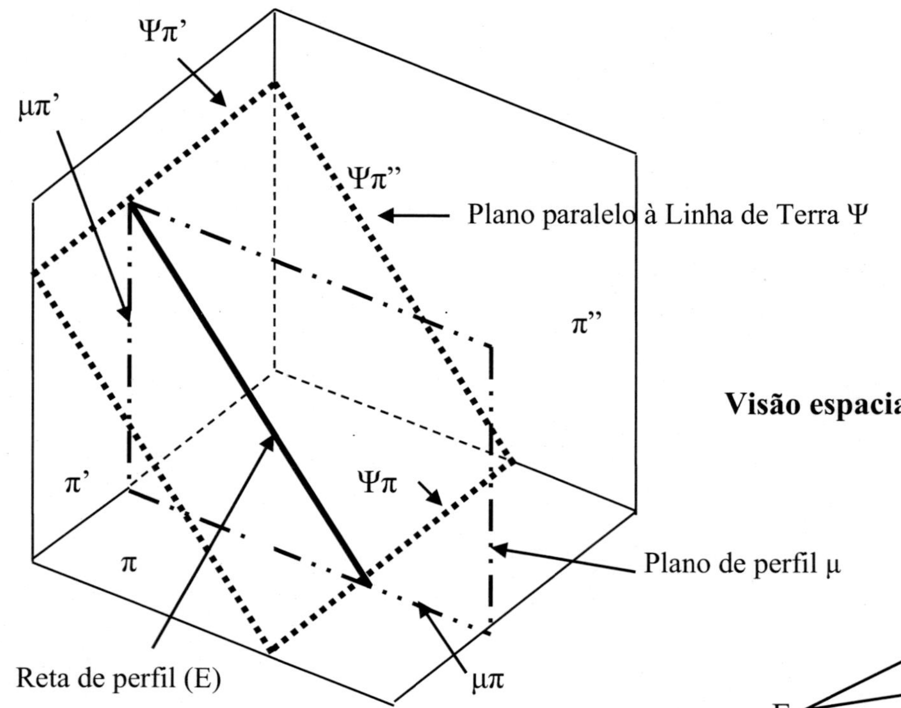

Visão espacial

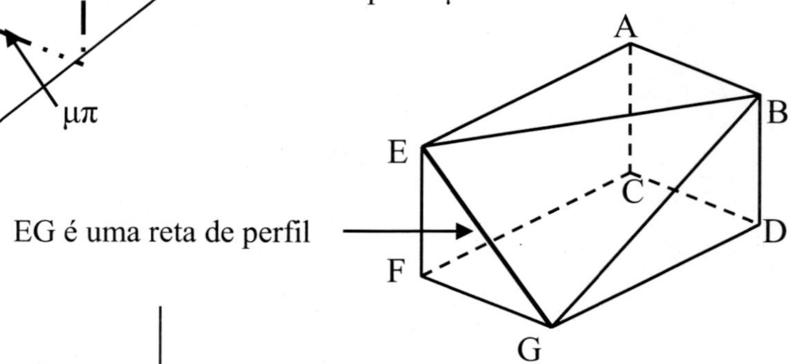

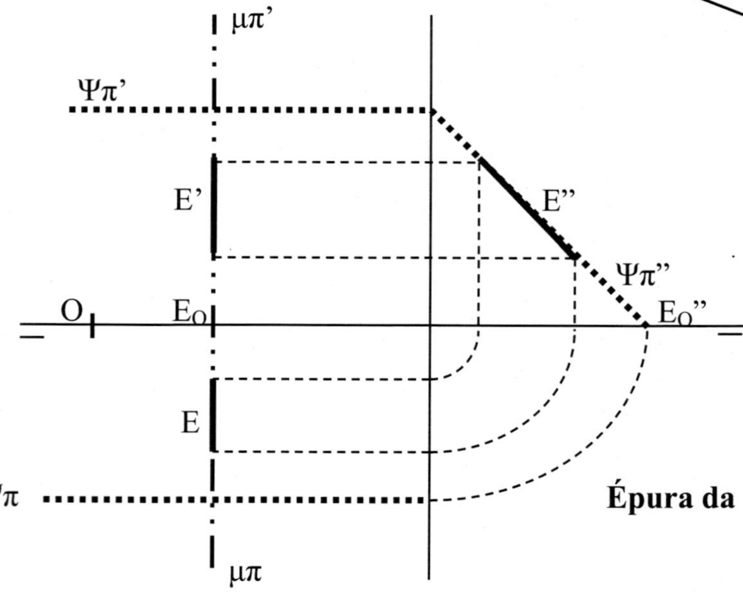

Épura da reta de perfil (E)

Interseção dos planos de topo e vertical (gerando uma reta genérica ou qualquer)

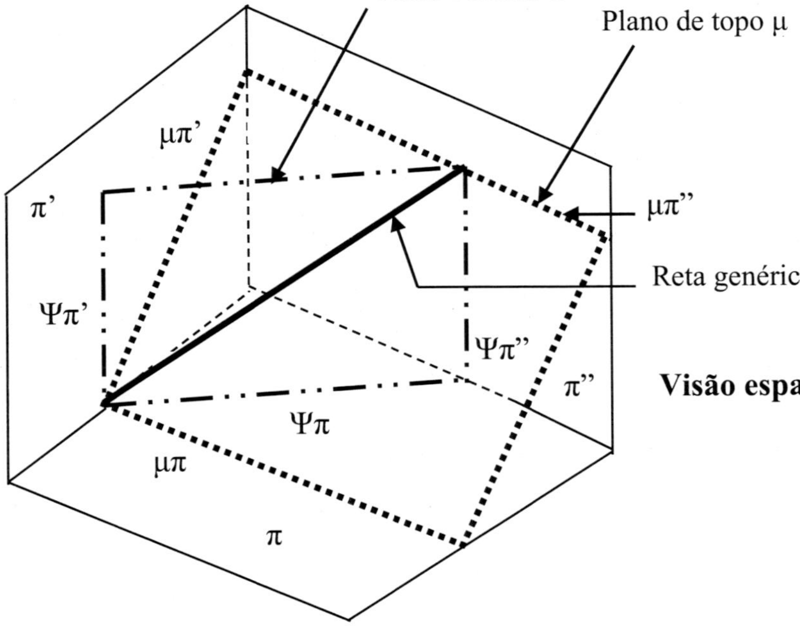

Visão espacial

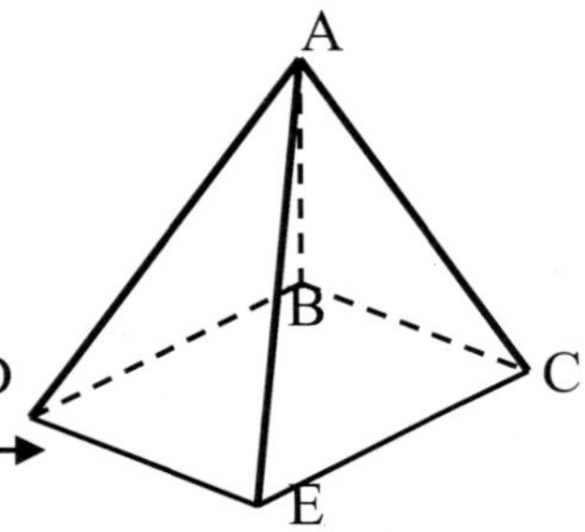

AB, AC, AD e AE são retas genéricas

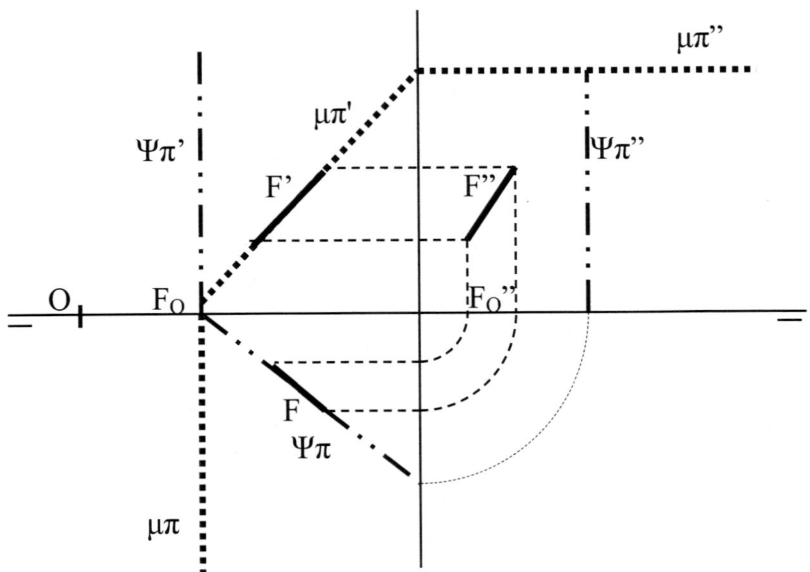

Épura da reta genérica ou qualquer (F)

Interseção dos planos horizontal e vertical (gerando uma reta horizontal)

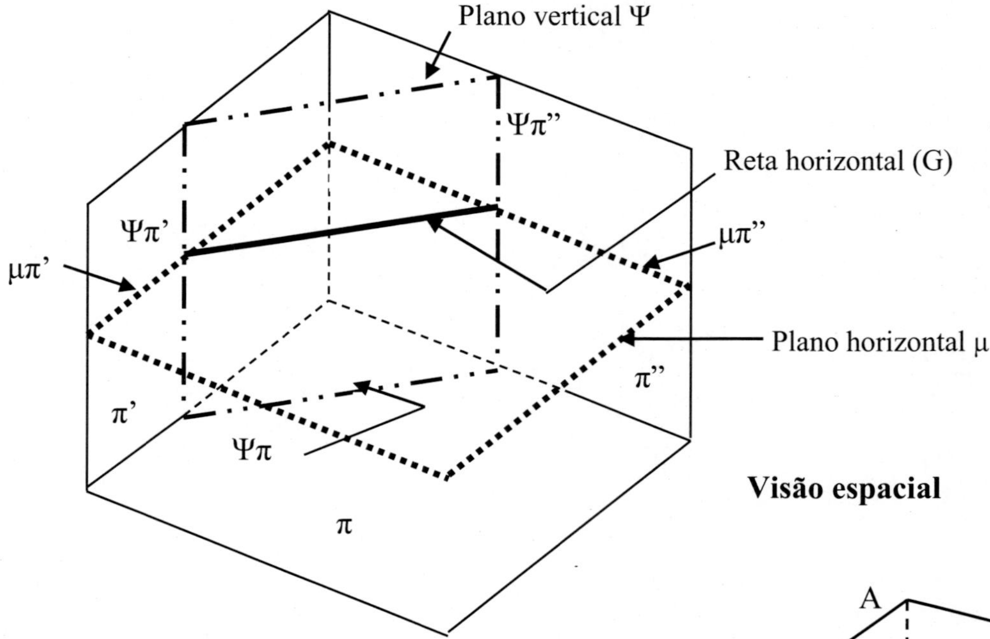

Visão espacial

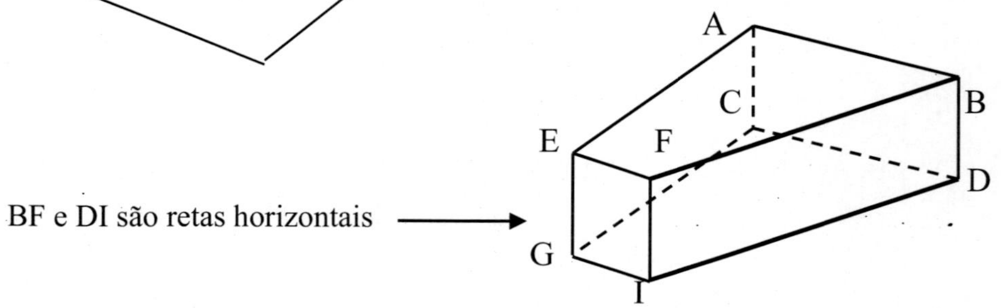

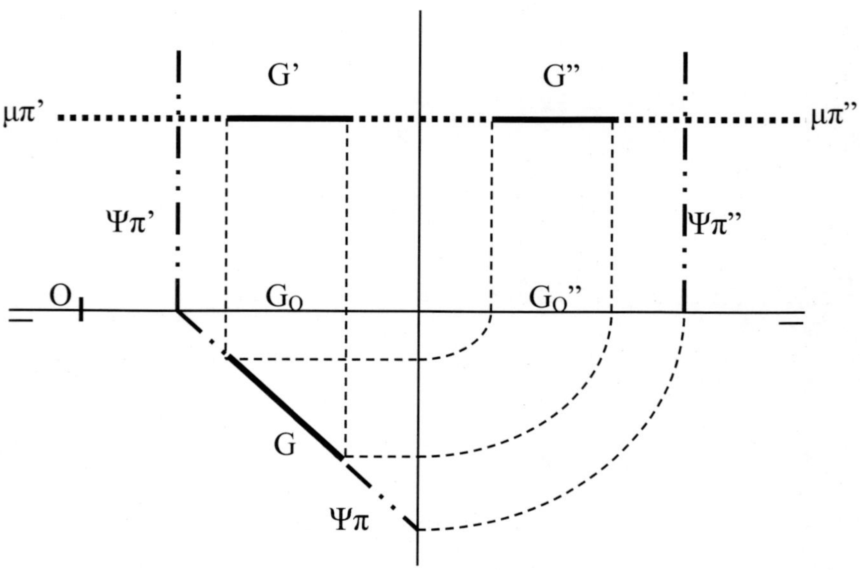

Épura da reta horizontal (G)

3.5 Exercícios resolvidos

3.5.1) Nas figuras a seguir defina os nomes das retas (definidas por dois pontos) e dos planos (definidos por três pontos). Para cada reta cite a partir de quais interseções de planos ela surge.

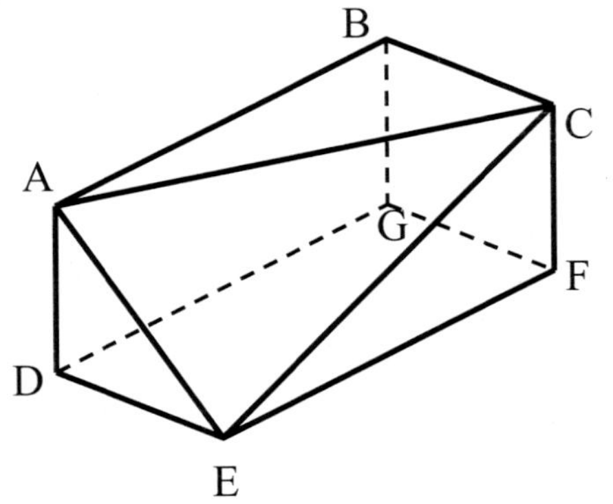

Prisma retangular com corte oblíquo passando por três vértices

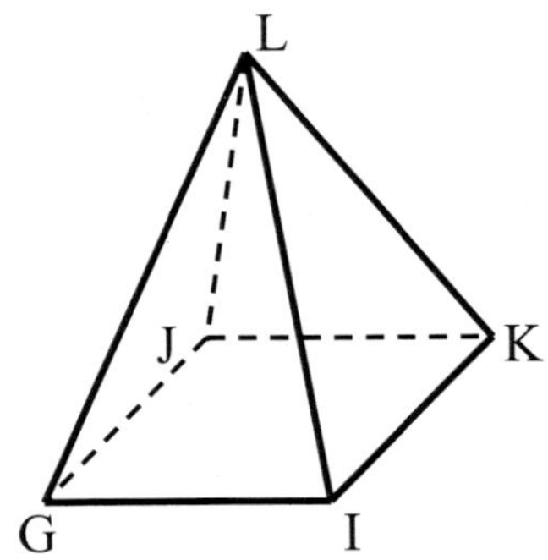

Pirâmide reta de base quadrada

Sobre o prisma:

AB, DE e EF = retas fronto horizontais (interseção entre os planos horizontal e frontal. Veja 3.11.1)
BC, DE e GF = retas de topo (interseção entre os planos de perfil e horizontal.
*AC = reta horizontal (interseção entre os planos horizontal e vertical.
*AD, CF e BG = retas verticais (interseção entre os planos frontal e de perfil.
AE = reta de perfil (interseção entre os planos de perfil e paralelo à Linha de Terra.
CE = reta frontal (interseção entre os planos frontal e de topo.
ABC = DEF = planos horizontais.
ADE = BCF = planos de perfil.
ACE = plano genérico ou qualquer.

Sobre a pirâmide:

GI e JK = retas de topo (interseção entre os planos de perfil e horizontal).
GJ e IK = retas fronto horizontais (interseção entre os planos horizontal e frontal.
LG = LI = LJ = LK = retas genéricas ou quaisquer (interseção entre os planos de topo e vertical.
GIJK = plano horizontal.
LGI = LIK = LJK = LGJ = planos genéricos ou quaisquer.

*Como já citado, além das interseções estudadas, retas podem ser oriundas de outras combinações de interseção de planos. Por Exemplo, a reta horizontal AC também pode ser gerada pela interseção de um plano horizontal com um genérico ou qualquer. As retas verticais AD e CF também podem ser geradas pela interseção de um plano vertical com um de perfil. Outras combinações podem ser feitas com as outras retas.

3.5.2) Um plano vertical α, no 1º diedro, forma um ângulo de 30º com a linha de terra e 60º com a linha da interseção entre o plano horizontal π e o de perfil π". Esse plano vertical intercepta o plano vertical π' exatamente na Origem (0; 0; 0). No plano vertical citado, existe uma reta AB, onde a abscissa de (A) é +2 e a cota é +6. O ponto (B) tem abscissa +5 e cota +3. Com esses dados pedem-se:
1) O desenho com a visão tridimensional de todo o conjunto, incluindo as projeções nos planos π, π' e π".
2) Os valores dos afastamentos dos pontos (A) e (B).
3) A épura com os traços do plano vertical, bem como da reta (A)(B).
4) O comprimento do segmento (A)(B).
5) Os traços vertical e horizontal da reta (A)(B), com os valores de suas coordenadas cartesianas.
6) Os comprimentos das projeções da reta (A)(B), nos planos π, π' e π".
7) Os valores dos ângulos que as projeções em π' e π" formam com o plano horizontal π.
8) O nome da reta (A)(B), com a sua trajetória.

Inicialmente, entende-se a imagem geométrica tridimensional do plano e dos pontos (A) e (B).

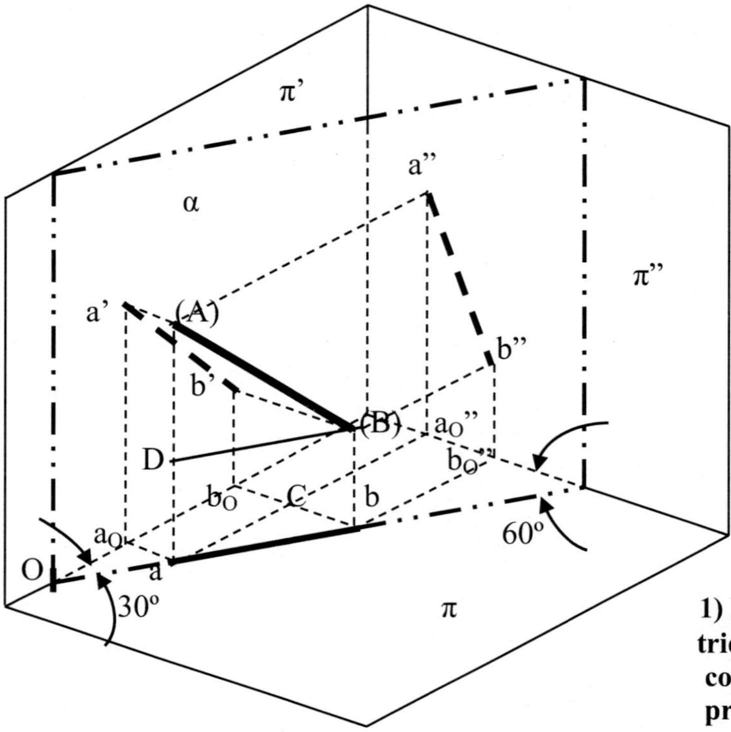

(A)(+2; ?; +6) e (B)(+6; ?; +3).

1) Desenho com a visão tridimensional de todo o conjunto, incluindo as projeções em *π*, *π’* e *π”*.

2) Cálculo dos afastamentos dos pontos (A)(B):

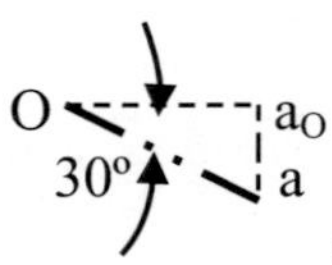

$|Oa_O| = 2$. tg 30º $= a_Oa/\ Oa_O \Rightarrow a_Oa = (Oa_O)$(tg 30º) = (2)(0,57735) = 1,155.

a_Oa = **afastamento de (A) = +1,155**, portanto: (A)(+2; +1,155; +6).

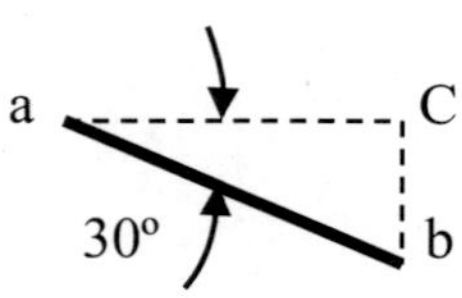

$|aC| = a_O\ b_O$ = (+6) - (+3) = 3.

tg 30º = bC/aC => bC = (aC)(tg 30º) = (3)(0,57735) = 1,732.

b_Ob = afastamento de (B) = a_Oa + bC = +1,155 + 1,732 = +2,887.

Afastamento de (B) = +2,887, portanto: (B)(+6; +2,887; +3).

3) A épura com os traços do plano vertical, bem como da reta (A)(B).

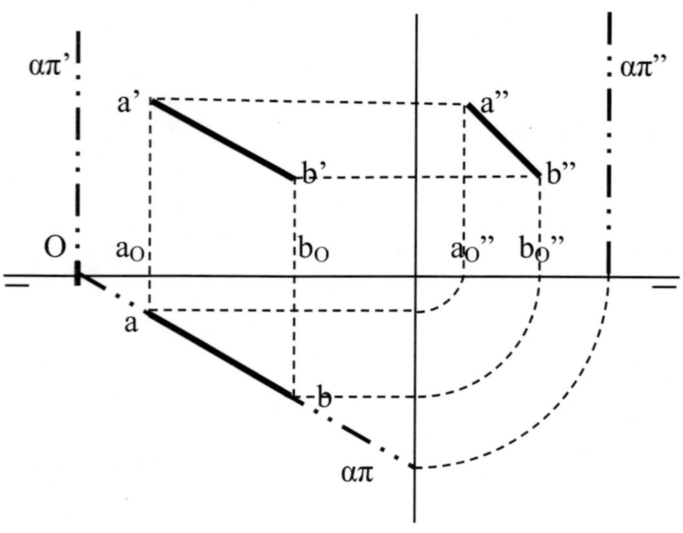

(A)(+2; +1,155; +6) e (B)(+6; +2,887; +3).

4) O comprimento do segmento (A)(B).

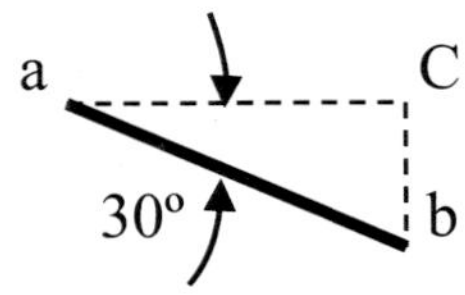

aC = 3 e bC = 1,732. Portanto $ab = \sqrt{(3)^2 + (1{,}732)^2} \Rightarrow ab = 3{,}464$.

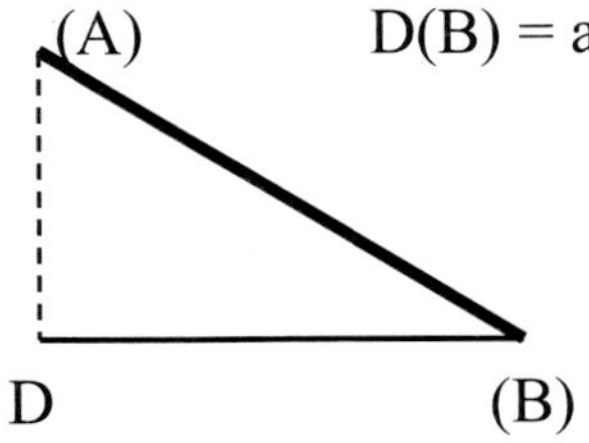

D(B) = ab = 3,464. (A)D = diferença das cotas de (A) e (B) = 3.

$|(A)(B)| = \sqrt{(AD)^2 + (DB)^2} \Rightarrow |(A)(B)| = \sqrt{(3)^2 + (3{,}464)^2}$

$|(A)(B)| = 4{,}582$.

O comprimento do segmento (A)(B) = 4,582.

5) Os traços vertical e horizontal da reta (A)(B), com os valores de suas coordenadas cartesianas.

Conforme o parágrafo 2.5, para determinar os traços, só é necessária a épura da reta (A)(B), nas projeções em π e π'.

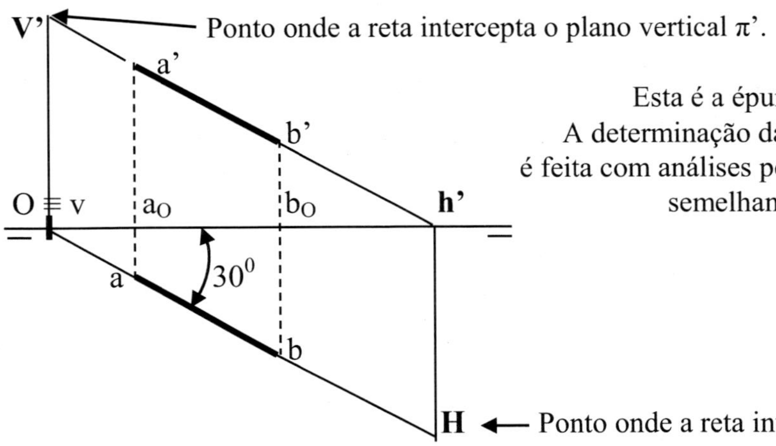

Esta é a épura dos traços da reta.
A determinação das coordenadas cartesianas é feita com análises pelo Teorema de Pitágoras e semelhanças de triângulos.

Cálculo analítico das coordenadas cartesianas dos traços.

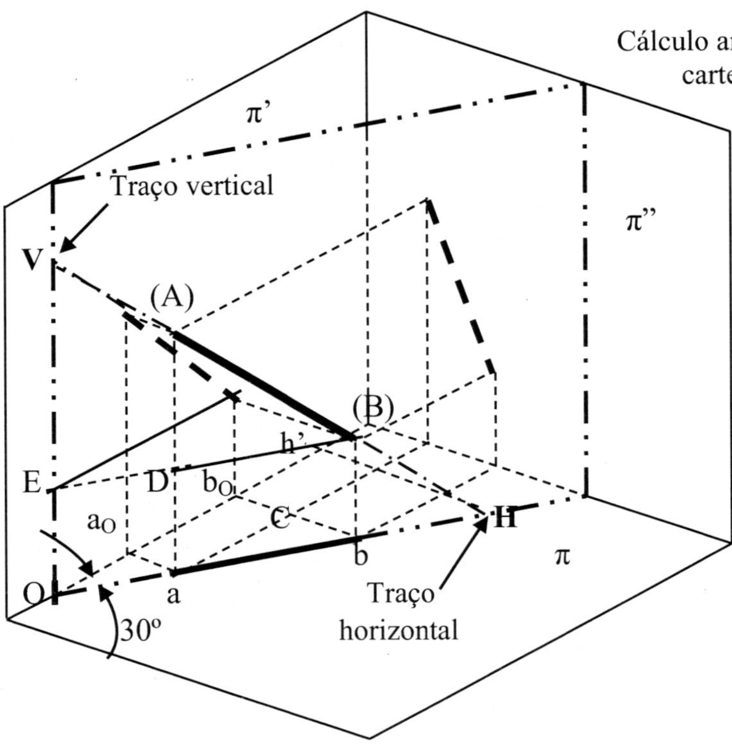

Visão espacial

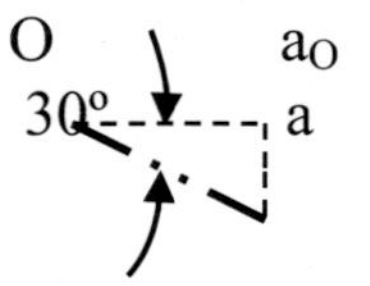

$Oa_O = 2$. $a_Oa = 1{,}155$. Portanto: $Oa = \sqrt{(2)^2 + (1{,}155)^2} = 2{,}31$.

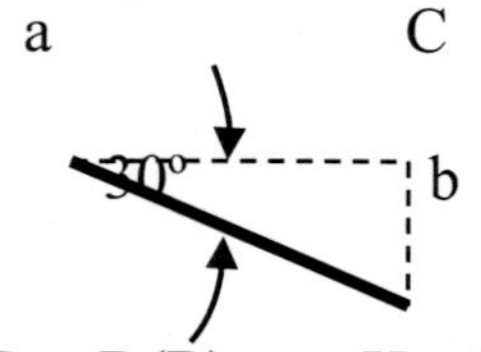

$aC = 3$. $bC = 1{,}732$. Portanto: $ab = \sqrt{(3)^2 + (1{,}732)^2} = 3{,}464$.

$ab = D(B) = 3{,}464$.

$$\frac{(A)D}{Aa} = \frac{D(B)}{aH} \Rightarrow aH = \frac{D(B) \times Aa}{(A)D} = \frac{3{,}464 \times 6}{3} \Rightarrow aH = 6{,}928.$$

$OH = Oa + aH \Rightarrow OH = 2{,}31 + 6{,}928 \Rightarrow OH = 9{,}238$.

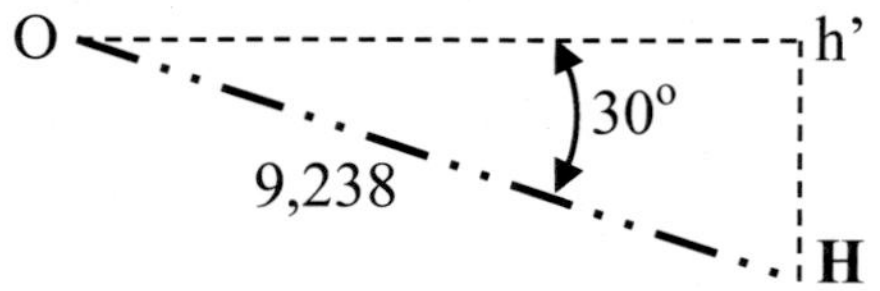

Oh' = abscissa do traço **H** = 9,238 x cos 30º = 8.
h'**H** = afastamento do traço **H** = 9,238 x sen 30º = 4,619.

Coordenadas cartesianas do traço horizontal: (H)(+8; +4,619; 0).

Da semelhança entre os triângulos O**HV** e D(A)(B) tem-se: $\frac{OH}{D(B)} = \frac{OV}{D(A)} \Rightarrow OV = \frac{OH \times D(A)}{D(B)}$

$OV = \frac{9{,}238 \times 3}{3{,}464} = 8$.

Coordenadas cartesianas do traço vertical: (V)(0; 0; +8).

6) Os comprimentos das projeções da reta (A)(B), nos planos π, π' e π".

Estes comprimentos são obtidos a partir da épura da reta.

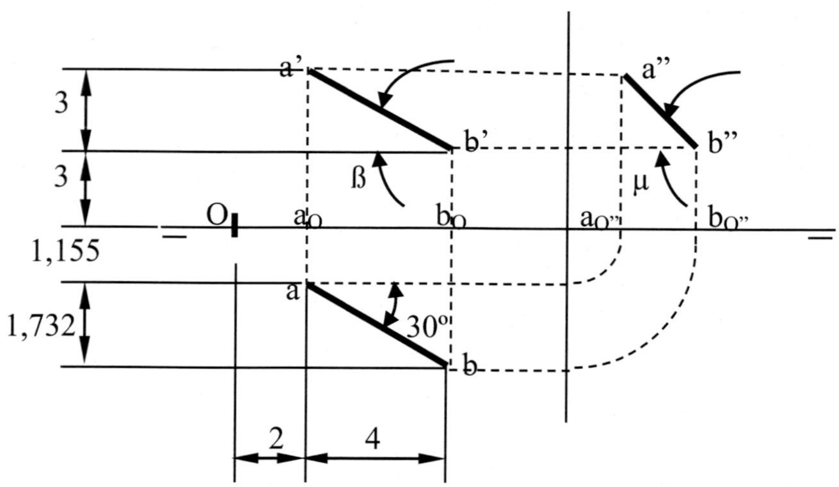

$|a'b'| = \sqrt{(4)^2 + (3)^2} \Rightarrow$ **|a'b'| = 5** ⟵ **Comprimento da projeção em π'.**

$|ab| = \sqrt{(4)^2 + (1{,}732)^2} \Rightarrow$ **|ab| = 4,359** ⟵ **Comprimento da projeção em π.**

$|a"b"| = \sqrt{(3)^2 + (1{,}732)^2} \Rightarrow$ **|a"b"| = 3,464** ⟵ **Comprimento da projeção em π".**

7) Os valores dos ângulos que as projeções em π' e π" formam com o plano horizontal π.

Esses ângulos ß e μ são calculados a partir da épura da reta, observando que o plano horizontal é entendido como a Linha de Terra.

tg ß = 3/4 = 0,75 => ß = arctg (+0,75) => ß = 36,87°.

tg μ = 3/1,732 = 1,732 => μ = arctg (+1,732) => μ = 60°.

A projeção em π' forma um ângulo de 36,87°, com o plano horizontal π.

A projeção em π" forma um ângulo de 60°, com o plano horizontal π.

8) O nome da reta (A)(B), com a sua trajetória.

Trata-se de uma reta genérica ou qualquer, pois é inclinada em relação aos três planos: π, π' e π". Sua trajetória é: 4°/1°/2° ou 2°/1°/4° diedros.

3.6 Exercícios propostos (veja soluções e respostas no Apêndice A)

3.6.1) Dada a peça a seguir dar o nome dos planos, representando suas épuras ou traços.

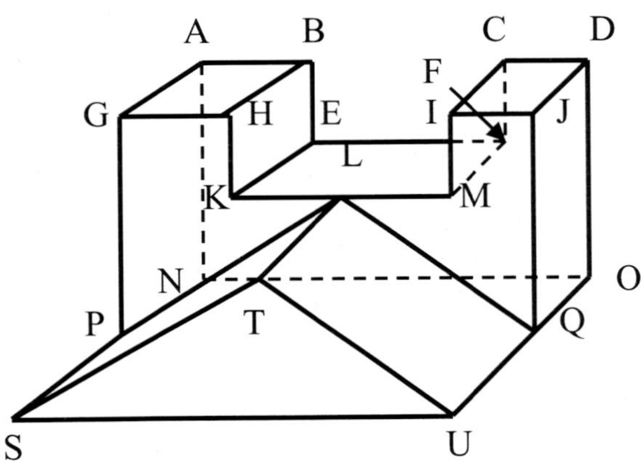

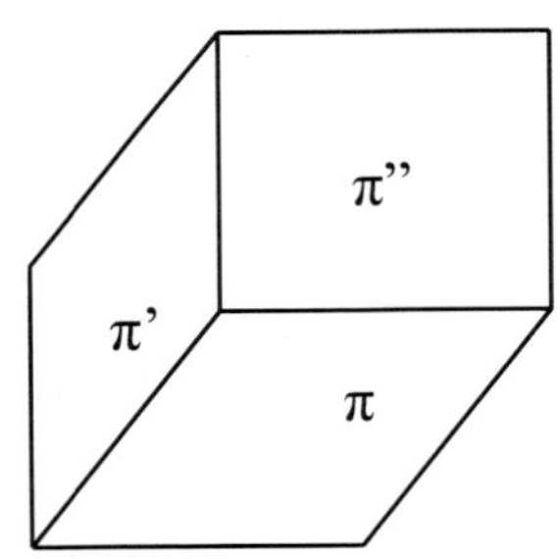

Considere os planos desse modo.

3.6.2) Imagine a interseção de um plano paralelo à Linha de Terra com um plano vertical. a) Qual reta é gerada por esta interseção? b) Faça a épura dos planos e com a reta gerada pela interseção.

3.6.3) Considerando o 1° diedro, tem-se um plano Paralelo à Linha de Terra ou plano em rampa, que forma ângulos de 45° com os planos horizontal π e vertical π'. Esse plano intercepta o plano horizontal π, no afastamento igual a + 15. Esse plano contém três pontos A, B e C, que formam um triângulo equilátero de lado igual a 6. Sabendo que o ponto A tem abscissa +3, o ponto B tem abscissa zero e afastamento + 10 e o ponto C tem abscissa +6 e afastamento +10, pedem-se:

1) Desenhar a visão espacial do plano com o triângulo e as projeções em π, π' e π", das retas formadas pelos lados.

2) Determinar as coordenadas cartesianas dos três pontos A, B e C.

Projeção de figuras planas e de sólidos

Na prática do desenho técnico projetivo é muito comum que peças, construções, produtos e objetos tenham detalhes como furos e rasgos, feitos a partir de figuras geométricas como triângulos, quadrados, circunferências e polígonos em geral (normalmente polígonos regulares). Do ponto de vista da geometria descritiva estas figuras são formadas por pontos, que dois a dois formam retas e que se situam em planos. Desta forma a projeção de figuras planas em π, π' e π", se resume a estudar retas projetadas sobre estes planos, o que já foi detalhado anteriormente.

4.1 Projeção de um quadrado (apoiado em um plano horizontal)

Visão espacial

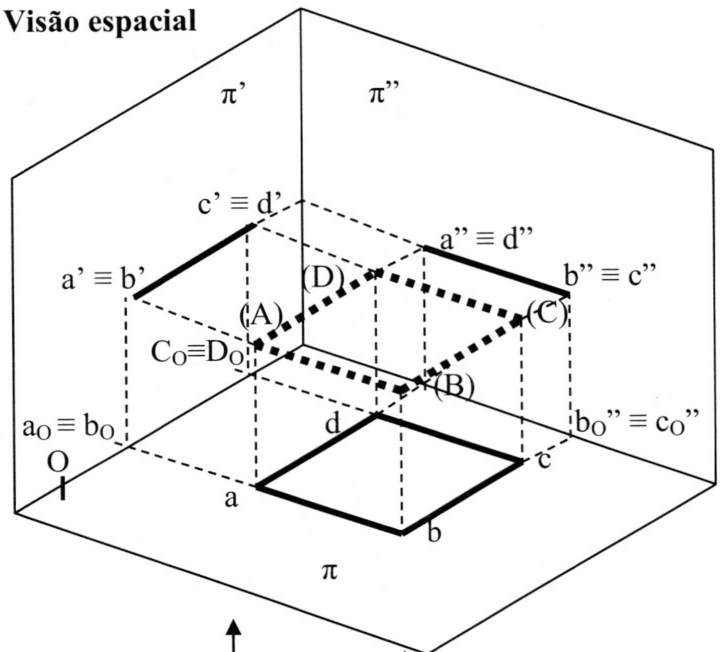

Este quadrado é formado por duas retas de topo (AB)(CD) e duas fronto horizontais (AD)(BC), todas pertencentes a um plano horizontal.

Observa-se que a verdadeira grandeza dos lados do quadrado aparecem na projeção em π, pois o quadrado está paralelo a este plano.

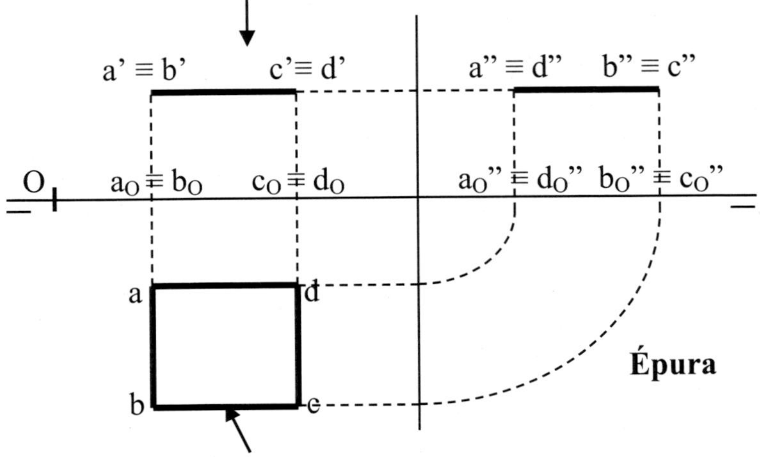

Verdadeira grandeza do quadrado

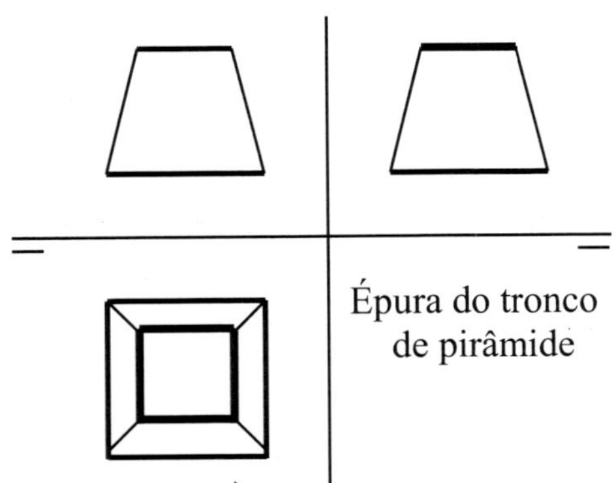

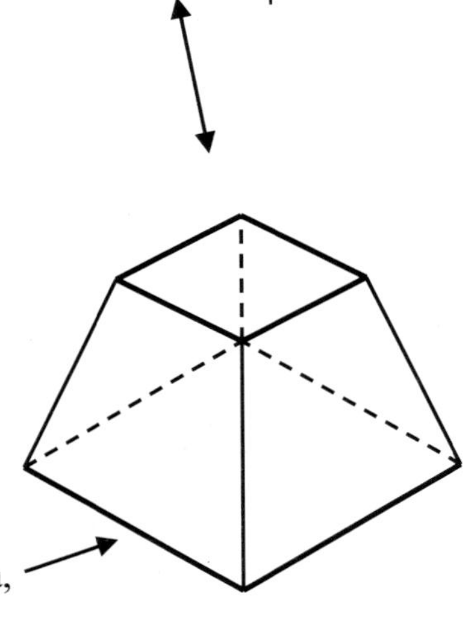

Visão espacial de tronco de pirâmide reta de base quadrada, como exemplo de projeção de quadrados

4.2 Projeção de um triângulo (apoiado em um plano paralelo à Linha de Terra)

Visão espacial

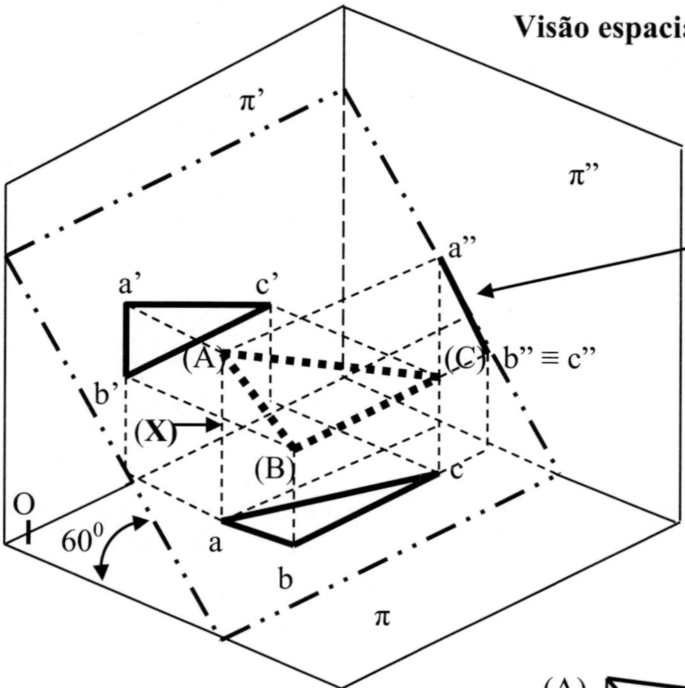

4.2.1 Exercício resolvido

Triângulo retângulo com lados (AB) = 3, (BC) = 4 e (AC) = 5, apoiado em um plano Paralelo à Linha de Terra, formando um ângulo de 60^0 com o plano horizontal π. Dados (A)(+2;+2;+5), calcular as coordenadas cartesianas dos pontos (B) e (C).

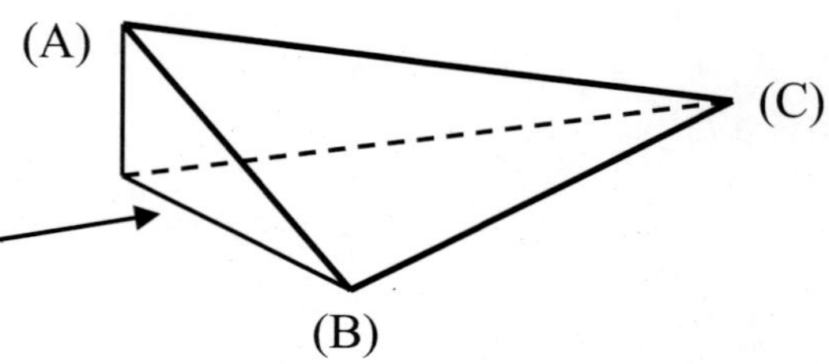

Visão espacial de um tetraedro irregular, como exemplo da projeção de um triângulo apoiado em um plano paralelo à Linha de Terra.

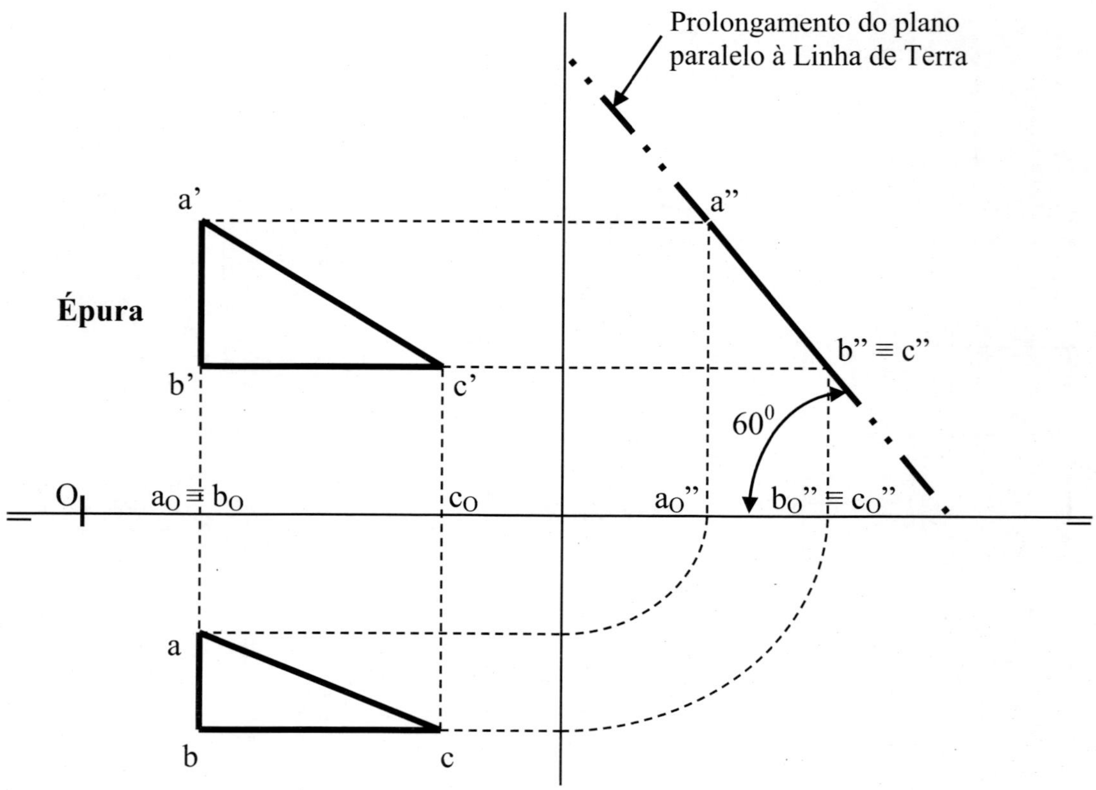

Da Visão espacial destacamos o triângulo (A)(**X**)(B), de onde serão calculados a cota e o afastamento de (B). Vejamos como:

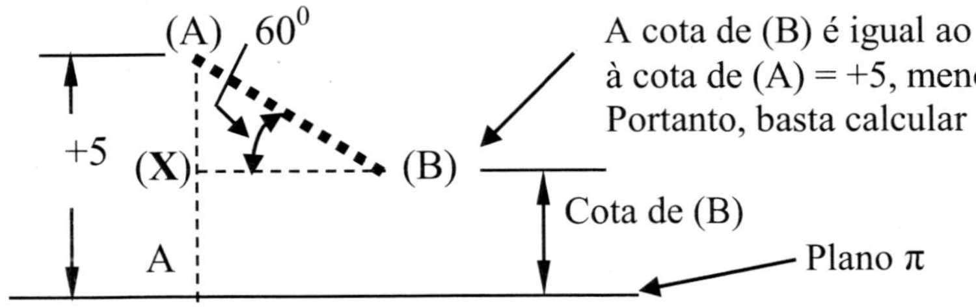

A cota de (B) é igual ao segmento A(**X**), que é igual à cota de (A) = +5, menos o segmento (A)(**X**). Portanto, basta calcular o valor de (A)(**X**).

Análise geométrica

Como (A)(B) = 3, logo: Seno 60^0 = [(A)(**X**)] / 3 e Seno 60^0 = $\sqrt{3}/2$

Portanto: [(A)(**X**)] = 3 ($\sqrt{3}$ / 2).

A cota de (B) = 5 + 3 ($\sqrt{3}$ / 2). A cota de (C) é igual à de (B)

O segmento (**X**)(B) mais o afastamento de (A) é o afastamento de (B).

Como (A)(B) = 3, logo: cosseno 60^0 = 1 / 2, que é igual a [(**X**)(B)] / 3 = 1 / 2

Portanto: (**X**)(B) = 3 / 2, ou seja: afastamento de (B) = (3 / 2) + 2 = 7 / 2 = + 3,5

O afastamento de (C) é igual ao de (B)

A abscissa de (B) é igual à de (A) = +2

A abscissa de (C) é igual à de (A) ∓ BC = +6

Em resumo as coordenadas cartesianas são:

(A)(+2;+2;+5)

(B)(+2;+3,5; 5+[3 ($\sqrt{3}$ / 2]) ou (B)(+2; +3,5; + 7,6)

(C)(+6; +3,5; 5+[3 ($\sqrt{3}$ / 2]) ou (C)(+6; +3,5; +7,6)

4.3 Projeção de um hexágono pertencente a um plano genérico ou qualquer

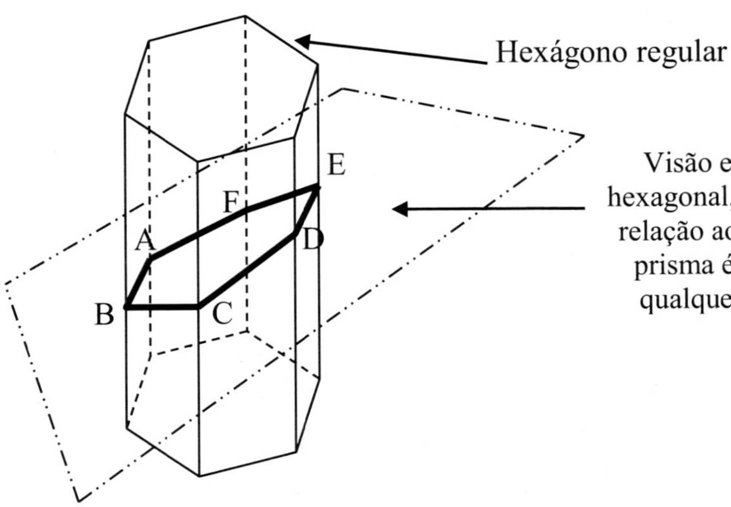

Visão espacial de um prisma reto de base hexagonal, com um plano secante inclinado em relação aos três planos de projeção, ou seja, o prisma é cortado por um plano genérico ou qualquer, gerando um hexágono irregular.

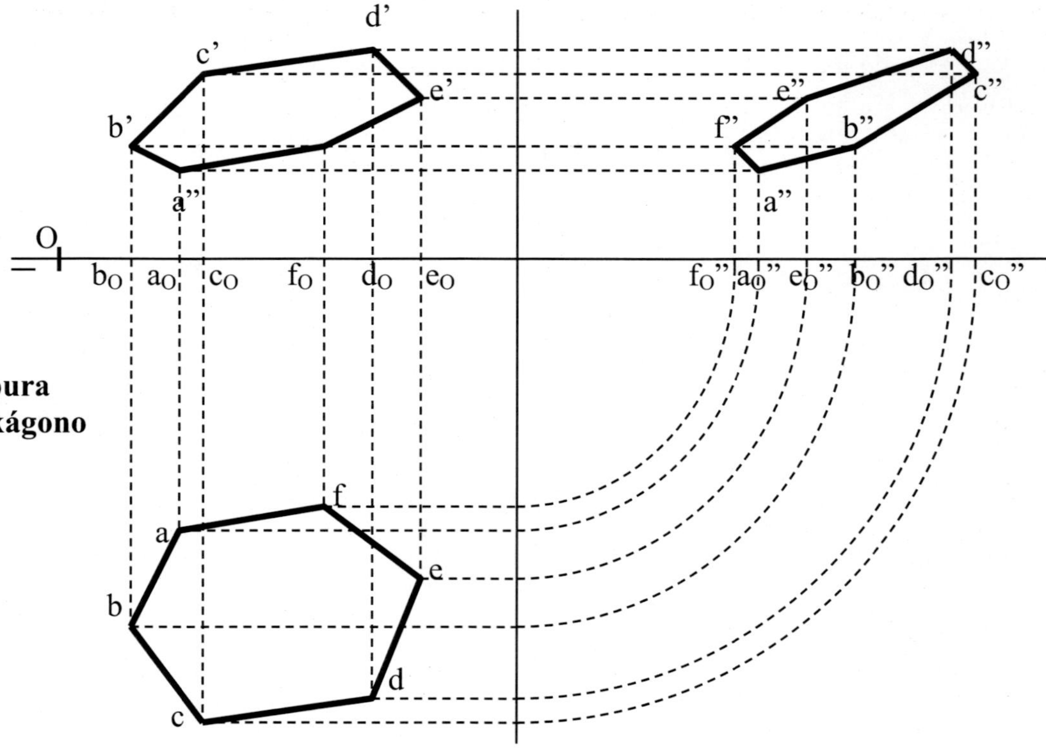

Épura do hexágono

Visão espacial do hexágono

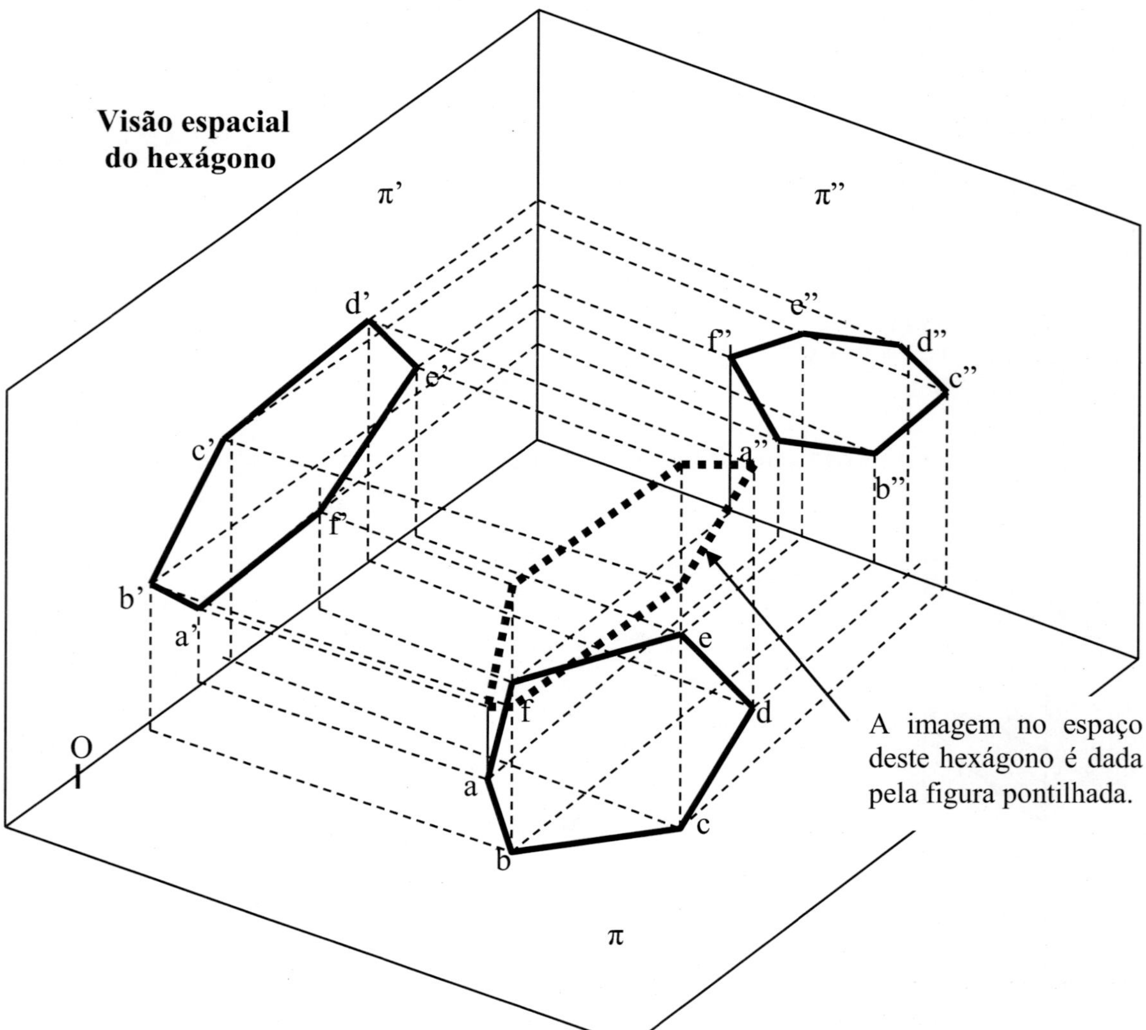

Visualização do plano genérico ou qualquer onde está localizado o hexágono

Visão espacial sem as linhas de projeções

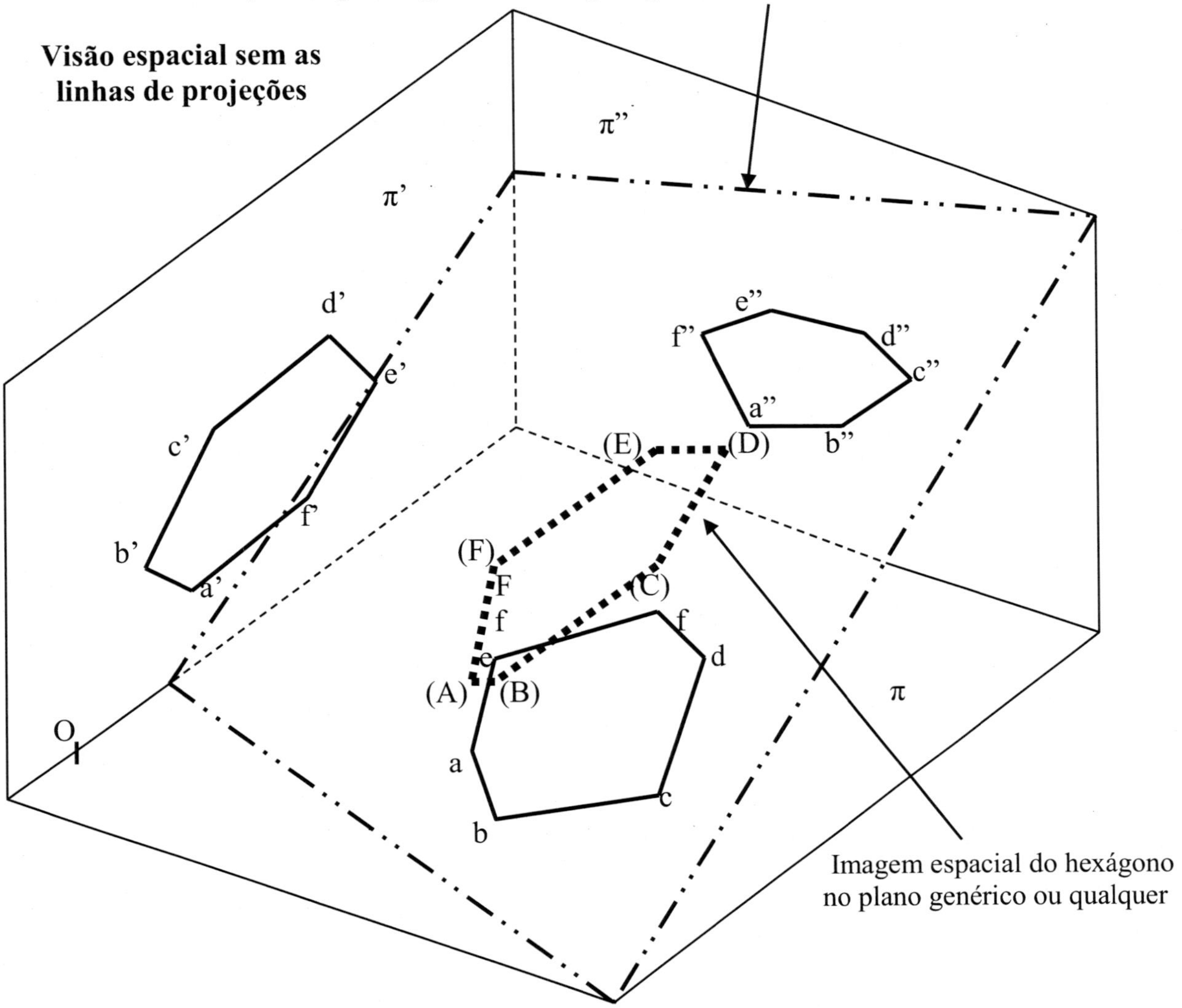

4.4 Seções de um cilindro (elipse e círculo)

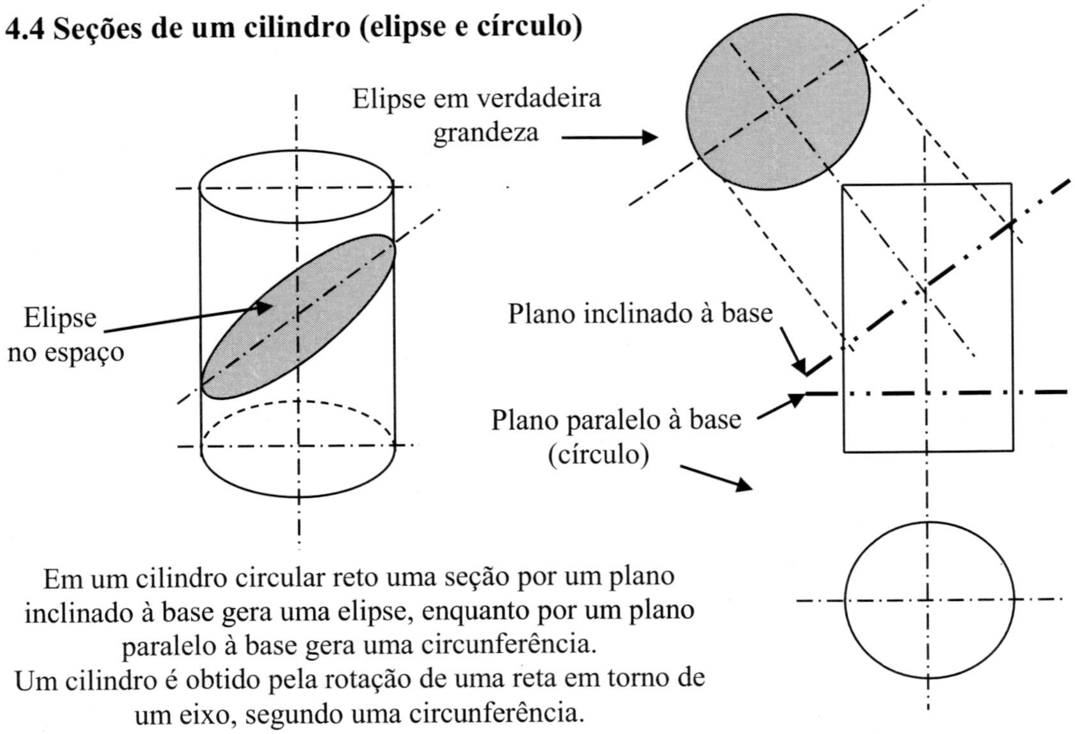

Em um cilindro circular reto uma seção por um plano inclinado à base gera uma elipse, enquanto por um plano paralelo à base gera uma circunferência.
Um cilindro é obtido pela rotação de uma reta em torno de um eixo, segundo uma circunferência.

4.4.1 Projeção de um círculo apoiado em um plano vertical

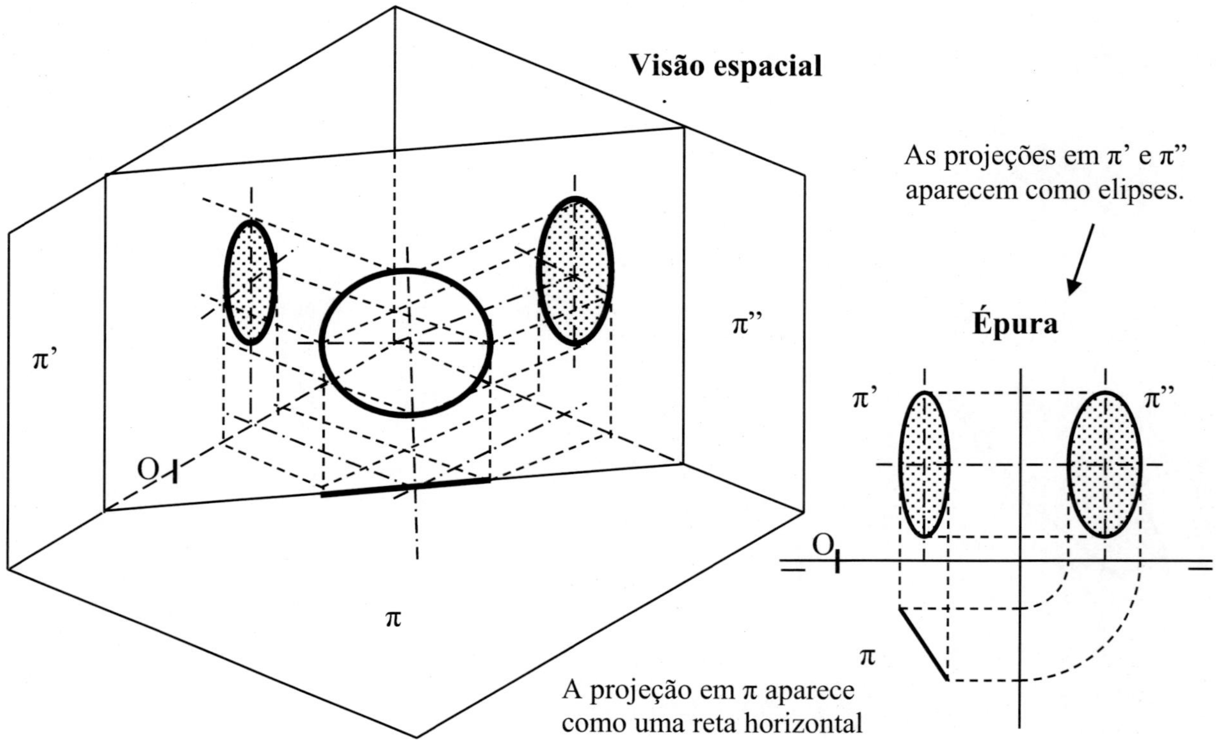

4.5 A superfície cônica e suas curvas (circunferência, elipse, parábola, hipérbole e triângulo)

Uma reta inclinada AB, com centro em V, ao girar no espaço gera uma superfície cônica com duas partes ou folhas. A partir de seções, com planos em determinadas posições, de uma superfície cônica são obtidas: circunferências, elipses, parábolas, hipérboles e até triângulos. Todas estas curvas cônicas são utilizadas profissionalmente, de diversas formas, por desenhistas industriais, engenheiros e arquitetos.

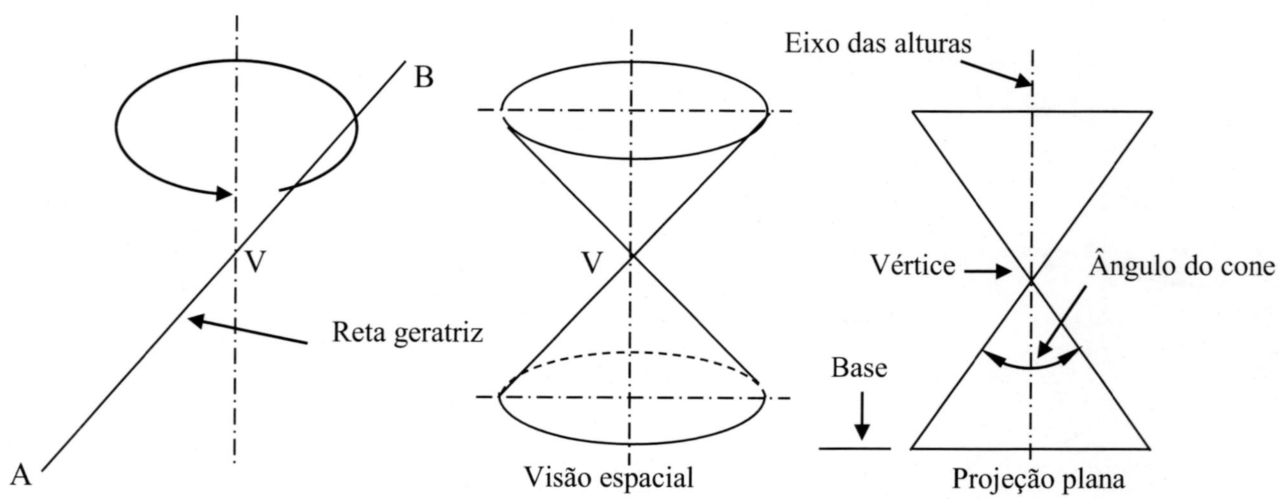

A linha de giro chama-se linha diretriz, podendo ser uma circunferência ou uma elipse.

A **hipérbole** é gerada ao se passar um plano secante perpendicular à base, logo paralelo ao eixo das alturas. A hipérbole é composta por duas curvas ou folhas. Hipérbole é o lugar geométrico dos pontos de um plano, cujas distâncias a dois pontos fixos, chamados focos, são constantes.

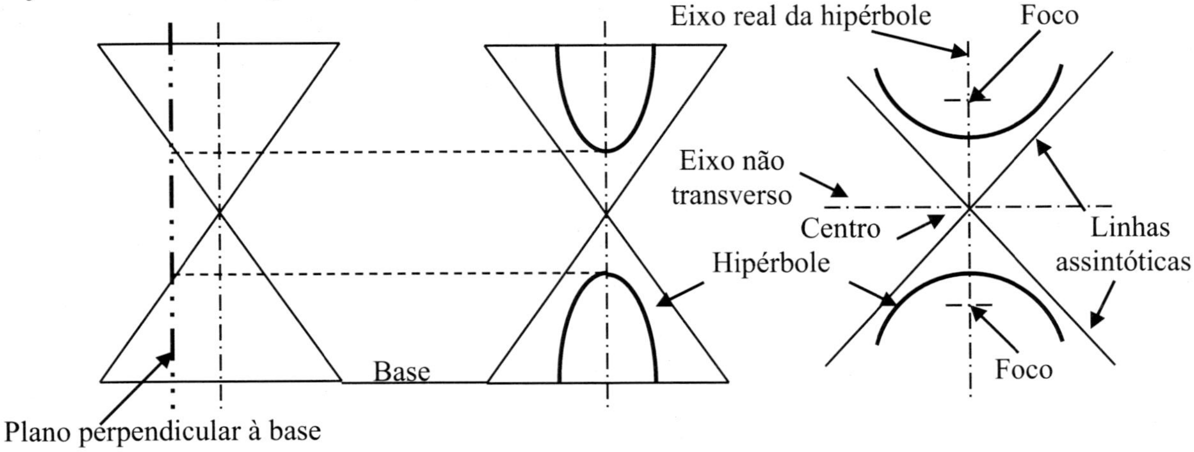

A **parábola** é gerada ao se passar um plano secante inclinado à base e paralelo à reta geratriz. Parábola é o lugar geométrico dos pontos de um plano, cuja distância de cada um dos seus pontos equidista de um ponto, chamado foco, e de uma reta fixa chamada diretriz. A parábola é uma curva plana aberta e infinita.

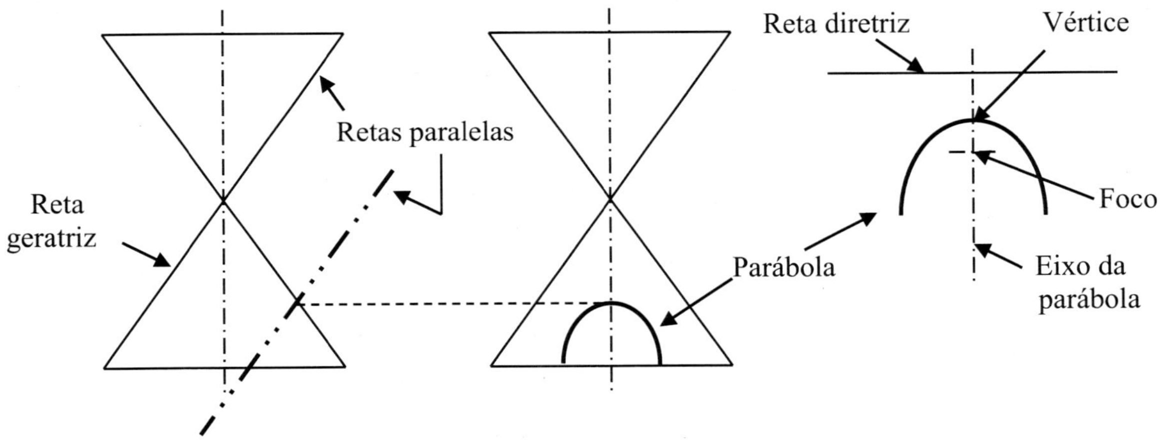

A **elipse** é gerada ao se passar um plano secante inclinado à base, mas que não a corta. Elipse é uma curva fechada, simétrica ao lugar geométrico dos pontos de um plano, cuja soma das distâncias a dois pontos fixos, chamados focos, é sempre constante.

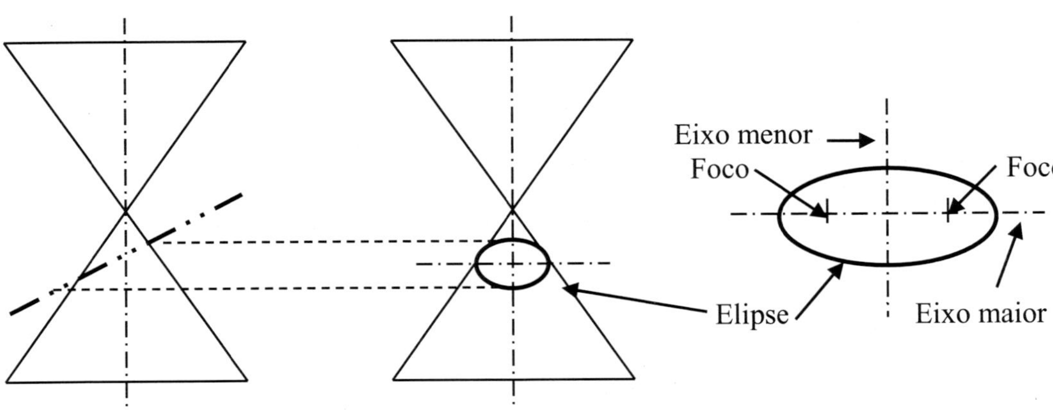

Também é possível ter-se uma elipse ao se cortar um cilindro reto por um plano inclinado à base, como visto em 4.4.

A **Circunferência** é gerada ao se passar um plano secante paralelo à base. O mesmo se consegue em um cilindro, como visto em 4.4.

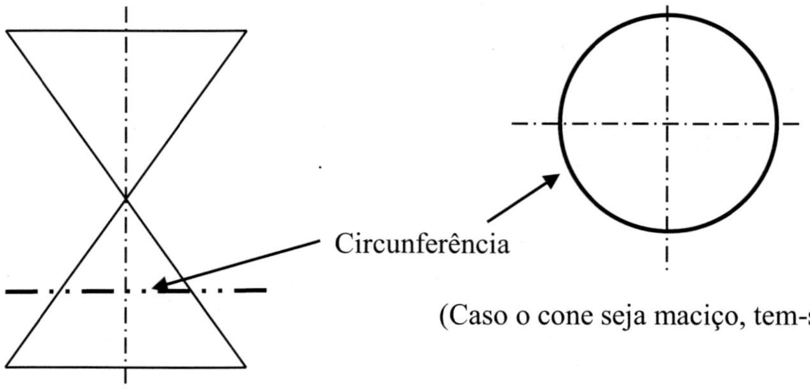

(Caso o cone seja maciço, tem-se um círculo)

Triângulos são gerados quando se passa um plano secante pelo vértice da superfície cônica e que este plano inclinado corte a base.

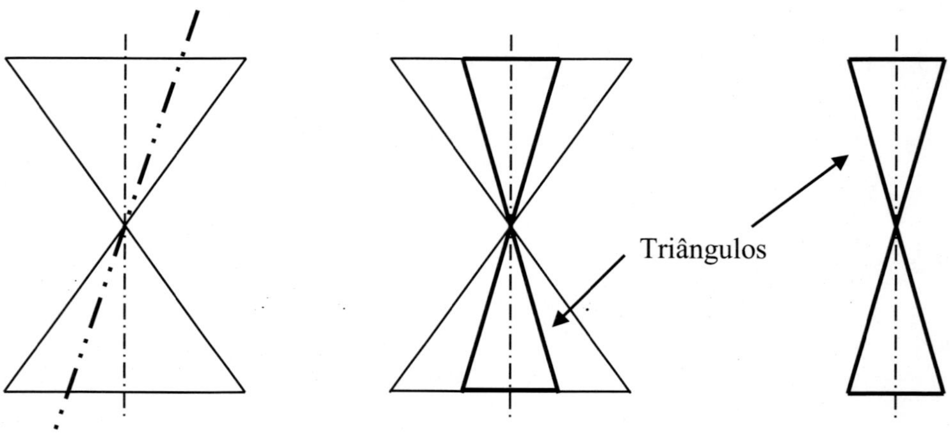

4.6 Superfícies cônicas de revolução (esfera, elipsoide, paraboloide e hiperboloide)

Ao girar 360^0 uma circunferência em relação a um dos seus eixos obtém-se uma esfera.

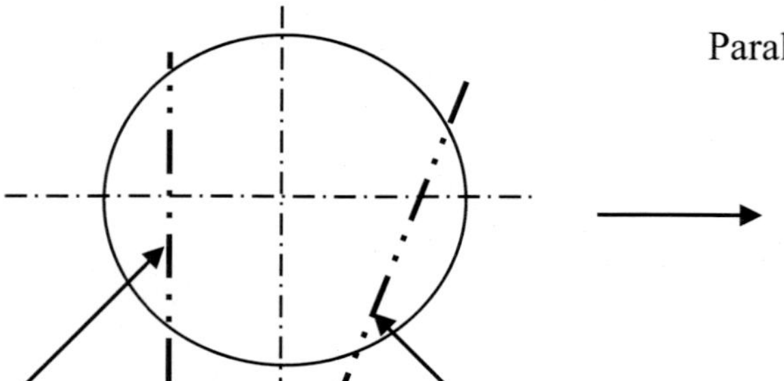

Qualquer corte, em qualquer posição de uma esfera gera uma seção plana de um círculo e uma superfície chamada calota esférica.

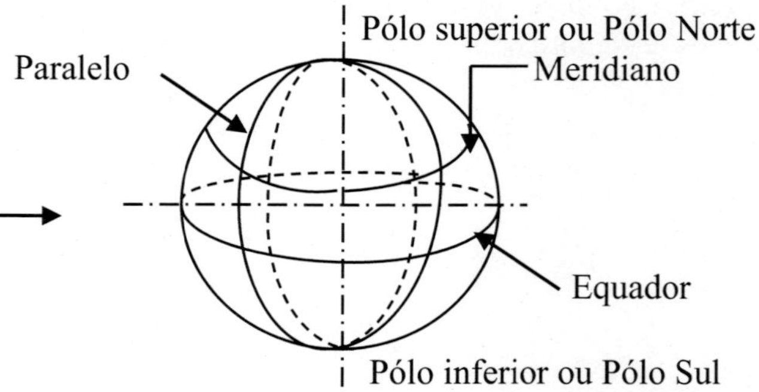

Regiões de uma esfera

Ao girar 360^0 uma elipse sobre o seu eixo menor obtém-se um elipsoide.

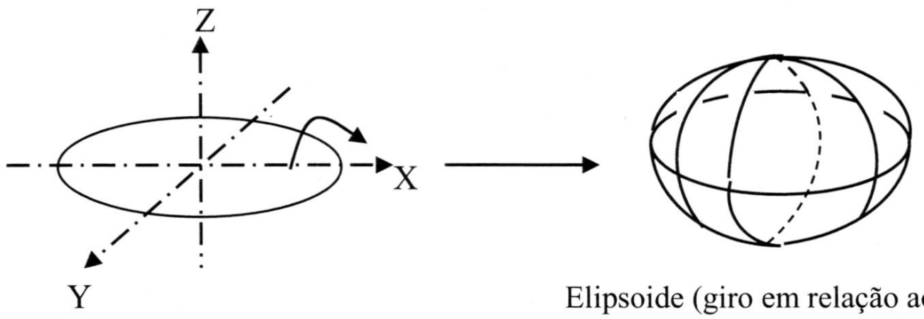

Elipsoide (giro em relação ao eixo X)

Elipsoides são usados, por exemplo, como tampos de equipamentos cilíndricos para estocagem de gases ou líquidos sob pressão. Em verdade são dois tampos semi-elipsoides (um para cada extremidade).

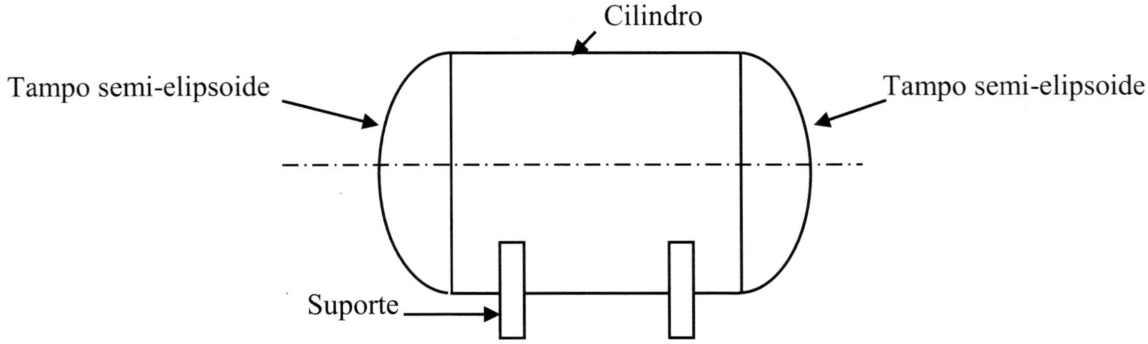

Ao girar 360^0 uma parábola sobre seu eixo obtém-se um paraboloide de revolução.

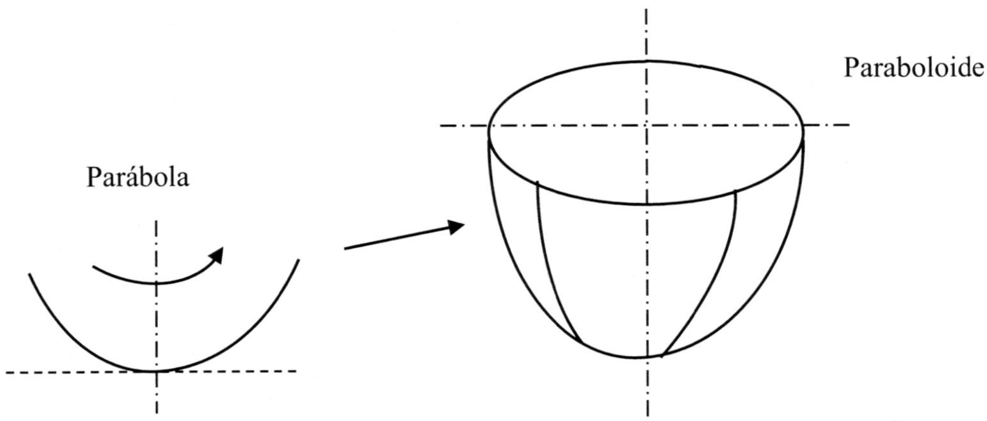

Antenas parabólicas e faróis de carros são exemplos de uso dos paraboloides.

Ao girar 360^0 uma hipérbole de duas folhas obtém-se um hiperboloide de revolução. Móveis, objetos de decoração e superfícies arquitetônicas se utilizam de hiperboloides.

4.7 Exercícios propostos (veja soluções e respostas no Apêndice A)

4.7.1) Tem-se uma circunferência de raio 3, pertencente a um plano paralelo à Linha de Terra e que forma 45^0 com o plano horizontal π. Sabendo-se que o centro A desta circunferência tem coordenadas (A)(+2; +5;+5), pede-se fazer a épura e a visão espacial desta circunferência.

4.7.2) Considerando o hiperboloide de revolução abaixo faça sua épura em π, π' e π''.

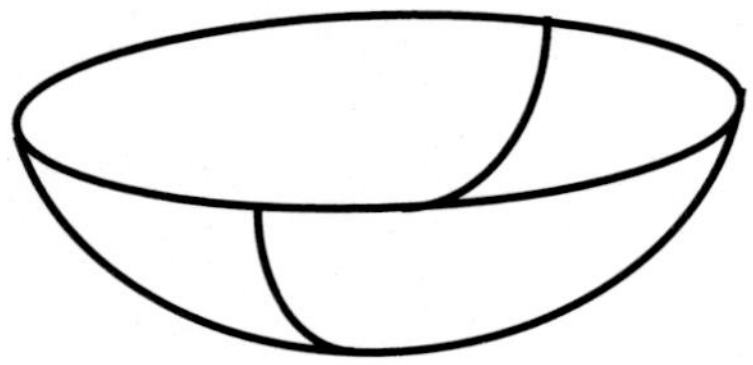

Considere os planos de projeções nesta posição

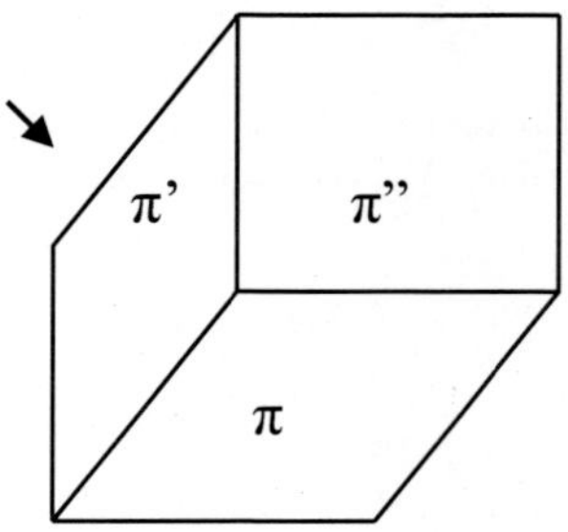

4.7.3) Imagine um triângulo ABC pertencente a um plano de perfil. Faça a visão espacial e a épura, sabendo que: (A)(+2; +2; +2), (B)(+2; +6; +2) e (C)(+2; +2; +5).

Capítulo 5
Poliedros e prismas

A palavra poliedro significa vários planos, pois *poli* significa vários e *edro* significa plano. Vários produtos e peças de máquinas têm o formato poliédrico, por exemplo, as torres dos computadores são prismas de base retangular. Um prédio de apartamentos e uma casa clássica são exemplos de superfícies poliédricas. Os poliedros podem ser: convexos e não convexos, regulares ou irregulares.

Um poliedro é convexo quando o segmento que liga dois de seus pontos quaisquer está contido dentro do poliedro. Nos regulares as faces são iguais e formadas por polígonos de lados iguais. Um poliedro é convexo se qualquer reta (não paralela a nenhuma de suas faces) o corta em, no máximo, dois pontos, caso contrário é não convexos.

5.1 Classificações

Exemplos de poliedros convexos e não convexos

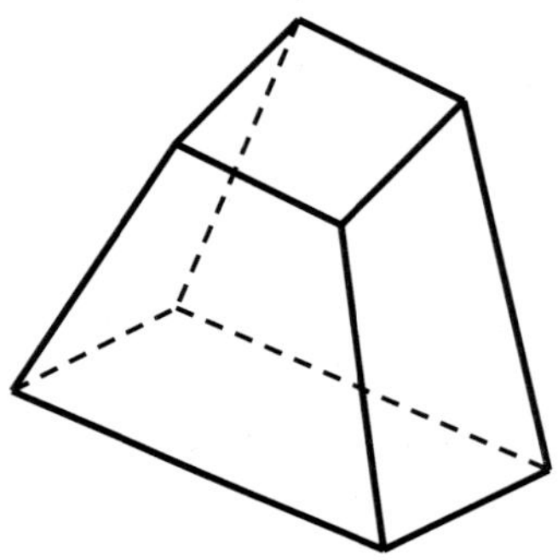

Poliedro convexo

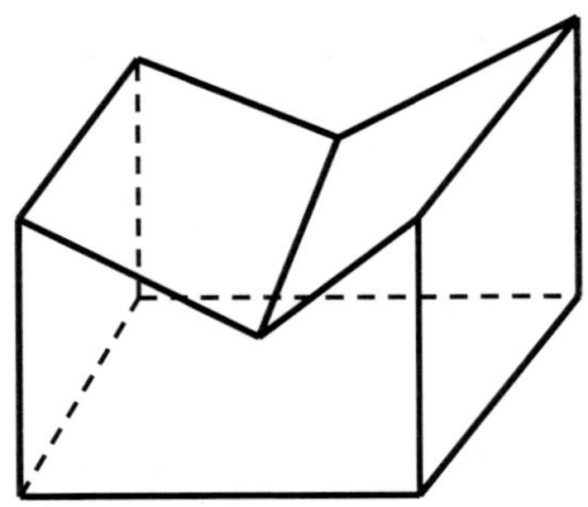

Poliedro não convexo

Poliedros irregulares (faces com geometrias diferentes)

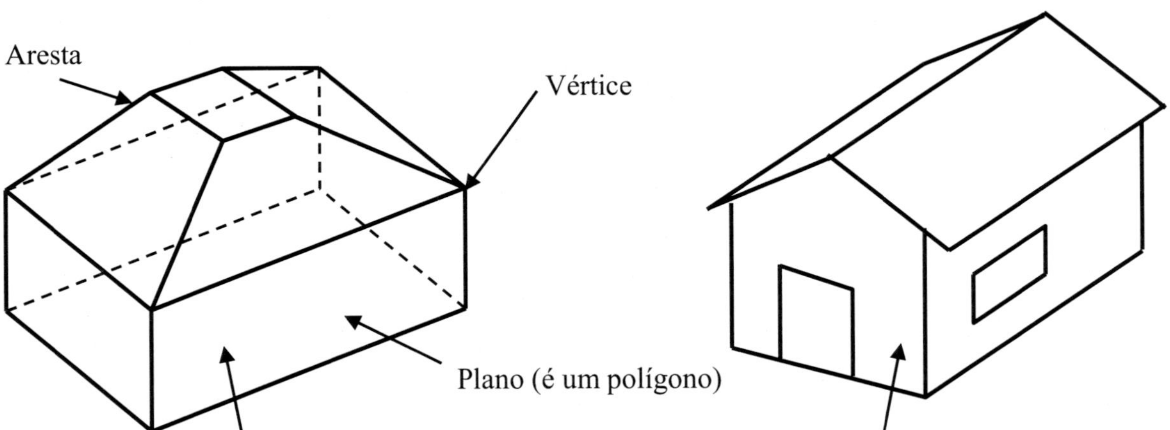

Uma coifa de cozinha é um Poliedro irregular, bem como uma casa

Os poliedros podem ser regulares ou irregulares. Um poliedro convexo é chamado de regular se suas faces são polígonos regulares, cada um com o mesmo número de lados e, para todo vértice, converge um mesmo número de arestas. Existem nove (9) poliedros regulares que são os cinco (5) Sólidos de Platão (que são convexos) e os 4 Poliedros de Kepler-Poinsot, que, em verdade são poliedros estrelados. Os cinco poliedros de Platão são: tetraedro, hexaedro (ou cubo), octaedro, dodecaedro e icosaedro. Os quatro (4) poliedros de Kepler-Poinsot são: pequeno dodecaedro estrelado, grande dodecaedro estrelado, grande dodecaedro e icosaedro estrelado. Os poliedros, dos mais diversos tipos, regulares ou não, convexo ou não, são muito utilizados na prática, principalmente nas áreas da Arquitetura, Engenharia e Artes Plásticas. Um simples prédio de apartamento ou ainda, uma simples casa de um pavimento, são exemplos de aplicações práticas dos poliedros.

5.2 Os poliedros regulares de Platão

Platão (427 a.C. - 347 a.C.) foi um filósofo e matemático do período clássico da Grécia antiga, autor de diversos diálogos filosóficos e fundador da Academia em Atenas, a primeira instituição de educação superior do mundo ocidental. Acredita-se que seu nome verdadeiro tenha sido Arístocles. Além de ser regular e convexo, todo poliedro de Platão satisfaz, simultaneamente, às seguintes condições:

- Todas as faces têm o mesmo número de arestas.
- De cada vértice parte o mesmo número de arestas.
- A relação de Euler* é válida. (* Leonhard Paul Euler, matemático suiço:1707-1783).

A relação de Euler é dada por: V + F = A + 2, onde: V = número de vértices; F = número de faces e A = número de arestas.

Os poliedros de Platão têm utilizações práticas específicas, por exemplo, na Arquitetura e nas Artes. Observa-se que hexaedros ou cubos são usados como caixas d'água e tetraedros são pirâmides de base triangulares.

Nome do Poliedro / **Dados**	**Tetraedro**	**Hexaedro**	**Octaedro**	**Dodecaedro**	**Icosaedro**
Nº de faces (F)	Quatro (4)	Seis (6)	Oito (8)	12	20
Formato da face	Triângulo equilátero	Quadrado	Triângulo equilátero	Pentágono	Triângulo equilátero
Nº de vértices (V)	Quatro (4)	Oito (8)	Seis (6)	20	12
Nº de arestas (A)	Seis (6)	12	12	30	30
Relação de Euler (V+F=A+2)	(4+4=6+2) 8 = 8	(8+6=12+2) 14 = 14	(6+8=12+2) 14 = 14	(20+12=30+2) 32 = 32	(12+20=30+2) 32 = 32

Tabela 5.1: características dos poliedros de Platão

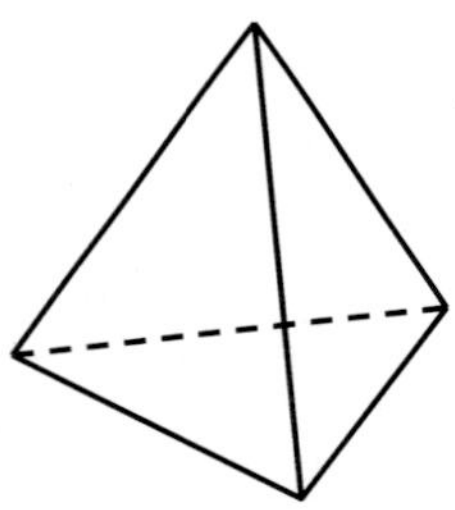

Tetraedro ou uma pirâmide de base triangular

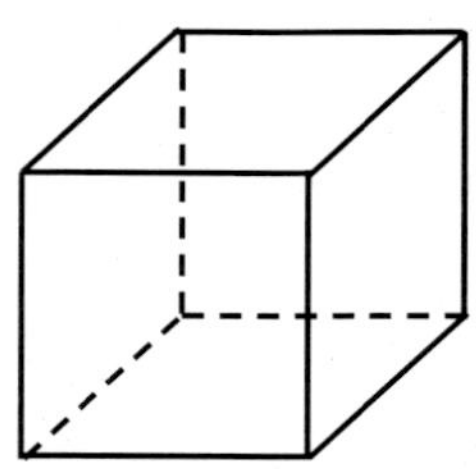

Hexaedro ou cubo

Octaedro

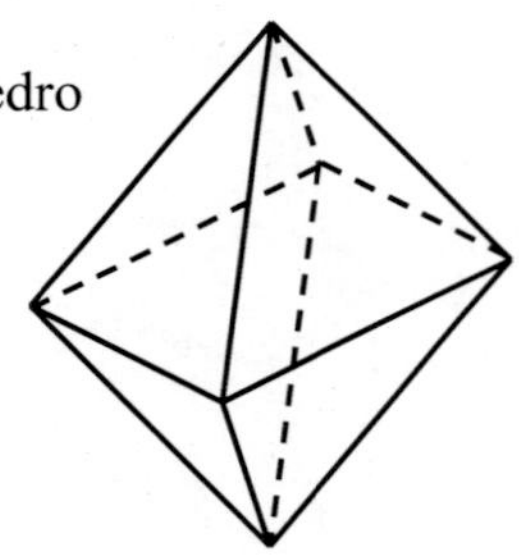

Algumas pedras preciosas são lapidadas nos formatos de dodecaedros ou icosaedros.

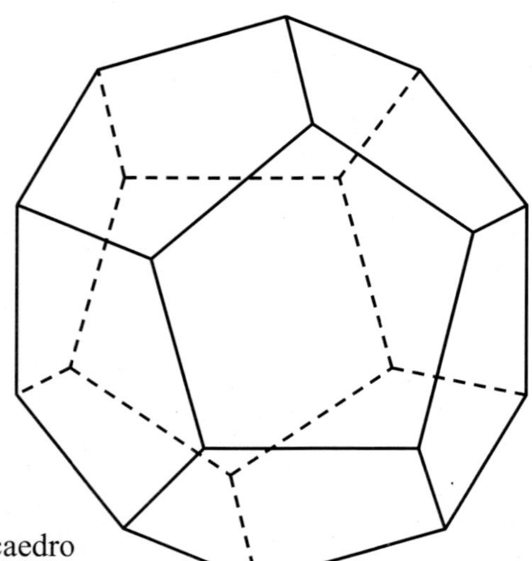

Dodecaedro

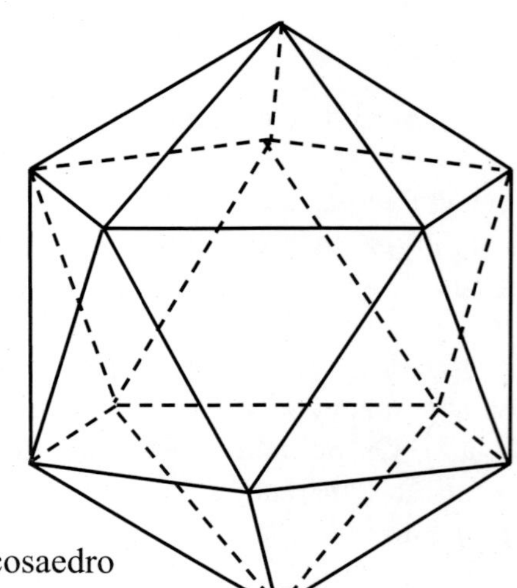

Icosaedro

5.3 Classificação dos poliedros, quanto ao número de faces. Os poliedros irregulares

Tais e quais os polígonos, os poliedros também utilizam prefixos com palavras de origem grega, como mostrados no quadro a seguir.

N° de faces	Classificação
4	Tetraedro
5	Pentaedro
6	Hexaedro
7	Heptaedro
8	Octaedro
9	Eneaedro
10	Decaedro
11	Undecaedro
12	Dodecaedro
20	Icosaedro

Excetuando-se os cinco poliedros de Platão, que são regulares, os demais são obrigatoriamente irregulares, como mostrados a seguir.

Pentaedro

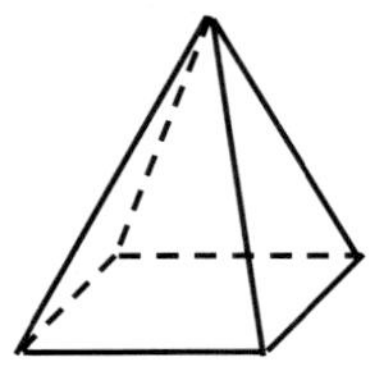

Pirâmide de base quadrada

Heptaedro

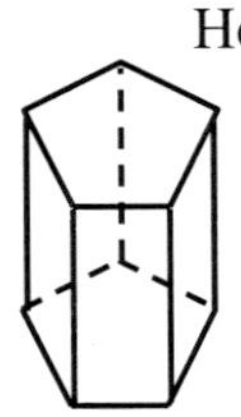

Prisma de base pentagonal

Para uma melhor visualização os: eneaedro, decaedro e undecaedro, serão mostrados em outras posições.

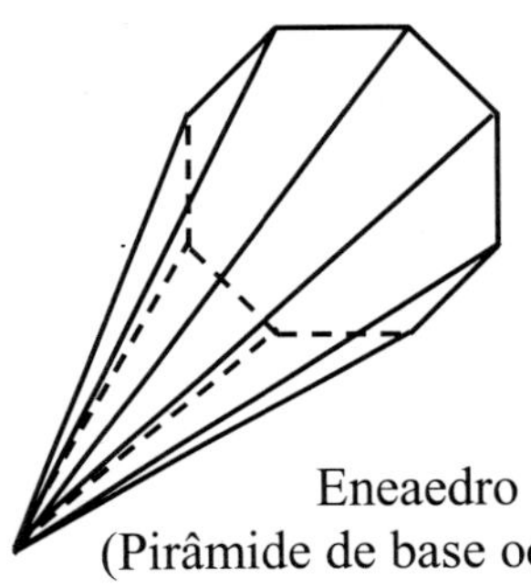

Eneaedro
(Pirâmide de base octogonal)

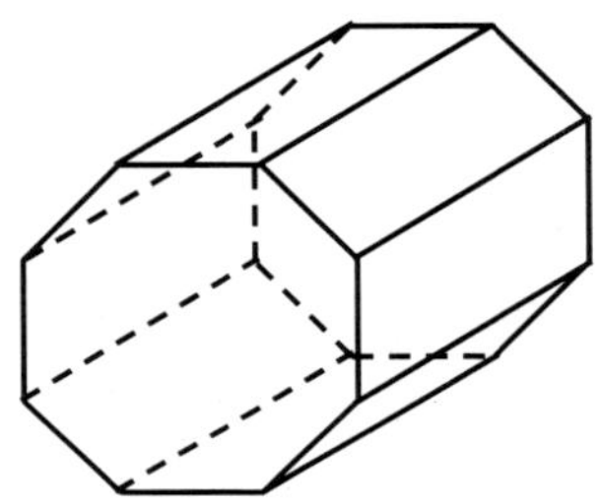

Decaedro
(Prisma de base octogonal)

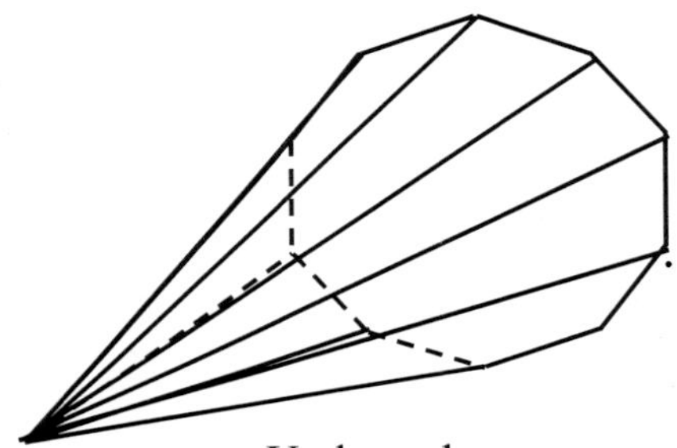

Undecaedro
(Pirâmide de base decagonal)

5.4 A bola de futebol, como uma superfície poliédrica

Em 1970, na copa mundial de futebol, na Cidade do México (quando o Brasil foi tricampeão), a FIFA passou a utilizar uma bola feita a partir de um icosaedro truncado, composto por 12 faces pentagonais e 20 faces hexagonais. Este tipo de poliedro é um dos treze poliedros conhecidos como sólidos de Arquimedes.

Visão Espacial

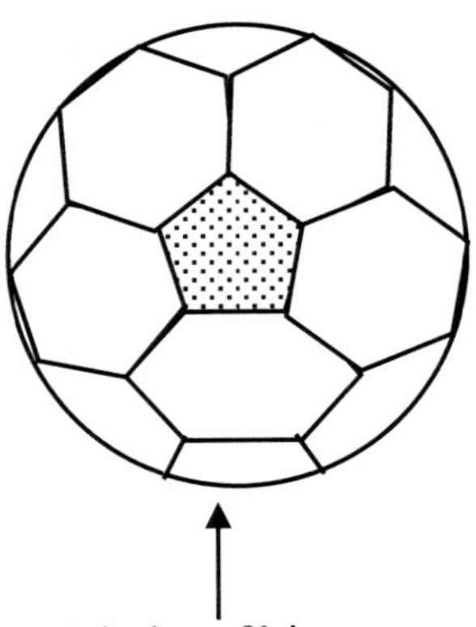

A bola esférica

Planificação, com 12 pentágonos e 20 hexágonos

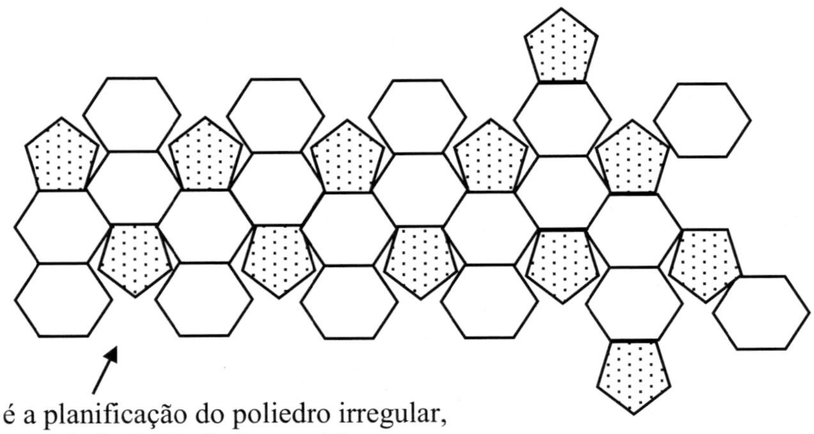

Essa é a planificação do poliedro irregular, que gera a bola de futebol, com 12 gomos pentagonais e 20 gomos hexagonais.

5.5 Exemplo de aplicação prática de um octaedro

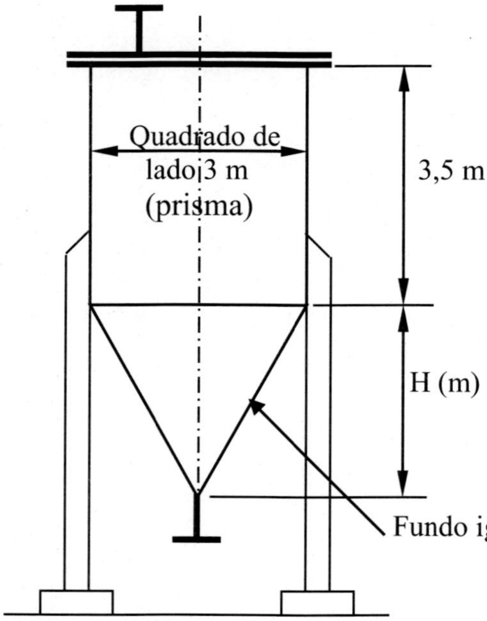

Essa figura representa um silo metálico, composto na parte superior por um prisma reto quadrado de lado igual a 3 metros e altura de 3,5 metros. A parte inferior é a metade de um octaedro.

Esse tipo de silo é muito comum para estocar grãos ou minérios.

(Esse é um tipo de desenho técnico projetivo)

5.6 Exercícios resolvidos: projeções de poliedros e superfícies poliédricas, no 1^0 diedro

Os exercícios a seguir representam as projeções nos planos π, π' e π'' de poliedros e superfícies poliédricas.

5.6.1)

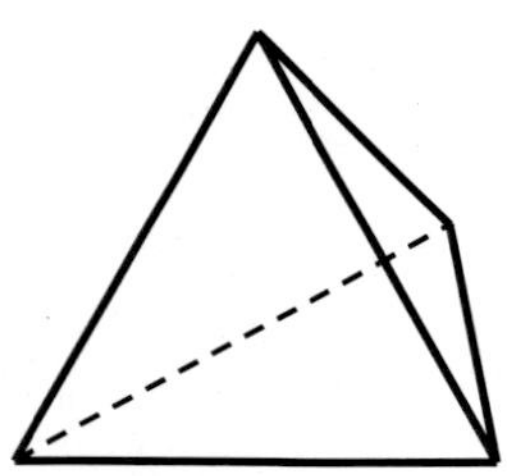

O tetraedro

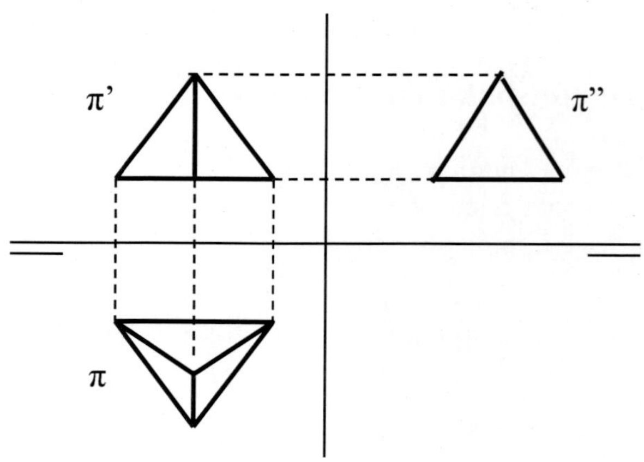

5.6.2)

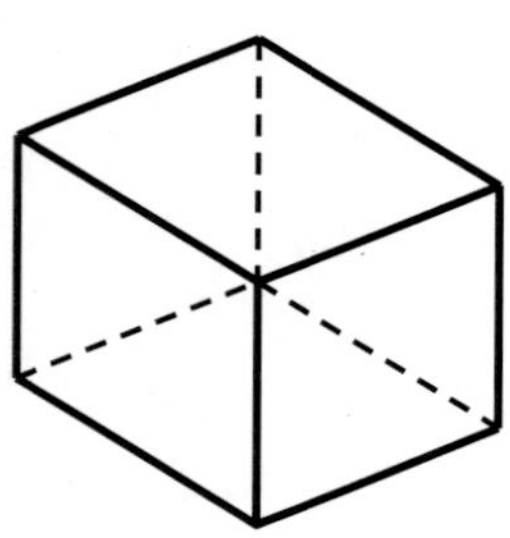

O hexaedro

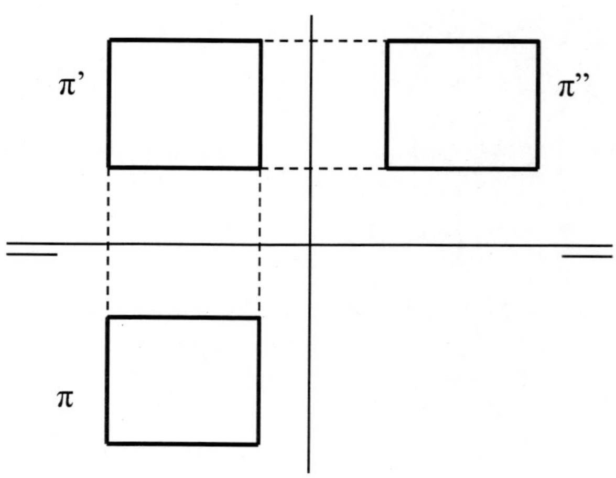

5.6.3)

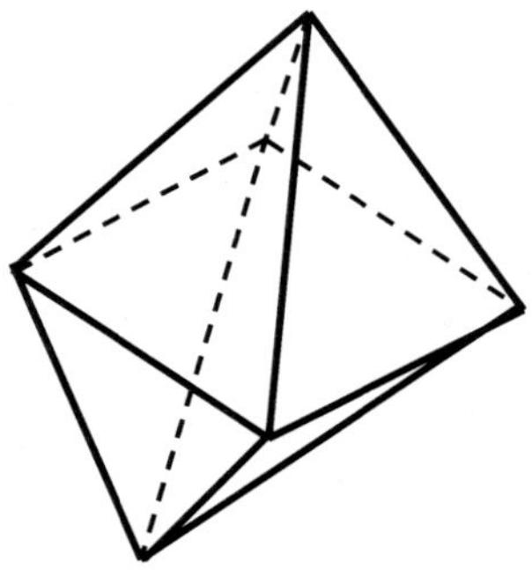

O octaedro

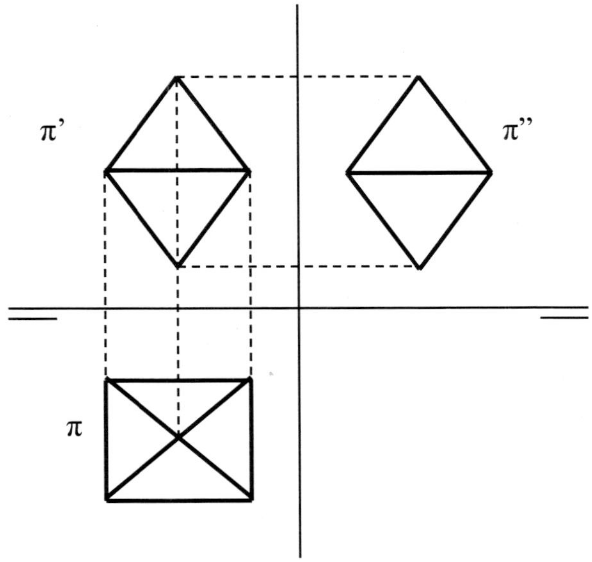

5.6.4)

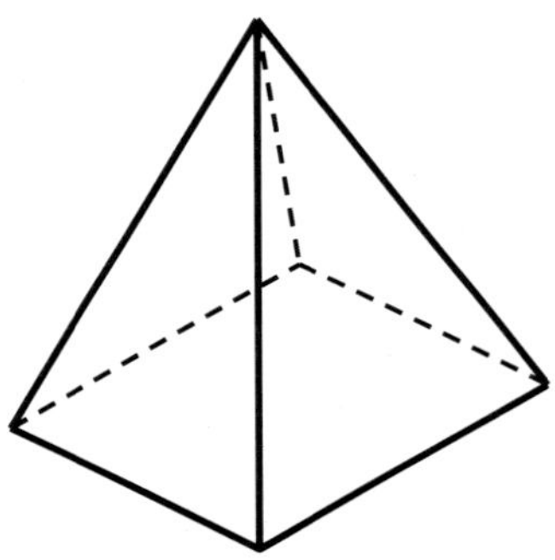

Pirâmide de base quadrada

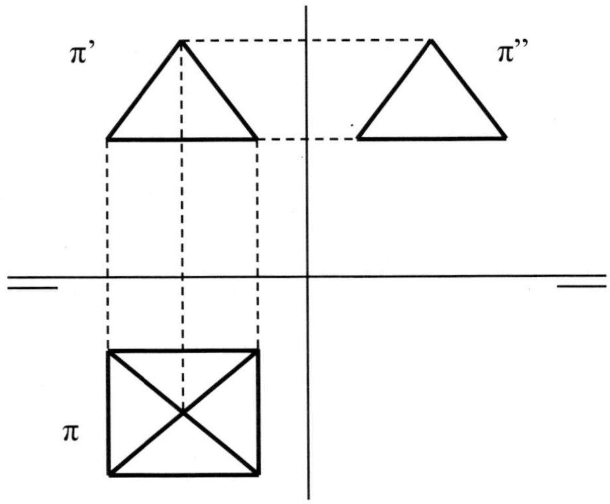

5.6.5)

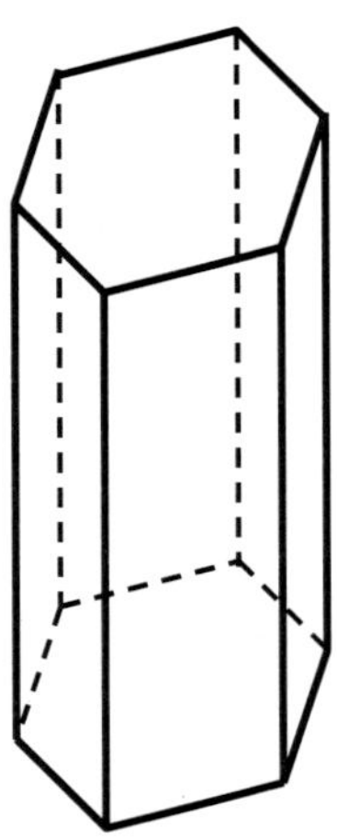

Prisma reto de base hexagonal

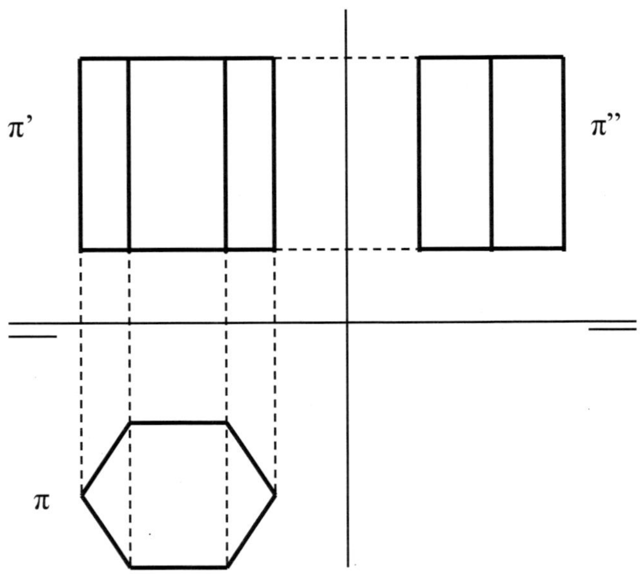

5.6.6)

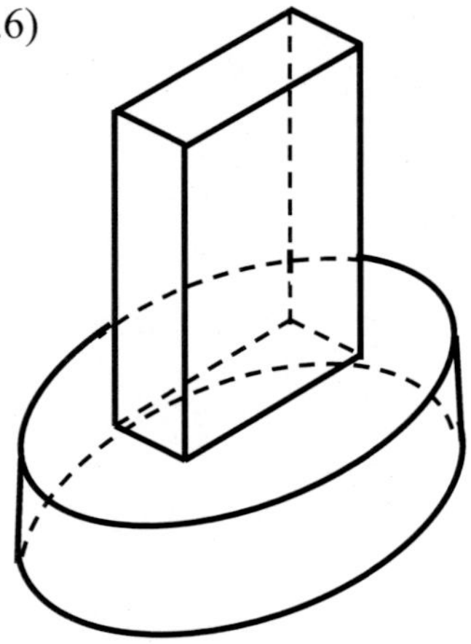

Uma peça de máquina

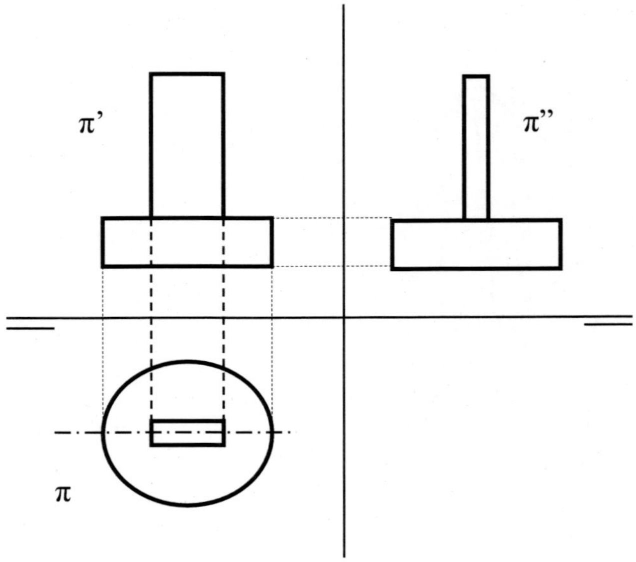

5.6.7) Uma poltrona

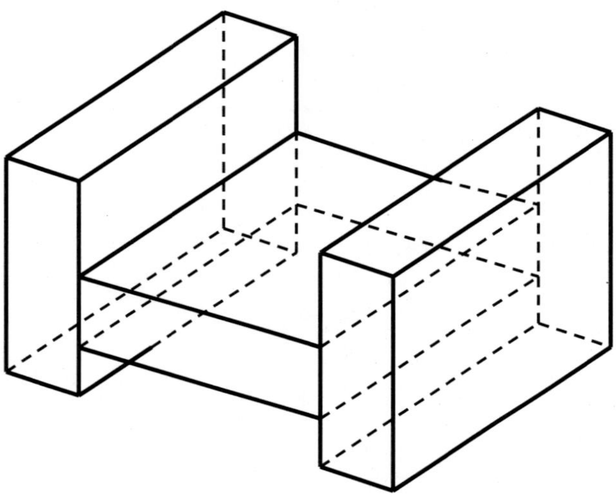

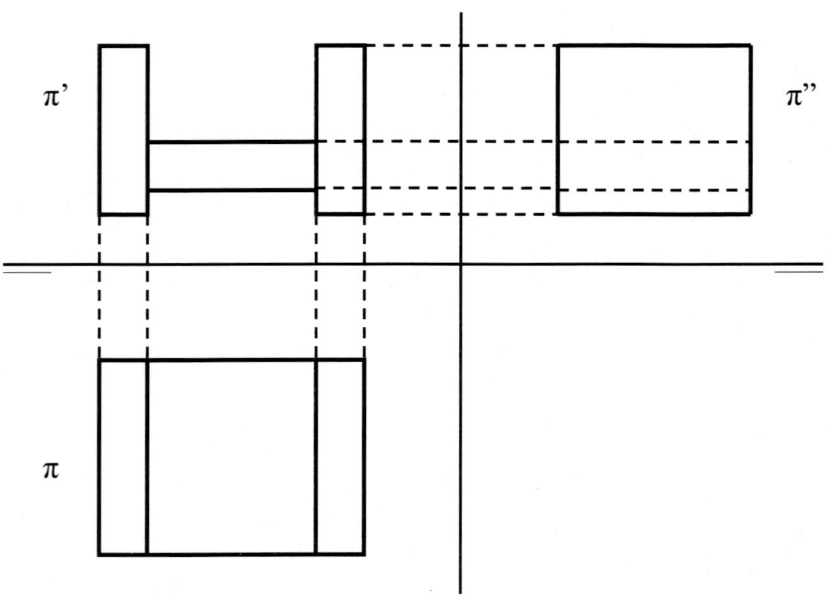

5.6.8) Prisma reto de base triangular

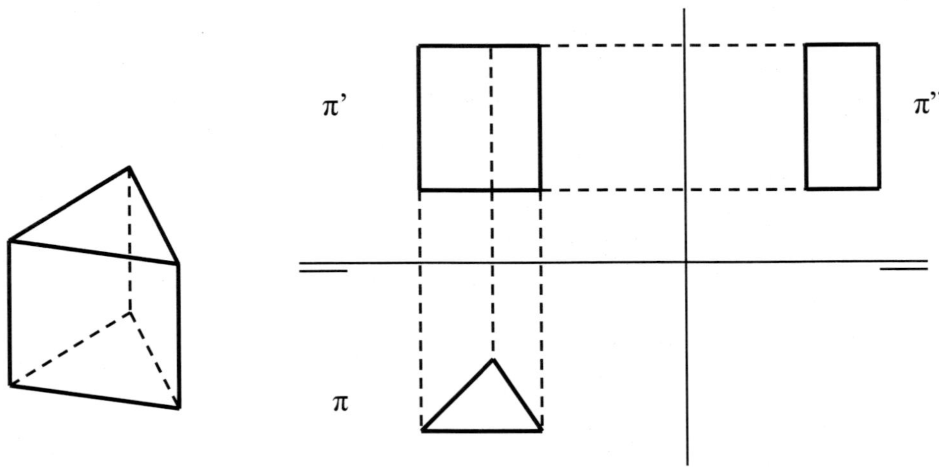

5.7 Exercícios propostos (veja soluções e respostas no Apêndice A)

Fazer as projeções em π, π' e π'' dos poliedros a seguir.

5.7.1)

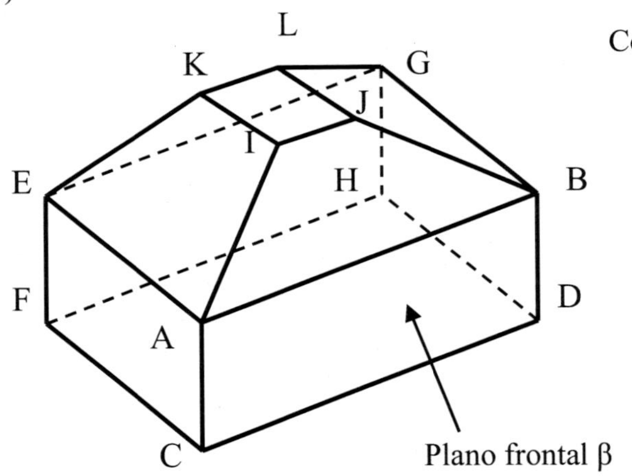

Considere os planos de projeção na seguinte posição.

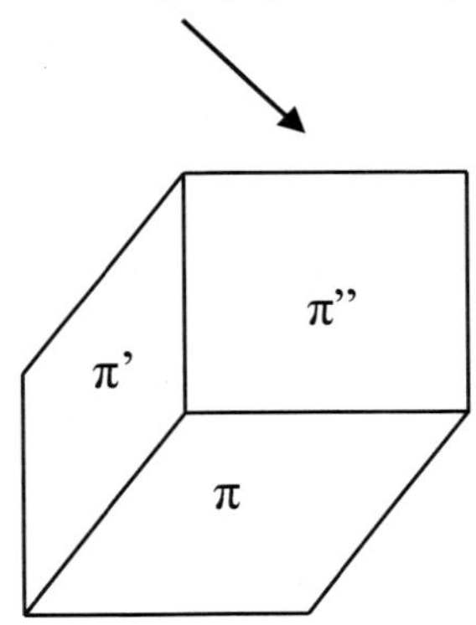

5.7.2)

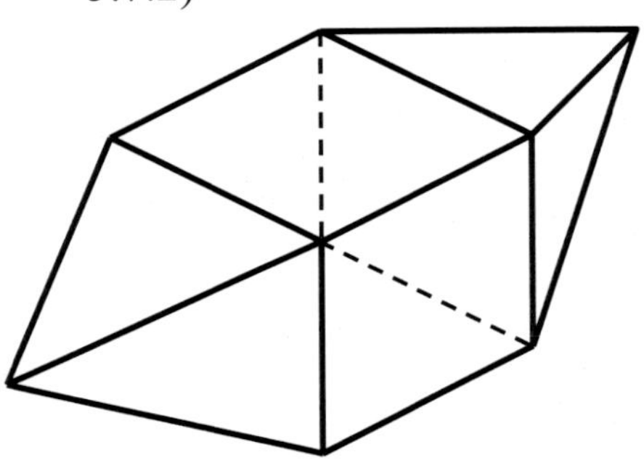

5.7.3)

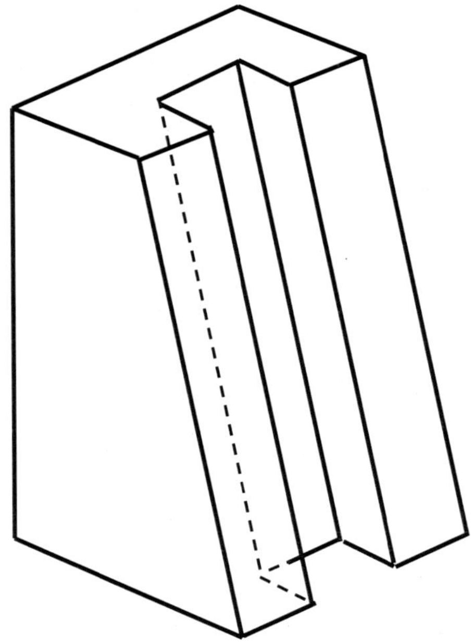

Planificação de superfícies

Planificar significa tornar plano, ou melhor, em duas dimensões (comprimento e largura ou altura) o que está em três (comprimento, largura e profundidade). Especialmente para superfícies poliédricas o conceito da planificação vem da "desmontagem" de um cubo ou hexaedro como mostrado a seguir, sendo a base das vistas ortográficas do desenho técnico projetivo.

Hexaedro montado

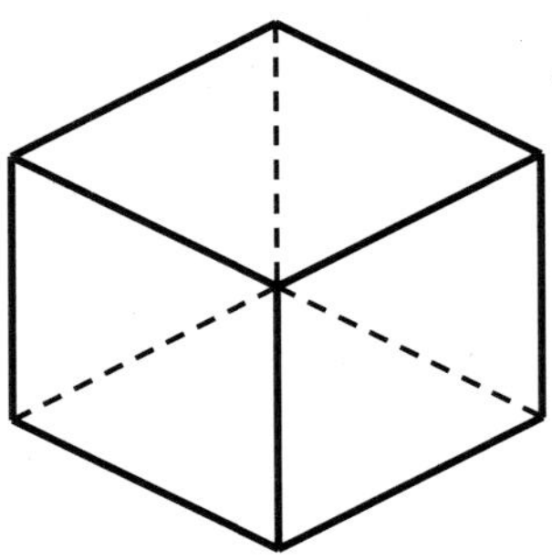

Hexaedro sendo "desmontado"

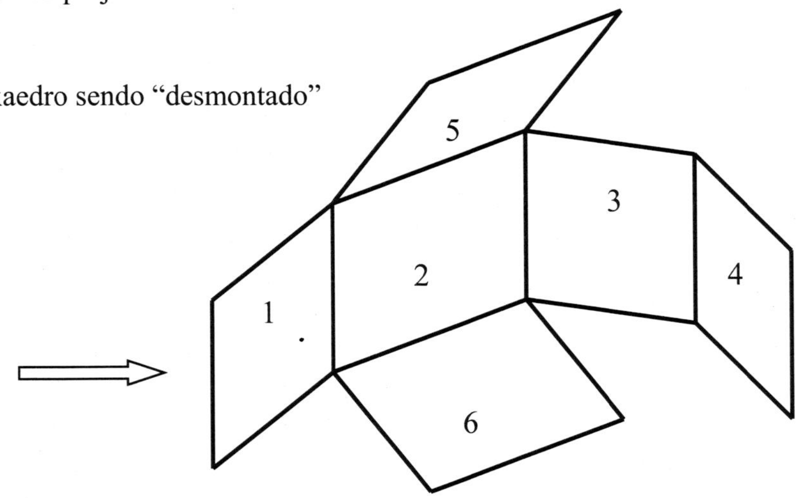

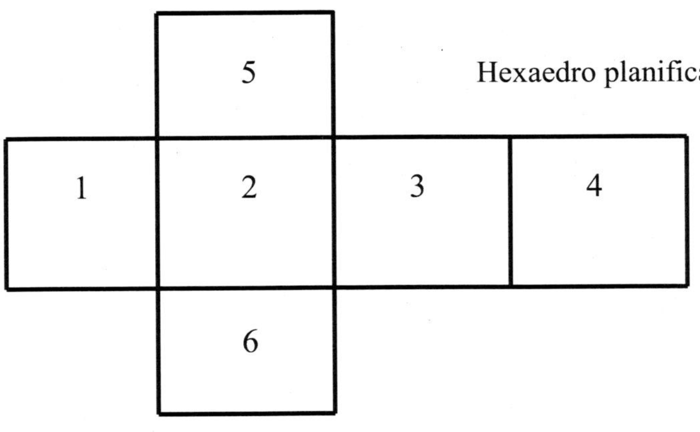

Hexaedro planificado (seis planos ortogonais)

Uma caixa de remédio para comprimidos, feita em papel cartão dobrado e colado em algumas partes é um bom exemplo, ou seja, a partir de um plano obtém-se uma superfície poliédrica. Vamos mostrar a planificação da seguinte caixa de remédio:

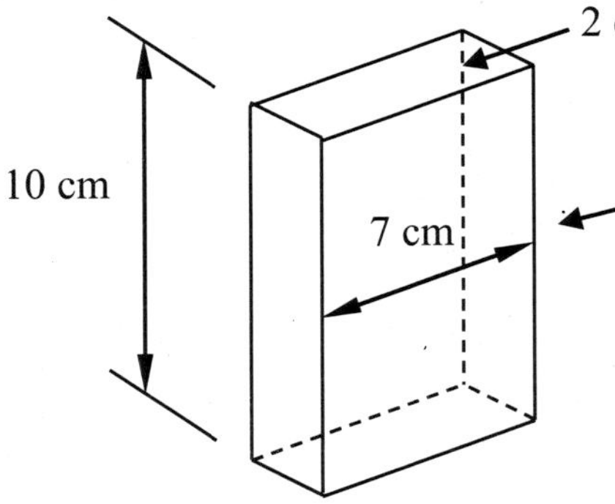

Externamente são seis faces (1 a 6), mas para fechar e colar a caixa são necessárias outras partes (A a G), como mostradas adiante.
Com relação a caixas de produtos, as seis partes básicas seguem a mesma sequência de planificação, mas em função do tamanho as outras partes, que permitem a colagem podem não existir e ou ser diferentes.

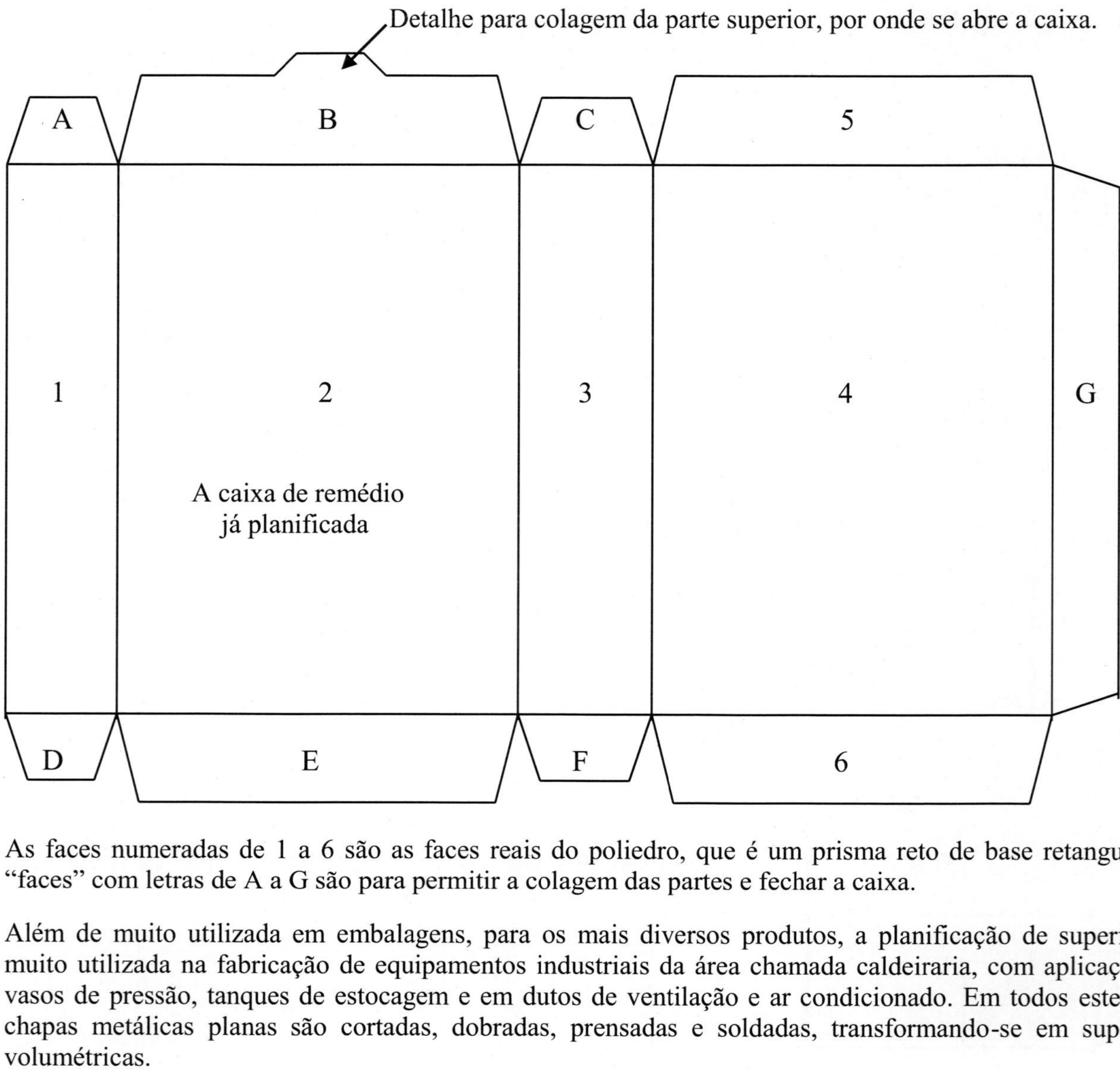

As faces numeradas de 1 a 6 são as faces reais do poliedro, que é um prisma reto de base retangular. As "faces" com letras de A a G são para permitir a colagem das partes e fechar a caixa.

Além de muito utilizada em embalagens, para os mais diversos produtos, a planificação de superfícies é muito utilizada na fabricação de equipamentos industriais da área chamada caldeiraria, com aplicações em vasos de pressão, tanques de estocagem e em dutos de ventilação e ar condicionado. Em todos estes casos chapas metálicas planas são cortadas, dobradas, prensadas e soldadas, transformando-se em superfícies volumétricas.

6.1 Planificação de um tronco de prisma reto de base retangular

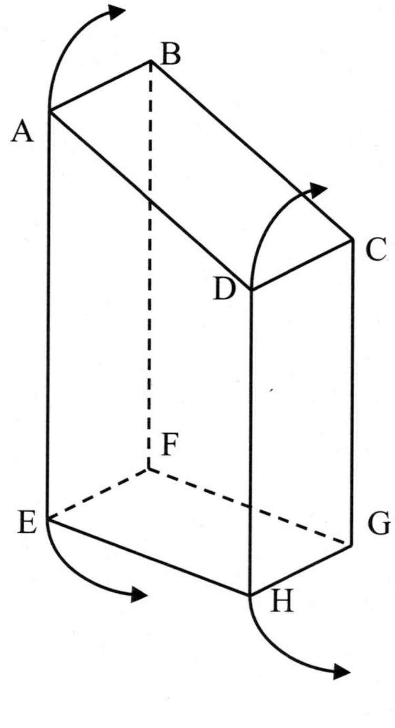

Visão espacial

Planificação

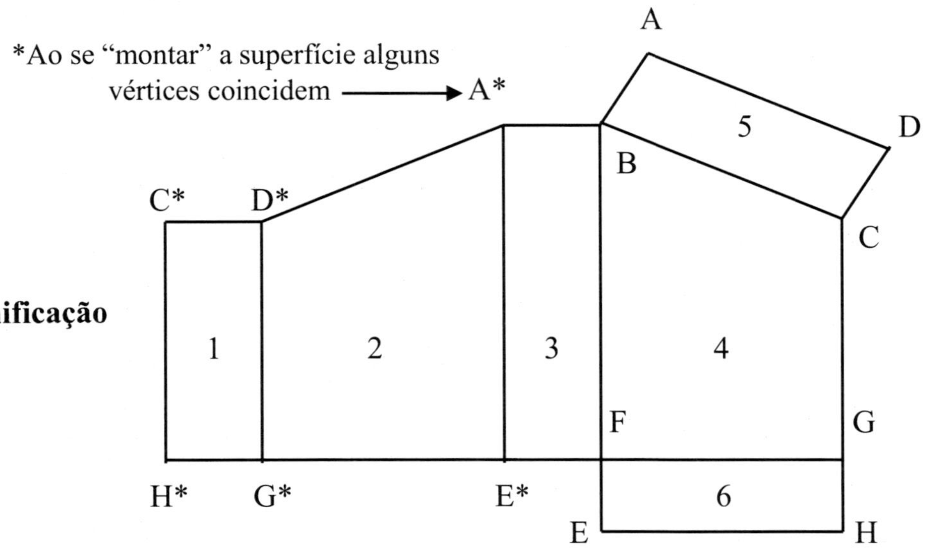

Observe que existem seis planos, e que a superfície foi planificada em posição diferente da visão espacial

6.2 Planificações de pirâmides e seus troncos

As planificações de pirâmides e seus troncos*, têm várias aplicações práticas como, por exemplo, em embalagens e caixas em papel e papelão, bem como equipamentos no formato piramidal, fabricados a partir de chapas metálicas soldadas. (*Troncos são cortes ou seções).

Pirâmide reta de base quadrada

H = altura da pirâmide
h = altura dos triângulos de faces

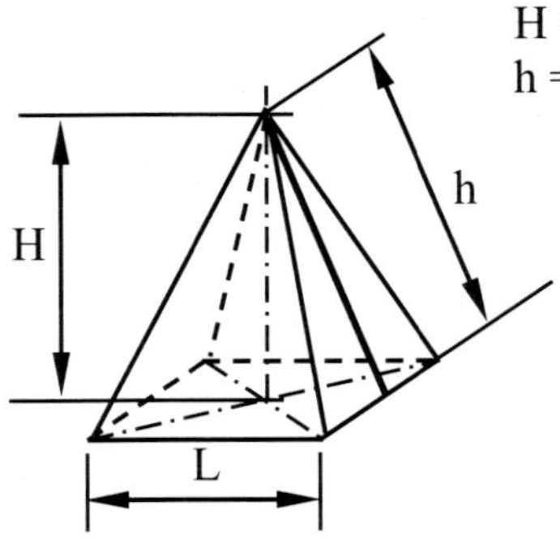

L = lado do polígono da base

Planificação

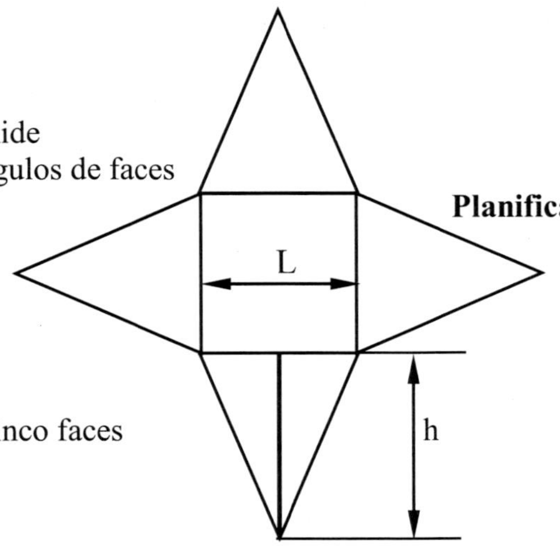

São cinco faces

Tronco oblíquo de pirâmide reta de base quadrada

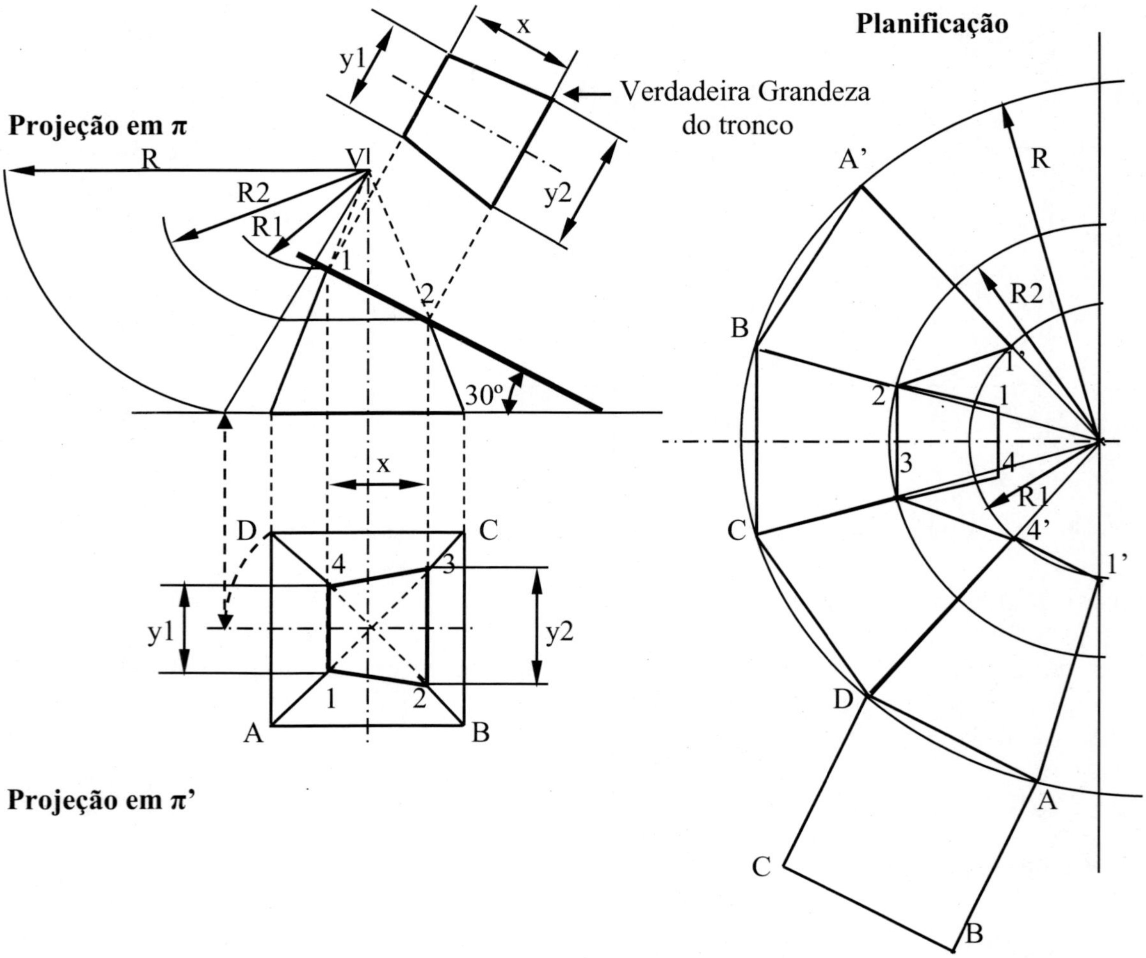

Essas análises são feitas por aplicativos com opções da geometria descritiva. O programa *Cabri-Geometry* II possibilita essas análises, inclusive com definições de todas as dimensões.

Tronco oblíquo de pirâmide reta de base hexagonal

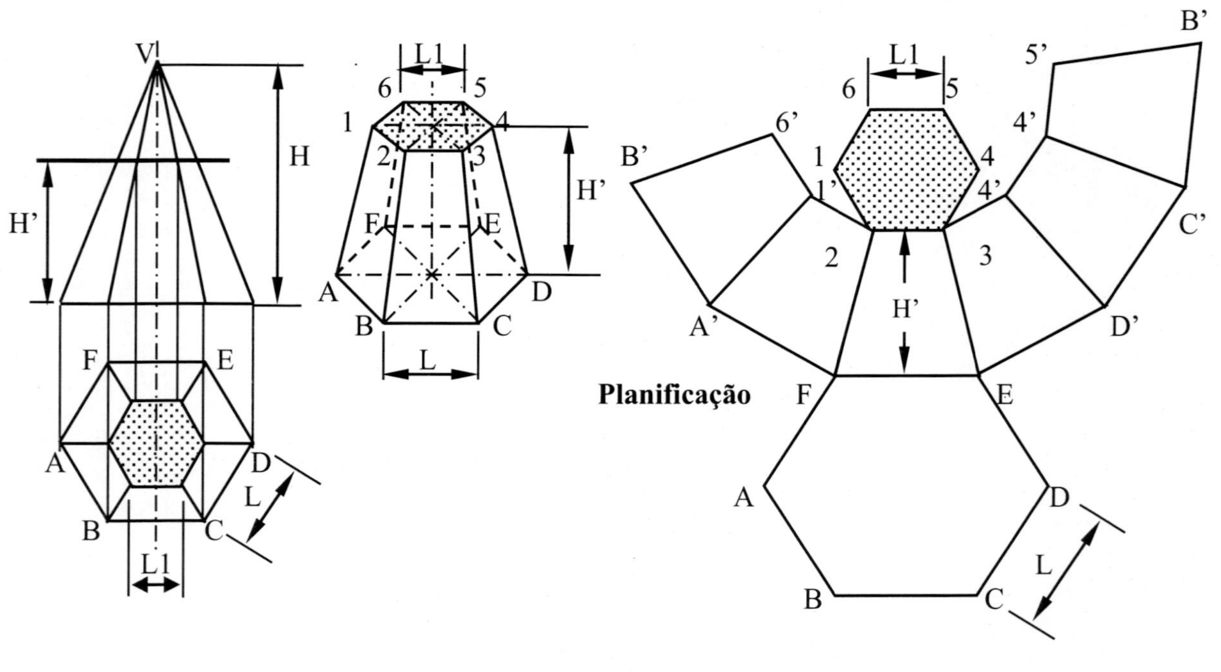

Projeções de uma pirâmide estrelada

Projeção em π'

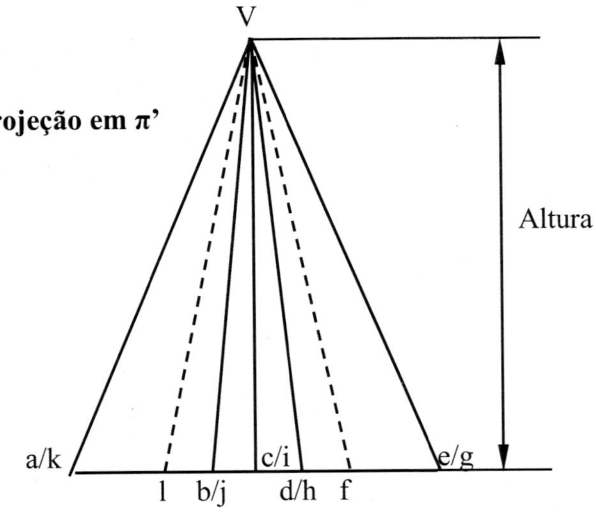

Este tipo de pirâmide tem aplicações tanto na Arquitetura, quanto nas Artes.

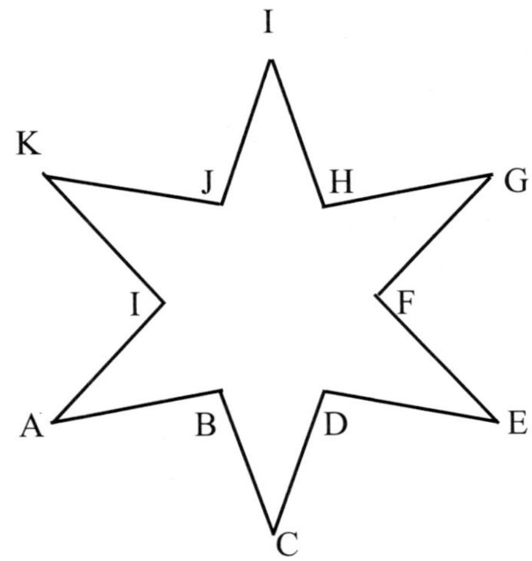

Projeção em π

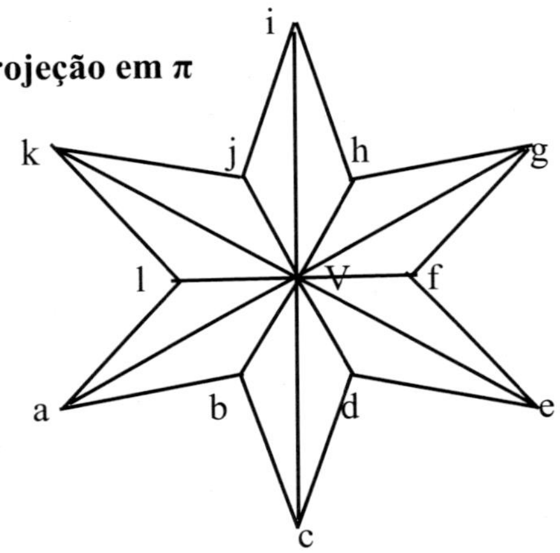

A base desta pirâmide é obtida a partir de um hexágono regular.

6.3 Planificação de um prisma reto de base hexagonal

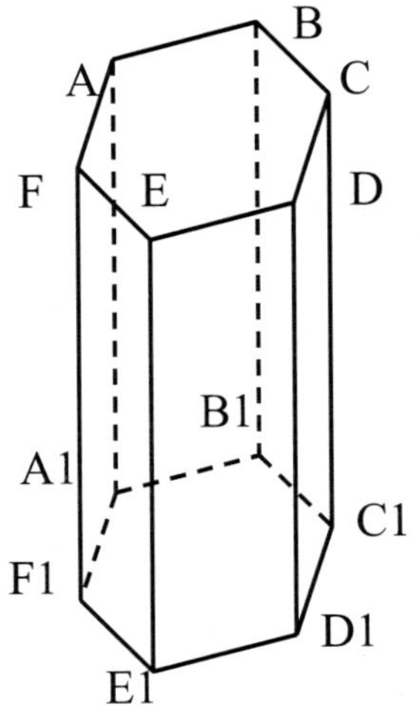

Visão espacial

Planificação

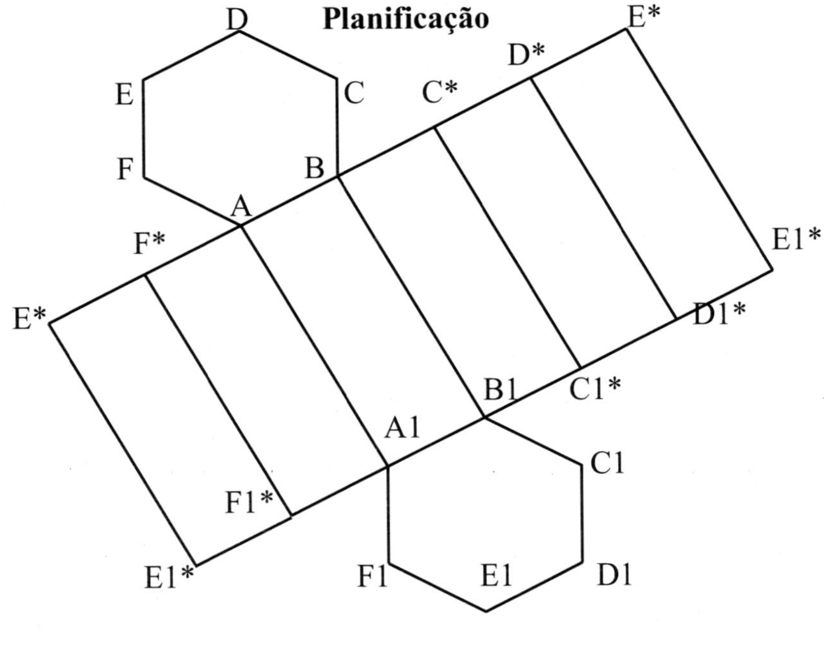

6.4 Planificação de um cone circular reto

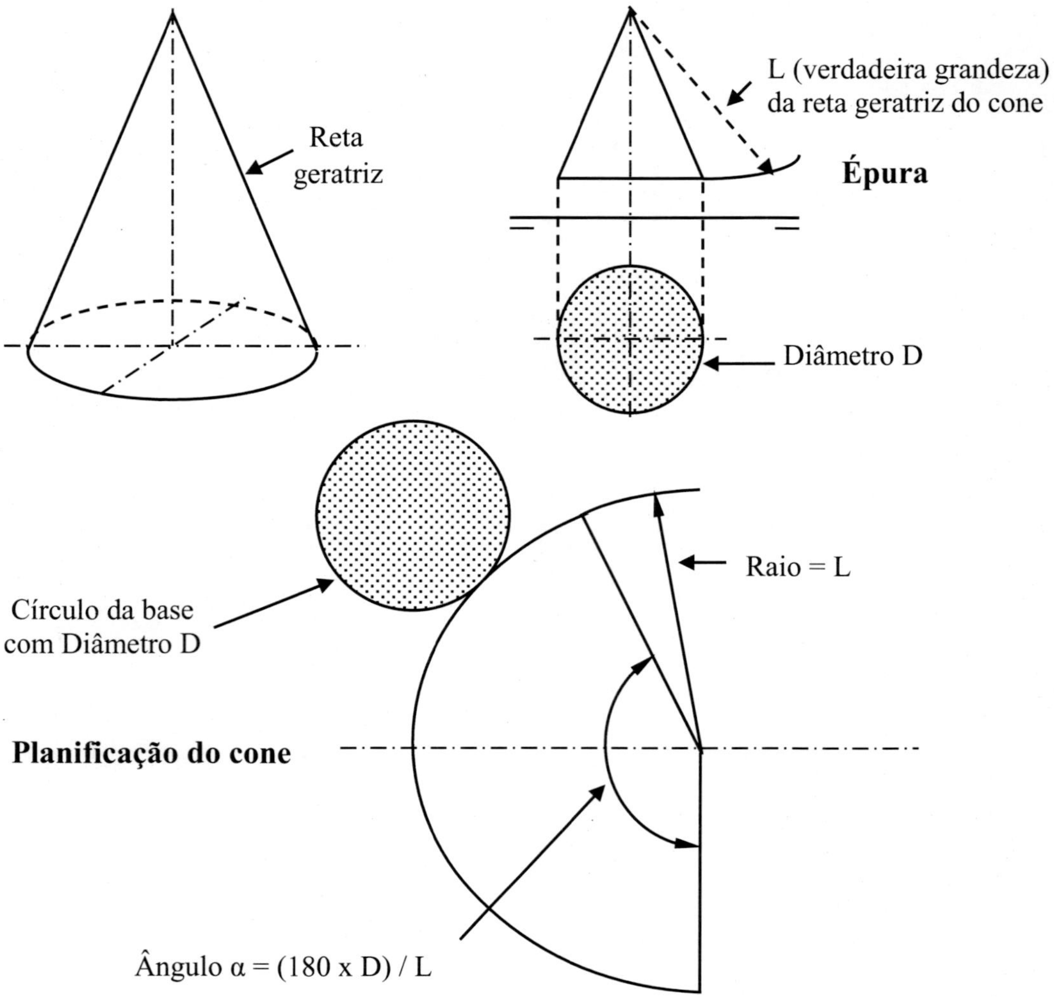

6.5 Planificação dos poliedros de Platão

Tanto para atividades escolares, quanto para uso na prática, é importante estudar-se a planificação dos poliedros de Platão. Por exemplo, imagina-se que se queira construir um octaedro em papelão ou cartolina, como deve-se cortar o papelão, de forma a se ter o menor número possível de uniões, ou seja, com o máximo de dobras possíveis. Observa-se que, como será mostrado, ao planejar a planificação de um poliedro, a ser construído em papelão, tem-se que deixar determinadas bordas (o mínimo), que permitem a colagem.

Planificação do tetraedro

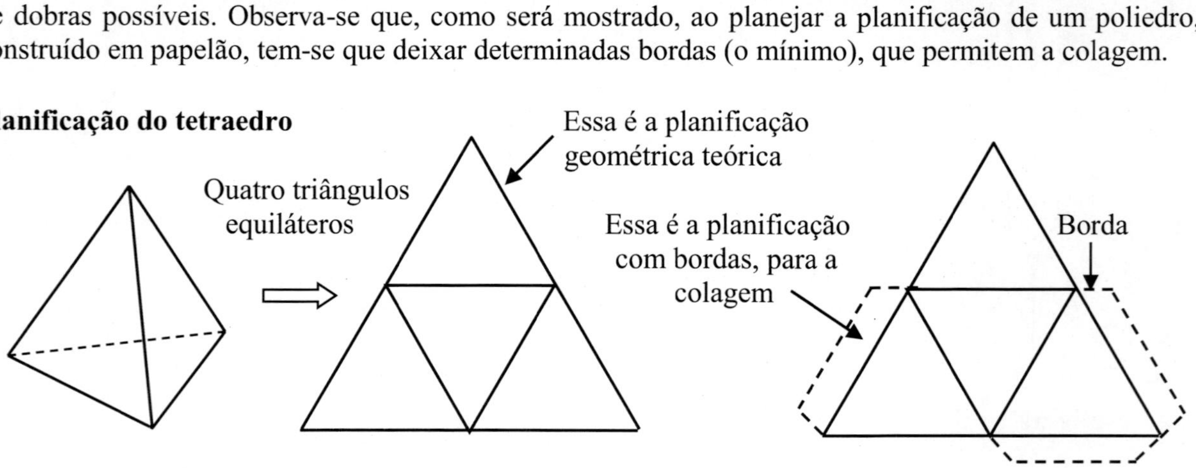

Existem embalagens, nomeadamente de alimentos, feitas a partir de um tetraedro.

Planificação do hexaedro ou cubo

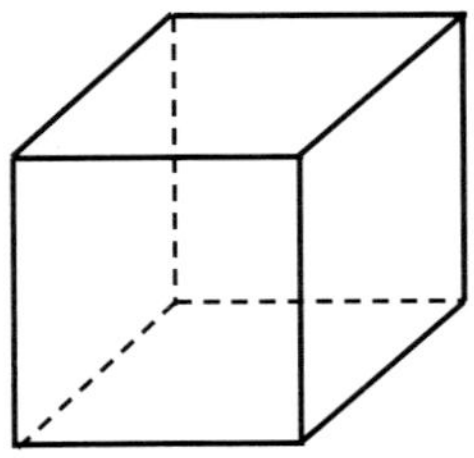

Seis quadrados

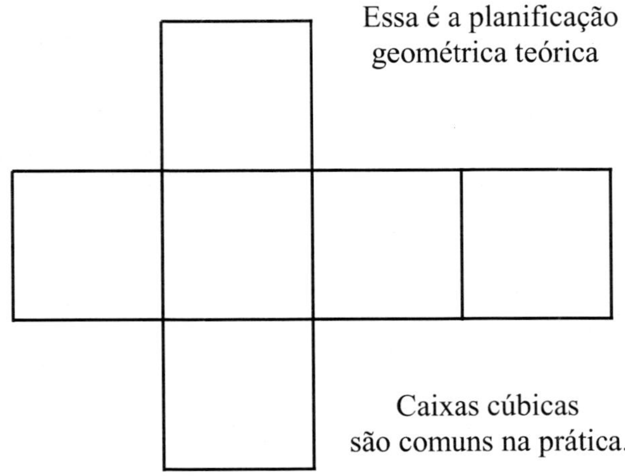

Essa é a planificação geométrica teórica

Caixas cúbicas são comuns na prática.

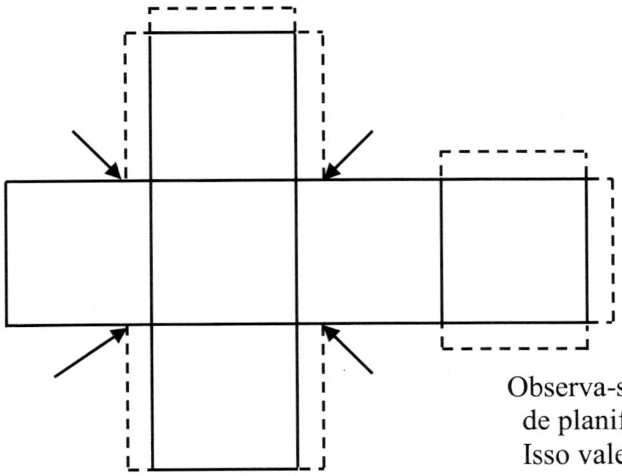

Essa é a planificação, com as bordas para a colagem. As partes marcadas com setas indicam que o corte deve avançar até o limite da aresta.

Observa-se que, existem outras formas, tanto de planificar, quanto de planejar as bordas. Isso vale para os cinco poliedros de Platão.

São comuns, os mais diversos tipos de embalagens no formato cúbico.

Planificação do octaedro

Oito triângulos equiláteros

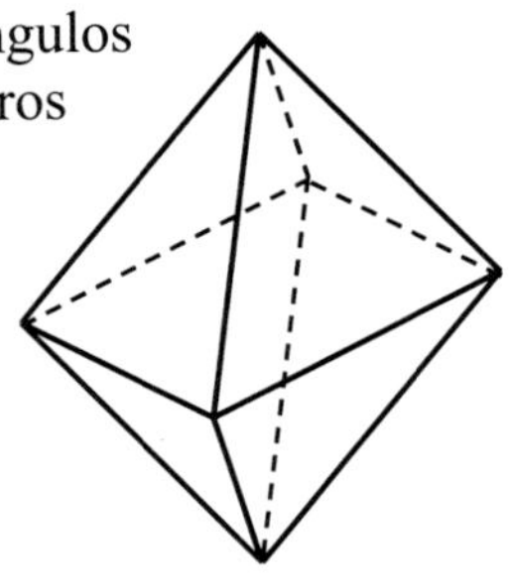

Essa é a planificação geométrica teórica

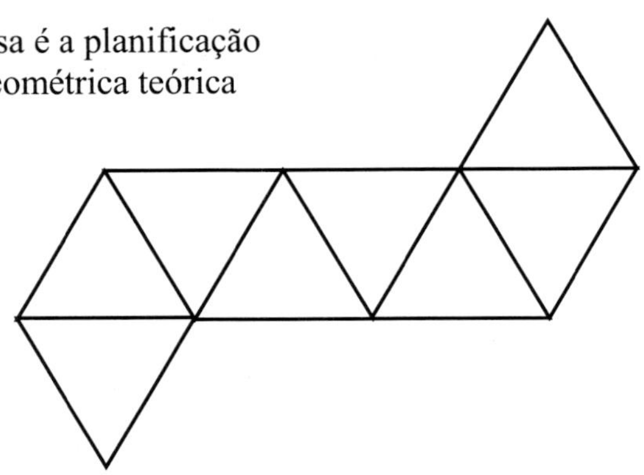

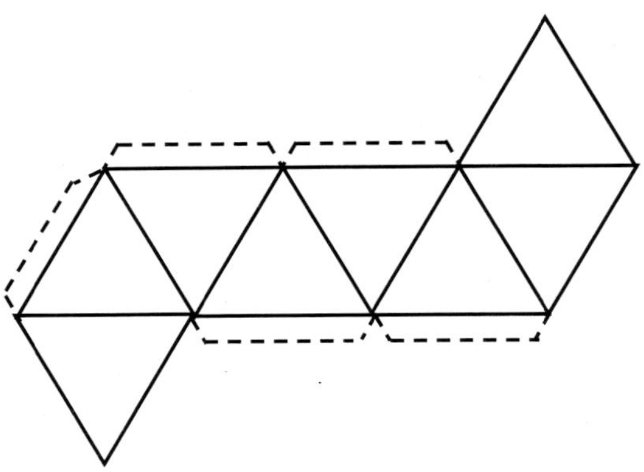

Essa é a planificação com bordas para a colagem.

Planificação do dodecaedro

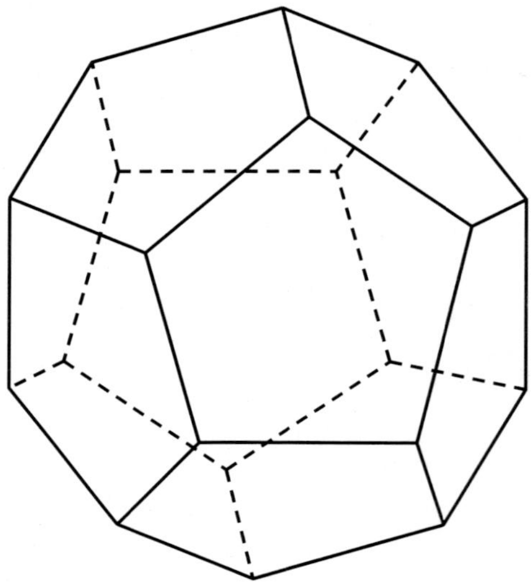

12 pentágonos regulares

O formato tridimensional do dodecaedro oferece boas alternativas de uso prático, em especial para artistas e arquitetos.

Essa é a planificação geométrica teórica

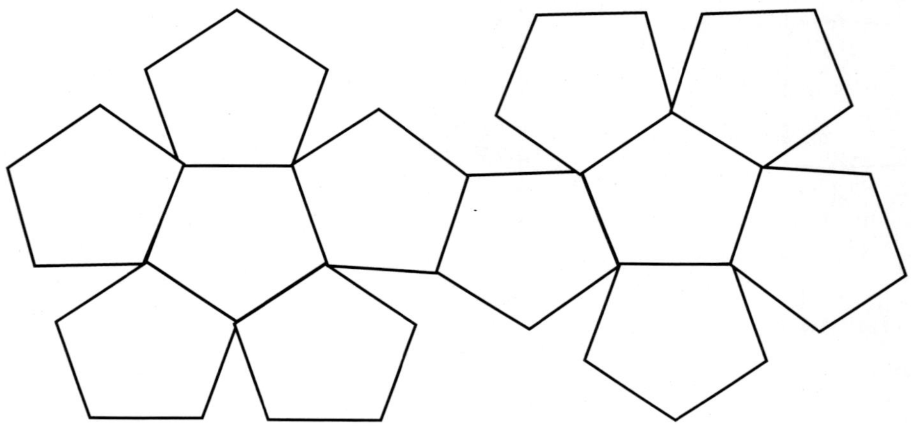

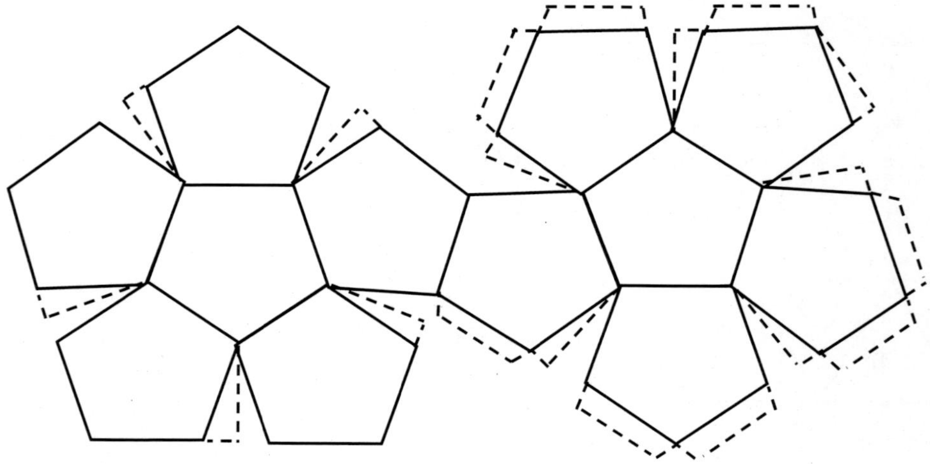

Essa é a planificação com bordas para a colagem

Planificação do icosaedro

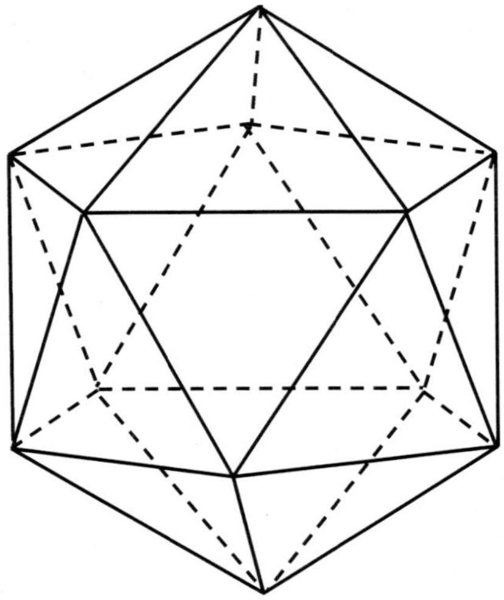

20 triângulos equiláteros

Existem jogos que utilizam um tipo de dado com 20 faces.

Essa é a planificação geométrica teórica

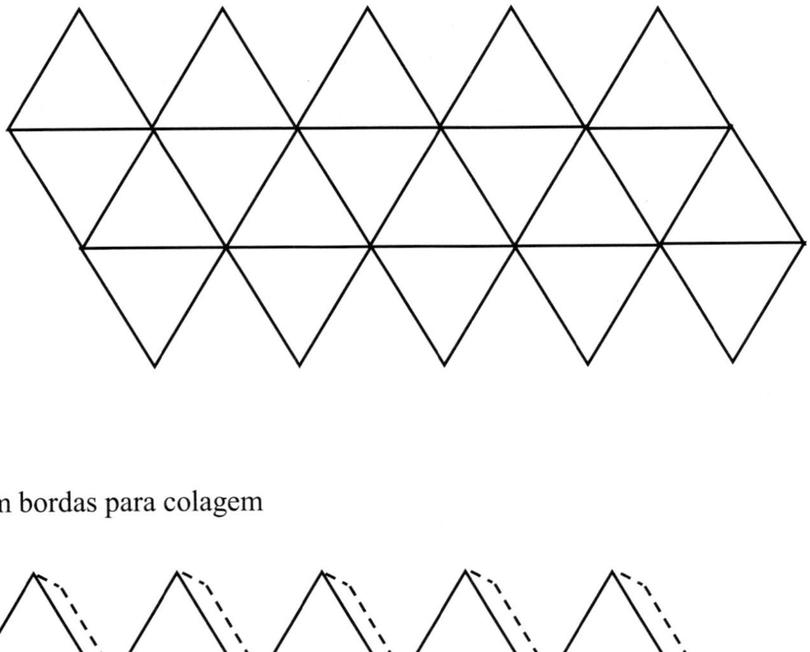

Essa é a planificação com bordas para colagem

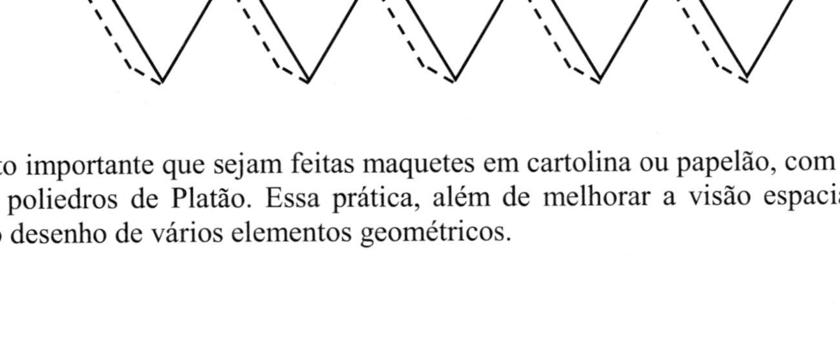

Observação: é muito importante que sejam feitas maquetes em cartolina ou papelão, com as planificações de cada um dos cinco poliedros de Platão. Essa prática, além de melhorar a visão espacial e as habilidades manuais, promove o desenho de vários elementos geométricos.

6.6 Planificação de esferas

Um tipo de planificação, para uma esfera, é feita dividindo-a em gomos, segundo os meridianos, e de forma semelhante a como se corta, por exemplo, uma laranja em gomos.

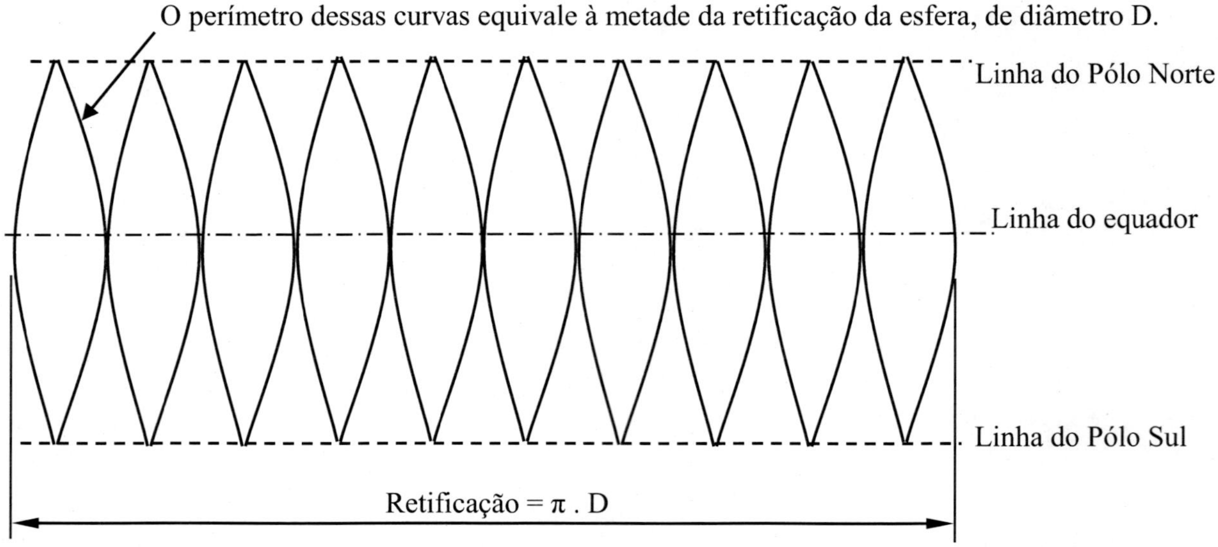

Quando a esfera é utilizada, como um reservatório esférico metálico, devido às soldas entre os gomos, a planificação não permite, por exemplo, que seja segundo os cortes de gomos anteriormente mostrados, pois nos Pólos ocorreria uma junção de várias soldas num único ponto, o que não é possível do ponto de vista da engenharia de fabricação mecânica (pois concentraria muitas tensões térmicas). Para esses tipos de esferas, também existem variações na forma de se planificar, dependendo do diâmetro e da espessura das chapas utilizadas. A planificação a seguir foi utilizada para uma esfera metálica de diâmetro 5 metros.

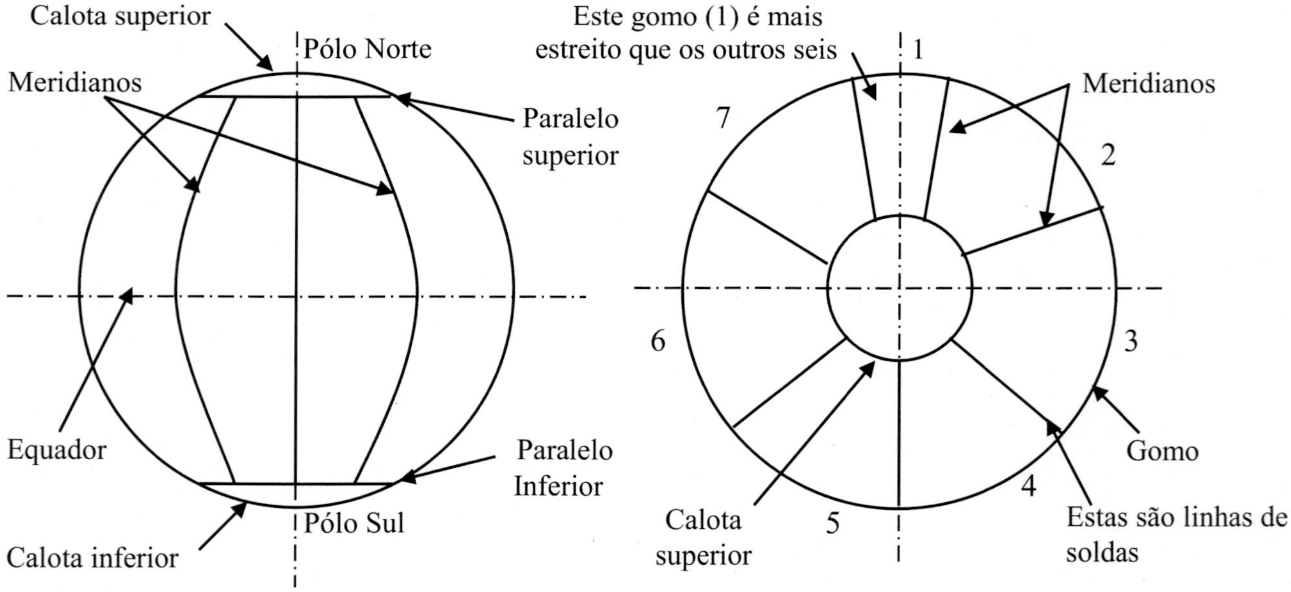

Vista de frente **Vista de cima**

Com diâmetro interno de 5.000 mm, considerando a vista de frente, a circunferência planificada (perímetro) dessa esfera é igual a 15.707,5 mm. Em geral, chapas metálicas são fornecidas com 6.100 mm de comprimento por 2.400 mm de largura. As figuras a seguir mostram as imagens gerais da planificação dessa esfera. Na prática, cada gomo é dimensionado e detalhado, permitindo uma perfeita montagem.

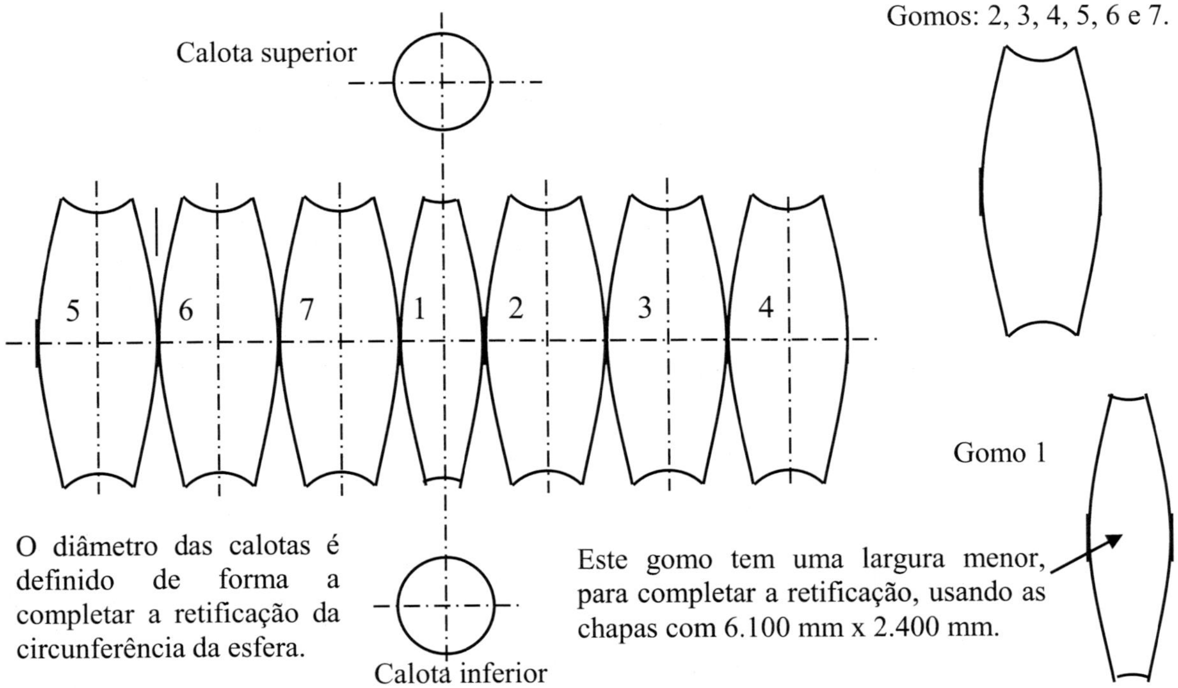

Exemplo de esfera metálica, usada como tanque de armazenamento

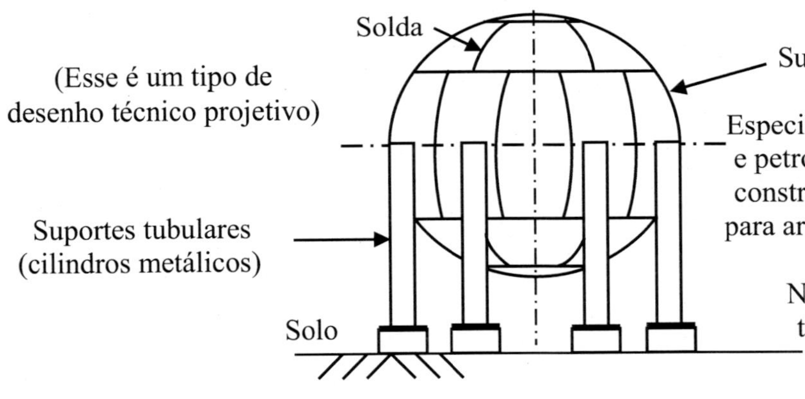

Especialmente em indústrias químicas e petroquímicas, utilizam-se esferas construídas em chapas metálicas de aço, para armazenamento de gases a pressão.

Na prática existem esferas desse tipo com até 20 m de diâmetro.

6.7 Observações sobre planificação e interseção de poliedros e superfícies poliédricas

Existem planificações dos mais diferentes tipos de superfícies poliédricas, tendo sido mostradas apenas as básicas. Especialmente em livros de caldeiraria e de dutos de ar condicionado e ventilação industrial são detalhados os tipos mais utilizados na prática. Tanto para planificações, quanto para interseções de poliedros e superfícies poliédricas, o autor recomenda a consulta ao livro: "Desenhista de Máquinas", da Editora Pro-tec que, apesar de ser uma publicação antiga (primeira edição em 1960), apresenta 49 tipos diferentes dessas construções. Em livros específicos de arquitetura e construção civil também são detalhadas planificações e interseções, tanto de poliedros, quanto de superfícies como elipsoides, paraboloides, hiperboloides e helicoides, uma vez que a arquitetura muito se utiliza destas superfícies, especialmente em grandes dimensões. Praticamente em todos os projetos do saudoso mestre Oscar Niemeyer (falecido quase aos 105 anos em 2012), existem muitos usos de todas estas curvas, além de muitas outras formas que provavelmente não tenham grandes demonstrações matemáticas.

Com o desenvolvimento e a utilização crescente de programas de representação gráfica, a geometria descritiva e o desenho técnico projetivo muito se beneficiaram, permitindo rapidez e precisão nas construções. Também já existem programas que, além de desenvolver todo o desenho e os cálculos matemáticos, também geram imagens tridimensionais coloridas e com movimento, permitindo que se observe o objeto em estudo nos mínimos detalhes e nas mais diversas posições.

Exemplo de interseção de prismas de bases quadradas e seções diferentes

Épura da interseção

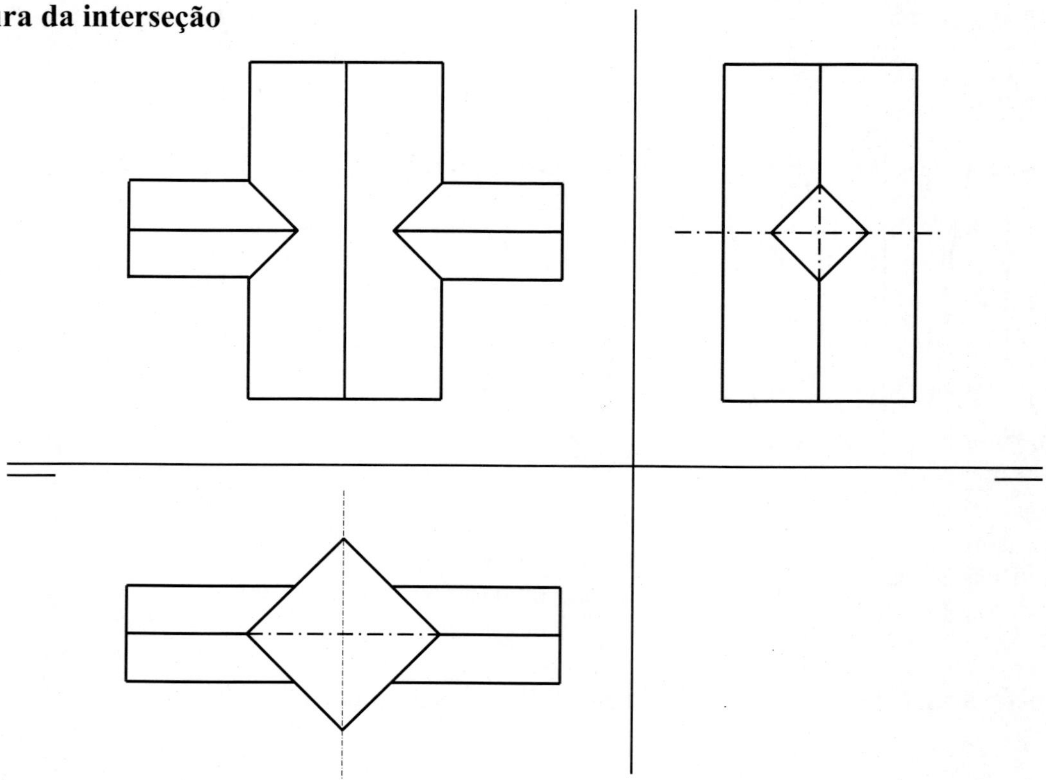

Visão espacial da interseção

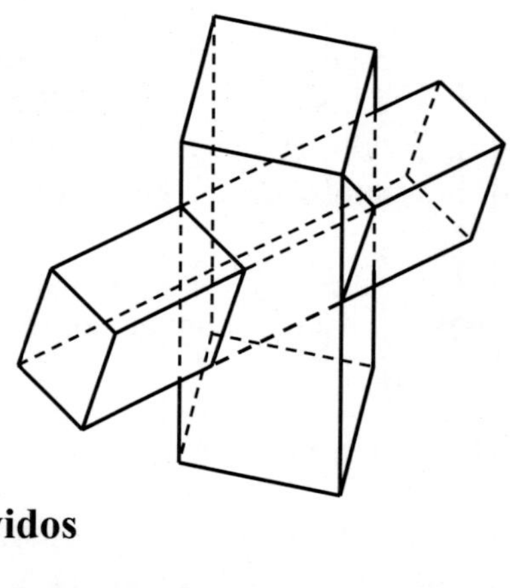

Este tipo de interseção ocorre na engenharia mecânica, mais especificamente em dutos de ventilação industrial, cujas planificações que permitem o corte e solda das chapas, são desenvolvidas por projetistas e desenhistas de caldeiraria.

6.8 Exercícios resolvidos

6.8.1) Fazer a planificação da seguinte superfície poliédrica:

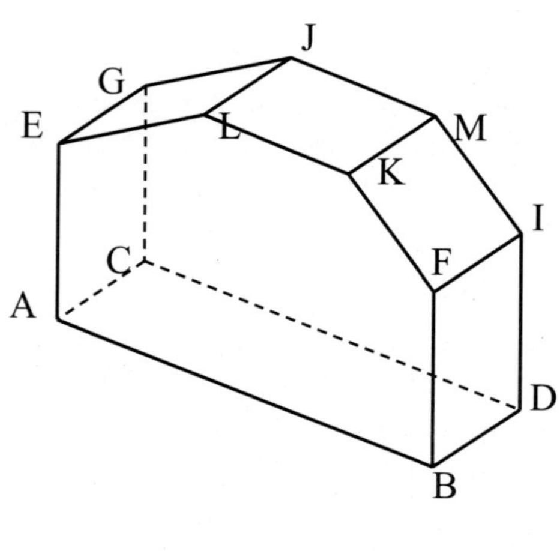

Visão espacial (8 Planos)

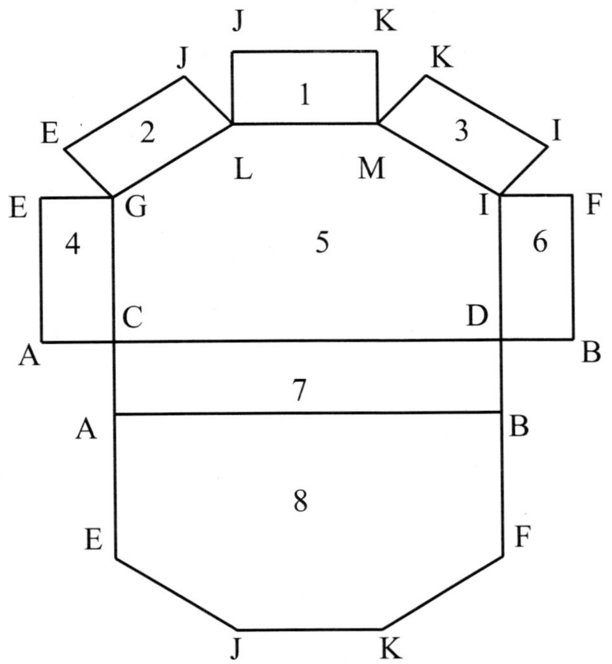

Planificação (8 Planos)

6.8.2) Fazer a visão espacial da seguinte planificação:

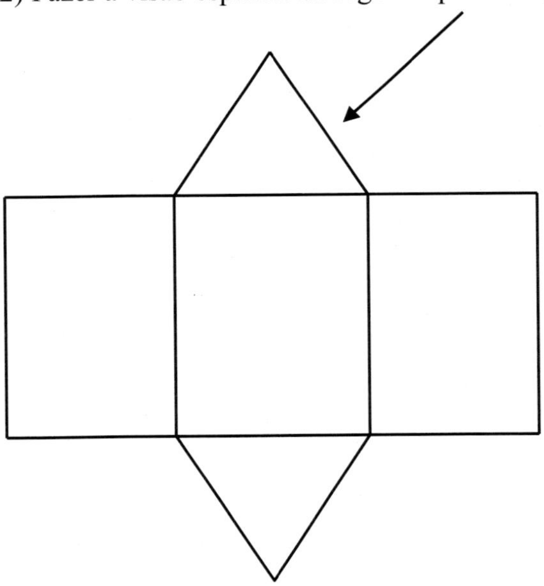

Visão espacial

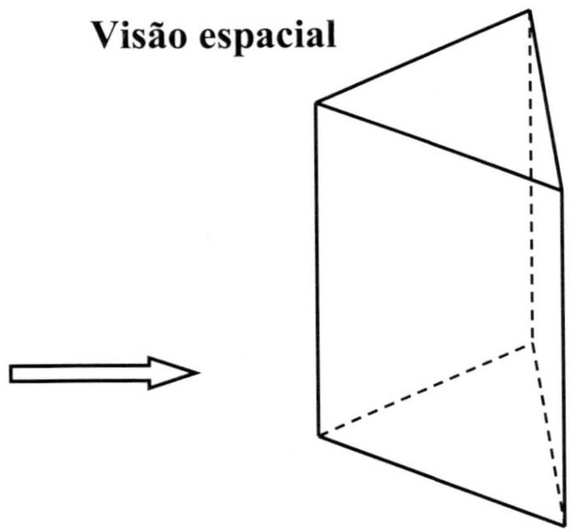

Trata-se de um prisma reto de base triangular

6.8.3) (ENEM - 2016). Um grupo de escoteiros mirins, numa atividade no parque da cidade onde moram, montou uma barraca, em forma de um prisma triangular reto, em que foram usadas hastes metálicas, como mostrado a seguir. Após a armação das hastes, um dos escoteiros observou um inseto deslocar-se sobre elas, partindo do vértice A em direção ao vértice B, e deste ao vértice E e, finalmente, fez o trajeto do vértice E ao C. Considere que todos esses deslocamentos foram feitos pelo caminho de menor distância entre os pontos. Com esses dados, a projeção do deslocamento do inseto no plano que contém a base ABCD é:

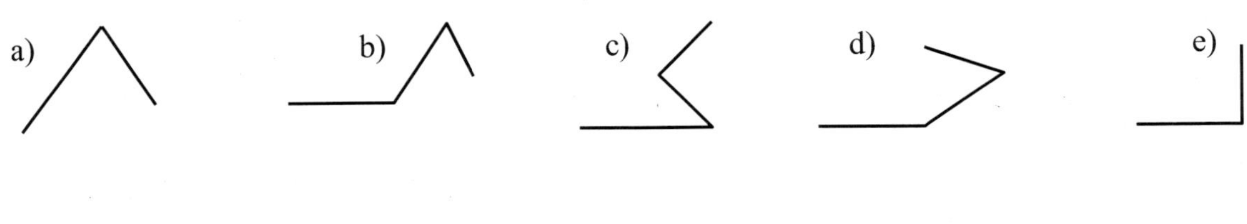

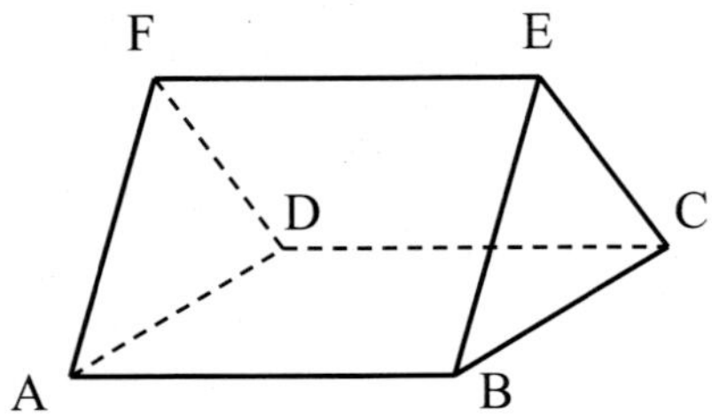

Raciocínio lógico espacial:

O plano que contém a base ABCD, corresponde ao plano horizontal π, ou seja, trata-se de fazer a projeção cilíndrica ortogonal das retas AB, BE e EC, sobre π.

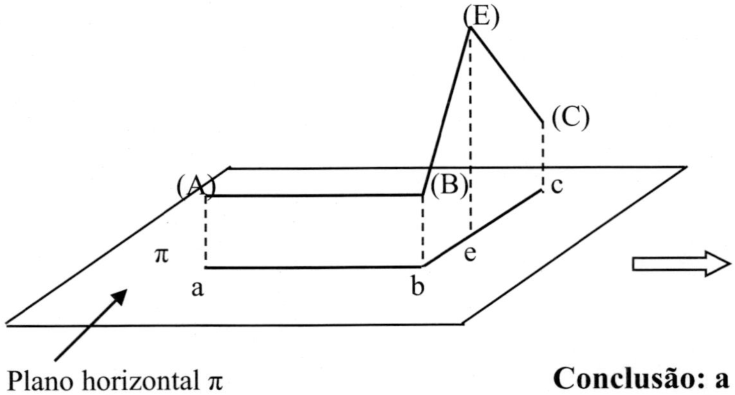

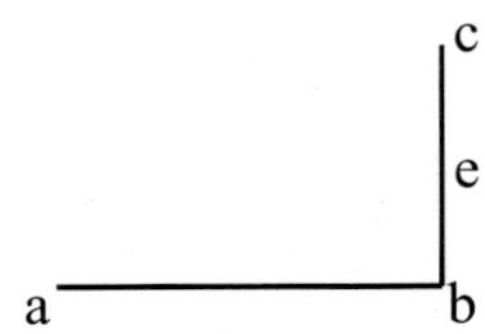

Conclusão: a resposta correta é a opção "e".

6.8.4) Um estudante observou que uma mosca pousou no ponto A, bem na linha do equador de uma bola esférica e se movimentou lentamente ao longo da linha na horizontal e parou no ponto B, também sobre a linha do equador, tendo se deslocado 45º no sentido anti-horário. Supondo essa bola apoiada sobre um piso horizontal, determinar a projeção cilíndrica ortogonal da trajetória da mosca.

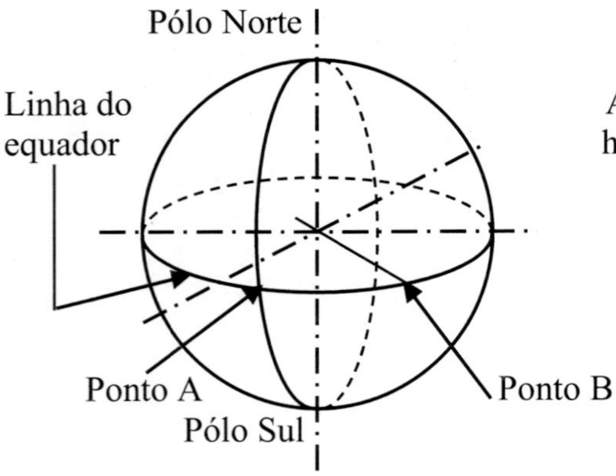

Raciocínio lógico espacial:

A bola esférica vista de cima, ou seja, projeção no plano horizontal, aparece como uma circunferência. Dessa forma, basta desenhar a circunferência e mostrar o ângulo de 45º.

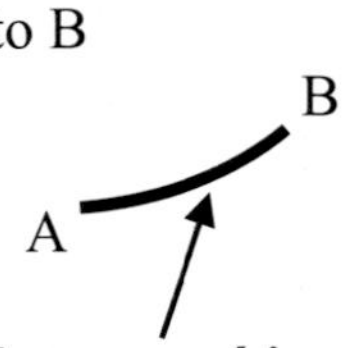

Conclusão: a projeção da trajetória da mosca é igual ao arco de um oitavo de volta na circunferência:

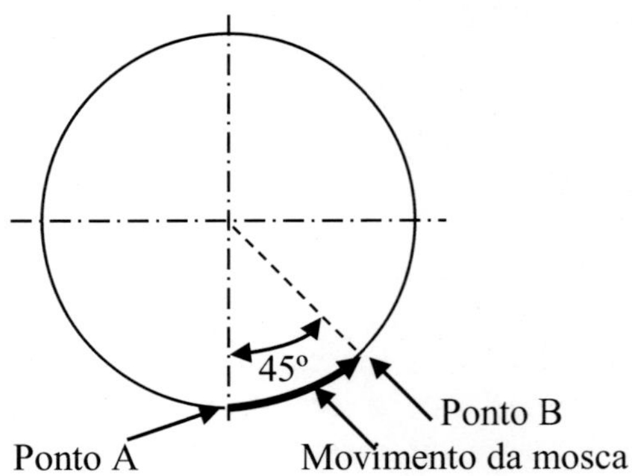

6.8.5) (ENEM - 2016). A figura a seguir representa o globo terrestre e nela estão marcados os pontos A, B e C. Os pontos A e B estão localizados sobre um mesmo paralelo, e os pontos B e C, sobre um mesmo meridiano. É traçado um caminho do ponto A até C, pela superfície do globo, passando por B, de forma que o trecho de A até B se dê sobre o paralelo que passa por A e B e, o trecho de B até C se dê sobre o meridiano que passa por B e C. Considerando que o plano α é paralelo à linha do equador na figura, determinar qual opção representa a projeção ortogonal, no plano α, do caminho traçado no globo.

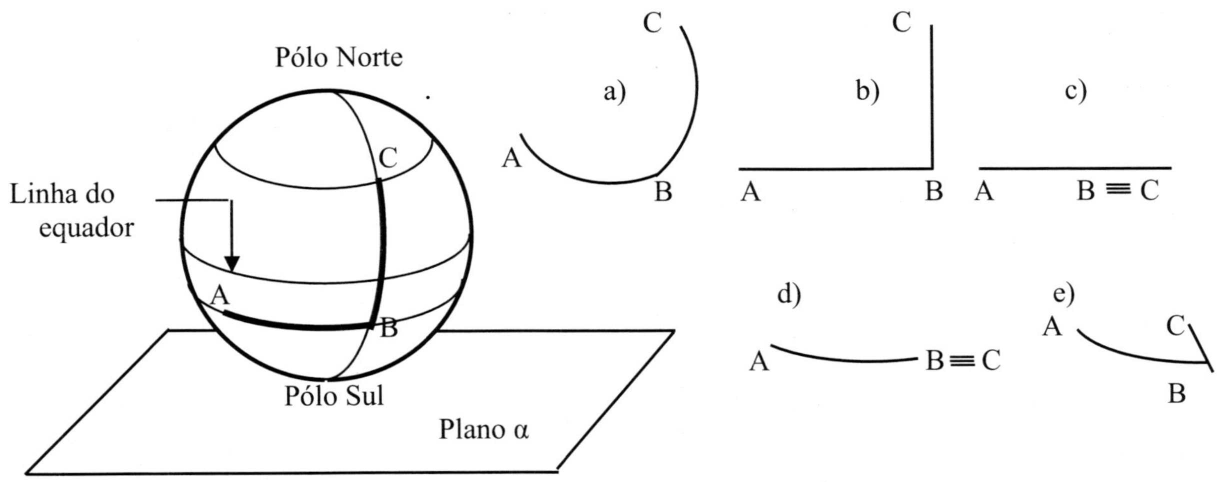

Raciocínio lógico espacial: ao se projetar o globo no plano α, equivalente ao plano horizontal π, tem-se a figura de uma circunferência, como a seguir mostrada, observando-se a projeção do trecho AB. Para a projeção do trecho BC, tem-se que recorrer à projeção no plano de perfil π”. Analisando a figura a seguir, conclui-se que esses trechos se projetam como arcos de circunferências, tal e qual mostrado na opção “a”.

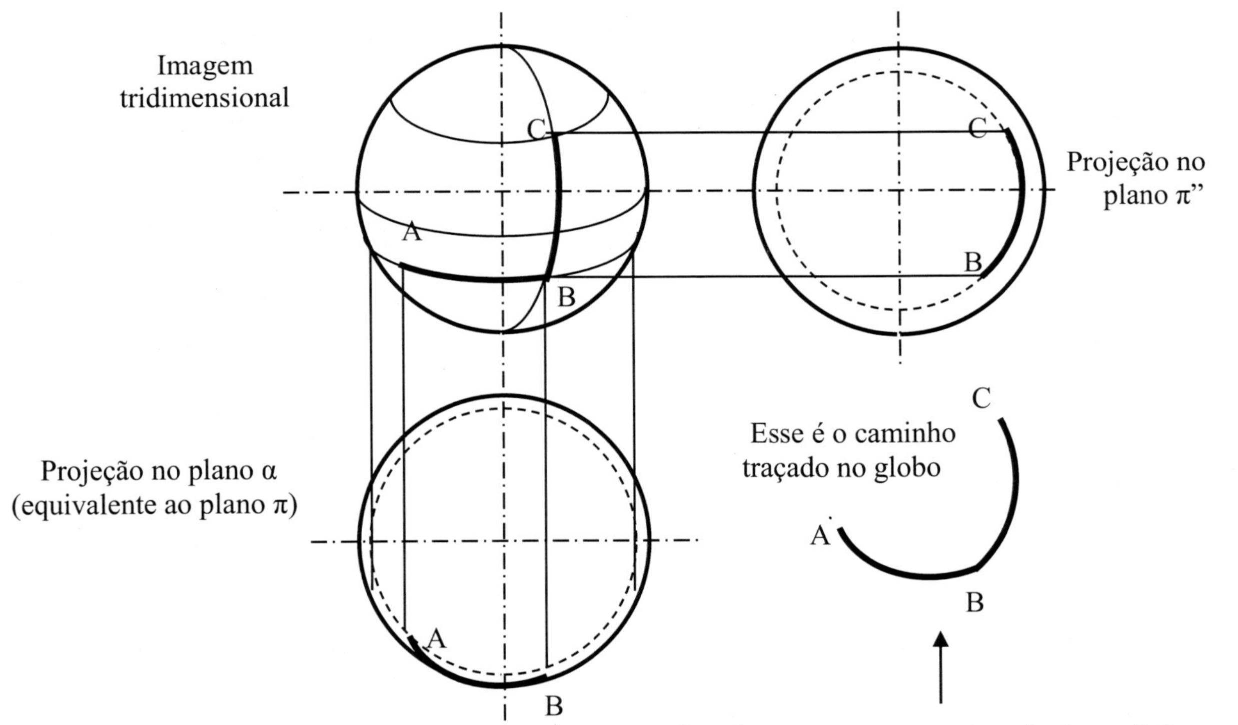

Conclusão: a opção correta é a letra “a”.

6.8.6) (ENEM – 2013) Gangorra é um brinquedo que consiste de uma tábua longa e estreita equilibrada e fixada no seu ponto central (pivô). Nesse brinquedo, duas pessoas sentam-se nas extremidades e, alternadamente, impulsionam-se para cima, fazendo descer a extremidade oposta, realizando, assim, o movimento da gangorra. Considere a gangorra representada na figura, em que os pontos AA e BB são equidistantes do pivô. A projeção ortogonal da trajetória dos pontos A e B, sobre o plano do chão da gangorra, quando esta se encontra em movimento, é:

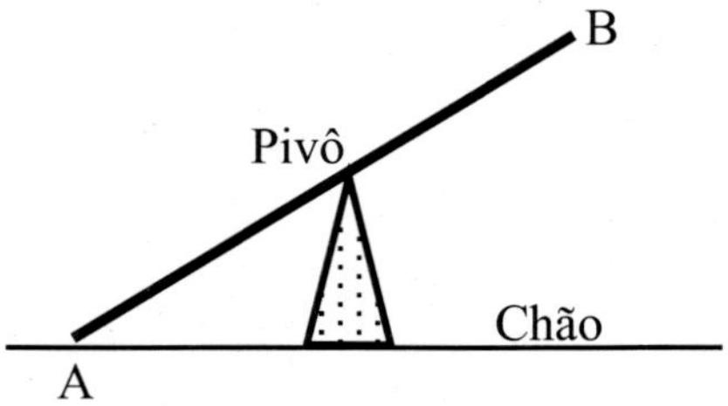

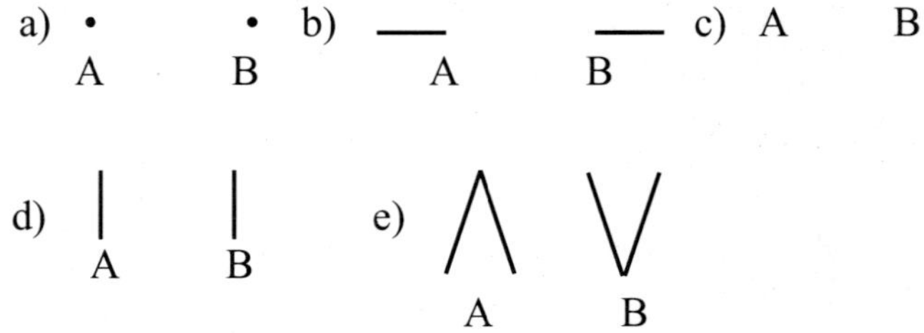

Raciocínio lógico espacial: em verdade, uma gangorra tem movimento alternado (sobe e desce), segundo arcos de circunferências, em cada extremidade (A, B). O raio dessa circunferência é igual à distância entre o pivô e os pontos A ou B. A figura a seguir mostra esses arcos, em função do movimento alternado.

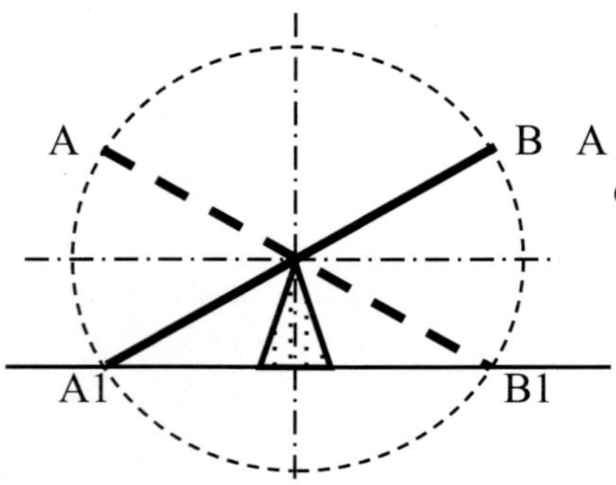

A projeção da trajetória dos pontos A e B, sobre o plano do chão, equivale a projetar a figura à esquerda no plano horizontal π, como detalhado na figura a seguir.

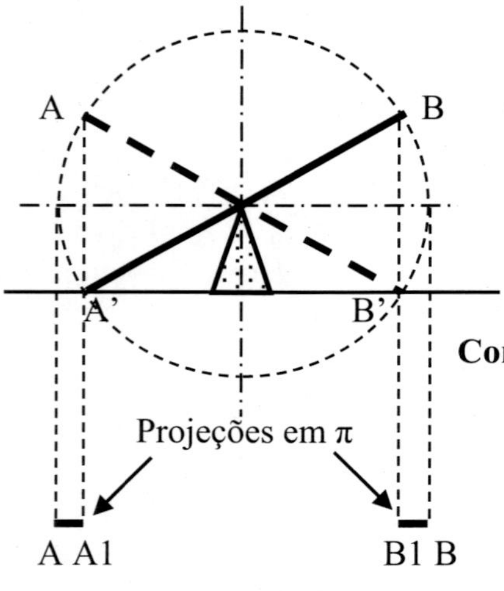

Observa-se que, na projeção em π ou plano do chão, o ponto A varia entre A e A1, assim como, o ponto B varia entre B e B1.

Conclusão: A projeção ortogonal da trajetória dos pontos A e B, sobre o plano do chão da gangorra, quando esta se encontra em movimento, é a opção "b".

6.8.7) Considerando o exercício anterior, desenhar a projeção ortogonal da trajetória dos pontos A e B, sobre o plano vertical ou π', quando esta se encontra em movimento.

Raciocínio lógico espacial: a projeção da trajetória sobre o plano vertical ou π' é obtida diretamente da figura anterior, como se vê a seguir.

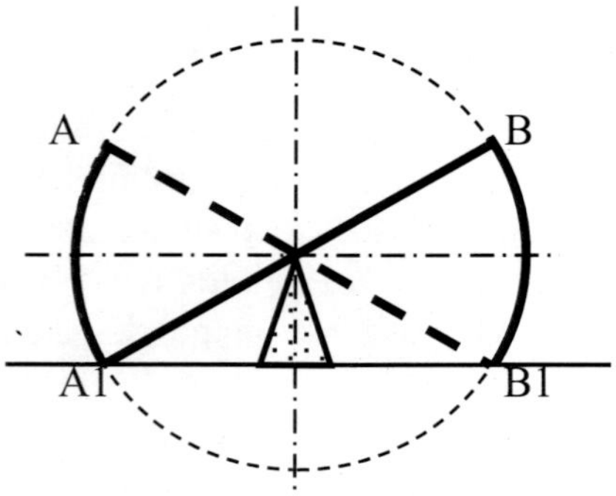

Essa é a projeção no plano vertical π'

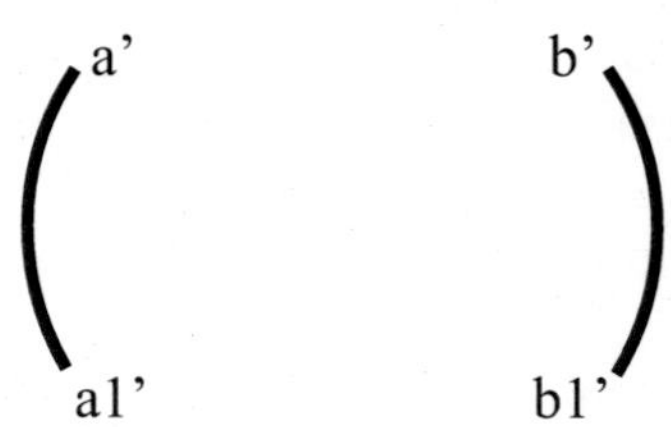

6.8.8) A imagem tridimensional a seguir, representa uma espiral esférica (ou curva *loxodrômica), que representa a trajetória seguida por um objeto que se move ao longo da superfície de uma esfera fazendo um ângulo constante com a linha do equador.
Considerando a imagem tridimensional mostrada, representar a sua projeção no plano horizontal π. Observa-se que, nesse caso a hélice se inicia no ponto A, sobre a linha do equador, com trajetória até o ponto do Pólo Norte, sendo que a hélice mantém um ângulo α constante, em relação ao plano π. *Foi o matemático e navegador português Pedro Nunes (1502-1579) quem publicou os primeiros estudos sobre essa curva.

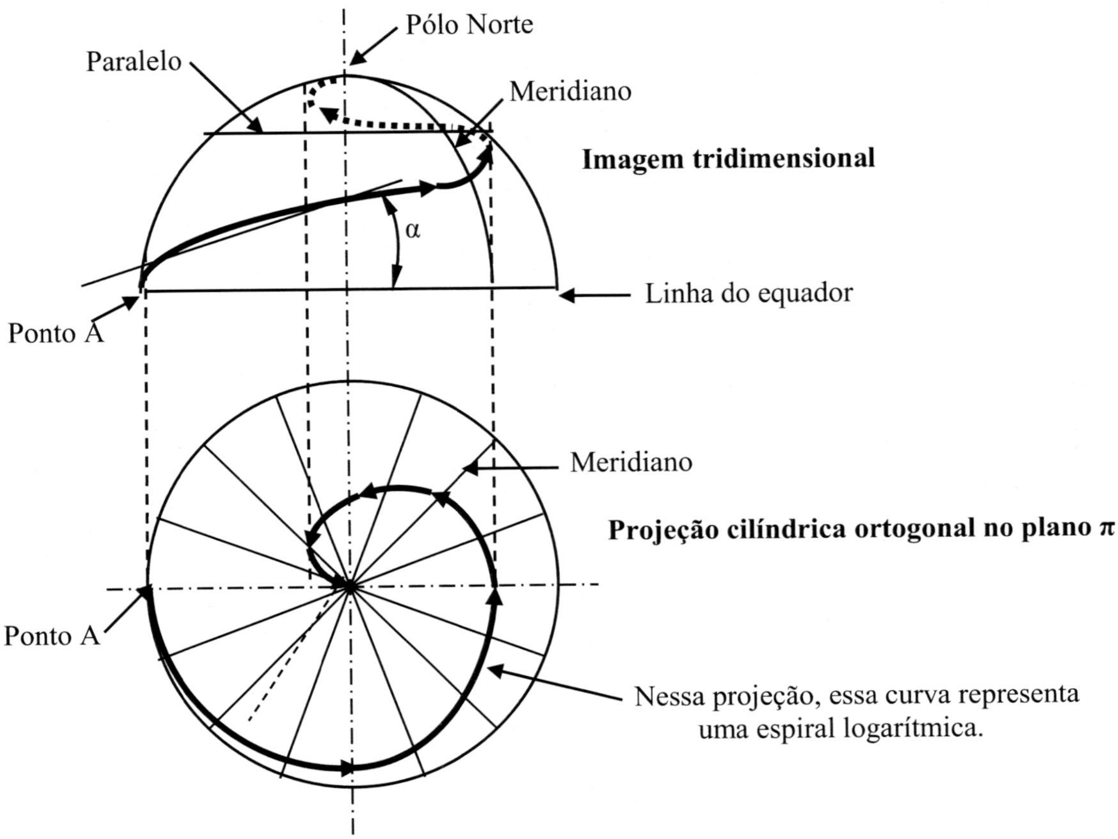

6.9 Exercícios propostos (veja soluções e respostas no Apêndice A)

6.9.1) Planificar a seguinte superfície poliédrica, calculando os comprimentos das arestas BE, BG e EG, bem como todos os ângulos mostrados.

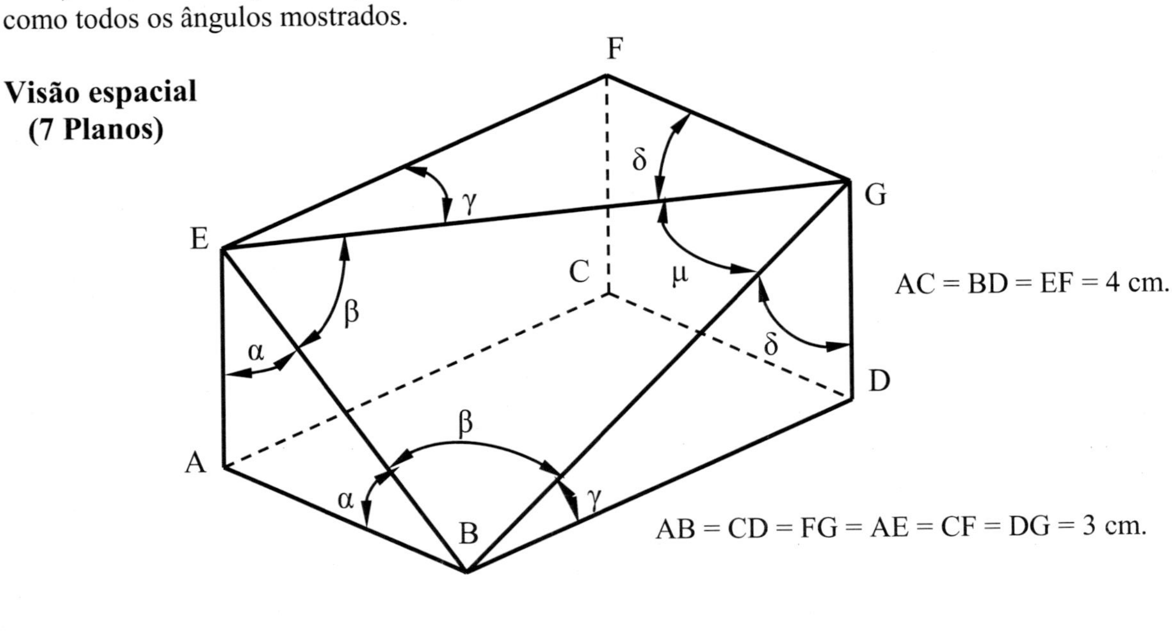

6.9.2) Planificar os cinco poliedros de Platão: tetraedro, hexaedro, octaedro, dodecaedro e o icosaedro. Propor aos alunos fazer em cartolina colorida os poliedros de Platão, utilizando polígonos com lados iguais a 5 centímetros. Alertar que, para se fechar a planificação e ter o sólido, devem ser deixadas bordas para a colagem, como foi mostrada na caixa de remédio no início deste capítulo.

6.9.3) (ENEM - 2015). Uma empresa que embala seus produtos em caixas de papelão, na forma de hexaedro regular, deseja que seu logotipo seja impresso nas faces opostas pintadas conforme a figura. A gráfica que fará as impressões dos logotipos apresentou cinco opções, para a caixa planificada. Qual opção, sugerida pela gráfica, atende ao pedido da empresa.

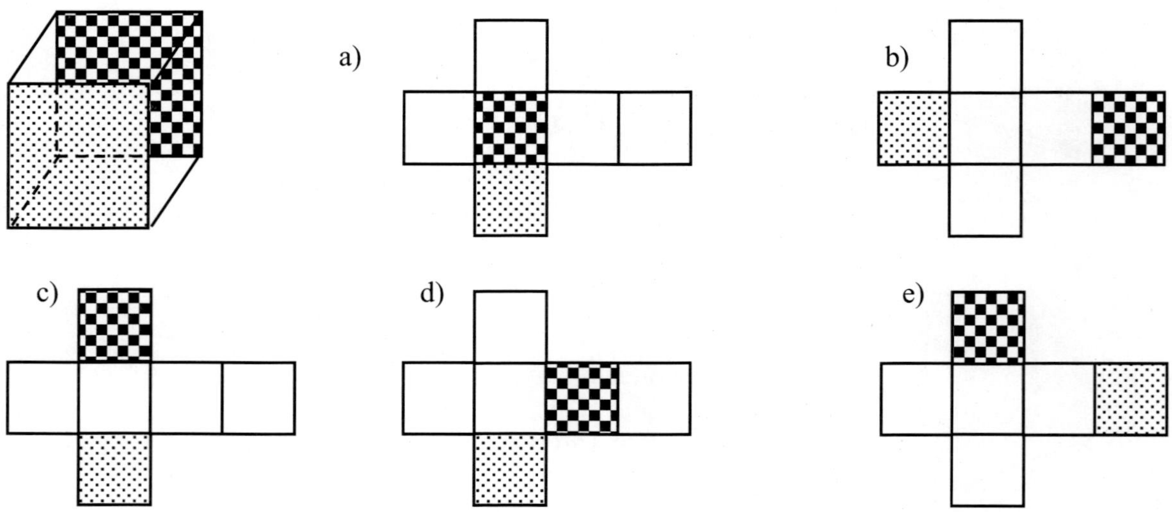

6.9.4) Determinar a área do triângulo abc, que é a projeção do triângulo (A)(B)(C), no plano horizontal ou plano π, considerando as seguintes medidas: (A)(B) = 10 cm; 12 = 5 cm; 1a'b' = 3 cm; 2c' = 10 cm; a'/b'(A) = 7 cm e c'(C) = 12 cm.

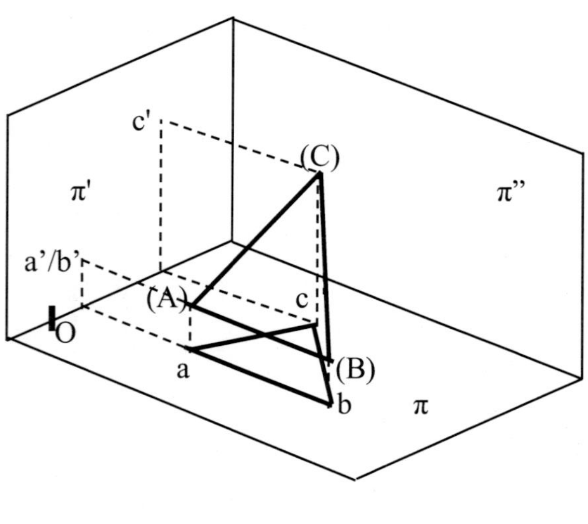

6.9.5) (ENEM - 2017). Uma lagartixa está no interior de um quarto e começa a se deslocar. Esse quarto, apresentando um formato de um paralelepípedo retangular, é mostrado na figura a seguir. A lagartixa parte do ponto B e vai até o ponto A. A seguir, de A, ela se desloca, pela parede, até o ponto M, que é o ponto me´dio do segmento EF. Finalmente, pelo teto, ela vai do ponto M até o ponto H. Considere que todos esses deslocamentos foram feitos pelo caminho de menor distância, entre os respectivos pontos envolvidos. Marque qual é a projeção ortogonal desses deslocamentos no plano que contém o chão do quarto.

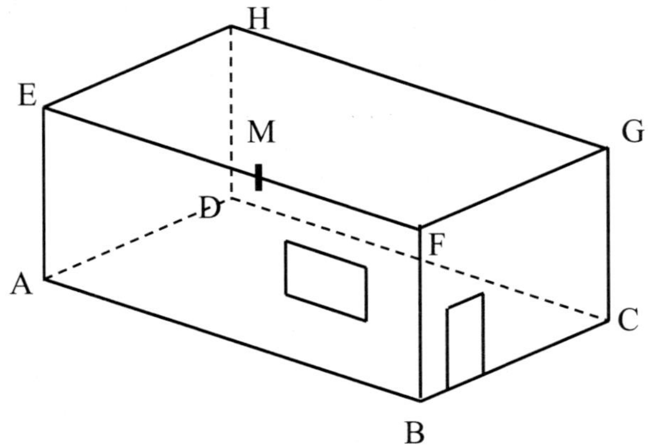

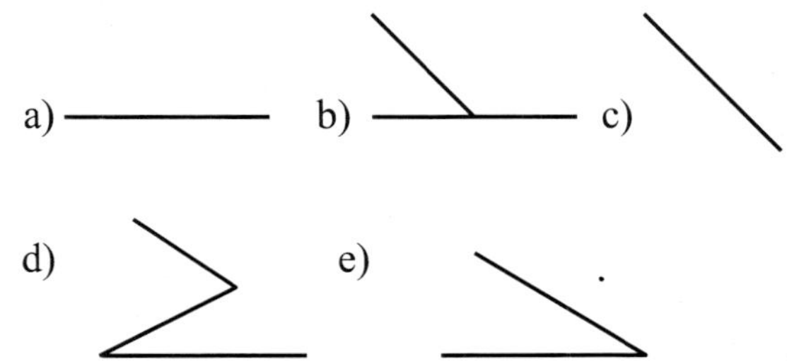

6.9.6) (UERJ – 2020). A projeção ortogonal do triângulo AFC no plano da base BCDE, do cubo de aresta 2 cm, é um triângulo de área y. Determinar essa área em cm^2.

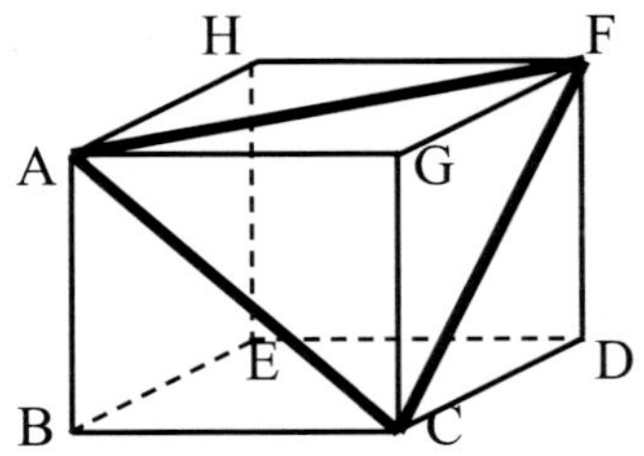

6.9.7) Imagine que a pirâmide regular de base quadrada e altura H, a seguir, é cortada a uma certa altura h por um plano paralelo à sua base, que está apoiada no plano horizontal π. Representar a projeção cilíndrica ortogonal desse tronco de pirâmide, no plano horizontal π.

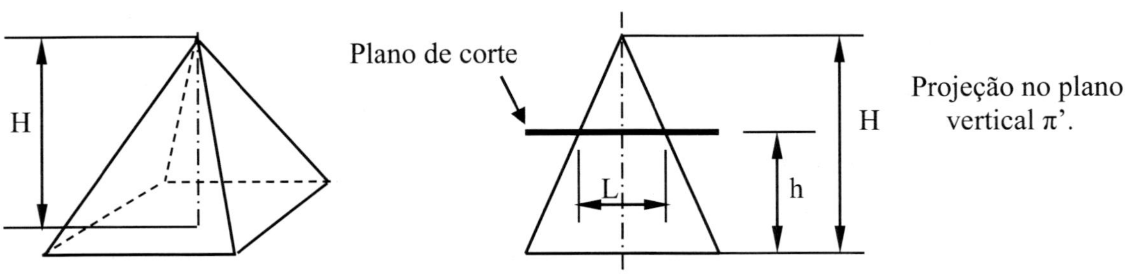

6.9.8) A figura a seguir representa uma pirâmide reta de base quadrada ABCD. Determinar a projeção cilíndrica ortogonal, no plano da base, do percurso de um inseto, desde o ponto E na base, até o vértice V, observando-se que, durante todo o tempo, o inseto se deslocou pela superfície da pirâmide. A trajetória foi a seguinte: 1) partida do ponto E, ponto médio da aresta AB; 2) Ida do ponto E ao ponto F, pela superfície do triângulo ABV, pela linha que une E e V, parando no ponto F; 3) Ida, na horizontal, do ponto F para G, de forma paralela ao trecho EB; 4) Do ponto G, até o ponto H, o inseto caminhou pela aresta BV; 5) Do ponto H ao ponto I, andou paralelamente à aresta BC, até a linha que une J e V, sendo J o ponto médio da aresta BC e 6) Do ponto I, até o vértice V, pela linha que une J a V.

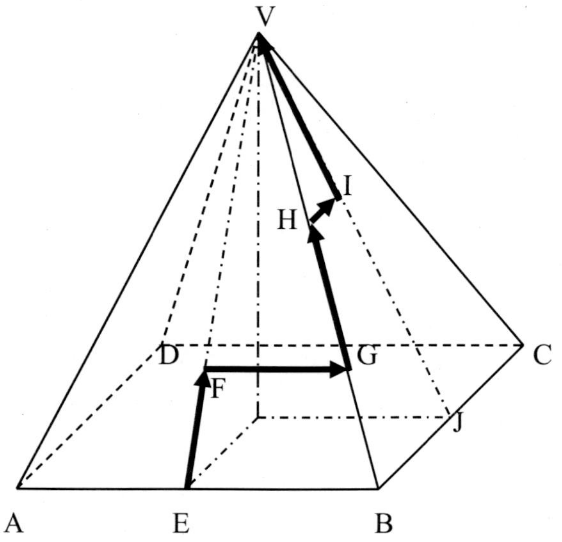

6.9.9) Considerando o objeto a seguir, representar suas projeções cilíndricas ortogonais, a partir das visões de A, B e C.

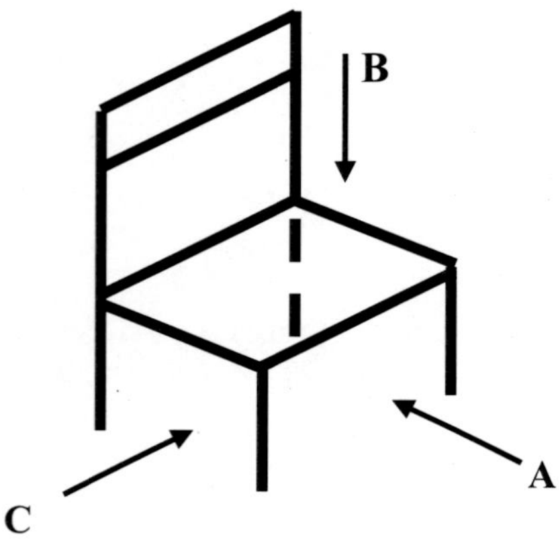

6.9.10) A figura a seguir, representa um cilindro circular reto maciço, apoiado no plano horizontal π. Considerando a projeção cilíndrica ortogonal, no plano vertical π', com o cilindro sendo cortado por um plano inclinado a 30º, representar as projeções cilíndricas ortogonais do cilindro cortado, nos planos horizontal π e de perfil π''.

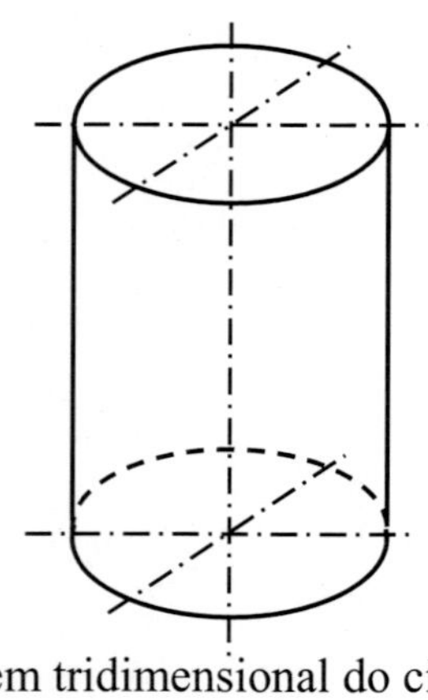

Imagem tridimensional do cilindro

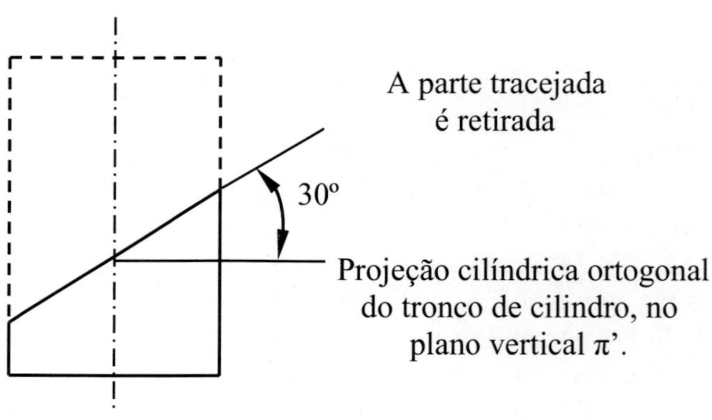

6.9.11) Imagine que um arame flexível é enrolado ao redor de um cilindro maciço de diâmetro D. Sabendo que esse enrolamento segue um ângulo constante de 30º, em relação à base do cilindro, determinar o aspecto tridimensional da mola, após dar-se duas voltas e meia ao redor do cilindro, ou seja, entre os pontos A e B. Observe a figura a seguir.

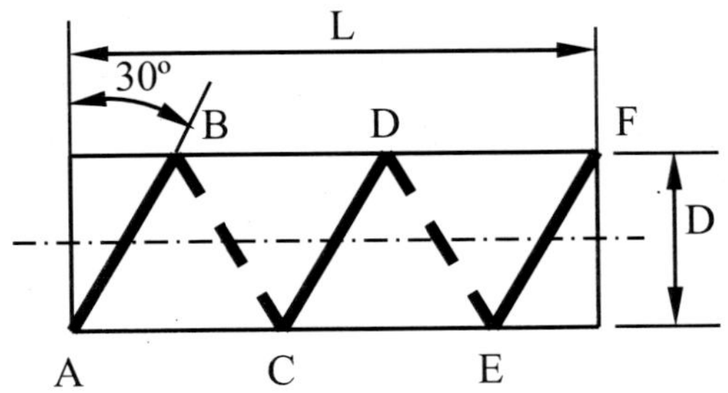

6.9.12) Uma pirâmide reta de base quadrada, apoiada em um plano horizontal, é cortada por um plano inclinado, como indicado na projeção cilíndrica ortogonal no plano π'. Baseando-se nas imagens a seguir, determinar a projeção cilíndrica ortogonal no plano π.

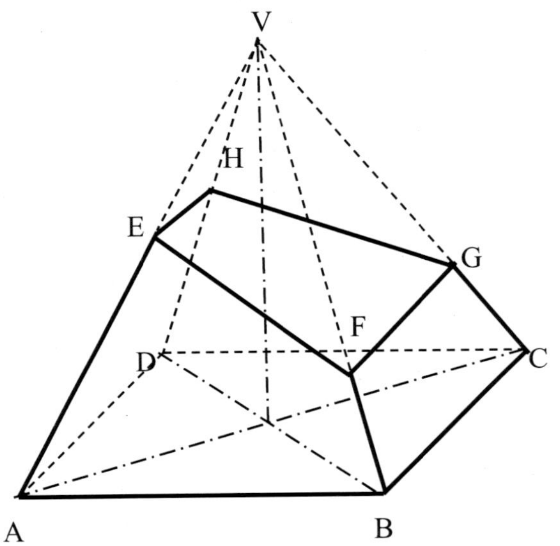

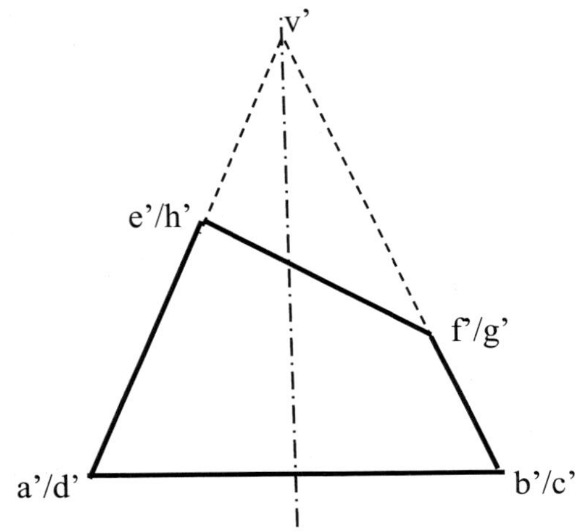

Capítulo 7

O hexaedro básico e as seis vistas ortogonais. Introdução ao desenho técnico projetivo básico.

A geometria descritiva normalmente utiliza projeções no 1^0 triedro, ou seja, nos planos π, π' e π'', possibilitando que um objeto ou peça seja visualizado e entendido a partir de três posições ou vistas. Muitos objetos ou peças têm tal complexidade que apenas estas três vistas não são suficientes para sua representação e entendimento. Para solucionar esta dificuldade surgiu o conceito de imaginar os objetos ou peças dentro do 1^0 triedro, mas com a adição de mais três planos paralelos a π, π' e π'', formando o hexaedro básico (com seis planos) usado em desenho técnico projetivo e que possibilita a representação gráfica a partir de seis posições, ou melhor, das seis vistas ortográficas. A figura, a seguir, mostra este conceito.

Conceito da planificação, a épura, considerando apenas três projeções

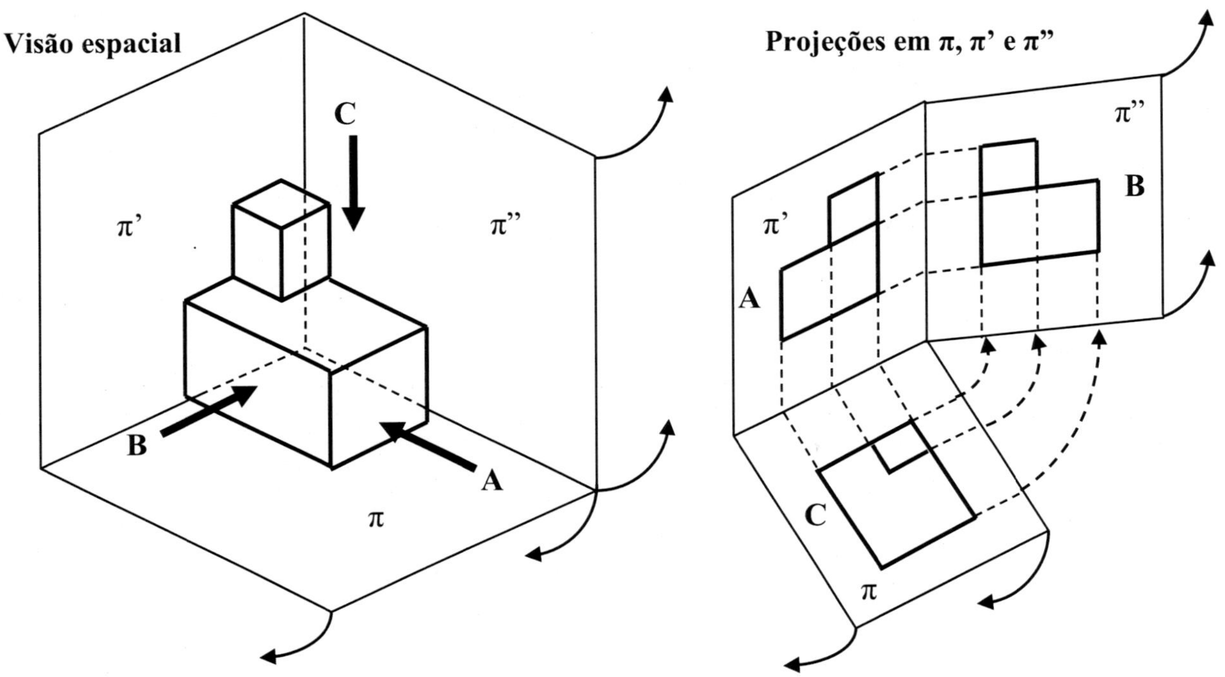

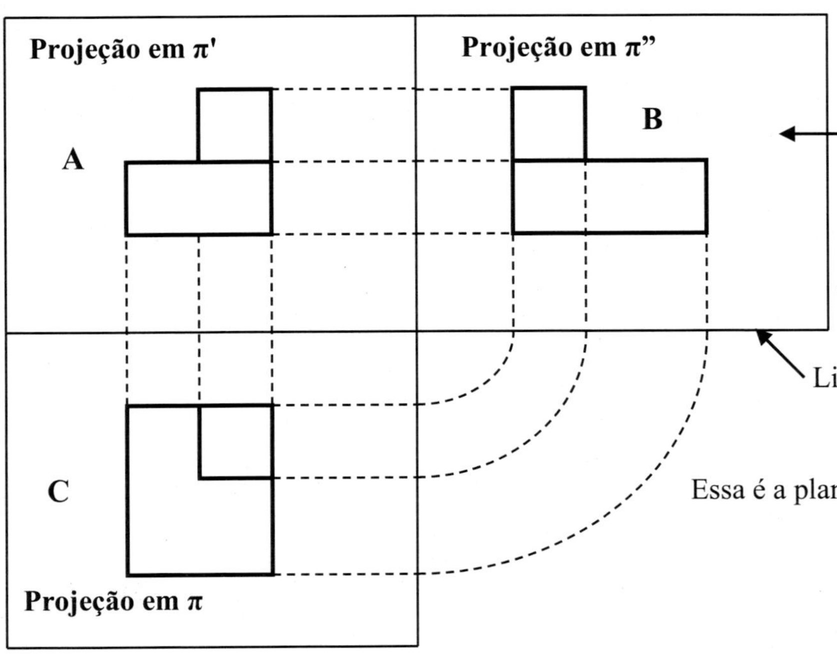

Plano horizontal π gira para baixo, no sentido horário, e o plano de perfil π'' gira para a direita, no sentido anti-horário, deixando a planificação ou épura da forma mostrada.

Linha de Terra.

Essa é a planificação ou épura das projeções.

Na prática, mesmo nos estudos acadêmicos: a Linha de Terra, as linhas que demarcam os limites dos planos e as linhas tracejadas ou de projeções não são representadas. Dessa forma, as três projeções ficam como mostradas a seguir, inclusive com os desenhos das projeções mais próximos.

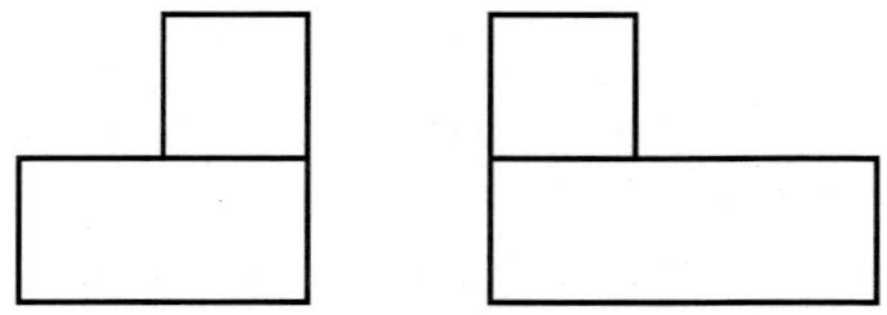

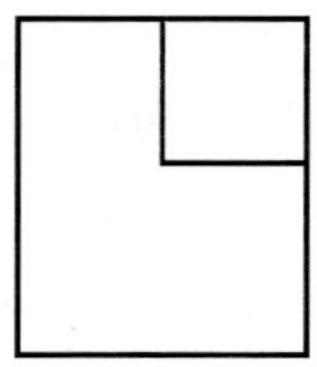

Qualquer pessoa, em qualquer lugar, que saiba interpretar um desenho técnico projetivo, identifica que essas são as três projeções básicas, considerando o objeto no 1º diedro.

7.1 O hexaedro básico (considerando o 1^0 diedro). Projeções em seis planos

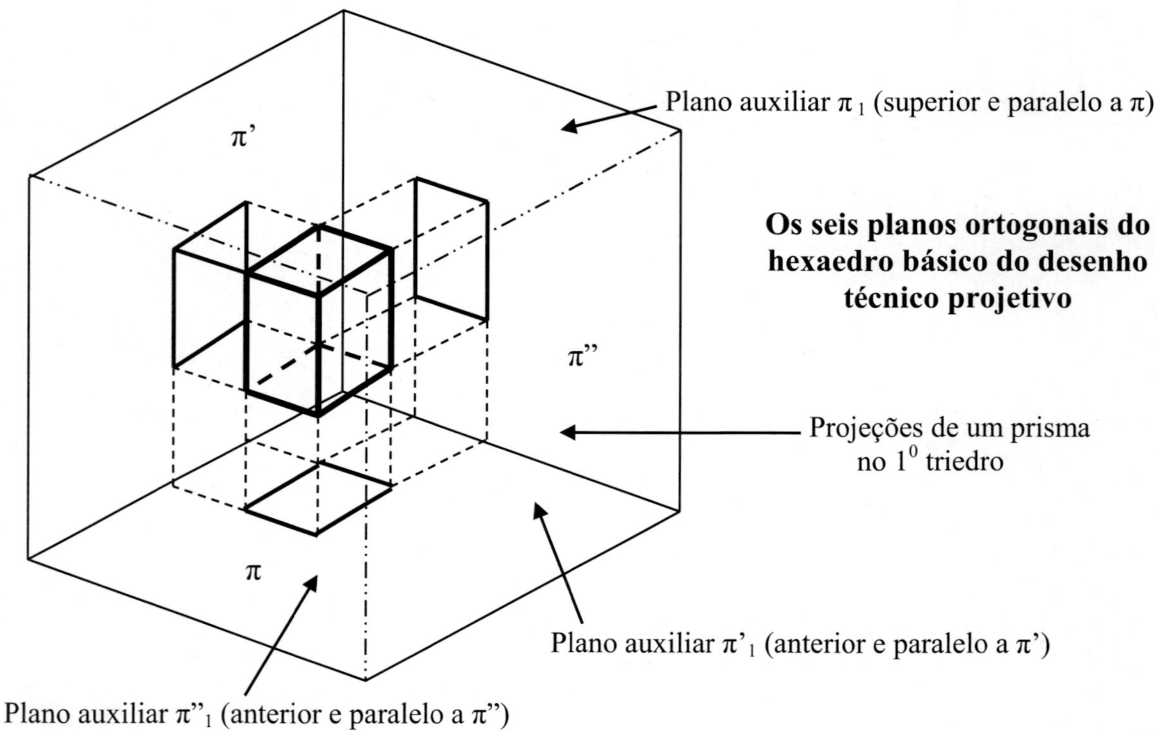

Os seis planos ortogonais do hexaedro básico do desenho técnico projetivo

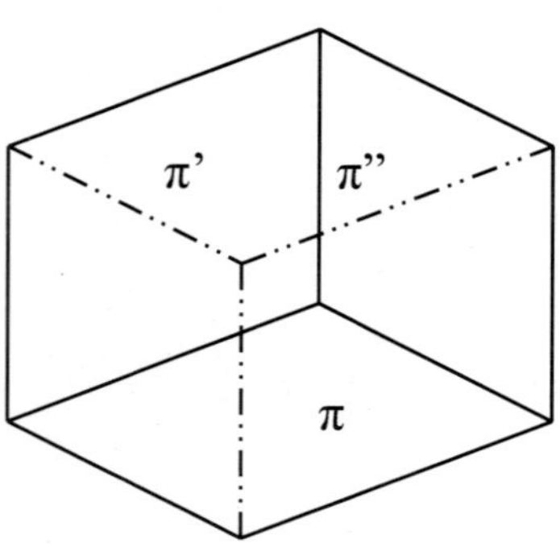

Este é o conceito do hexaedro básico do desenho técnico projetivo, no interior do qual, virtualmente, os objetos ou peças são colocados, permitindo que se tenham as seis projeções que dão origem às seis vistas ortográficas.

O prisma mostrado na visão espacial da figura anterior, tem a sua [epura como mostrada na figura a seguir, ou seja, segundo as projeções nos planos π, π' e π''.

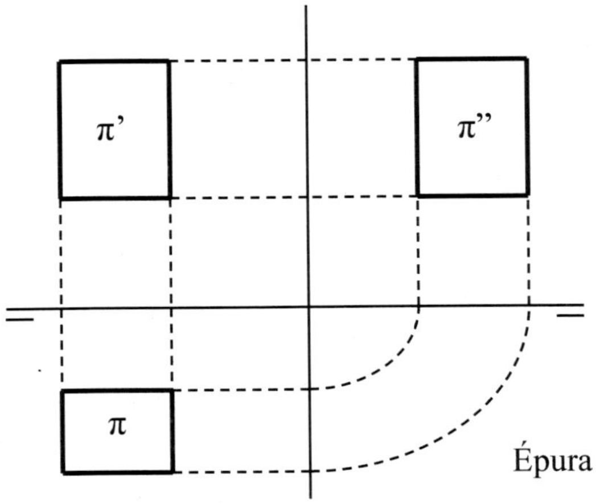

Deve ser lembrado que para se representar uma Épura no 1^0 triedro, mantém-se o plano vertical π' superior fixo e faz-se a rotação ou rebatimento do plano horizontal anterior π para baixo, no sentido horário, e a do plano de perfil π'' no sentido anti-horário.

Épura de um prisma nos planos π, π' e π''

Como ficam as seis projeções deste prisma, considerando-se o conceito do hexaedro básico do desenho técnico projetivo? Como é feita a rotação dos três planos auxiliares π_1, π π'_1 e π''_1? O parágrafo a seguir mostra como são feitas estas rotações e planificação, obtendo-se uma "nova" épura, agora com as seis projeções.

7.2 A rotação ou rebatimento dos planos do hexaedro básico (considerando o 1^0 diedro)

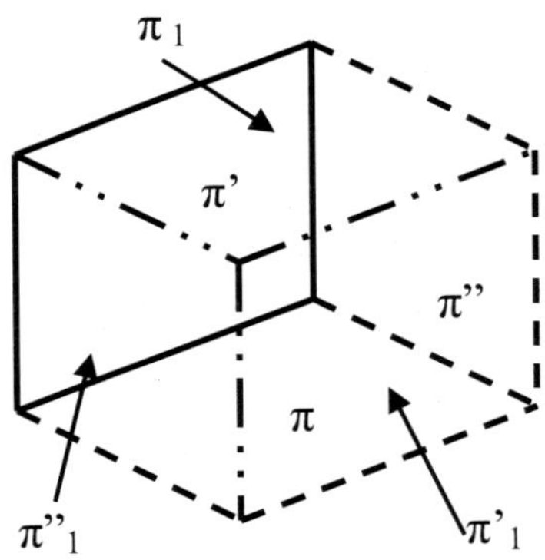

O hexaedro básico no 1^0 diedro

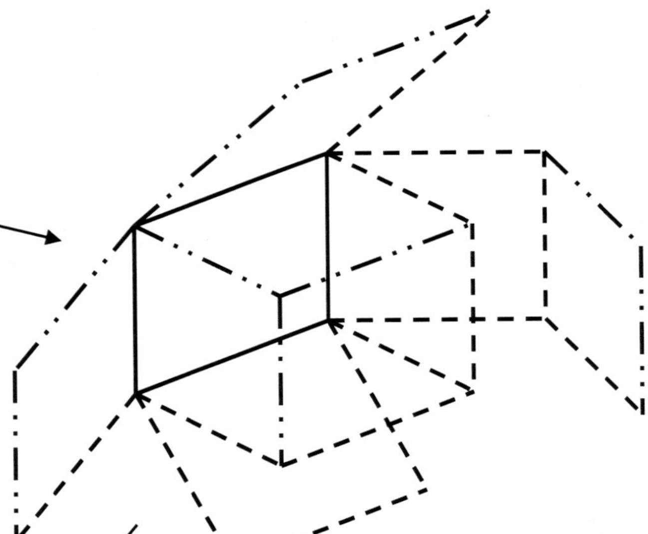

A rotação dos planos

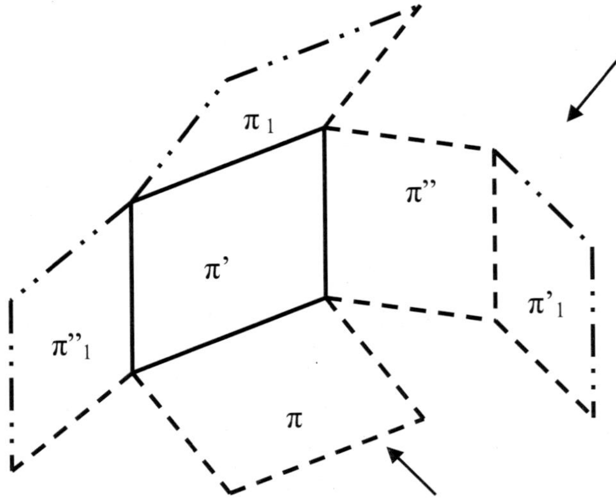

Conceito da planificação do hexaedro básico, considerando-se o 1º diedro

Após a rotação ou rebatimento dos planos do hexaedro básico no 1^0 diedro, tem-se uma planificação com as seis projeções, como mostradas na figura a seguir.

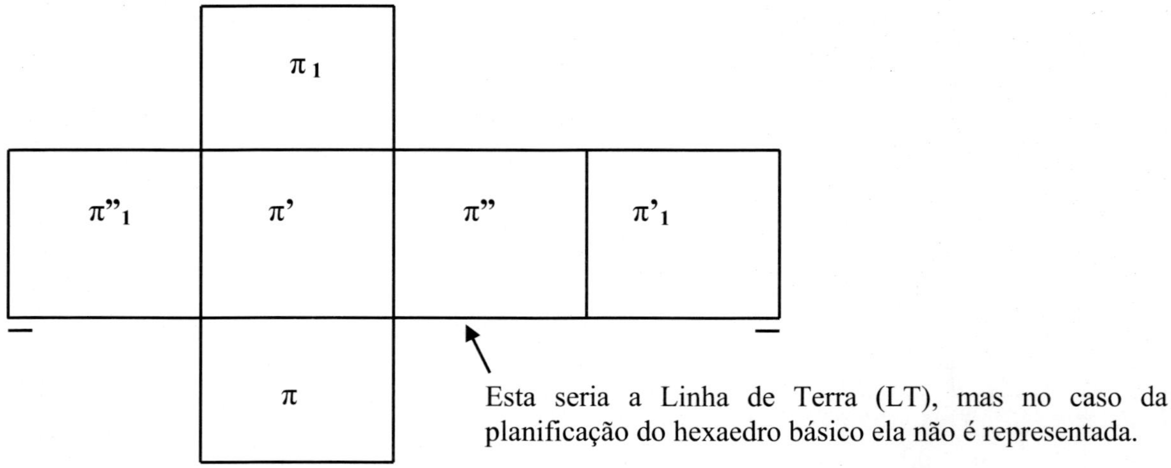

O rebatimento com as seis projeções do hexaedro básico no 1^0 diedro

Considerando o prisma da figura mostrada em 7.1 as suas seis projeções no 1^0 diedro são representadas como na figura a seguir.

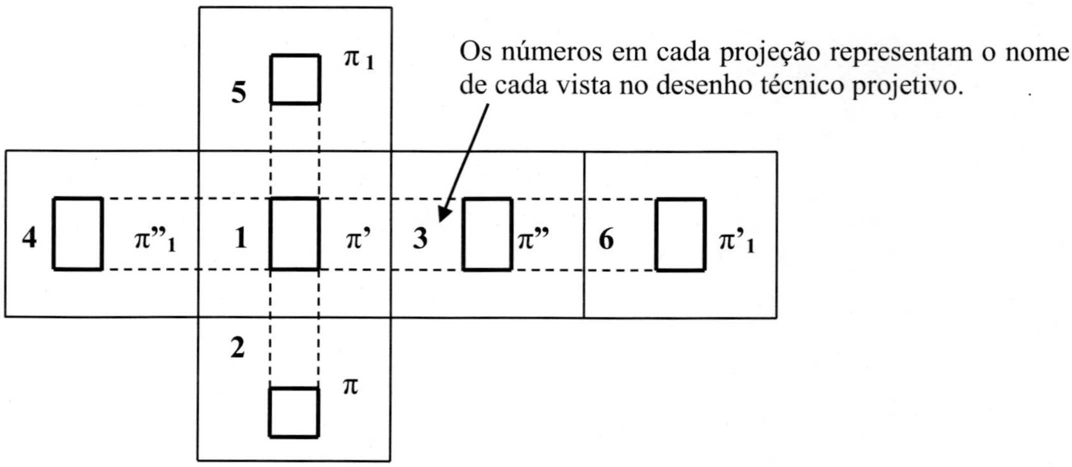

O rebatimento ou planificação das seis projeções do hexaedro básico no 1^0 diedro

No desenho técnico projetivo estas seis projeções são chamadas e numeradas como vistas ortográficas e recebem os seguintes nomes:

1 – Vista de frente ou frontal ou anterior. (equivalente à projeção em π').
2 – Vista superior ou de cima ou planta. (equivalente à projeção em π).
3 – Vista lateral esquerda ou de perfil. (equivalente à projeção em π").
4 – Vista lateral direita. (equivalente à projeção em π''_1).
5 – Vista inferior ou de baixo. (equivalente à projeção em π_1).
6 – Vista posterior ou de trás. (equivalente à projeção em π'_1).

Deve ser observado que, devido à forma do rebatimento a vista superior fica embaixo, a Inferior encima, a lateral esquerda fica na direita e a lateral direita fica na esquerda. Na prática do desenho técnico projetivo não são representados os planos, nem as linhas de projeção tracejadas, e as seis vistas ficam como mostradas na figura a seguir.

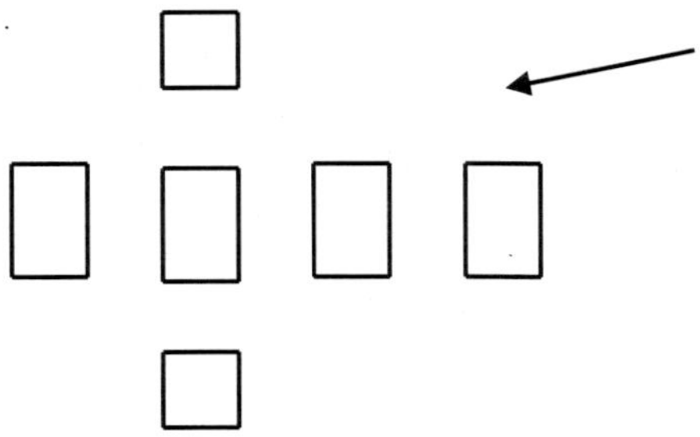

Como as seis vistas ortográficas seguem uma posição conceitual, não há necessidade de se escrever o nome de cada uma.

As seis vistas ortográficas de um prisma de base quadrada no 1^0 diedro

7.3 Exercícios resolvidos

7.3.1) Fazer as seis vistas ortográficas da peça a seguir (considerando o 1^0 diedro), em função da face escolhida como vista de frente ou projeção em π':

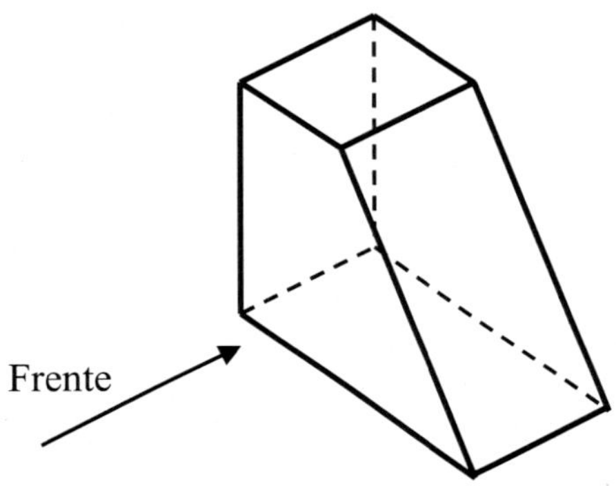

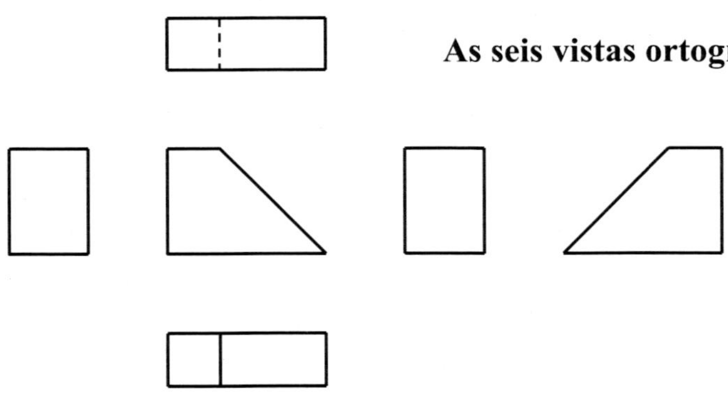

As seis vistas ortográficas de uma peça no 1^0 diedro

Como a representação gráfica das seis vistas ortográficas no 1^0 diedro segue um conceito teórico e universal, qualquer profissional que o conheça sabe identificar as vistas, mesmo não sendo descritas, bastando apenas observar a posição de cada vista. A maioria das peças, especialmente na Engenharia Mecânica, são representadas no máximo com as três seguintes vistas: de frente, superior e lateral direita (que vêm das projeções em π, π' e π''), sendo comum apenas o uso de duas destas vistas. Além deste conceito o desenho técnico projetivo segue uma série de regras e critérios, bem como de especificidades de cada área profissional como, por exemplo, a indicação das medidas das arestas. Por exemplo, peças mecânicas são desenhadas com detalhes diferentes de uma planta baixa da construção civil e arquitetura.

7.3.2) Apenas como um simples exemplo, a figura a seguir mostra as vistas de frente e lateral esquerda de uma peça representada na visão espacial ou tridimensional. Na prática escolhe-se como vista de frente a face da peça que apresenta as maiores dimensões e o maior número de detalhes vistos em verdadeira grandeza e diretamente. Isto evita a representação de muitas linhas tracejadas na vista de frente.

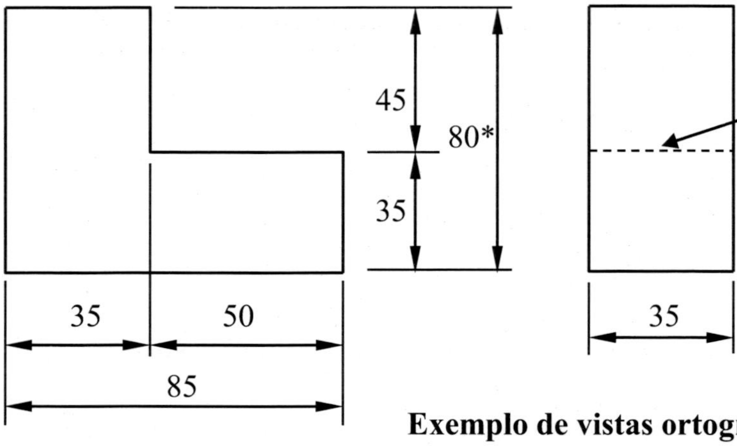

Arestas não visíveis diretamente são representadas com linhas tracejadas.

*As medidas mostradas, são chamadas cotas, e têm toda uma forma de serem representadas, conforme as normas e regras da Associação Brasileira de Normas Técnicas – ABNT.

Exemplo de vistas ortográficas de uma peça simples

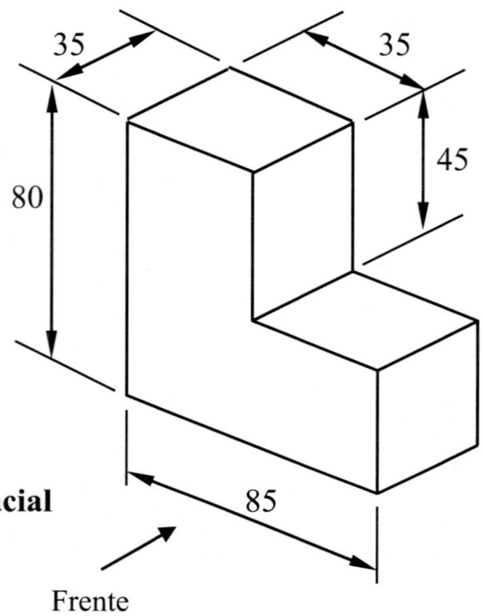

Visão espacial

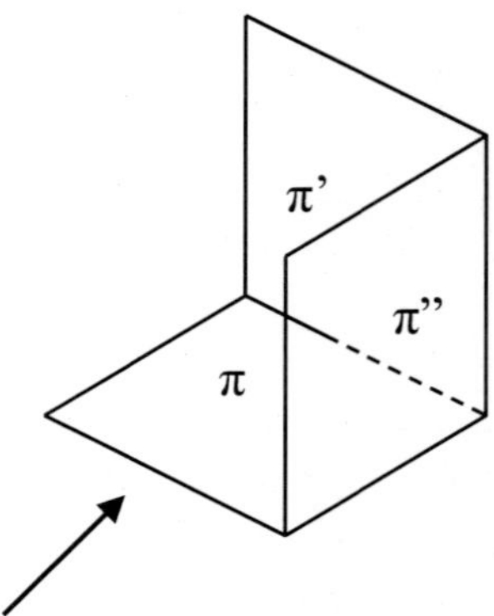

Com esta escolha da vista de frente, a posição equivalente dos planos no 1^0 triedro fica desta forma.

Esta foi a face escolhida como vista de frente ou a projeção em π'.

7.3.3) Faça as seis vistas ortogonais (sem medidas) das seguintes peças (considerando o 1^0 diedro)

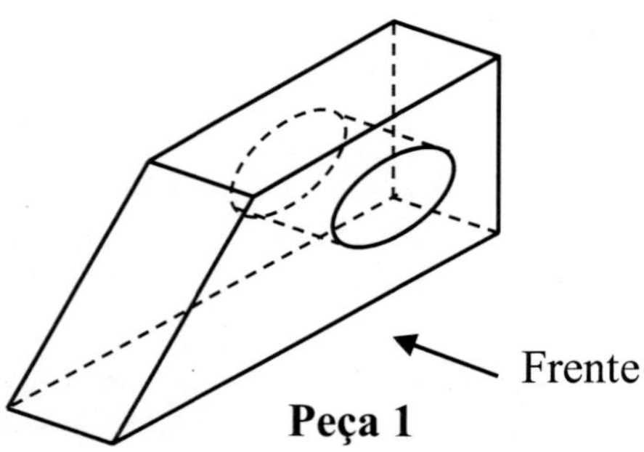

Peça 1

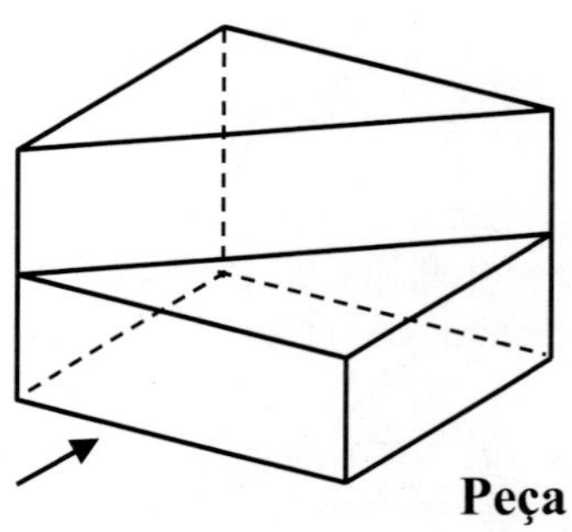

Peça 2

As seis vistas da Peça 1 (considerando o 1^0 diedro)

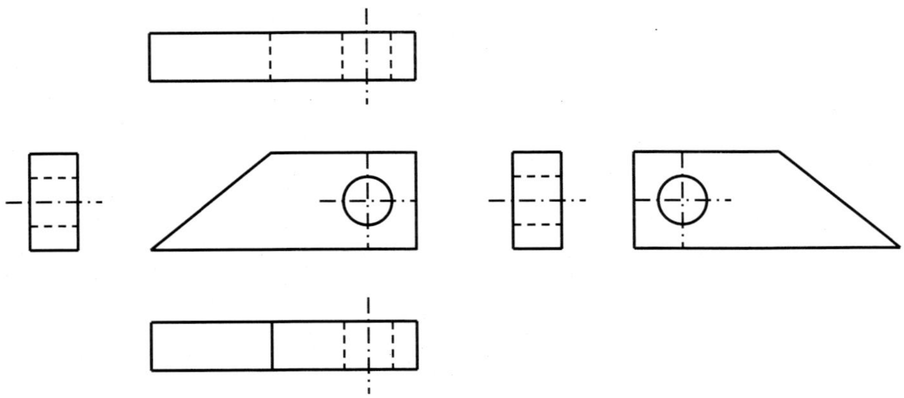

As seis vistas da Peça 2 (considerando o 1^0 diedro)

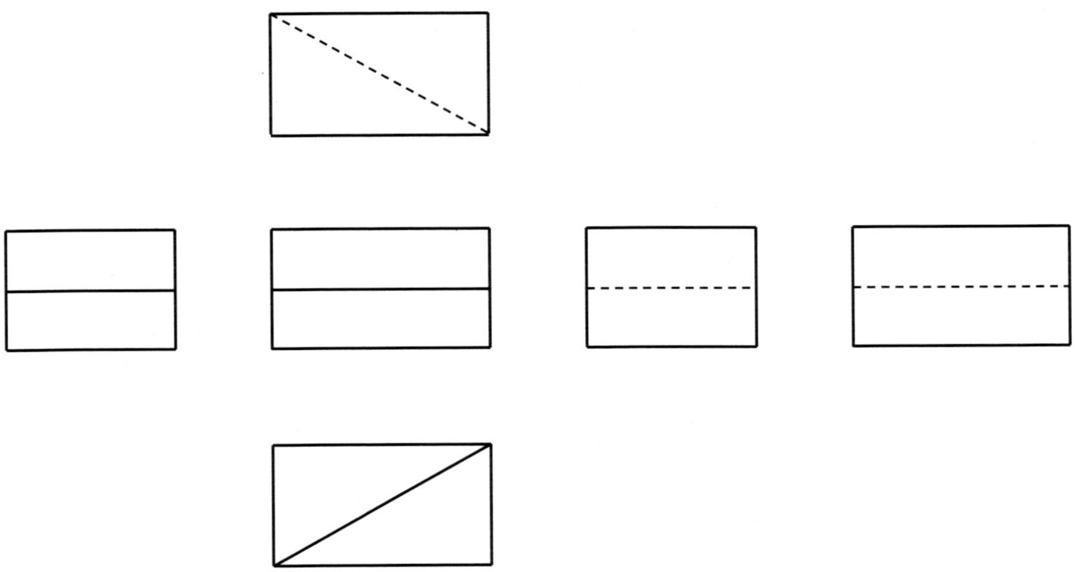

7.4 A rotação ou rebatimento dos planos do hexaedro básico (considerando o 3^0 diedro)

No Brasil os desenhos técnicos projetivos são feitos considerando-se o objeto ou peça no 1^0 diedro, mas em alguns outros países, como por exemplo, os EUA, trabalha-se no 3^0 diedro. Como é normal a importação de máquinas e objetos destes países, é normal que na prática brasileiros tenham que interpretar desenhos feitos no 3^0 diedro, ou seja, temos que saber também esta particularidade, que é fácil.

As diferenças entre a forma de projetar nos 1^0 e 3^0 diedros, está relacionada à forma como se situam o observador, o objeto a ser projetado e o plano de projeção. Os parágrafos e figuras a seguir, mostram as diferenças, tanto com a projeção de um poliedro, quanto com a conceituação teórica. Essas diferenças estão relacionadas, tanto à cultura, quanto à forma de se ver as coisas, ou seja, pontos de vistas diferentes.

7.4.1 Exemplo das projeções cilíndricas ortogonais de um poliedro irregular, em π, π' e π'', considerando o 1º diedro

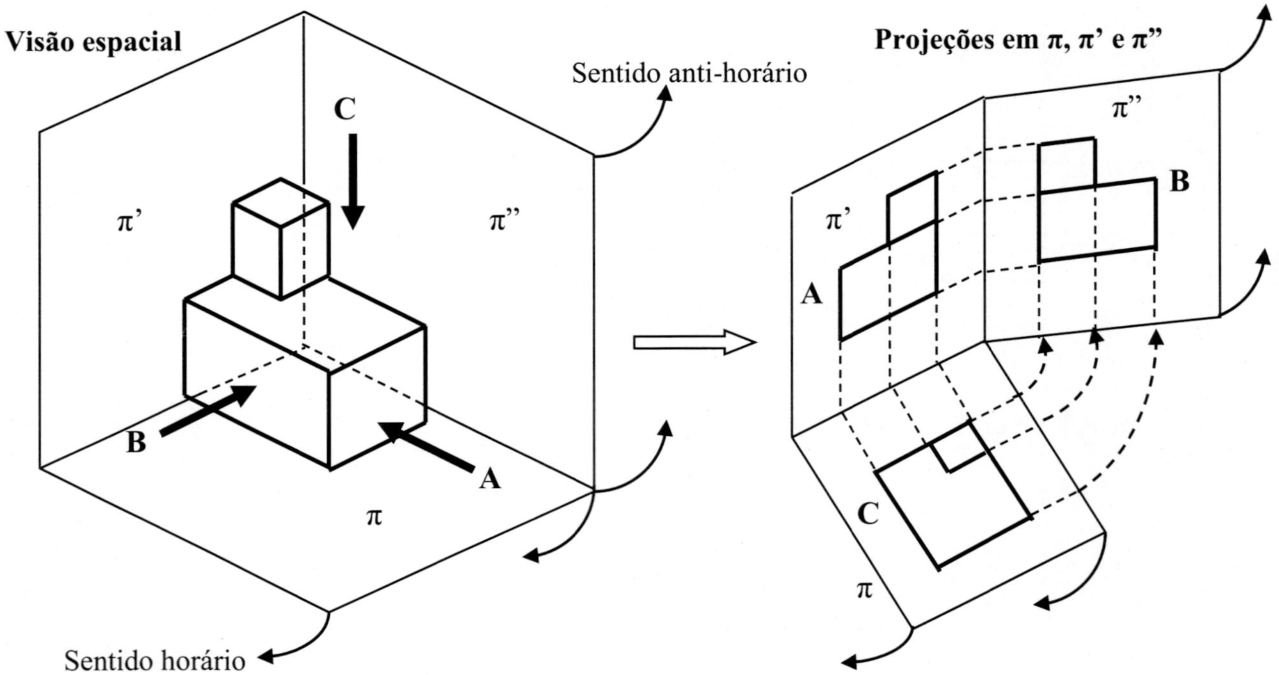

O plano horizontal π gira, no sentido horário, o plano vertical π' fica fixo e o plano de perfil π'' gira no sentido anti-horário.
Na prática do desenho técnico projetivo, considerando o 1º diedro, a projeção em π' é chamada vista de frente ou vista frontal ou vista anterior. A projeção em π é chamada vista superior ou vista de cima ou vista em planta ou simplesmente planta. A projeção em π'' é chamada vista lateral esquerda ou vista de perfil.

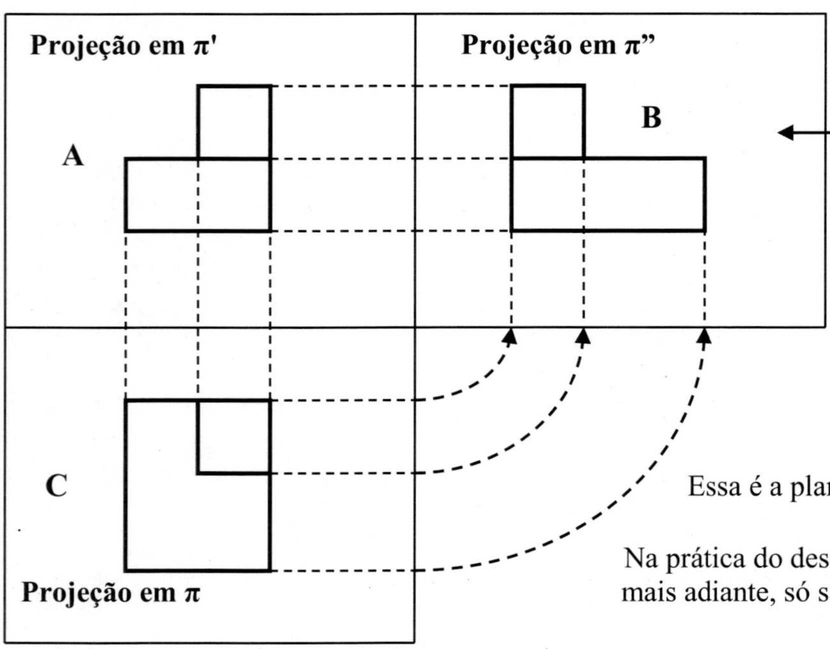

Plano horizontal π gira para baixo, no sentido horário, e o plano de perfil π'' gira para a direita, no sentido anti-horário, deixando a planificação ou épura da forma mostrada.

Essa é a planificação ou épura das projeções.

Na prática do desenho técnico projetivo, como visto mais adiante, só são desenhadas as arestas do objeto.

7.4.2 O terceiro plano de projeção ou plano de perfil π" (Pi duas linhas), considerando o 3^0 diedro. Exemplo das projeções cilíndricas ortogonais de um poliedro irregular, em π, π' e π"

O plano horizontal π gira, no sentido horário (para cima), o plano vertical π' fica fixo e o plano de perfil π" gira no sentido anti-horário. O plano de perfil π" fica à direita do observador em A.

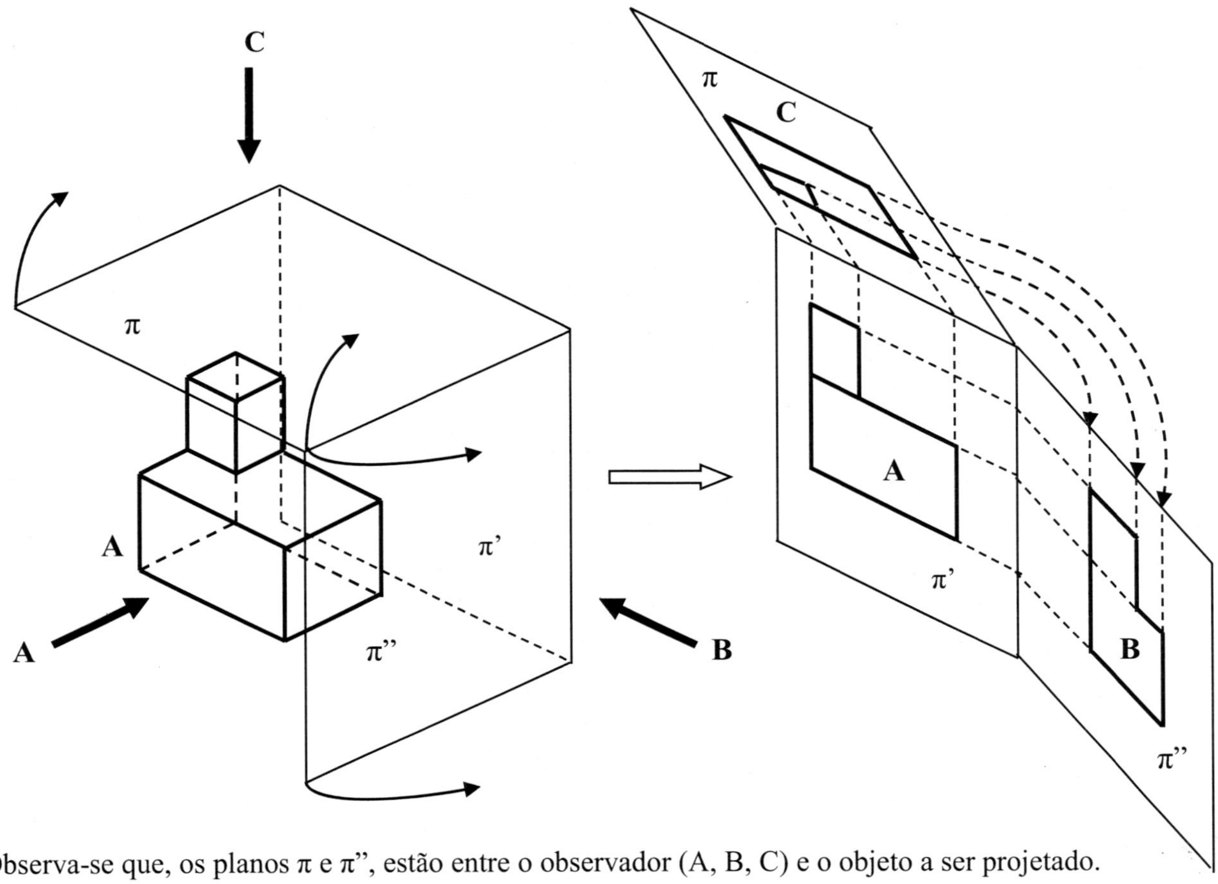

Observa-se que, os planos π e π", estão entre o observador (A, B, C) e o objeto a ser projetado.

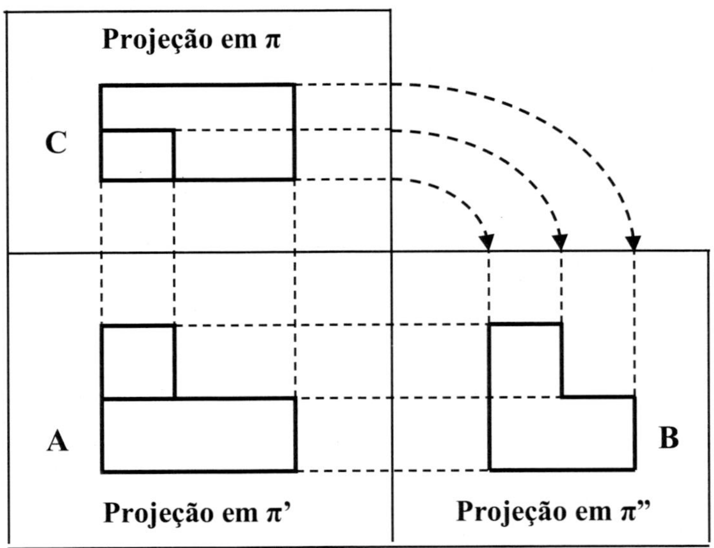

Plano horizontal π gira para cima, no sentido horário, e o plano de perfil π" gira para a direita, no sentido anti-horário, deixando a planificação ou épura da forma mostrada.

7.4.3 Conceituação teórica das projeções nos 1º e 3º diedros

As diferenças entre a forma de projetar nos 1^0 e 3^0 diedros, está relacionada à forma como se situam o observador, o objeto a ser projetado e o plano de projeção. As figuras a seguir, mostram estas diferenças.

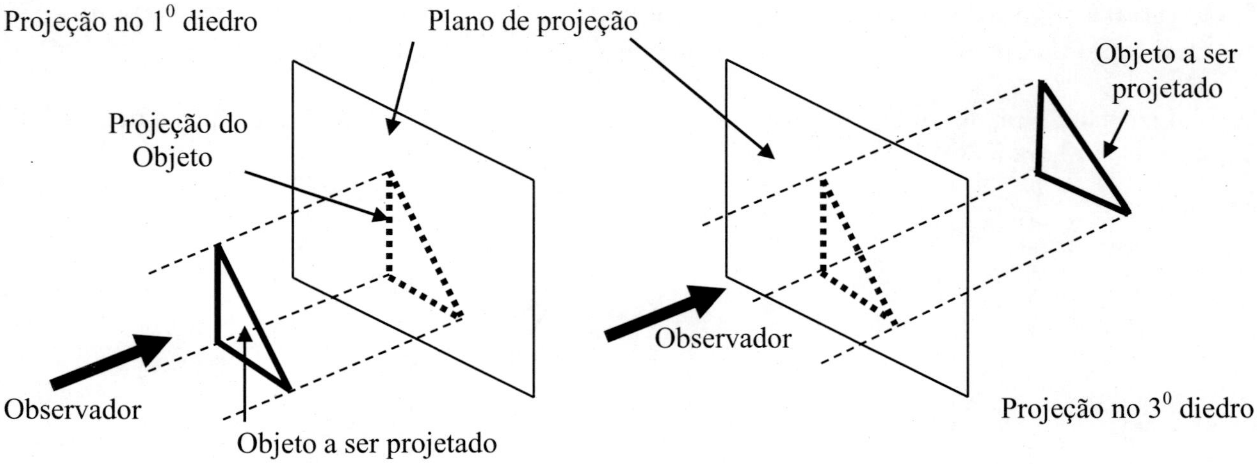

No 1º diedro, o objeto está entre o observador e o plano de projeção. No 3º diedro, a projeção está entre o observador e o plano de projeção.

O hexaedro básico no 3^0 diedro

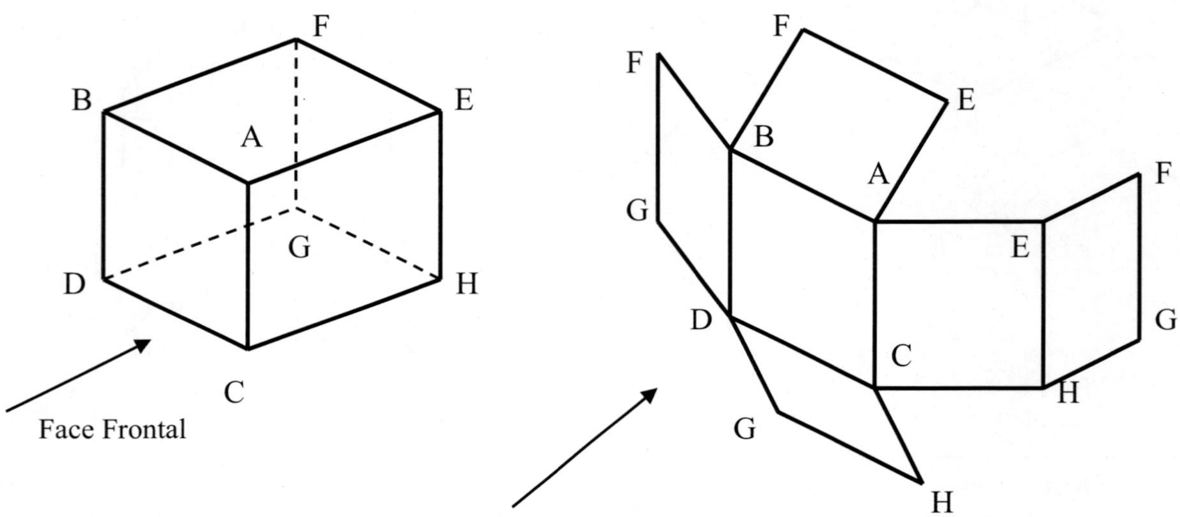

A planificação do hexaedro básico no 3^0 diedro

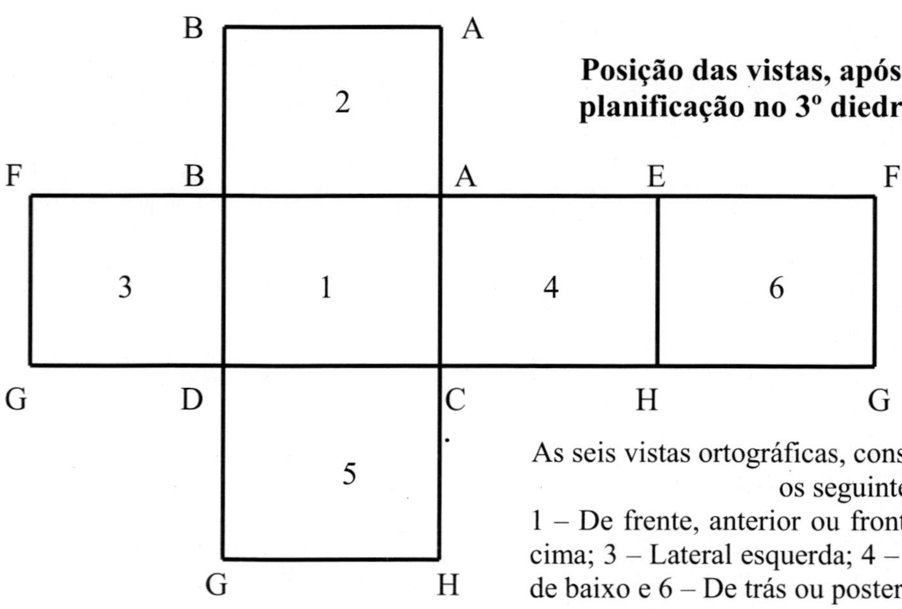

Posição das vistas, após a planificação no 3º diedro.

As seis vistas ortográficas, considerando o 3^0 diedro, recebem os seguintes nomes:
1 – De frente, anterior ou frontal; 2 – Superior, planta ou de cima; 3 – Lateral esquerda; 4 – Lateral direita; 5 – Inferior ou de baixo e 6 – De trás ou posterior.

7.5 Exercícios resolvidos

7.5.1) Fazer as seis vistas ortográficas da peça a seguir (considerando o 3^0 diedro):

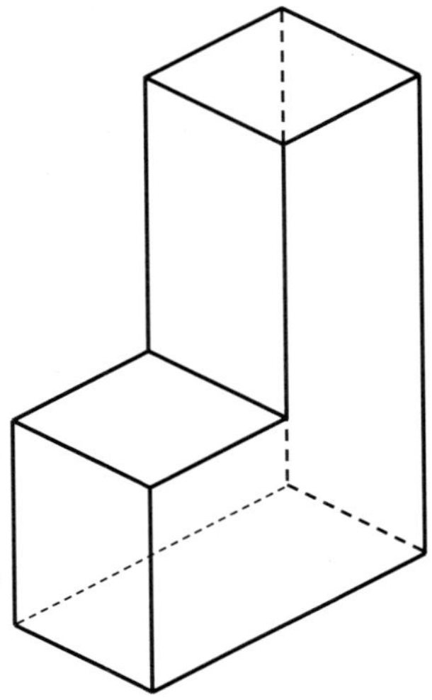

Visão espacial

Frontal

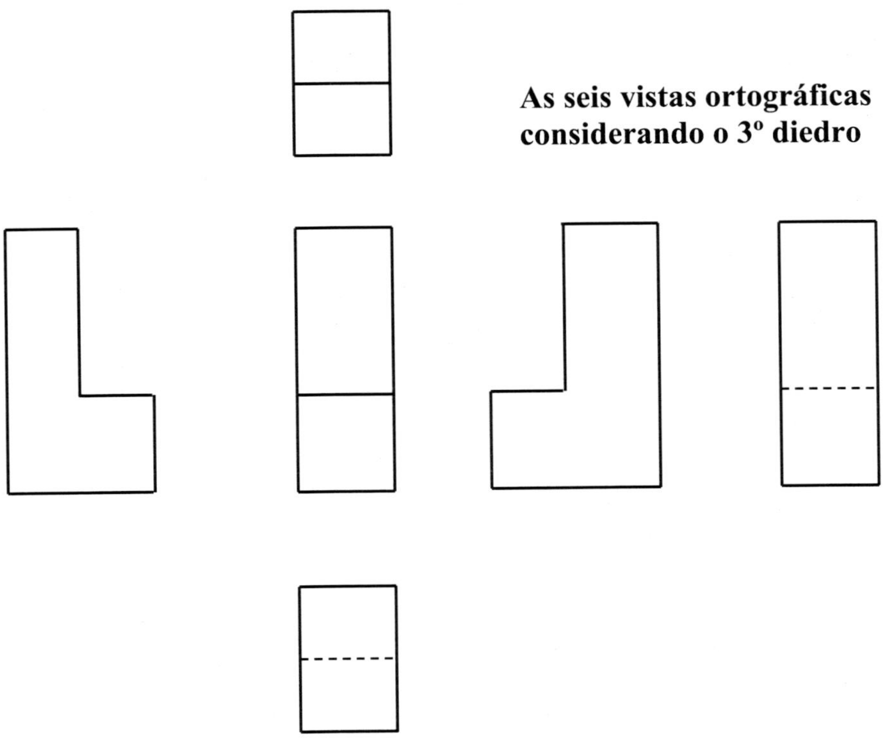

As seis vistas ortográficas considerando o 3º diedro

7.5.2) A) Fazer as seis vistas ortográficas do objeto, a seguir, considerando o 3^0 diedro.

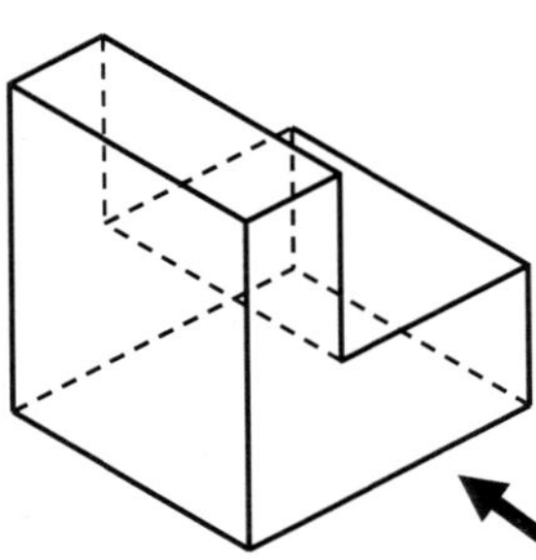

Frente

As seis vistas ortográficas considerando o 3° diedro

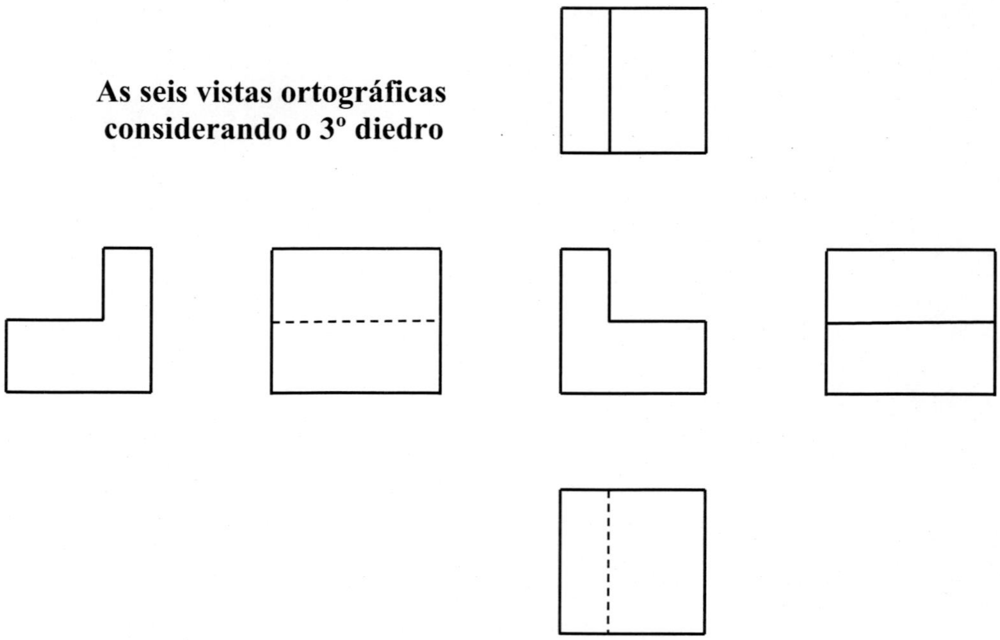

7.6 Exercício proposto (veja soluções e respostas no Apêndice A)

Representar a peça abaixo nas seis vistas ortogonais ou ortográficas: A) No 1^0 diedro e B) No 3^0 diedro.

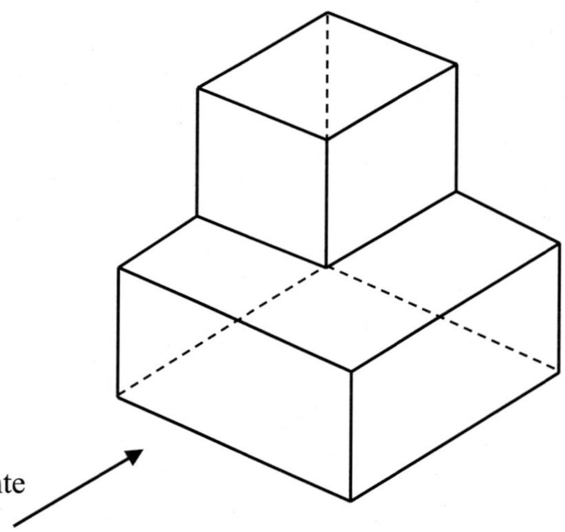

Capítulo 8

Introdução à representação gráfica espacial usando as perspectivas: cônica, cavaleira, isométrica, dimétrica e anisométrica ou trimétrica

A palavra perspectiva vem do latim *perspicere* e significa “ver através de”. Embora desde a Grécia antiga artistas já desenhassem expressando a ideia de volume e profundidade, foi a partir da conceituação da perspectiva cônica, em 1413, que outros tipos de perspectivas foram sendo desenvolvidas..
Do ponto de vista da aplicação no desenho técnico projetivo, existem dois tipos de perspectivas: a cônica e a cilíndrica axonométrica* com as seguintes classificações:

(* Axonometria: *axon* = eixo e *metreo* = medida)

- Perspectivas
  - Cônica
    - Com 1 ponto de fuga
    - Com 2 pontos de fuga
    - Com 3 pontos de fuga
  - Cilíndrica Axonométrica
    - Oblíqua
      - Militar
      - Cavaleira
    - Ortogonal
      - Isométrica
      - Dimétrica
      - Anisométrica ou trimétrica

Para os objetivos deste livro, como base conceitual do desenho técnico projetivo, serão mostrados apenas os seguintes tipos de perspectivas: cônica, cavaleira, Isométrica, dimétrica e anisométrica ou trimétrica.

8.1 A perspectiva cônica

Foi a partir de análises visuais, na busca de soluções geométricas para a construção das cúpulas de catedrais, que os arquitetos italiano Brunelleschi (1377-1446) e León Battista Alberti (1404-1472), criaram o conceito básico da perspectiva cônica. Em 1413 Brunelleschi apresentou um dispositivo chamado perspectógrafo, onde se conseguia desenhar objetos e formas, dando-lhes a ideia de profundidade.

O conceito original da perspectiva cônica

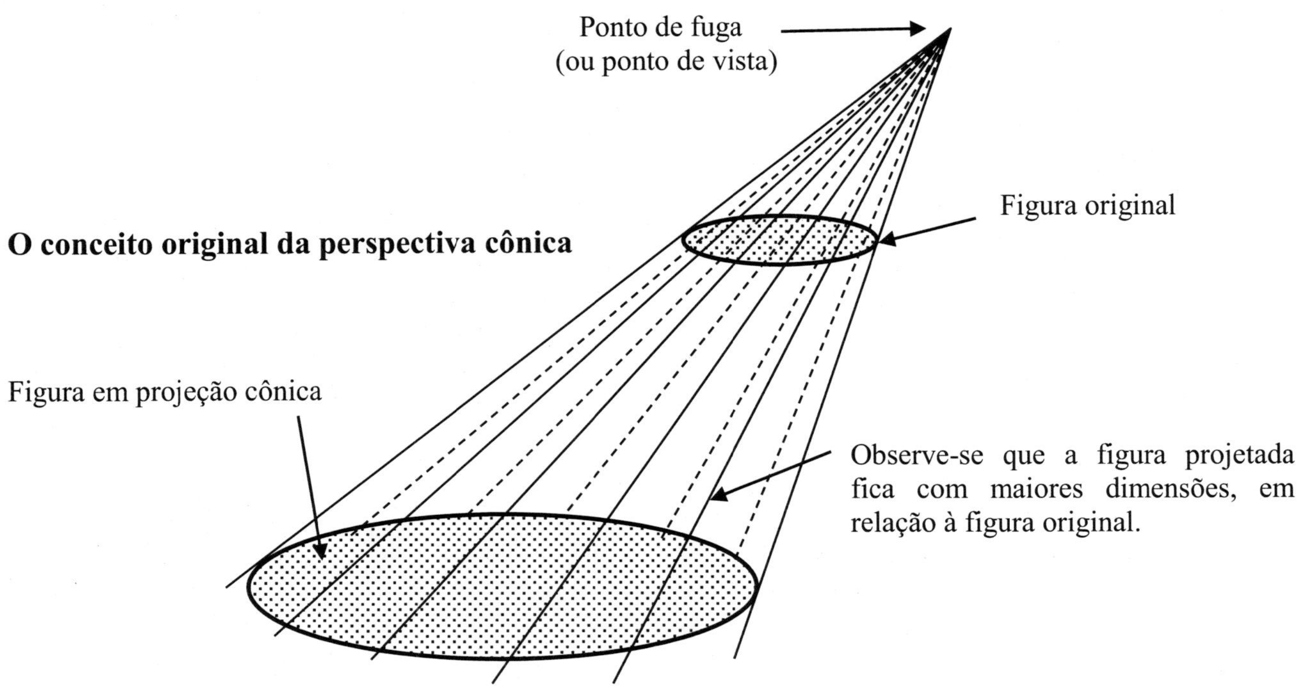

A perspectiva cônica procura desenhar objetos da mesma forma que o olho humano enxerga, ou seja, de forma cônica. Uma simples experiência, que qualquer um pode fazer, e que comprava a visão humana como
A perspectiva cônica procura desenhar objetos da mesma forma que o olho humano enxerga, ou seja, de forma cônica. Uma simples experiência, que qualquer um pode fazer, e que comprava a visão humana como cônica é quando estamos dentro de um extenso corredor, pois apesar das paredes serem paralelas, tem-se a impressão que elas se encontram lá ao fundo, num ponto chamado ponto de fuga. A mesma sensação se tem ao parar no meio dos trilhos de uma ferrovia, tem-se a impressão que os trilhos se encontram lá longe. A figura a seguir mostra o conceito da perspectiva cônica aplicada a uma elipse.
A perspectiva cônica é um excelente recurso visual, transformando imagens planas e abstratas do desenho técnico projetivo, só entendido por alguns poucos, em imagens tridimensionais facilmente percebível por qualquer pessoa. Os arquitetos são os profissionais que mais a utilizam. Programas de computação gráfica já permitem esta visualização, inclusive com movimentação da imagem. Em 2021 era normal a pessoa ir visitar um escritório de vendas de um novo lançamento imobiliário e mesmo sem nada construído, já era possível ver-se em tela ou com óculos de realidade virtual, todo um apartamento decorado e visitando cômodo por cômodo, como se a pessoa estive andando fisicamente em um imóvel já pronto.

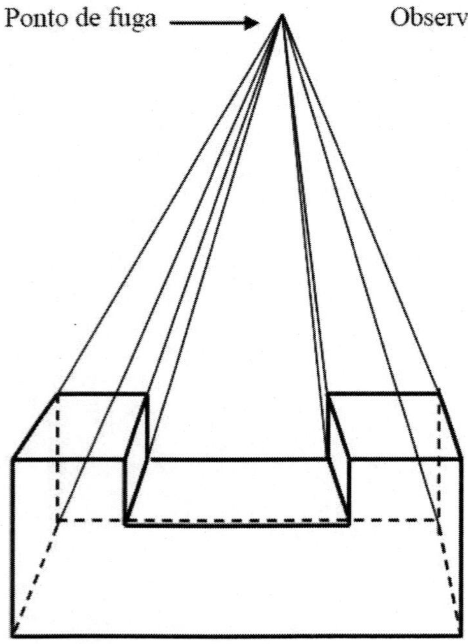

Observe-se o efeito de profundidade que esta perspectiva proporciona.

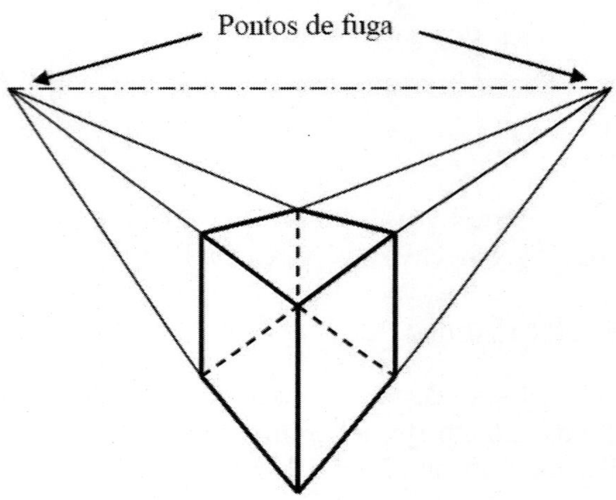

Um hexaedro em perspectiva cônica (com dois pontos de fuga)

Um objeto poliédrico em perspectiva cônica (com um ponto de fuga)
Observa-se que a perspectiva cônica produz uma imagem que dá uma nítida ideia de volume e profundidade, conferindo beleza a linhas geométricas.

8.2 A perspectiva cavaleira

Utiliza a projeção cilíndrica oblíqua, causando uma deformação no objeto representado, sendo que uma das faces (a de frente) é paralela ao plano de projeção, ou seja, representada em verdadeira grandeza.

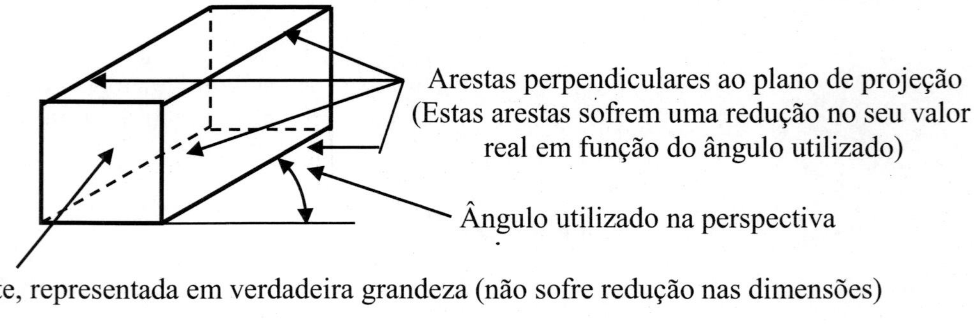

Face de frente, representada em verdadeira grandeza (não sofre redução nas dimensões)

Em princípio, pode ser utilizado qualquer valor de ângulo, mas na prática são utilizados 30^0, 45^0 e 60^0. Para cada valor de ângulo é calculado um fator K de redução das arestas paralelas ao plano de projeção. K é a relação entre a aresta reduzida e a aresta real:

$$K = \frac{\text{Aresta reduzida}}{\text{Aresta real}}$$

Na prática temos os seguintes valores:

- K = 2 / 3 para ângulo de 30^0
- K = 1 / 2 para ângulo de 45^0
- K = 1 / 3 para ângulo de 60^0

O objeto também pode ser desenhado com a noção de profundidade da direita para a esquerda.

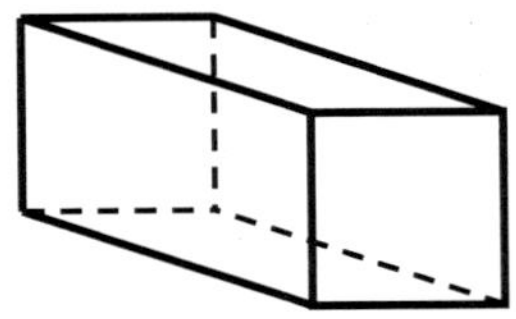

Quanto maior o ângulo utilizado "menores" ficam as arestas perpendiculares ao plano de projeção. A figura a seguir mostra o mesmo prisma, ou seja, com as mesmas dimensões, porém com ângulos diferentes. Observa-se o efeito espacial, que torna o desenho harmonioso e equilibrado. Tem-se a impressão que o objeto está se "escondendo", à medida que o ângulo aumenta.

K = 2 / 3 K = 1 / 2 K = 1 / 3

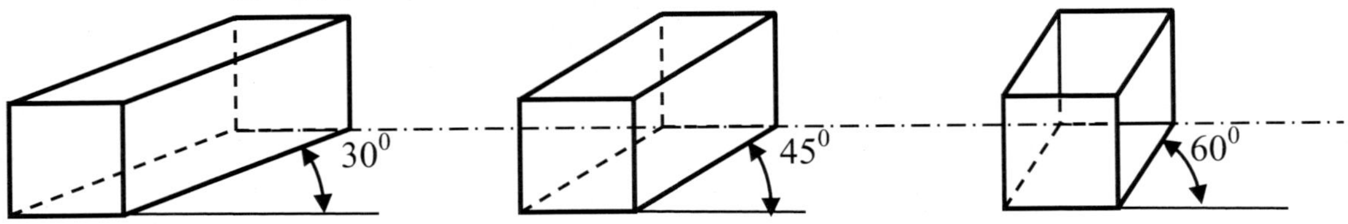

A seguir veja-se como ficaria o mesmo prisma, fazendo a perspectiva cavaleira a 60^0, mas sem reduzir a dimensão das arestas perpendiculares ao plano de projeção.

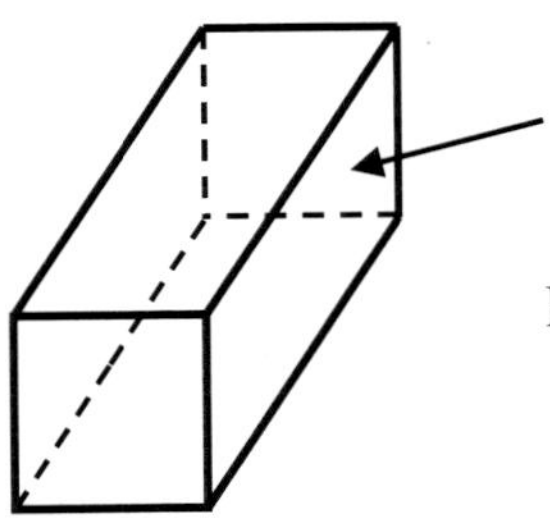

Observa-se que o objeto fica muito "falso" ou não equilibrado, pois ficou "espichado".

Esta imagem tem um melhor aspecto visual para o ângulo de 60^0.

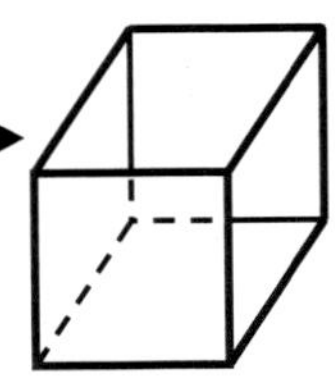

Exemplos de cilindros em perspectiva cavaleira (circunferência nas três faces)

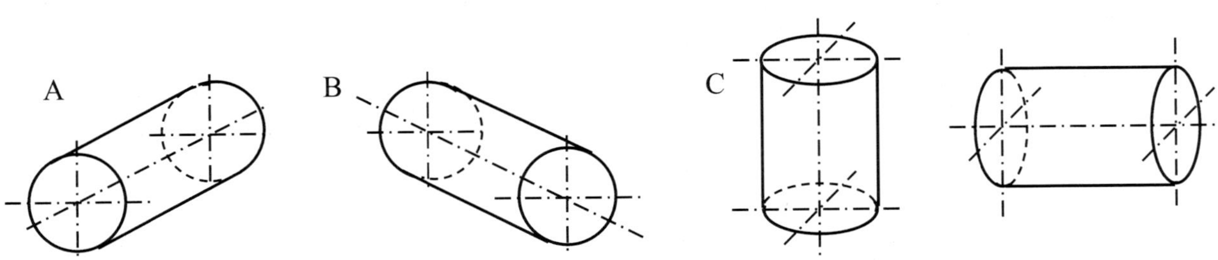

Nas posições A e B, a circunferência aparece em verdadeira grandeza, sem deformação.

Nas posições C e D, a circunferência aparece como uma elipse. Existem métodos geométricos específicos para o seu traçado, como conceituado a seguir.

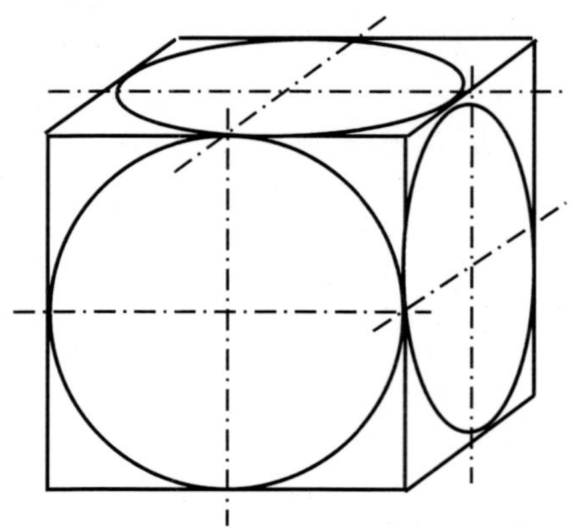

Este é o conceito da construção de circunferências em perspectiva cavaleira, segundo o plano considerado.

8.2.1 Exemplos de perspectivas cavaleiras a 45^0

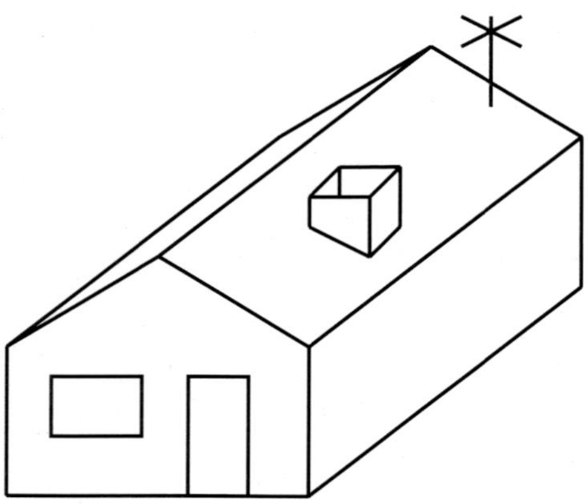

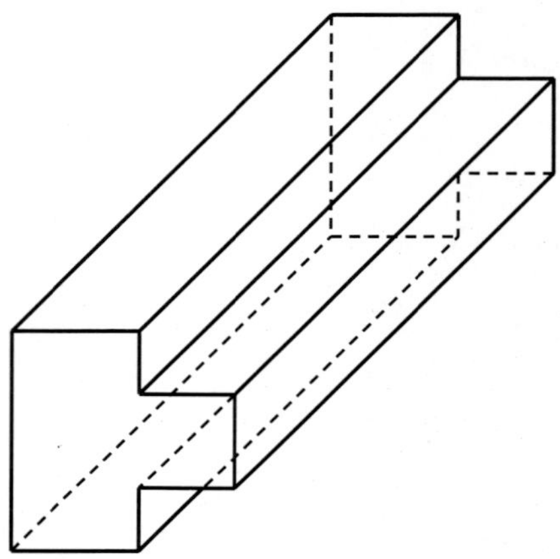

8.3 A perspectiva isométrica

Utiliza a projeção cilíndrica ortogonal, onde as projeções dos três eixos x, y, z, formam entre si ângulos de 120^0. As três faces aparecem de forma inclinada, mostrando alguns detalhes que não são bem visíveis na cavaleira. Teoricamente as três dimensões da Isométrica deveriam sofrer uma redução igual de 0,8, mas na prática não se faz.

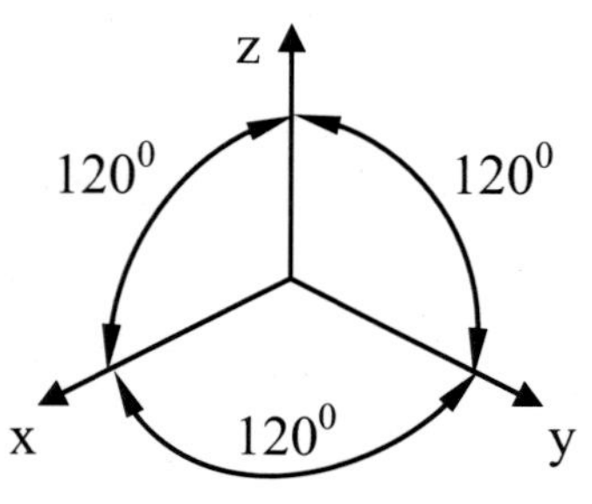

Na prática são traçados ângulos de 30^0 desta maneira

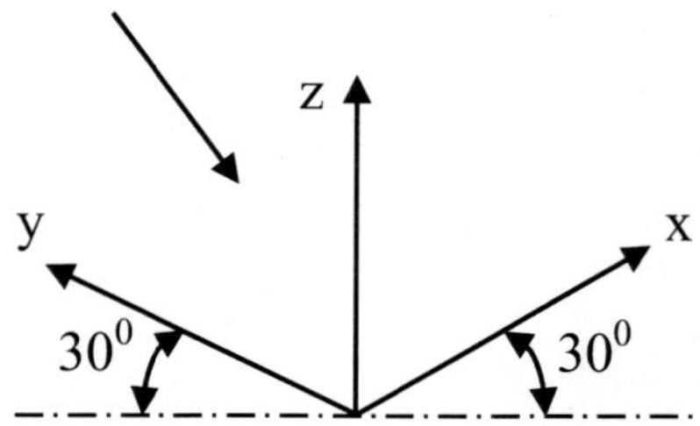

Exemplos de poliedros em perspectiva isométrica

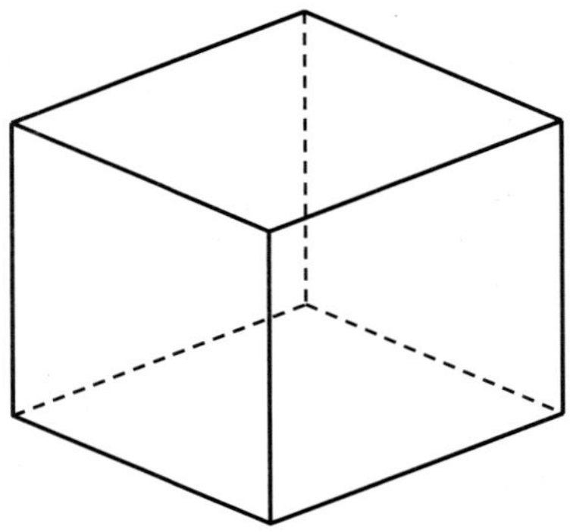

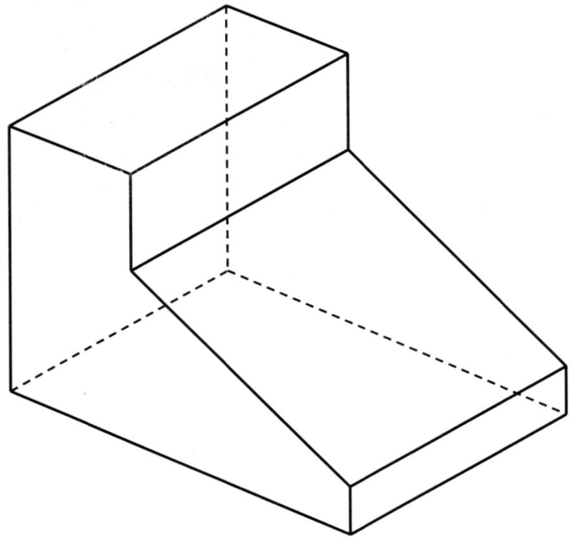

8.3.1 Desenho da perspectiva isométrica de circunferências nas três faces (exemplos de cilindros isométricos)

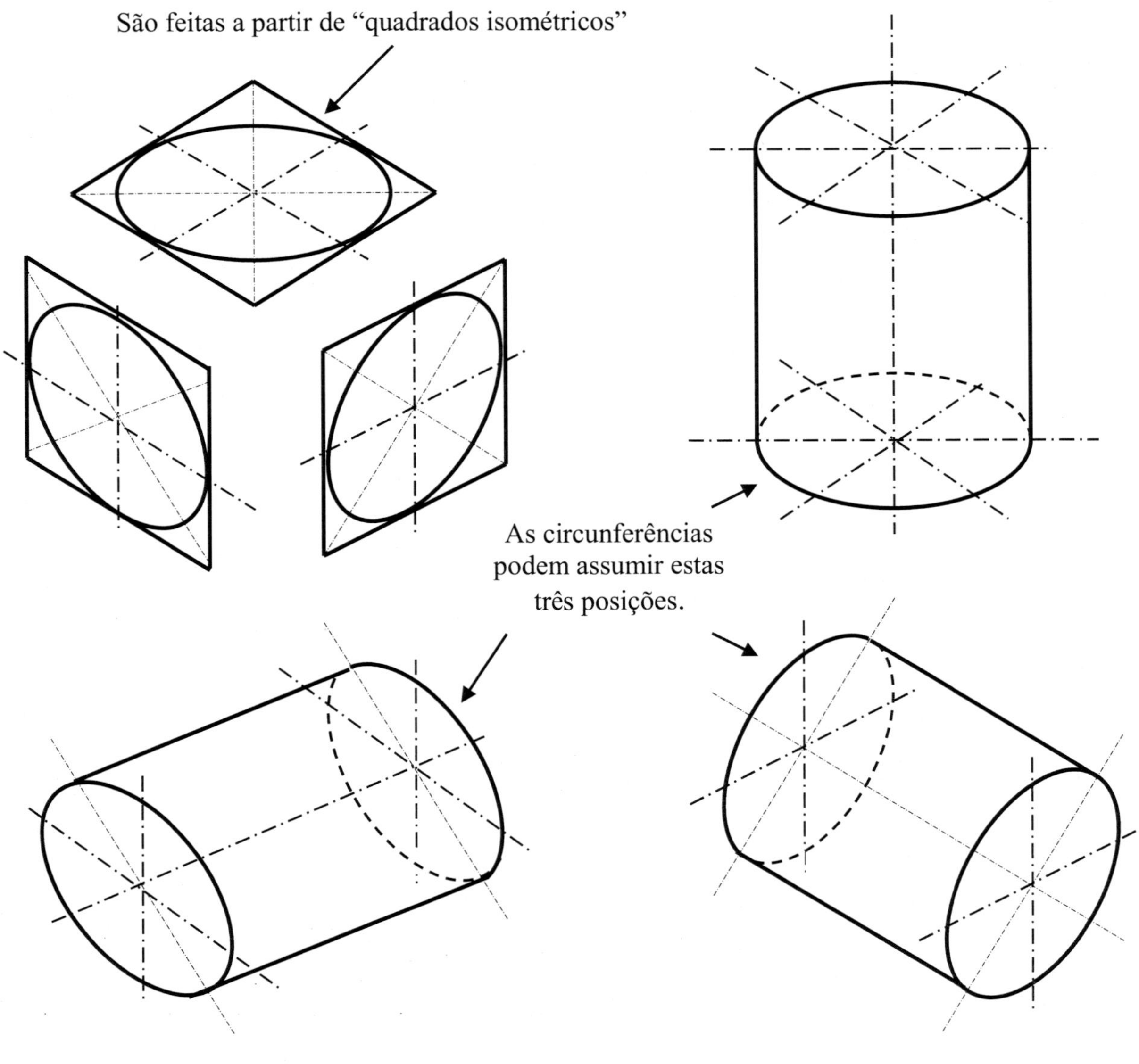

Processo para desenho de uma circunferência em perspectiva isométrica (gerando uma elipse)

1^0 Passo: divido o quadrado isométrico A, B, C, D em 4 partes iguais (mediatrizes) determinando os pontos 1, 2, 3 e 4.

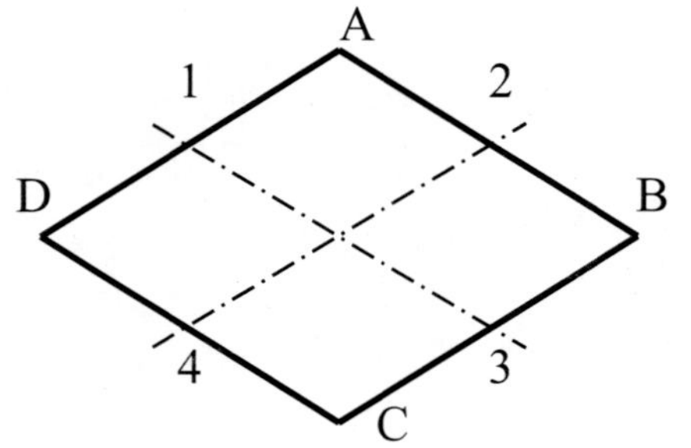

2^0 Passo: pelo ponto C traço retas C1 e C2 . Pelo ponto A traço retas A3 e A4. Ficam determinados os centros 5 e 6.

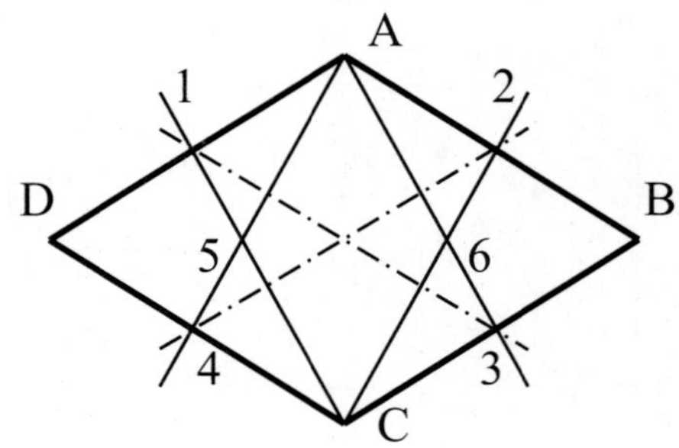

3^0 Passo: com centro em C e raio C1 = C2, traço arco C12.

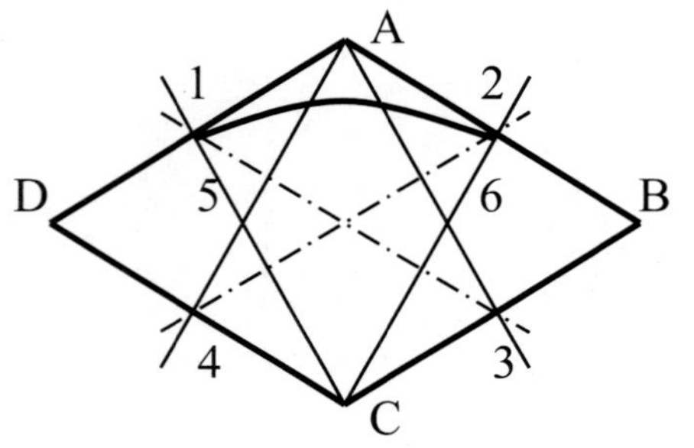

4^0 Passo: com centro em A e raio A3 = A4, traço arco A34.

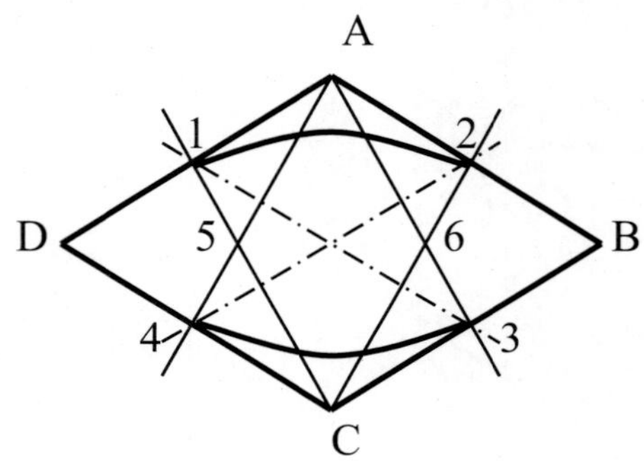

5^0 Passo: com centro em 6 e raio 62 = 63, traço arco 623.

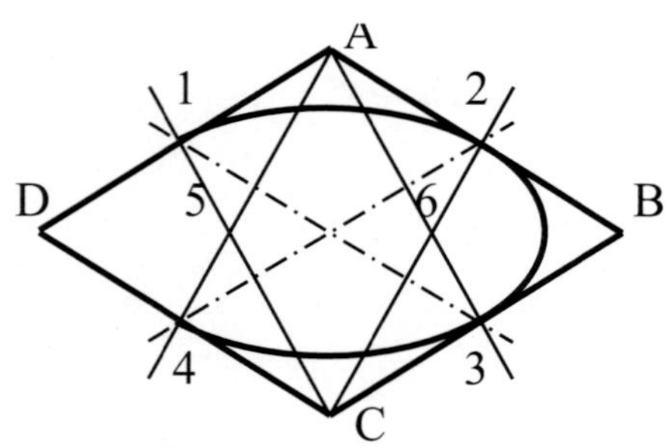

6^0 Passo: com centro em 5 e raio 51 = 54, traço arco 514, fechando a elipse.

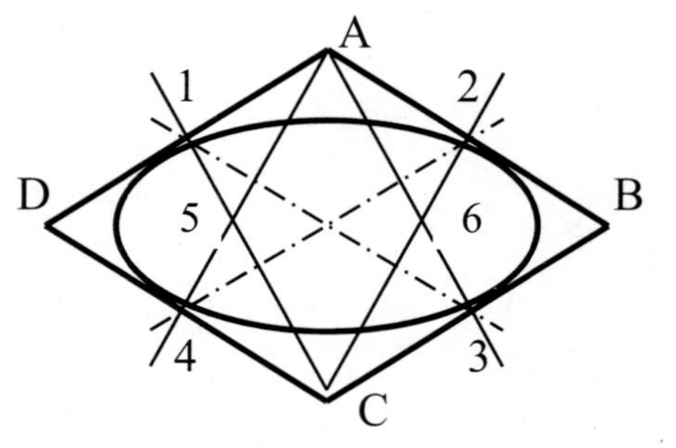

As circunferências nas outras posições (à direita ou à esquerda) seguem os mesmos passos.

8.4 A perspectiva dimétrica

Na dimetria dois eixos possuem ângulos diferentes. Embora teoricamente estes ângulos possam ter valores variáveis, na prática usam-se 7^0 e 42^0, onde a face de 7^0 mantém a dimensão e a de 42^0 é reduzida em 2/3.

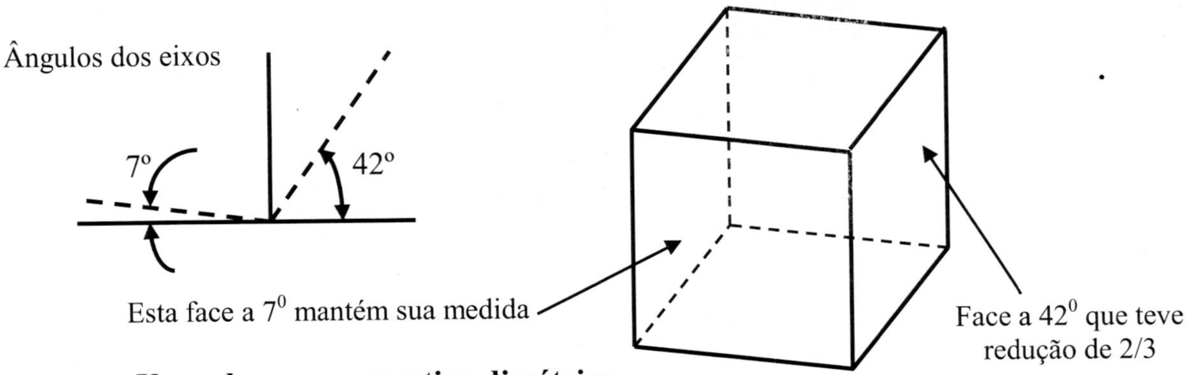

Um cubo em perspectiva dimétrica

8.5 A perspectiva anisométrica (ou trimétrica)

Neste tipo de perspectiva o objeto é representado com inclinações diferentes em relação a cada eixo e as medidas das unidades dos três eixos possuem diferentes escalas ou valores entre si, ou seja, os três eixos sofrem redução. Esta característica torna a trimétrica mais trabalhosa que as demais perspectivas e, portanto, não é muito utilizada (as reduções exigem alguns cálculos trigonométricos). Considerando-se ângulos de 15^0 e 30^0 tem-se reduções de 0,5 e 0,9, conforme mostrado no desenho a seguir de um cubo em perspectiva trimétrica.

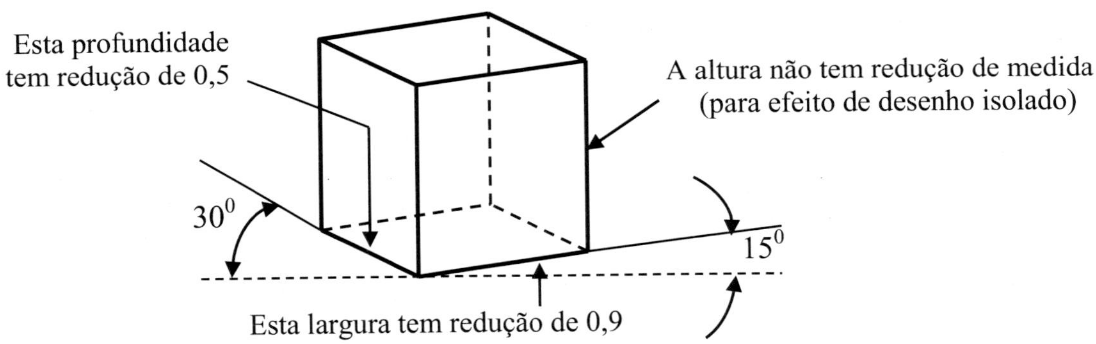

8.6 Comparação entre tipos de perspectivas (considerando o mesmo cubo)

Os desenhos a seguir mostram um cubo, com as mesmas dimensões, representado nas diferentes perspectivas estudadas. A altura da perspectiva trimétrica* foi desenhada com o mesmo valor das demais, mas na prática tem que ser calculado o seu fator de redução.

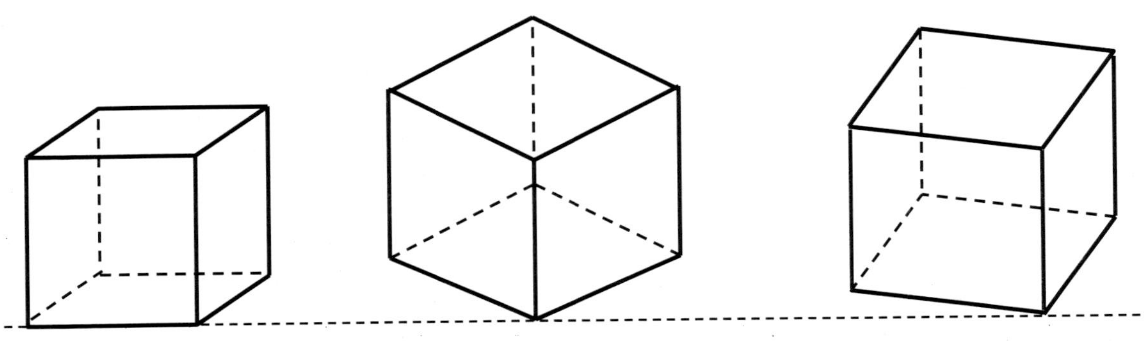

Cavaleira a 45^0 | Isométrica | Dimétrica com ângulos de 7^0 e 42^0

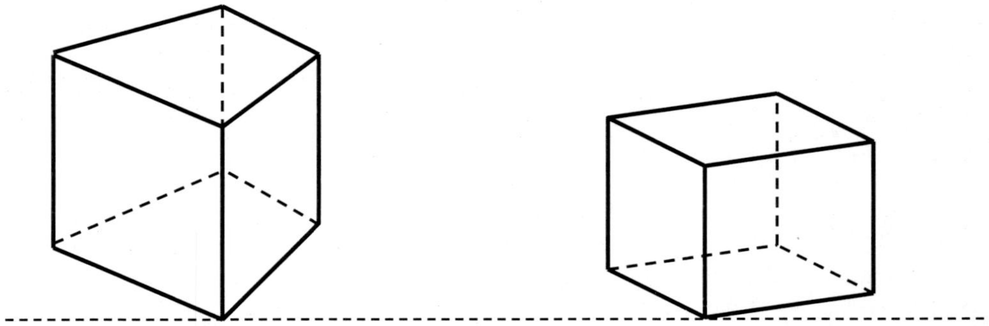

Cônica com 1 ponto de fuga Trimétrica* com ângulos de 15^0 e 30^0

8.7 A perspectiva isométrica e as vistas ortográficas

Assim como uma imagem vale mais do que mil palavras, é mais fácil entender-se um objeto ou peça a partir de sua perspectiva isométrica, do que apenas analisando suas vistas ortográficas. O ideal é que, por maiores que sejam os detalhes mostrados nas vistas do desenho técnico projetivo, seja mostrada uma imagem do objeto ou peça, como um todo, em uma representação espacial ou tridimensional. Com programas de representação gráfica cada vez mais completos, está mais fácil e rápido mostrar uma representação espacial em perspectiva, no desenho técnico da peça ou objeto. Trata-se de entender as coisas do concreto (o desenho em perspectiva) para o abstrato (as vistas ortográficas). Vamos analisar as vistas ortográficas a seguir e compará-las com as imagens de suas perspectivas isométricas.

Vistas ortográficas

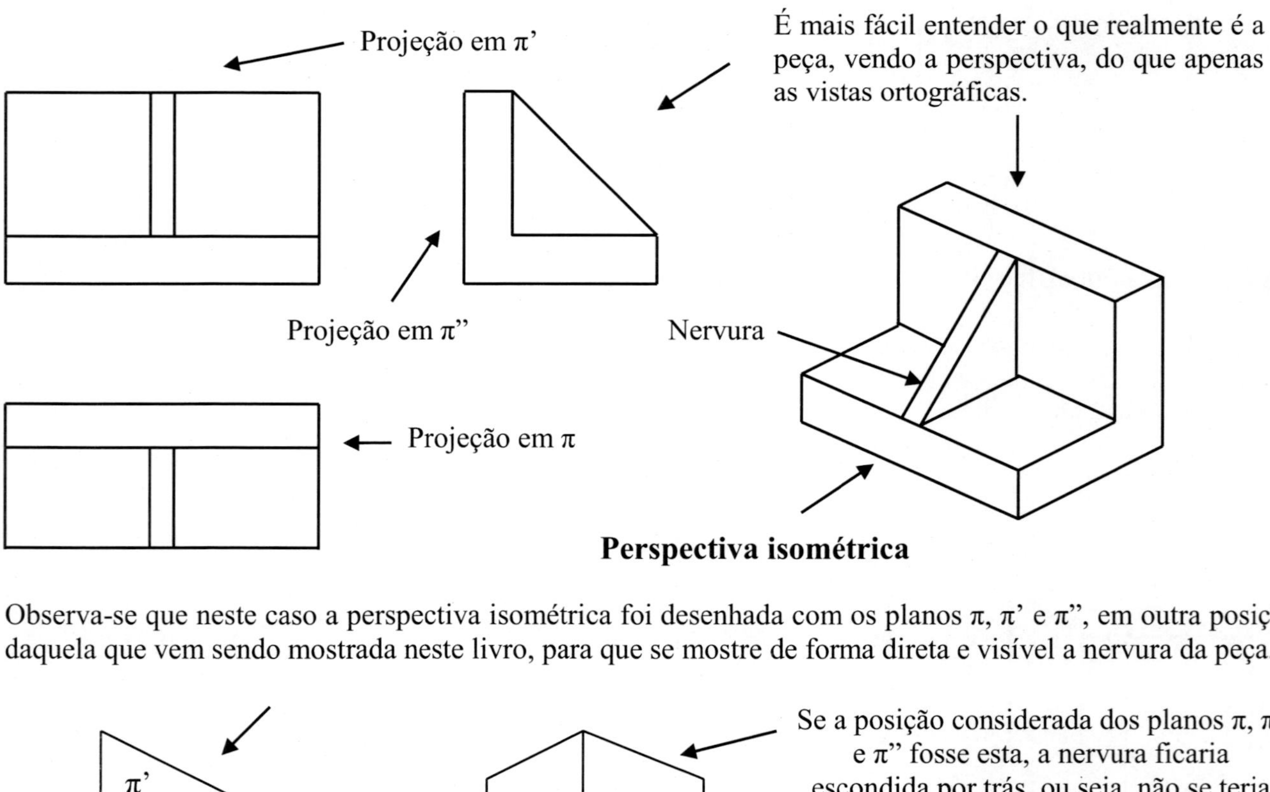

Perspectiva isométrica

Observa-se que neste caso a perspectiva isométrica foi desenhada com os planos π, π' e π'', em outra posição daquela que vem sendo mostrada neste livro, para que se mostre de forma direta e visível a nervura da peça.

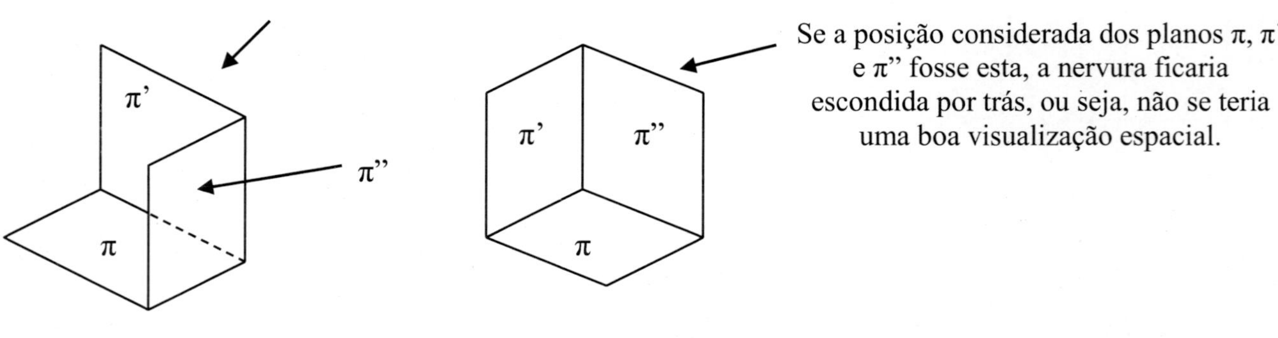

Estas observações mostram que, para a representação gráfica de peças e objetos na forma de desenho técnico projetivo, o estudo das coordenadas cartesianas, projeção de pontos, das retas e dos planos, bem como dos traços de retas e planos, tem como objetivo básico treinar, ou melhor, desenvolver a percepção visual. Para a Arquitetura, a Engenharia e o Desenho Industrial, o grande objetivo do ensino e aprendizagem da geometria descritiva é exatamente este: desenvolver o raciocínio viso-espacial, de forma a se representar em duas dimensões ou imagens planas o que em realidade é tridimensional, ou seja, tem volume.

8.8 Exercícios propostos (veja soluções e respostas no Apêndice A)

8.8.1) A partir das três projeções em π, π' e π'' faça a perspectiva isométrica das peças a seguir.

A) Projeções

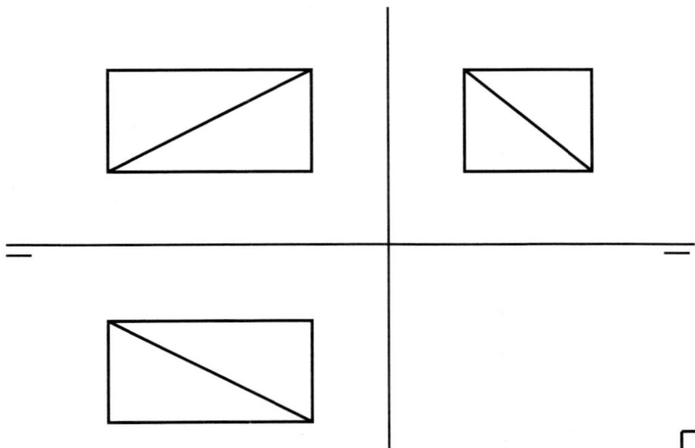

B) Projeções

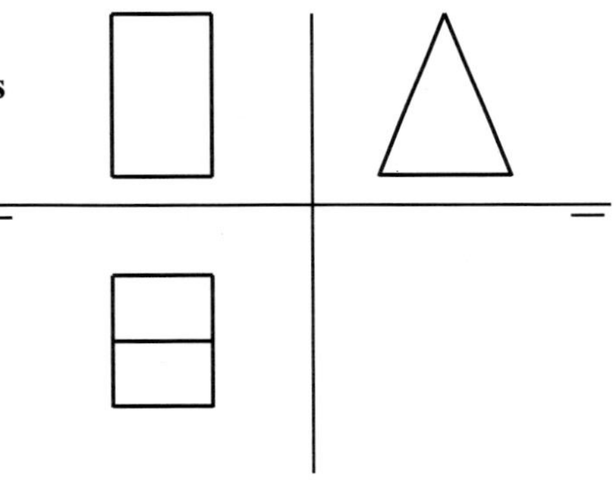

8.8.2) A partir das três projeções em π, π' e π'', da peça a seguir, faça: A) A perspectiva isométrica e B) A perspectiva cavaleira a 45^0.

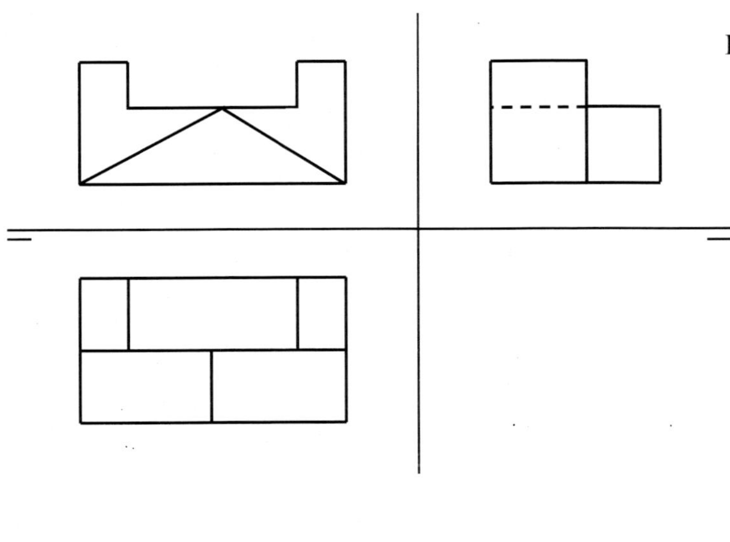

Projeções

8.8.3) Dada a visão espacial de uma peça, fazer as projeções em π, π' e π'' (no 1^0 diedro).

Visão espacial

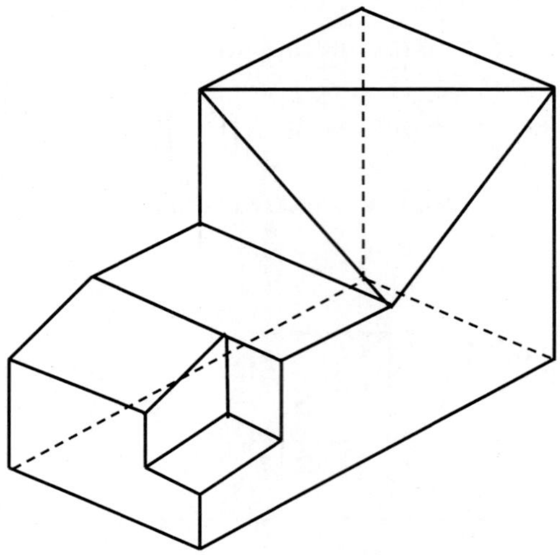

8.8.4) Faça as seis vistas ortográficas das seguintes peças (no 1^0 diedro):

A) Cilindro oco

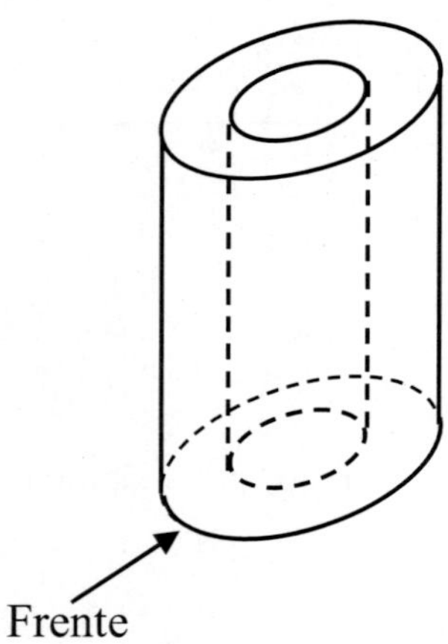

B) Pirâmide oblíqua de base triangular

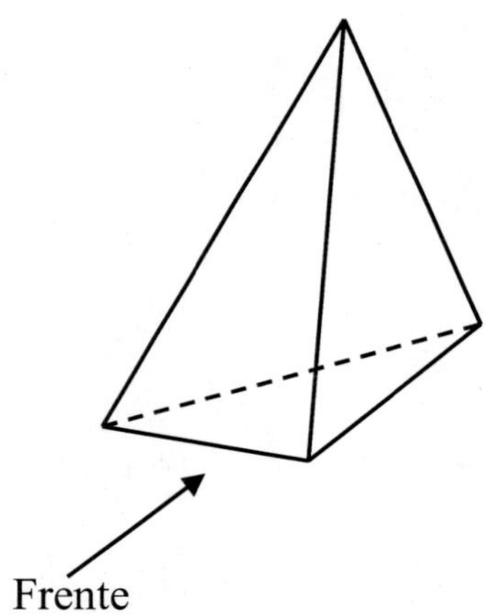

Referências

ABRANTES, José e FILGUEIRAS FILHO, Carleones Amarante. **Desenho Técnico Básico**. Teoria e Prática. Rio de Janeiro: LTC, 2018.

ABRANTES, José e ABRANTES, Lena. **Por que as mulheres são mais inteligentes que os homens?** Rio de Janeiro: WAK, 2009.

ABRANTES, José e GRANADO, Renê Mendes. **Projeto e Engenharia de Produtos**. O *design*, a fabricação de produtos industriais e seus impactos socioambientais. Rio de Janeiro: Ciência Moderna 2020.

ANTUNES, Celso. **As Inteligências Múltiplas e seus estímulos**. 6. ed, Papirus, Campinas, SP, 2000.

ARMSTRONG, Thomas. **Inteligências Múltiplas na sala de aula**. 2. ed. Tradução de Maria Adriana Veríssimo Veronese. Porto Alegre, RGS: Artmed, 2001.

CAMPBELL, Linda, CAMPBELL, Bruce e DICKINSON, Dee. **Ensino e aprendizagem por meio das Inteligências Múltiplas**. Tradução de Magda França Lopes. 2. ed, ArtMed, Porto Alegre, RS, 2000.

GARDNER, Howard. **Estruturas da mente**. ArtMed, Porto Alegre, RS, 1994.

JANUÁRIO, Antônio Jaime. **Desenho Geométrico**. 2.ed. Florianópolis: Editora da UFSC, 2006.

MACHADO, Ardevan. **Geometria Descritiva**. 27.ed. São Paulo: Atual, 1993.

MICELI, Maria Teresa e FERREIRA Patrícia. **Desenho Técnico Básico**. 3.ed. Rio de Janeiro: Imperial Novo Milênio, 2008.

MONTENEGRO, Gildo A. **Desenho de Projetos**. São Paulo: Blücher, 2007.

__________. **Geometria Descritiva**. Vol. 1. 6. reimp. São Paulo: Blücher, 2011.

__________. **A Perspectiva dos Profissionais**. Sombras, Insolação, Anonometria. 2.ed. 1. reimp. São Paulo: Blücher, 2011.

PEREIRA, Aldemar A. **Geometria Descritiva**. Rio de Janeiro: Quartet, 2001.

PINHEIRO, Virgílio Athayde. **Noções de Geometria Descritiva II**. Mudanças, Rotações, Rebatimentos e Problemas Métricos. 9. reimp. Rio de Janeiro: Livro Técnico, 1981.

PRÍNCIPE JUNIOR, Alfredo dos Reis. **Noções de Geometria Descritiva**. Vol. 2. 19.ed. São Paulo: Nobel, 1976.

__________. **Noções de Geometria Descritiva**. Vol. 1. reimp. São Paulo: Nobel, 2012.

PROVENZA, Francesco. **Desenhista de Máquinas**. 47.ed. São Paulo: Editora F. Provenza, 1976.

__________. **Desenho Geométrico**. São Paulo: Editora F. Provenza, 1980.

RABELLO, Paulo Sérgio Brunner. **Geometria Descritiva**. Fundamentos e Operações Básicas. Rio de Janeiro: Ciência Moderna, 2021.

RICCA, Guilherme Gonçalves. **Geometria Descritiva. Método de Monge**. 4.ed. Lisboa: Fundação Calouste Gulbenkian, 2009.

RODRIGUES, Álvaro J. **Geometria Descritiva. Projetividades, curvas e superfícies**. 3.ed. Rio de Janeiro: Ao Livro Técnico, 1960.

SILVA, Arlindo et all. **Desenho Técnico Moderno**. 4.ed. Reimp. Tradução Antônio Eustáquio de Melo Pertence e Ricardo Nicolau Nassar Koury. Rio de Janeiro: LTC, 2010.

WILMER, Celso Braga e PEREIRA, Maria Regina Ferraz. **Geometria para Desenho Industrial**. 2.ed. Rio de Janeiro: Interciência, 1978.

Apêndice A

Resolução dos exercícios propostos em cada capítulo

Capítulo 1: A geometria descritiva, as coordenadas cartesianas, os diedros e o estudo do ponto

1.4.2.1) Considere os pontos (A)(+2;+5;+3) e (B)(-2;-5;-3), considere os 4 diedros e: a) Faça suas representações espaciais; b) Una os pontos e interprete o que acontece; c) Faça a épura dos pontos.

a) e b) Representação espacial, união dos pontos e interpretação:

O observador está sempre nesta posição no 1^0 diedro. É por isto que o ponto (B), que tem abscissa negativa fica nesta posição*, em relação ao 2^0 diedro.

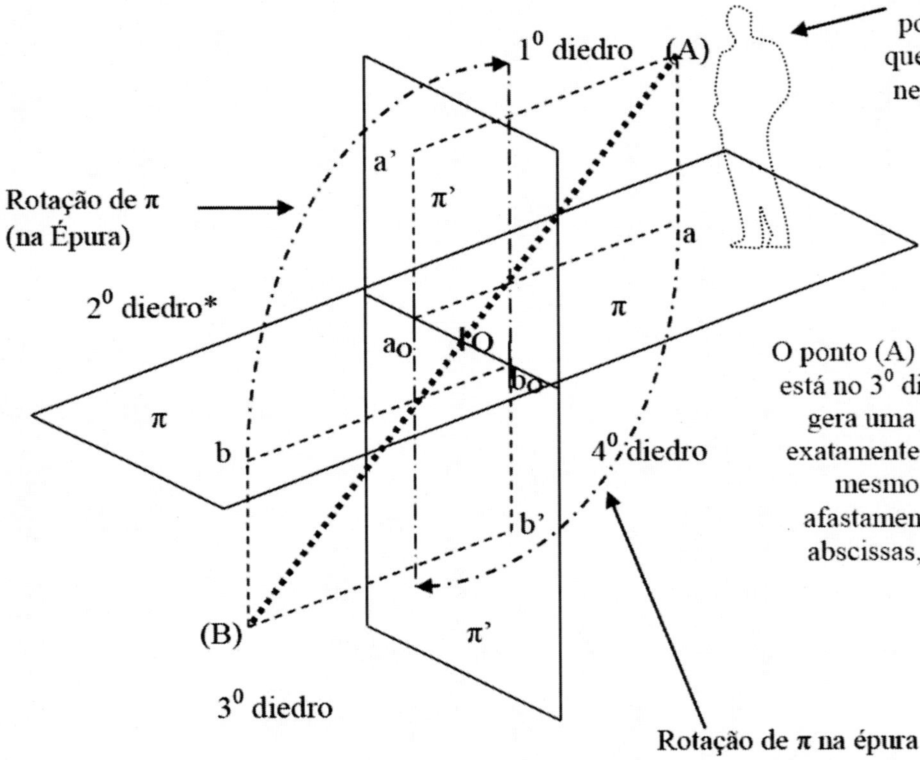

O ponto (A) está no 1^0 diedro e o ponto (B) está no 3^0 diedro. A união dos dois pontos gera uma reta que passa pela Origem, exatamente porque os dois pontos têm os mesmos valores dimensionais de afastamento e cota, bem como de suas abscissas, apenas têm sinais trocados.

c) Épura dos pontos:

Apesar de, à primeira vista, parecer "estranho" esta é a épura dos pontos. Isto aconteceu porque os pontos estão em diedros opostos, ou seja: 1^0 e 3^0 diedros.

Se o leitor observar a representação espacial e imaginar o plano π "subindo" no 3^0 diedro, onde está o ponto (B) e o plano π "descendo" no 1^0 diedro, onde está o ponto (A), consegue perceber porque a épura fica desta forma. A figura espacial a seguir ilustra este movimento.

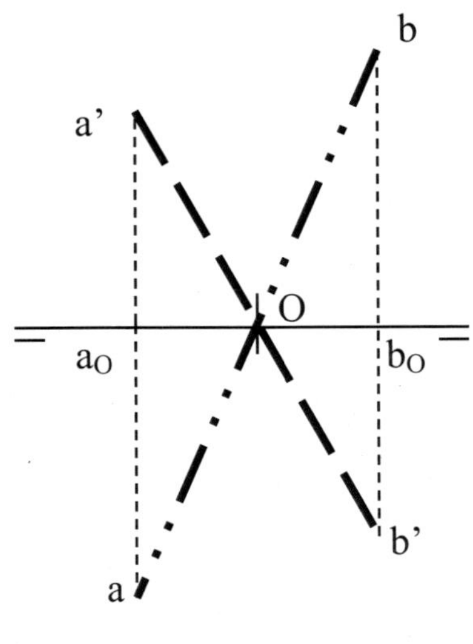

Nova posição da projeção do ponto (B) no plano π’, quando este gira e “sobe”

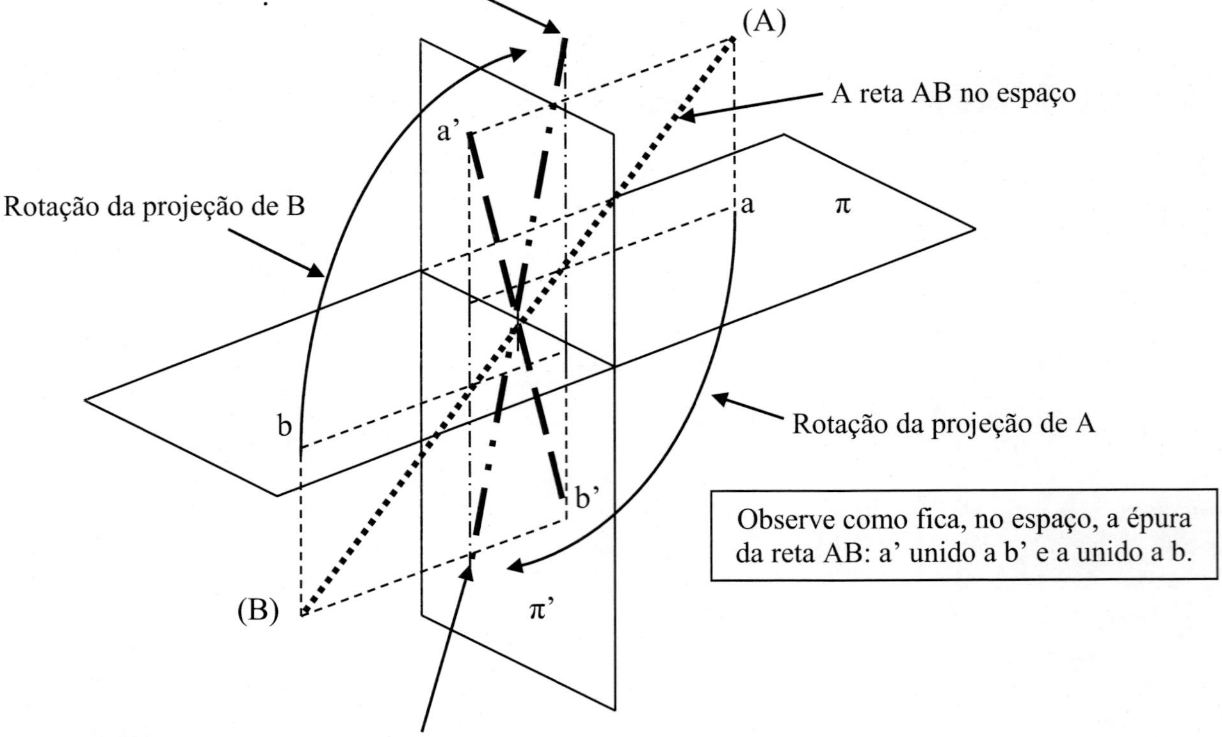

Nova posição da projeção do ponto (A) no plano π, quando este gira e “desce”.

1.4.2.2) Considere os pontos (A)(+5;+5;+5), (B)(+2;+5;+2) e (C)(+2;+2;+2), faça suas representações espaciais e épuras. Una os pontos e interprete o que ocorre.

Unindo-se os três pontos observa-se que formam um triângulo retângulo.

Visão espacial

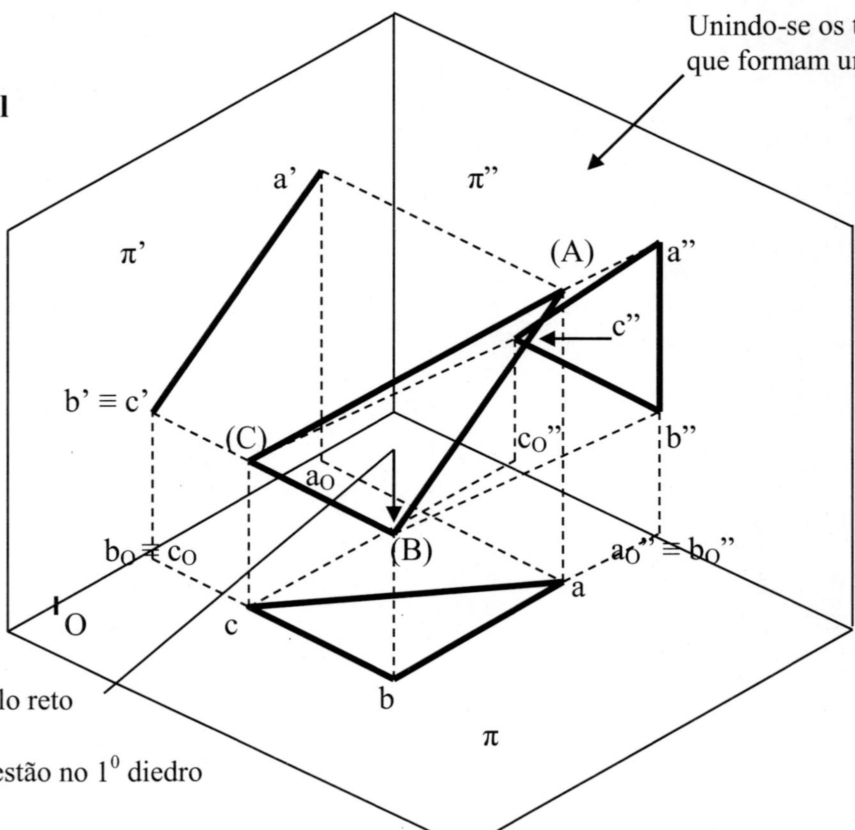

Este é o ângulo reto

Os três pontos estão no 1º diedro

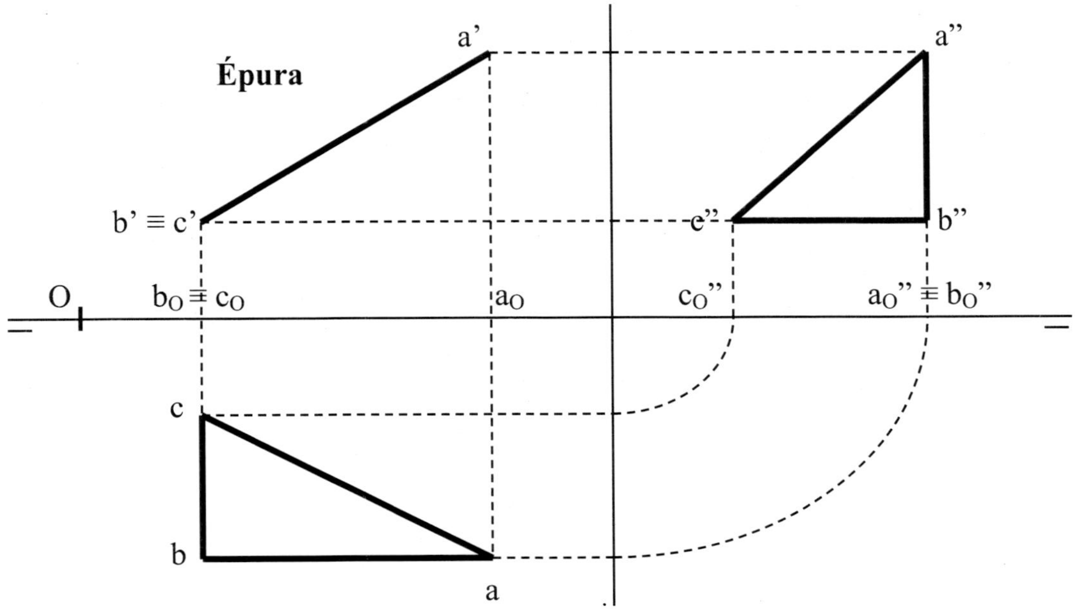

Capítulo 2: Estudo das retas. Classificações, traços e posições no espaço

2.3.2) Determinar as coordenadas cartesianas do ponto (P), com afastamento +2 e pertencente à reta (A)(B), sabendo que: (A)(+2;+1;+5) e (B)(+2;+3;+2).

A reta (A)(B) é de perfil e, portanto, para se estudar a pertinência exige-se a projeção em π", que é onde a reta aparece em verdadeira grandeza.

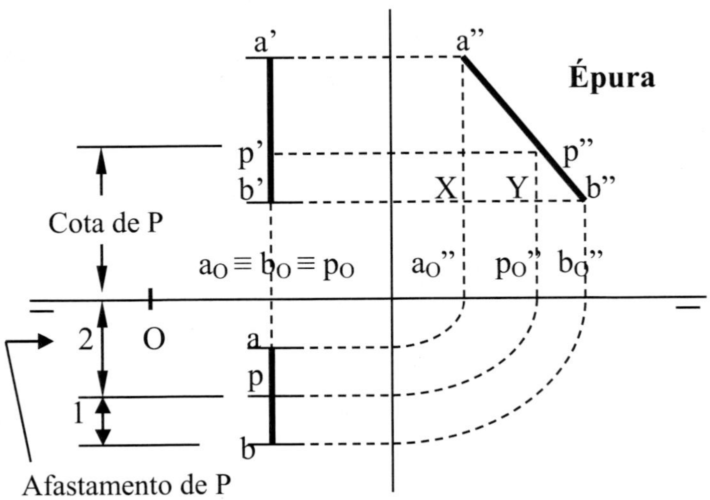

Para o ponto (P) pertencer à reta (A)(B), as suas projeções em π, π' e π" têm que coincidir com as da reta, nos mesmos planos.

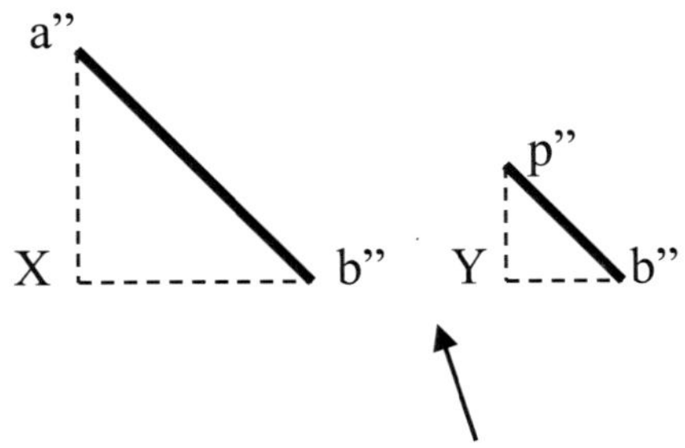

A abscissa do ponto (P) é igual às de (A) e (B), pois trata-se de uma reta de perfil. A cota do ponto (P) será calculada através da semelhança dos triângulos: Xa"b" e Yp"b".

Xa" = b'a'= 3 (diferença de cotas: 5 - 2); Xb" = ab = 2 (diferença de afastamentos: 3 - 1)
Yp"+2 (Cota de B) é a cota do ponto P. Resolvendo a semelhança de triângulos temos:
Xb" / Yb" = Xa" / Yp", ou seja: 2 / 1 = 3 / Yp". Ou seja: Yp" = 1,5. Logo a cota do ponto (P) é igual a + 3,5 (1,5+2). **As coordenadas cartesianas do ponto (P) são: (+2;+2;+3,5)**.

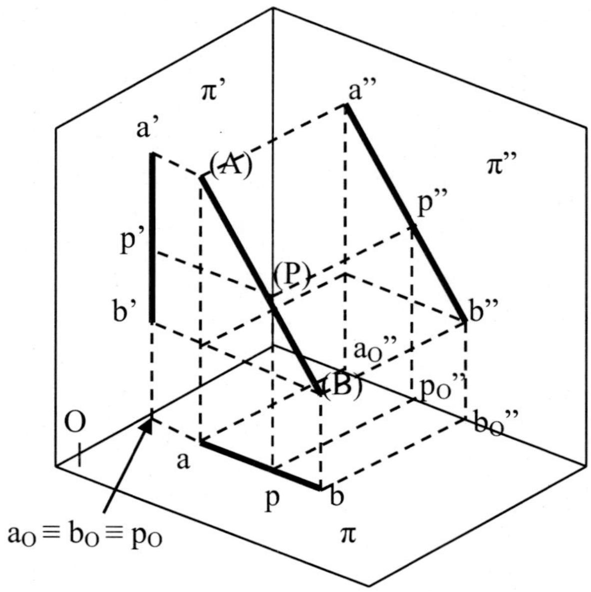

Visão espacial do ponto (P) pertencente à reta AB

Exercício 2.7: Considere o sólido e os dados a seguir e resolva os exercícios propostos.

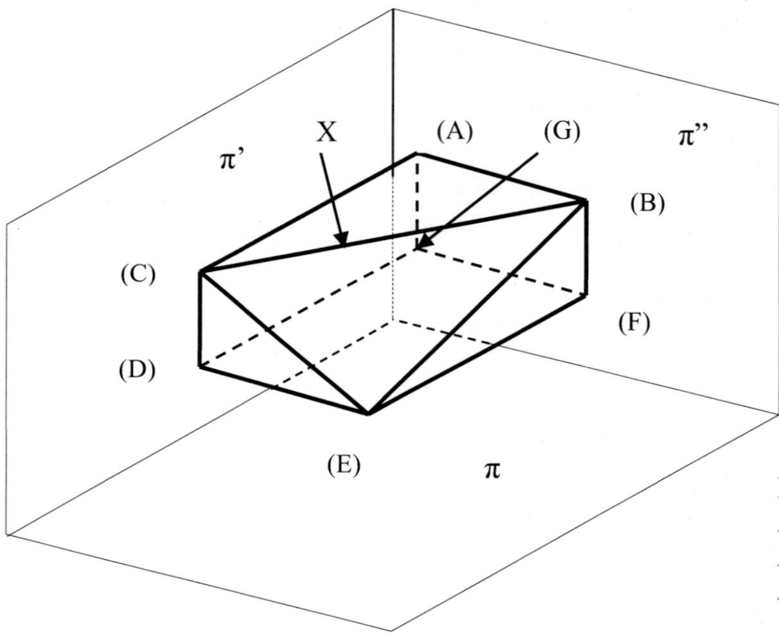

Dados: (A)(+6;+2;+4);
AB = 3, AC = 4, CD = 2;
AB = DE; AG = BF = CD
AC = DG = EF

2.7.1) Dê os nomes de cada uma das 12 retas (observe que existem retas semelhantes).
2.7.2) Dê as coordenadas cartesianas de cada um dos sete (7) vértices: A, B, C, D, E, F e G.
2.7.3) Faça a épura da reta BF, considerando o 1^0 triedro.
2.7.4) Determine os traços da reta CE e as coordenadas cartesianas destes traços.
2.7.5) Defina o tipo da reta AE (que não está representada no desenho).
2.7.6) Sobre a reta BC determine um ponto X (qualquer) pertencente à reta, informando suas coordenadas cartesianas.
2.7.7) Matematicamente calcule os comprimentos das retas BC, BE e CE.

2.7.1) Nome ou tipo de cada uma das 12 retas:
As retas AC, DG e EF são tipo fronto horizontal; As retas AB, FG e DE são tipo de topo; As retas CD, AG e BF são do tipo vertical; A reta BC é tipo horizontal; A reta CE é tipo de perfil; A reta BE é tipo frontal

2.7.2) Análise das coordenadas cartesianas de cada um dos sete (7) vértices:

A partir das coordenadas do ponto (A)(+6;+2;+4) e considerando as dimensões informadas de cada aresta do sólido, cada ponto é definido a partir de somas e ou subtrações.

Ponto (B): a abscissa é igual a do ponto (A), ou seja, igual a +6. O afastamento é igual ao de (A) mais o valor da aresta AB, ou seja, igual a +5. A cota é igual a de (A), ou seja, igual a +4. Portanto temos: (B)(+6;+5;+4).

Ponto (C): a abscissa é igual a do ponto (A) menos o valor da aresta AC, ou seja, igual a +2. O afastamento é igual ao de (A), ou seja, igual a +2. A cota é igual a de (A), ou seja, igual a +4. Portanto temos: (C)(+2;+2;+4).

Ponto (D): a abscissa é igual a do ponto (A) menos o valor da aresta AC, ou seja, igual a +2. O afastamento é igual ao de (A), ou seja, igual a +2. A cota é igual a de (A), ou seja, igual a +4. Portanto temos: (C)(+2;+2;+2).

Ponto (E): a abscissa é igual a do ponto (A) menos o valor da aresta AC, ou seja, igual a +2. O afastamento é igual ao de (A), ou seja, igual a +2. A cota é igual a de (A), ou seja, igual a +4. Portanto temos: (C)(+2;+5;+2).

Ponto (F): a abscissa é igual a do ponto (A) menos o valor da aresta AC, ou seja, igual a +2. O afastamento é igual ao de (A), ou seja, igual a +2. A cota é igual a de (A), ou seja, igual a +4. Portanto temos: (C)(+6;+5;+2).

Ponto (G): a abscissa é igual a do ponto (A) menos o valor da aresta AC, ou seja, igual a +2. O afastamento é igual ao de (A), ou seja, igual a +2. A cota é igual a de (A), ou seja, igual a +4. Portanto temos: (C)(+6;+2;+2).

2.7.3) Épura da reta BF no 1^0 triedro: (B)(+6;+5;+4), (F)(+6;+5;+2) (É uma reta vertical)

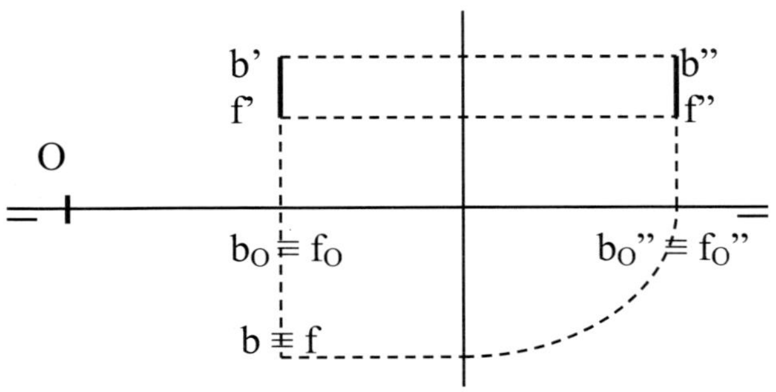

2.7.4) Determinação dos traços da reta de perfil CE: (C)(+2;+2;+4), (E)(+2;+5;+2).

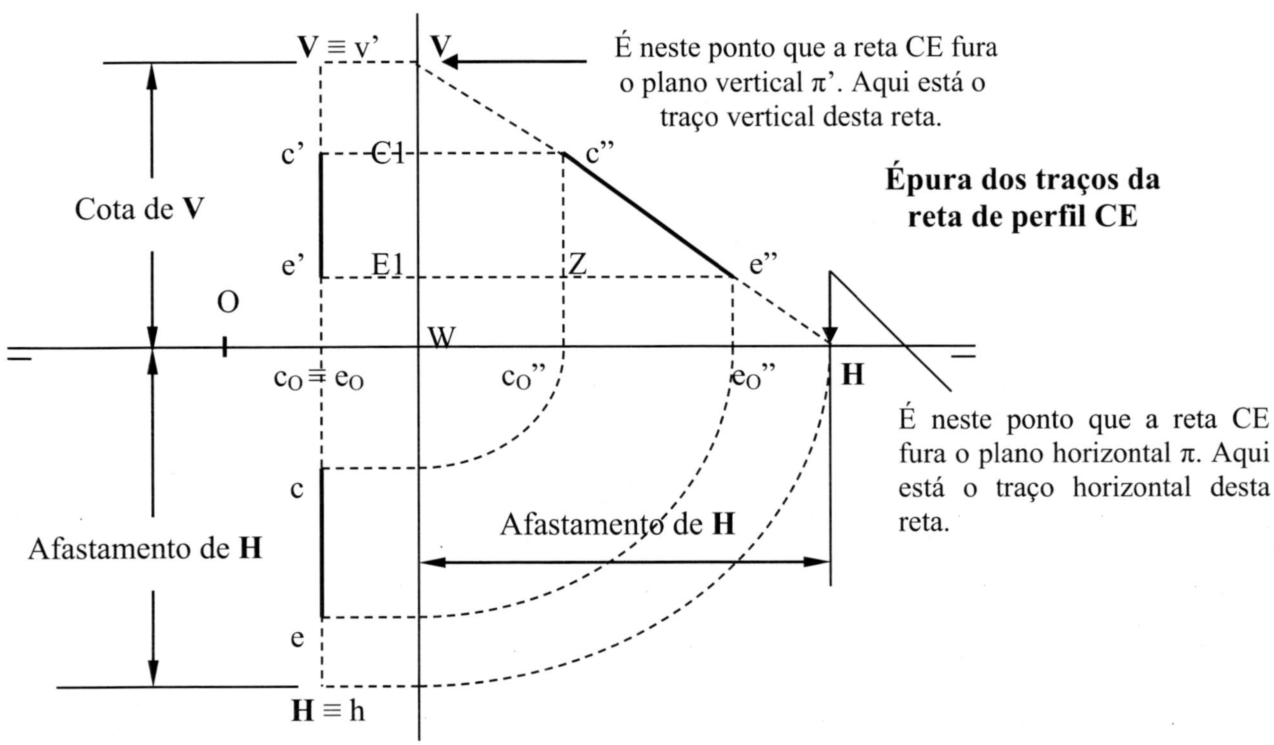

A dimensão WV é a cota do traço vertical V e a dimensão WH é o afastamento do traço horizontal H. O cálculo destas dimensões é feito pela análise da semelhança entre os triângulos a seguir detalhados.

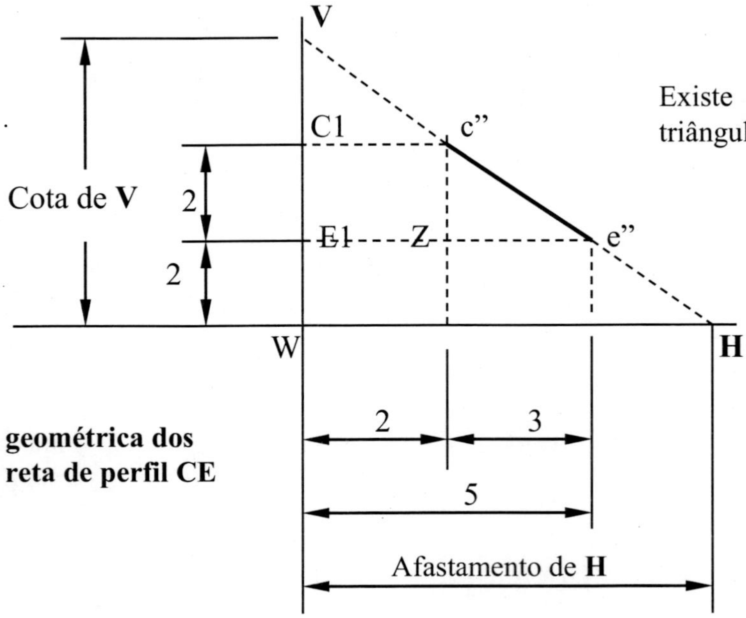

Existe semelhança entre os seguintes triângulos: **H**W**V**, e”Zc”, e”E1**V** e c”C1**V**.

Análise geométrica dos traços da reta de perfil CE

Da semelhança entre os triângulos e”Zc” e e”E1**V** temos: e”Z / e”E1 = Zc” / E1**V**, o que significa que: 3 / 5 = 2 / E1**V**; portanto: E1**V** = (2 x 5) / 3 ou E1**V** = 10 / 3.
E1**V** + 2 = cota de **V** = (10 / 3) + 2. A cota de **V** é igual a +16 / 3 (~ 5,33).

Da semelhança entre os triângulos **H**W**V** e e”Zc” temos: **H**W / e”Z = W**V** / Zc”, o que significa que: **H**W / 3 = (16 / 3) / 2; portanto **H**W = (3 x 16 / 3) / 2 ou **H**W = 8. O afastamento de H é igual a +8.
As coordenadas cartesianas de **H** e **V** são: (**H**)(+2;+8;0) e (**V**)(+2;0;16/3).

Visão espacial dos traços da reta de perfil CE

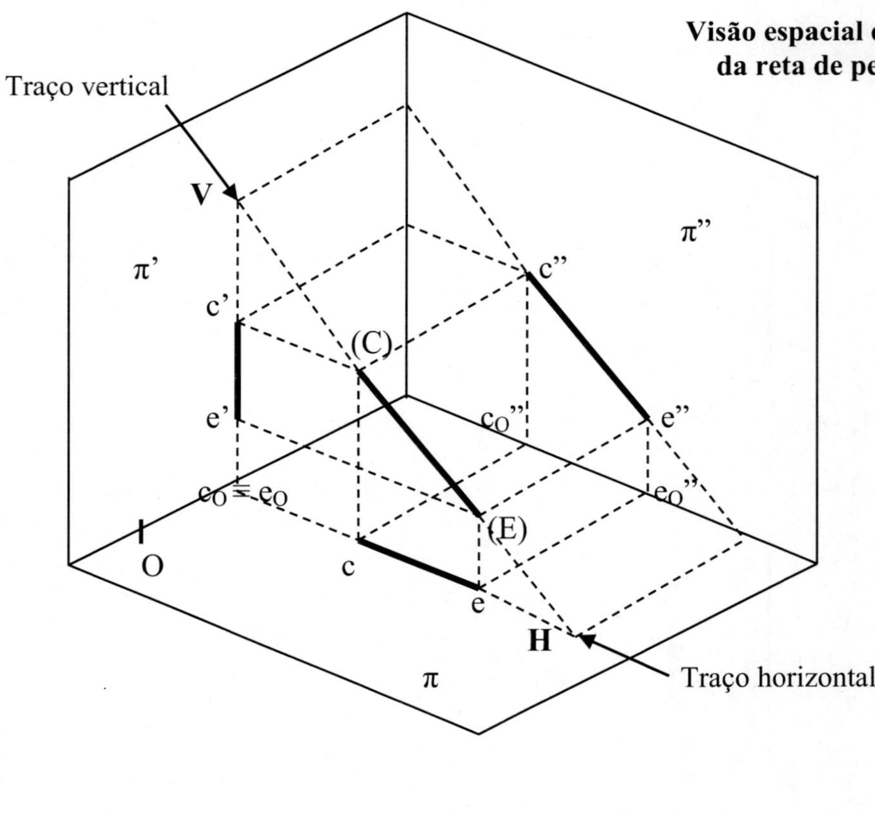

2.7.5) A reta AE é tipo genérica ou qualquer, pois é inclinada a π, π' e π''.

2.7.6) Determinação de um ponto X qualquer, sobre a reta BC. A reta BC é tipo horizontal com (B)(+6;+5;+4) e (C)(+2;+2;+4).

Primeiro se faz a épura, para depois determinar o ponto X. Supõe-se que o ponto X tem abscissa de + 4.

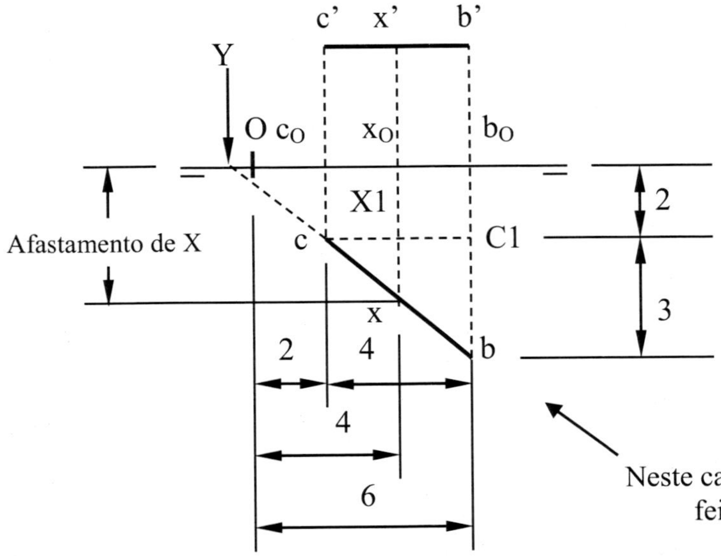

Uma vez definida a abscissa de X = +4 e sabendo que a cota é igual a +4, pois é uma reta horizontal, o problema se resume a calcular o afastamento de X, a partir da semelhança dos triângulos: Yx_Ox e cC1b.

Neste caso a análise geométrica é feita na própria épura.

x_Ox / C1b = Ox_O / cC1, ou seja: x_Ox / 3 = 4 / 4, portanto: x_Ox = 3(4/4) ou x_Ox = 3

As coordenadas cartesianas do ponto X, pertencente à reta BC, são: (X)(+4;+3;+4).

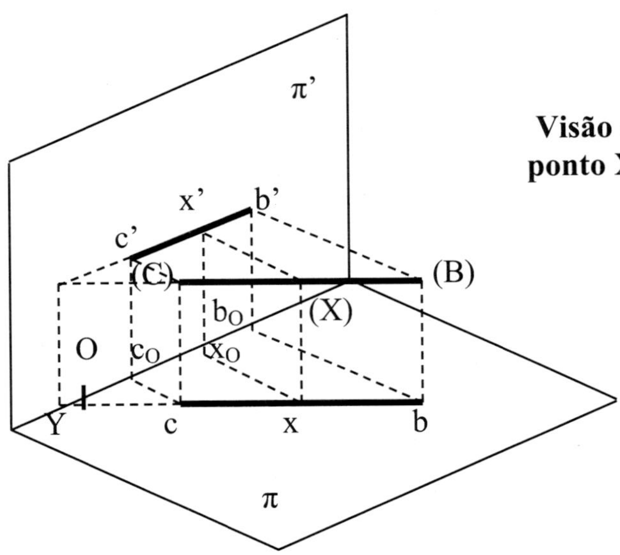

Visão espacial da reta BC e o ponto X pertencente à mesma.

2.7.7) Cálculo matemático dos comprimentos das retas BC, BE e CE.

Uma vez já calculadas as coordenadas cartesianas de todos os pontos, basta reproduzir a visão espacial do objeto, determinando os valores dos comprimentos das arestas e observando que as retas pedidas são hipotenusas de triângulos retângulos, portanto calculadas pelo Teorema de Pitágoras.

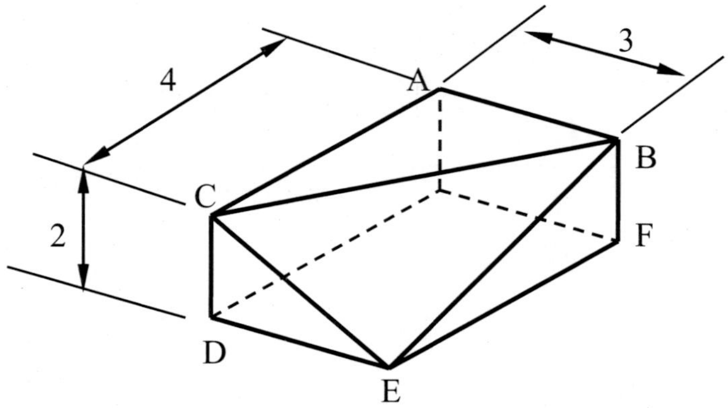

$(BC)^2 = (AB)^2 + (AC)^2$; $(BE)^2 = (BF)^2 + (EF)^2$; $(CE)^2 = (CD)^2 + (DE)^2$.

$BC = 5$; $BE = \sqrt{20}$ (~ 4,47); $CE = \sqrt{13}$ (~ 3,60)

Capítulo 3: Estudo dos planos

3.6.1) Dada a peça ao lado dar o nome dos diversos planos existentes, representando suas épuras ou traços. Considere os planos de projeções deste modo.

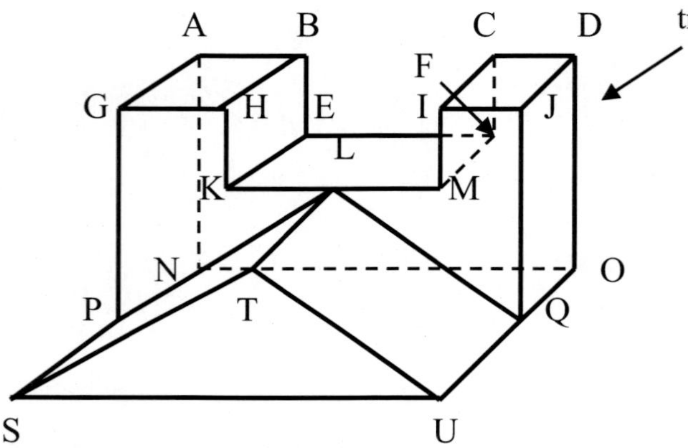

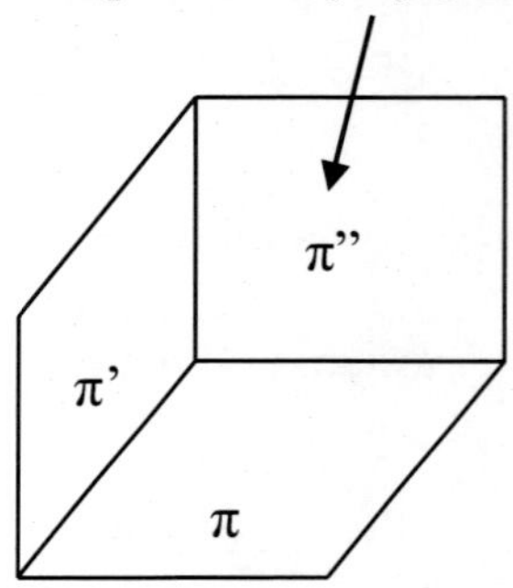

Planos horizontais: ABGH, CDIJ, EFKM e NOSU. (α)

Planos frontais: AGNP, BEHK, CFIM e DJOQ. (β)

Planos de perfil: ABEFCDDNO, GHKLMIJPQ e STU. (γ)

Plano paralelo à Linha de Terra: LQTU. (δ)

Plano que passa pela Linha de Terra: PLST. (ε)

Planos horizontais (α)

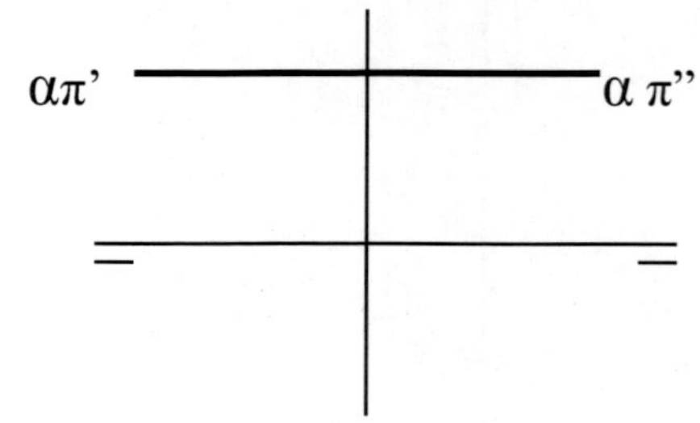

Planos frontais (β)

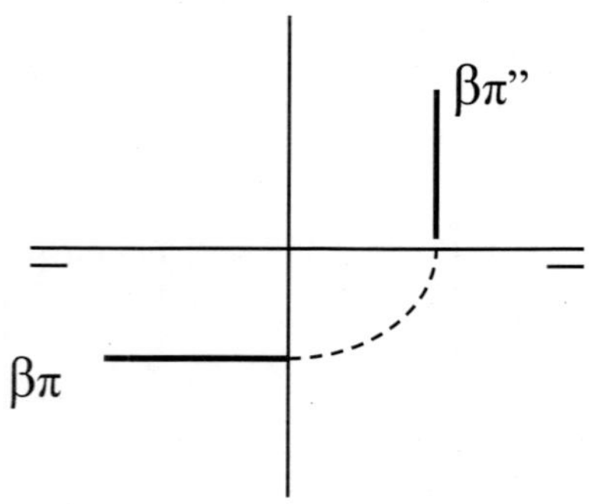

Planos de perfil (γ)

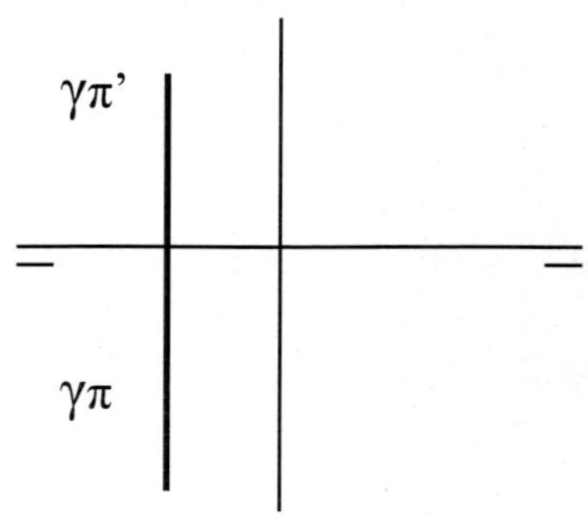

Plano paralelo à Linha de Terra (δ)

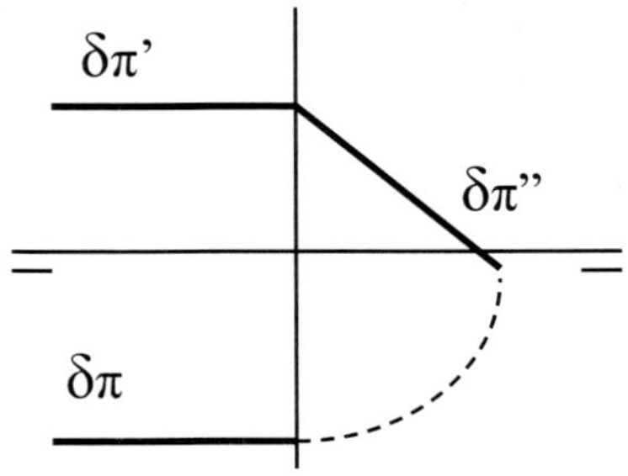

Plano que passa pela Linha de Terra (ε)

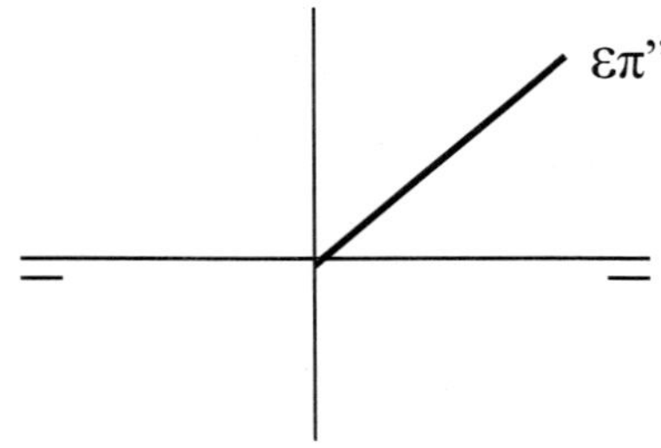

Observação: No parágrafo A8, exercício 3, esta peça está representada com as suas projeções em π, π' e π'' onde as arestas representadas, são os traços dos planos aqui mostrados em épura.

3.6.2) Imagine a interseção de um plano β paralelo à Linha de Terra com um plano μ vertical. a) Qual reta é gerada por esta interseção? b) Faça a épura dos planos, e com a reta gerada pela interseção.

Visão espacial da interseção

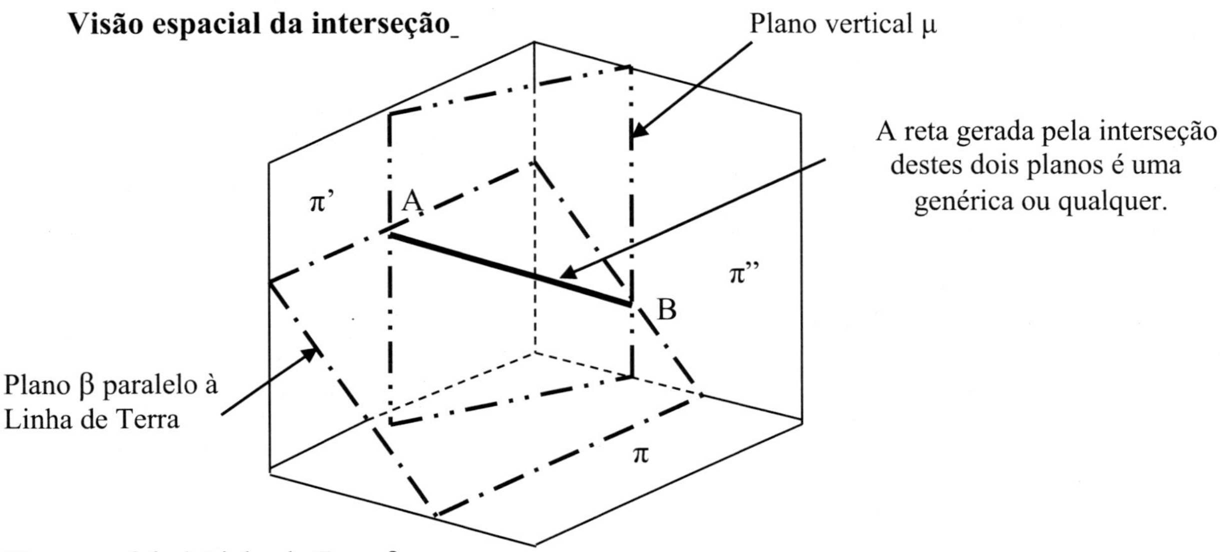

Plano paralelo à Linha de Terra β

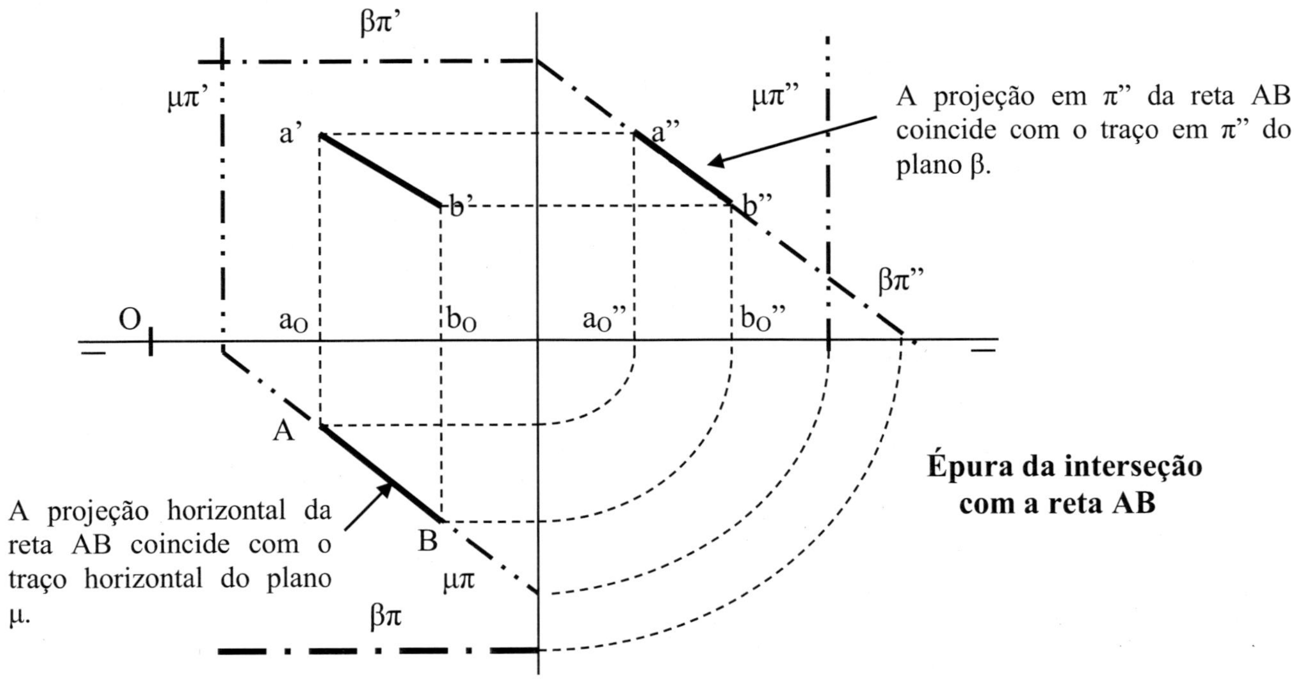

Épura da interseção com a reta AB

3.6.3) **Visão espacial com as projeções**

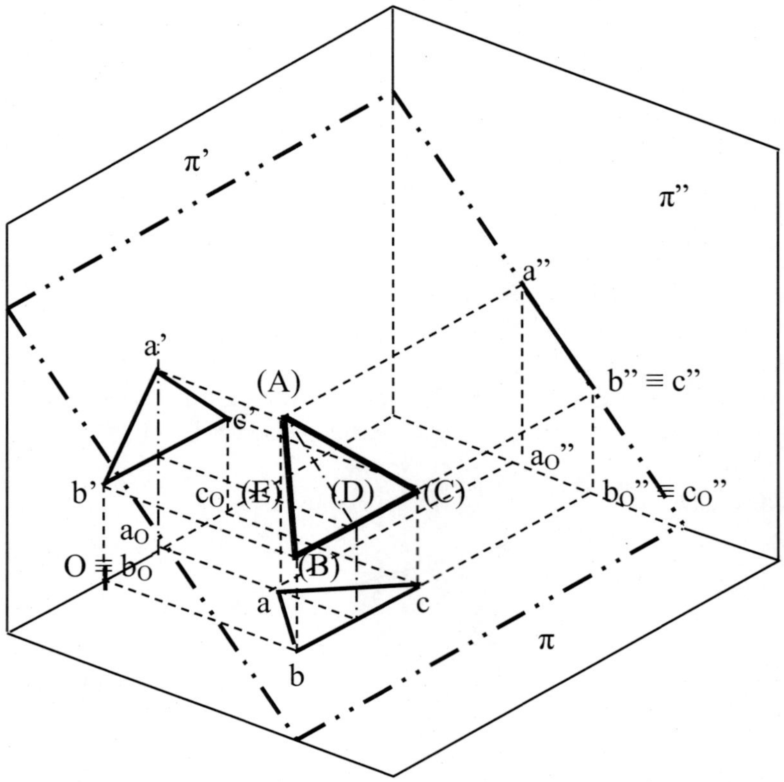

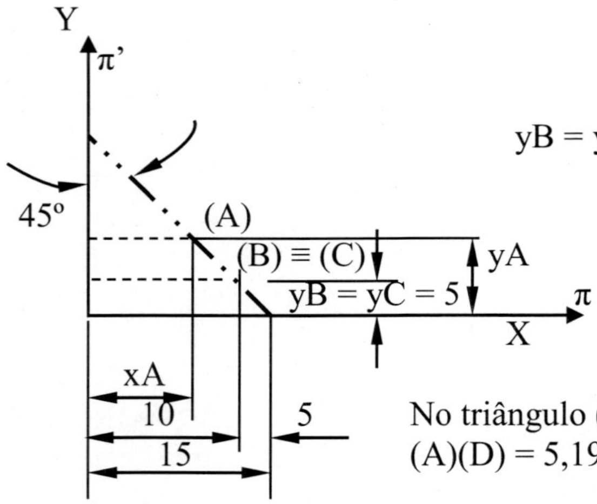

yB = yC = 5, ou seja: cotas de (B) e (C) igual a +5.

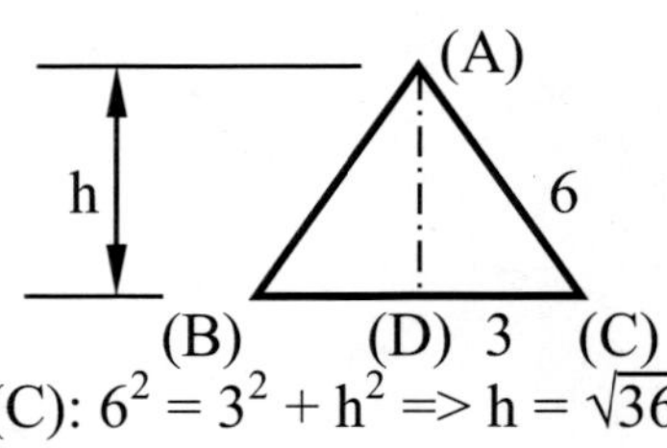

No triângulo (D)(A)(C): $6^2 = 3^2 + h^2 \Rightarrow h = \sqrt{36 - 9} = 5{,}196$.
(A)(D) = 5,196.

No triângulo (A)(E)(D), tem-se AD = 5,196 e (A)(E) igual a (E)(D), portanto:

$(5{,}196)^2 = (2)[(A)(E)]^2 \Rightarrow (A)(E) = \sqrt{27/2} \Rightarrow (A)(E) = (E)(D) = 3{,}674$.

A cota de (A) é igual à: 3,674 mais a cota de (B), ou seja: cota de (A) = 3,674 + 5 = +8,674.

O afastamento de (A) é igual ao afastamento de (B) menos (E)(D) = +10 - 3,674 = +6,326.

Coordenadas cartesianas: (A)(+3; +6,326; +8,674), (B)(0; +10; +5) e (C)(+6; +10; +5).

Capítulo 4: Projeção de figuras planas e de sólidos

Exercícios 4.7:

4.7.1) Tem-se uma circunferência de raio 3, pertencente a um plano Paralelo à Linha de Terra que forma 45^0 com o plano horizontal π. Sabendo-se que o centro A desta circunferência tem coordenadas (A)(+2; +5;+5), pede-se fazer a épura e a visão espacial desta circunferência.

Visão espacial da circunferência

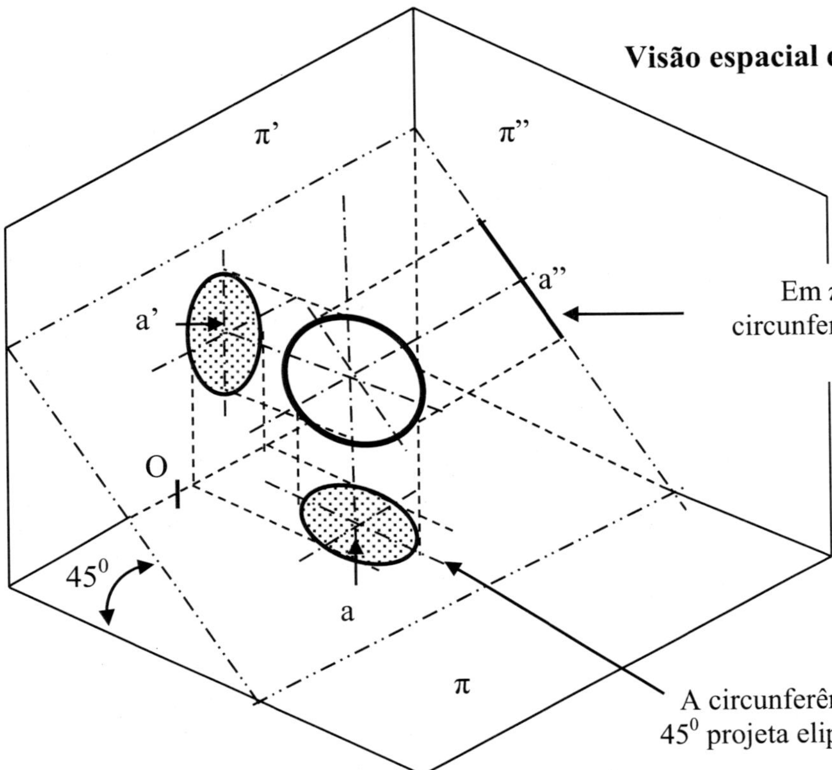

Em π'' a projeção da circunferência aparece como uma reta.

A circunferência em um plano a 45^0 projeta elipses iguais em π e π'.

Épura da circunferência

Como o ângulo do plano é 45^0, tem-se duas elipses iguais

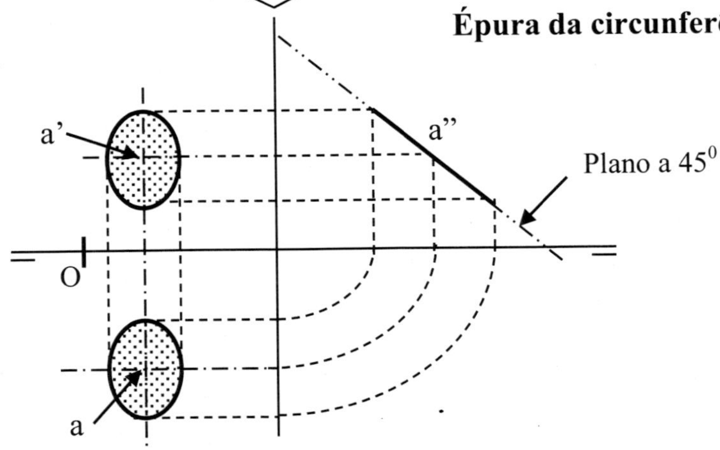

4.7.2) Considerando o hiperboloide de revolução abaixo faça sua épura em π, π' e π''.

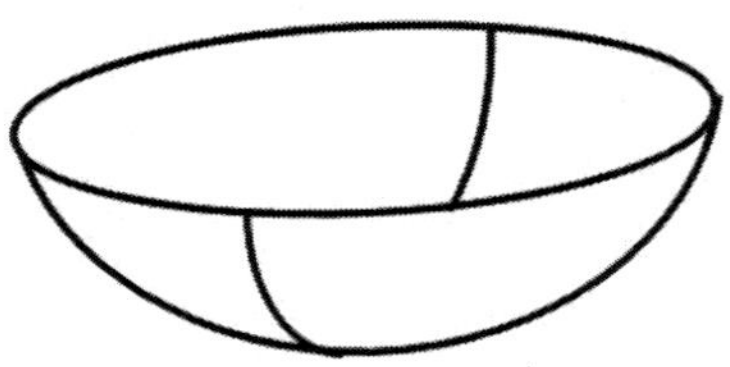

Considere os planos de projeções nesta posição

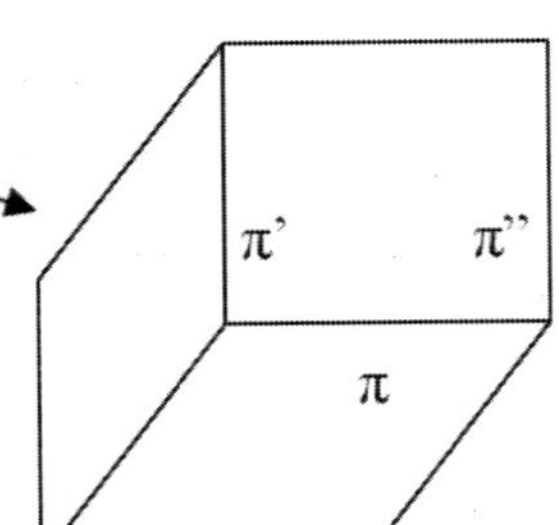

Por ser de revolução, a projeção em π aparece como uma circunferência.

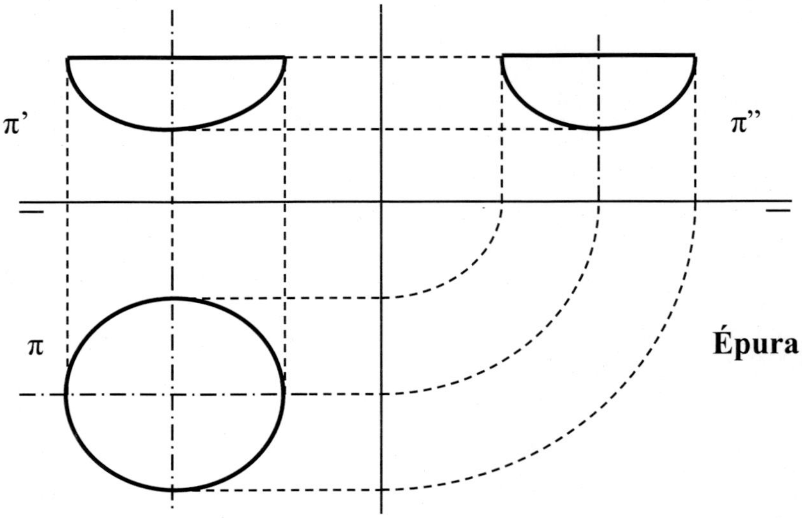

Épura do hiperboloide

4.7.3) Imagine um triângulo ABC pertencente a um plano de perfil. Sabendo que (A)(+2;+2;+2). (B)(+2;+6;+2) e (C)(+2;+2;+5), faça sua visão espacial e a épura.

Visão espacial

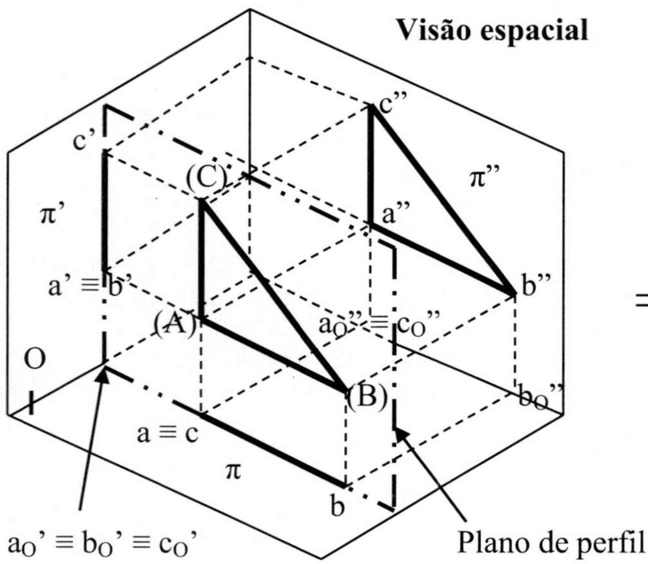

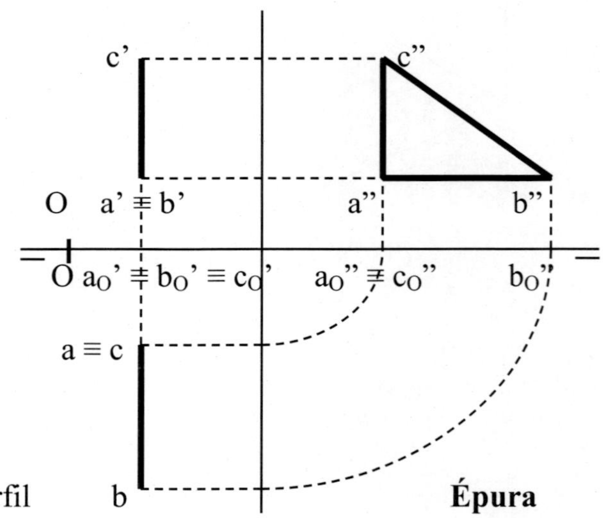

Épura

Capítulo 5: Poliedros

Exercício 5.7: Fazer as projeções em π, π' e π'' dos poliedros a seguir.

5.7.1) **Visão espacial**

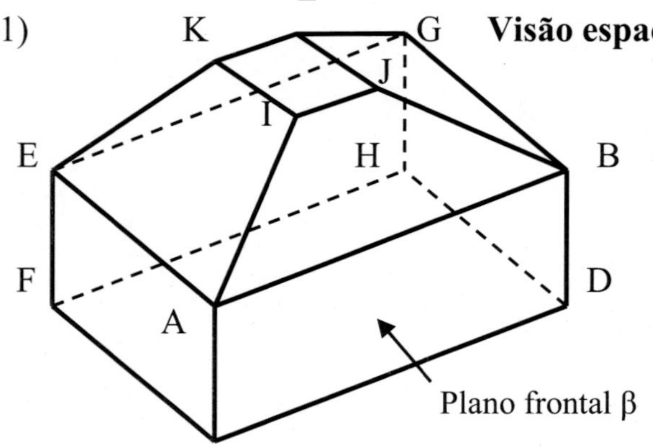

Considere os planos de projeção assim

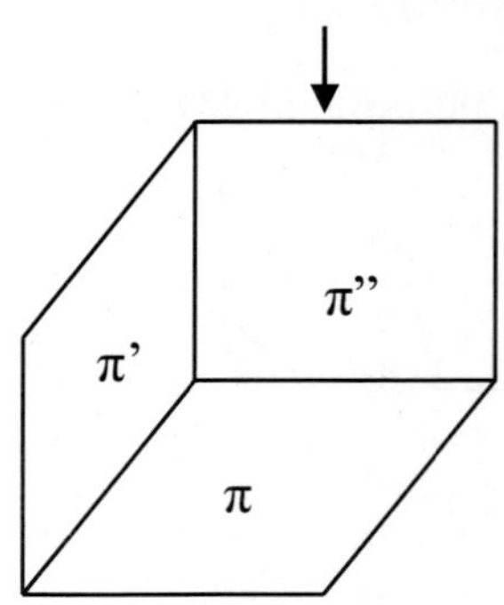

Projeções

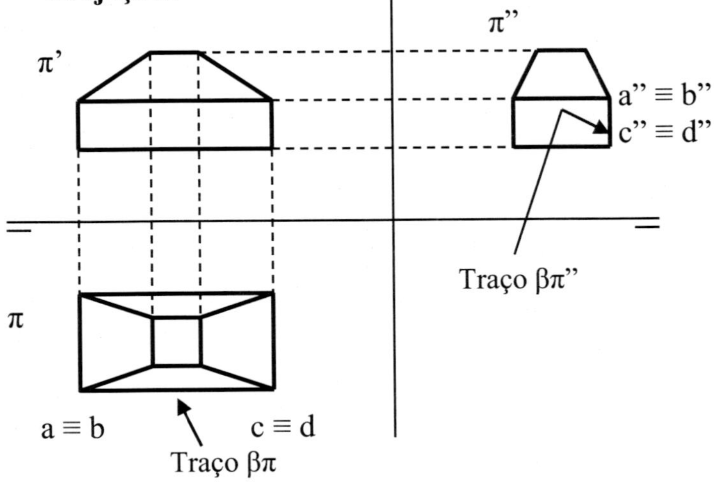

Observa-se que o plano frontal ABCD forma duas retas fronto horizontais AB e CD, bem como duas verticais AC e BD. Estas retas são formadas pelas interseções com os planos: paralelo à L.T. (ABIJ) e com o plano horizontal CDFH.
Nas projeções em épura, que em verdade é a base conceitual do desenho técnico projetivo, só aparecem as retas representadas pelos traços do plano frontal β.

5.7.2) **Visão espacial**

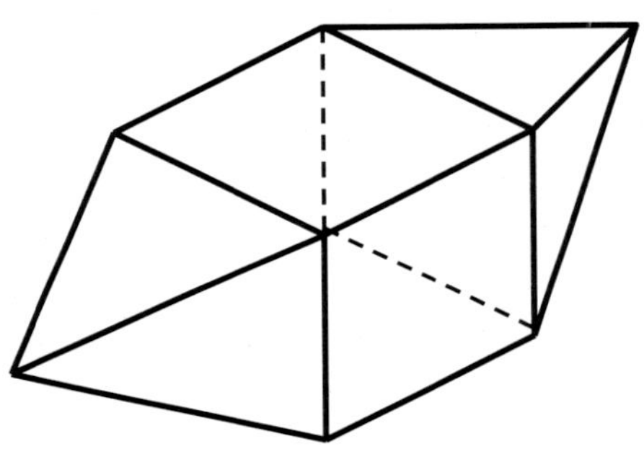

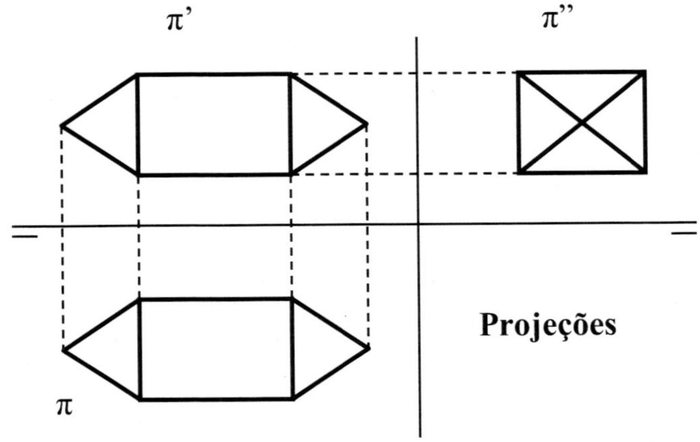

5.7.3)

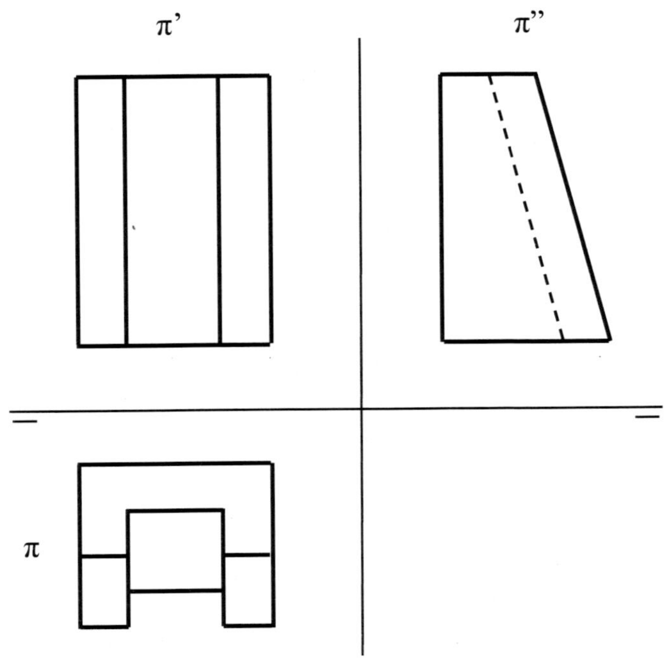

Capítulo 6: Planificação de superfícies

Exercícios 6.9:

6.9.1) Planificar a seguinte superfície poliédrica, calculando os comprimentos das arestas BE, BG e EG, bem como todos os ângulos mostrados.

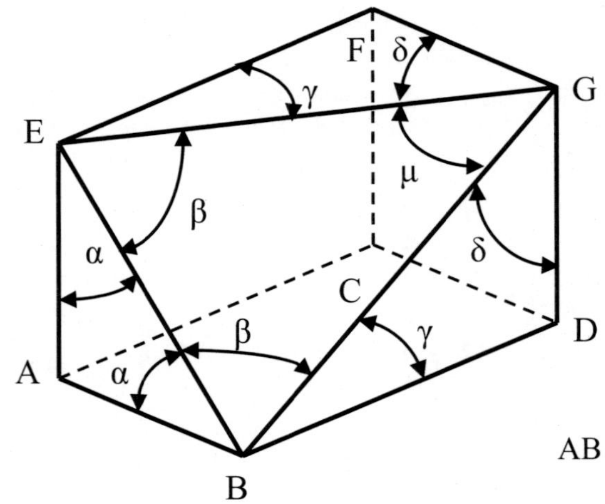

Visão espacial (7 planos)

AC = BD = EF = 4 cm

AB = CD = FG = AE = CF = DG = 3 cm

Planificação (7 Planos)

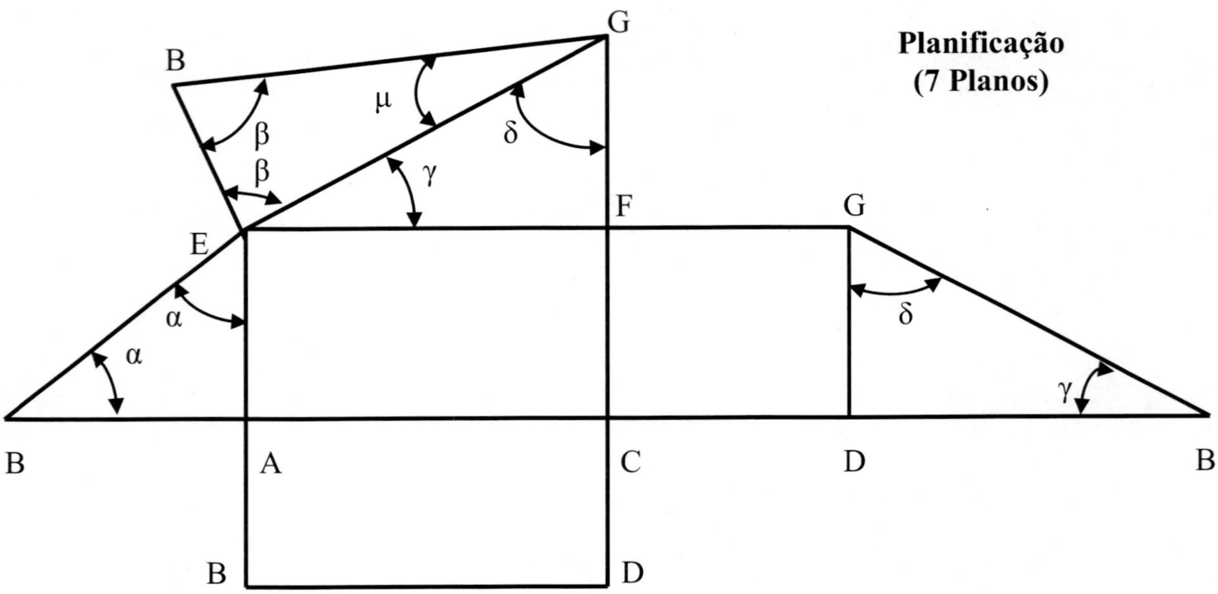

Cálculo dos comprimentos das arestas BE, BG e EG:

Como os triângulos BDG e EFG são iguais (e retângulos), concluí-se que o triângulo BEG é isósceles, com BG = EG.

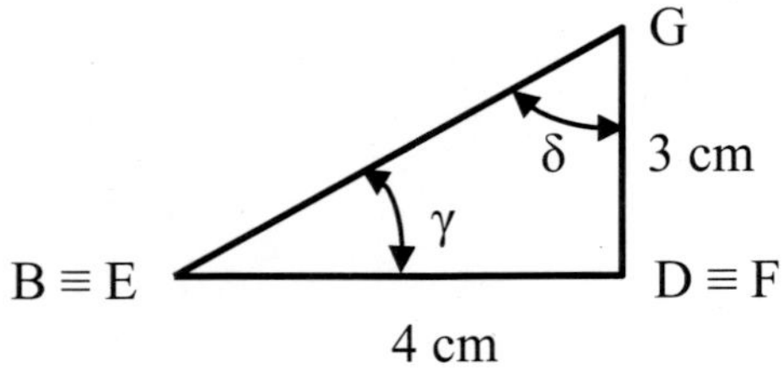

Este triângulo é retângulo e, portanto, BE = EG são as hipotenusas calculadas pelo Teorema de Pitágoras e, na verdade, este é um triângulo 3, 4, 5, ou seja, as arestas BG e EG valem 5 cm.

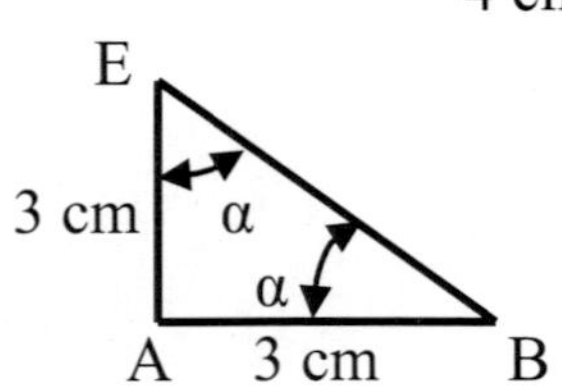

Este triângulo é retângulo, logo a aresta BE é calculada pelo Teorema de Pitágoras.
$BE^2 = AB^2 + AE^2$, ou seja, $BE^2 = 9 + 9$ ou $BE^2 = 18$

$BE = \sqrt{18}$ cm e BG = EG = 5 cm

Cálculo dos ângulos α, β, δ, μ e γ

O ângulo α é igual a 45^0, pois o triângulo ABE é retângulo e tem dois lados iguais: $\alpha = 45^0$.

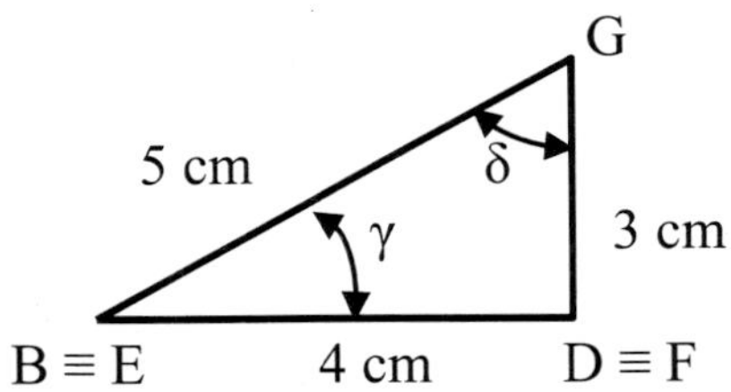

Seno γ = 3 cm / 5 cm ou Seno $\gamma = 0{,}6$
γ = arcosseno 0,6 ou $\gamma = 36{,}9^0$

$\delta = 180^0 - (90^0 + 36{,}9^0)$ ou $\delta = 53{,}1^0$

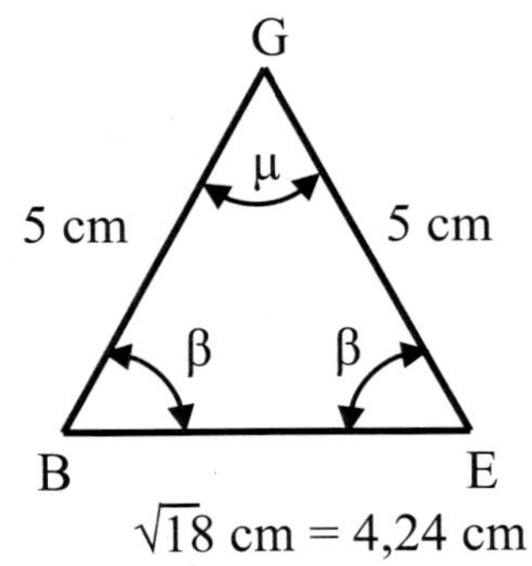

Os ângulos β e μ serão calculados pela Lei dos Cossenos, pois só são conhecidos os valores dos três lados.

$EG^2 = BG^2 + BE^2 - 2.BG.BE.\cos\beta$
$5^2 = 5^2 + 18 - 2.5.4{,}24.\ \cos\beta$ ou $25 = 43 - 42{,}4.\cos\beta$
$42{,}4.\ \cos\beta = 43 - 25$ ou $\cos\beta = 18 / 42{,}4$ ou $\cos\beta = 0{,}424$
β = arcocosseno 0,424 ou $\beta = 64{,}9^0$

$\mu = 180^0 - 2.\ \beta$ ou $\mu = 180^0 - 129{,}8^0$ ou $\mu = 50{,}2^0$

$\alpha = 45^0$, $\gamma = 36{,}9^0$, $\delta = 53{,}1^0$, $\beta = 64{,}9^0$ e $\mu = 50{,}2^0$

6.9.2) Planificar os cinco poliedros de Platão: tetraedro, hexaedro, octaedro, dodecaedro e o icosaedro.

A) Planificação do tetraedro

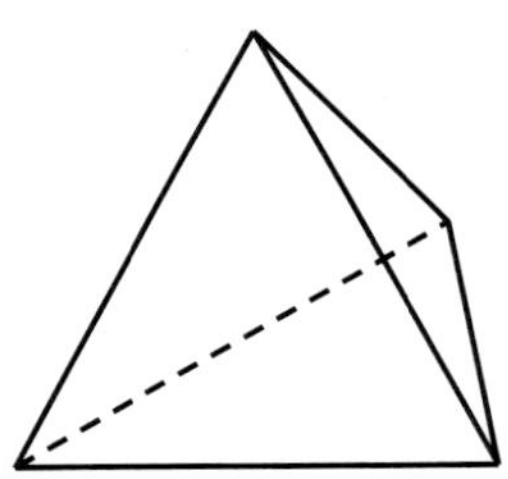

Visão espacial

Planificação, com quatro triângulos equiláteros

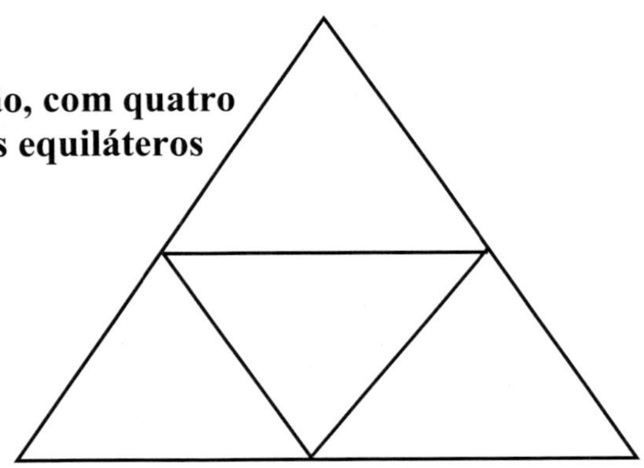

B) Planificação do hexaedro

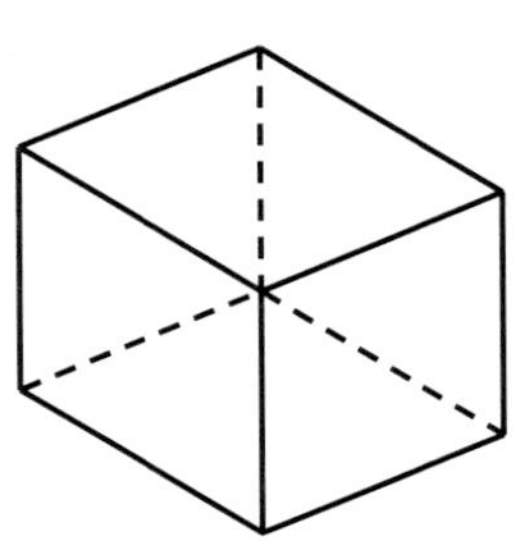

Visão espacial

Planificação, com seis quadrados

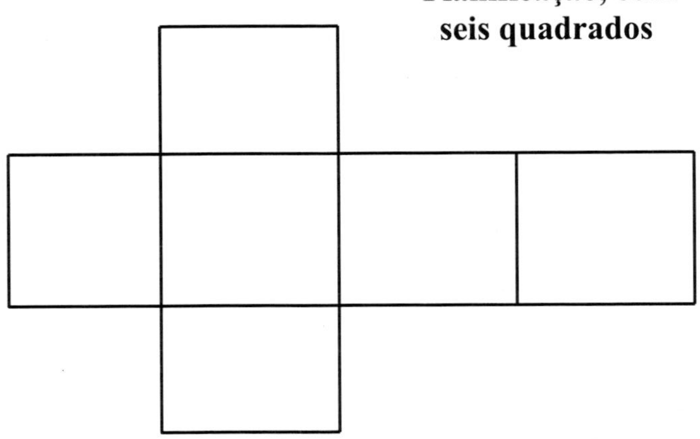

C) Planificação do octaedro

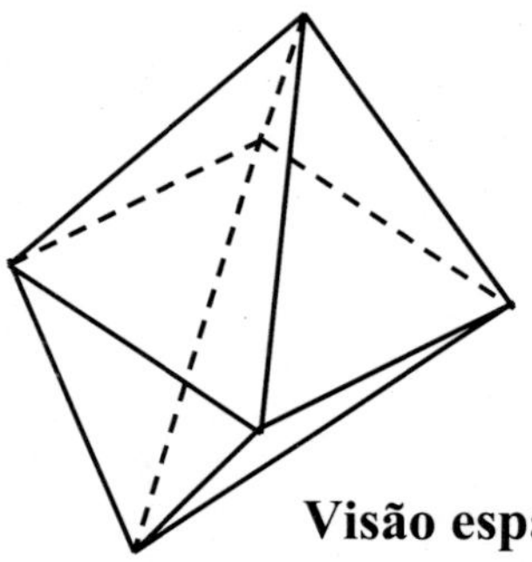

Visão espacial

Planificação com oito triângulos equiláteros

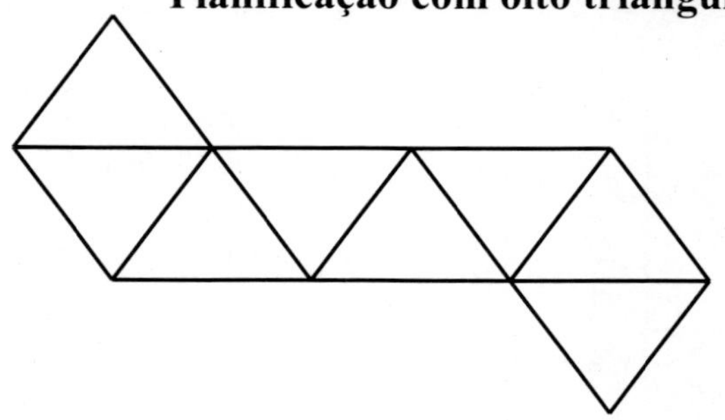

D) Planificação do dodecaedro

Visão Espacial

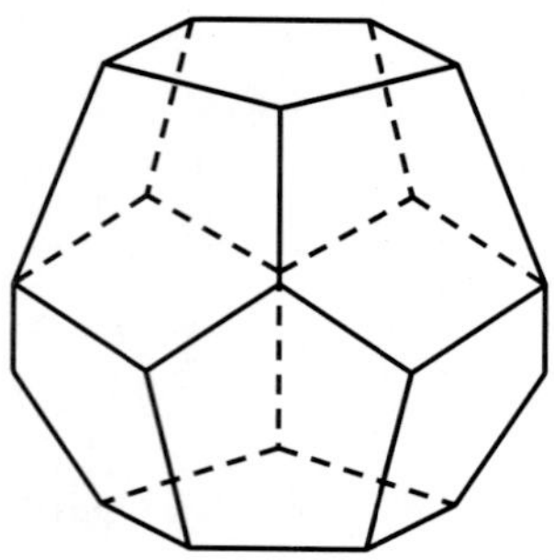

Planificação, com 12 pentágonos regulares

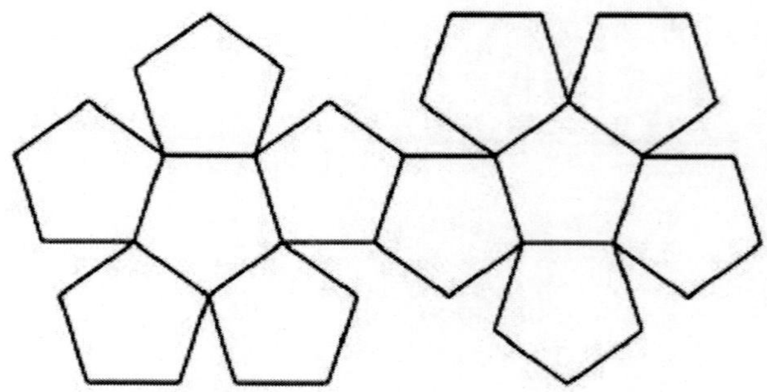

E) Planificação do icosaedro

Visão espacial

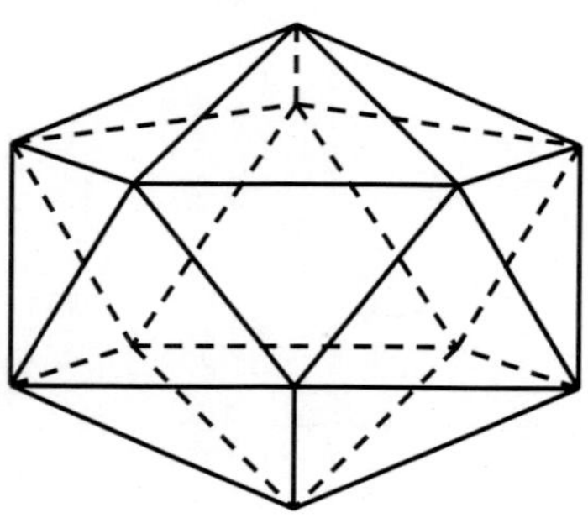

Planificação, com 20 triângulos equiláteros

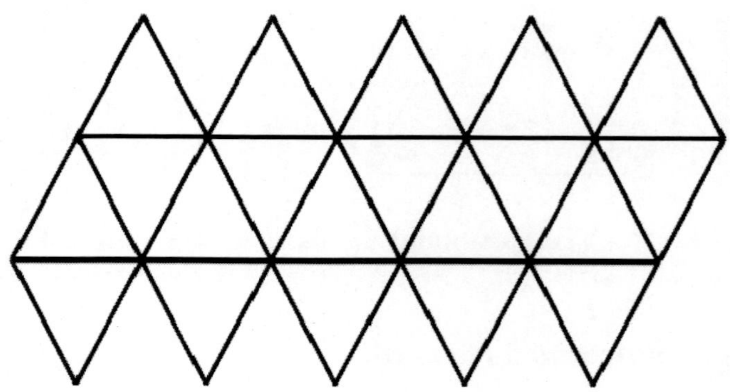

6.9.3) A opção "c", a seguir, atende à empresa.

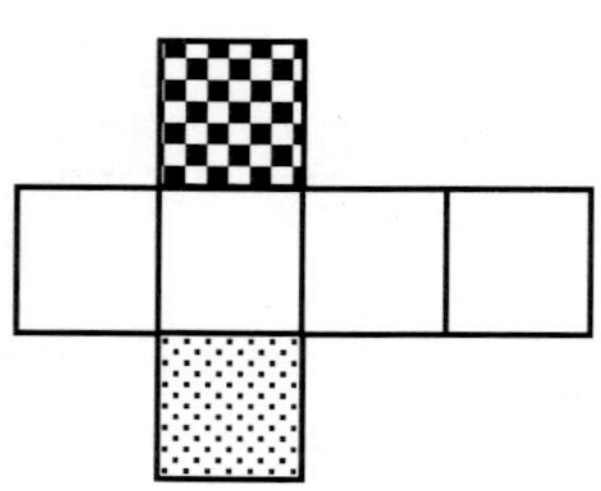

6.9.4) A área do triângulo abc é igual a 25 cm^2.

6.9.5) A opção correta é a "b", ou seja: b)

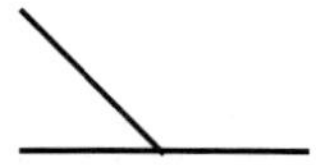

6.9.6) A área do triângulo BCD é igual a 2 cm^2.

6.9.7) Projeção no plano π, da pirâmide cortada.

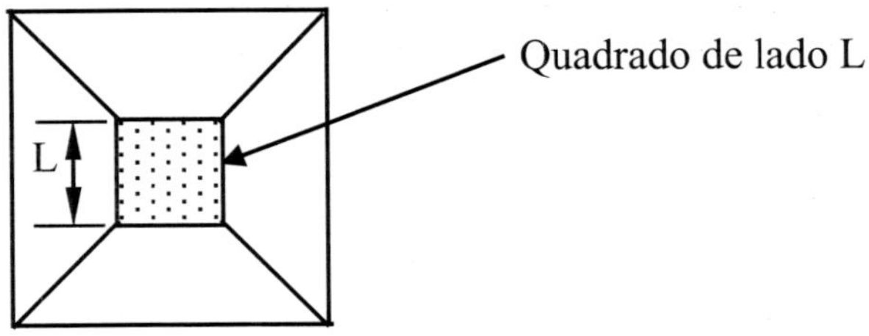

6.9.8) Projeção cilíndrica ortogonal no plano da base (plano π)

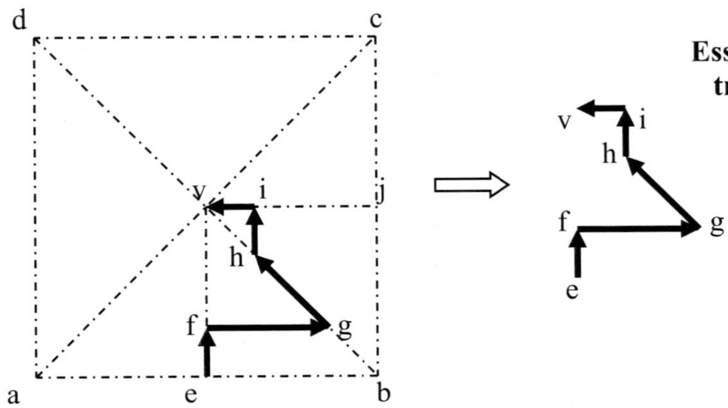

Essa é a projeção do trajeto do inseto

6.9.9) Projeções cilíndricas ortogonais, a partir das visões de A, B e C.

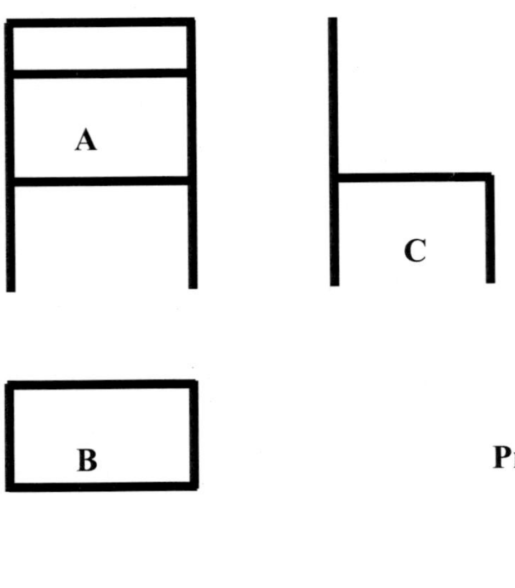

6.9.10) Projeções cilíndricas ortogonais nos planos: π, π' e π''.

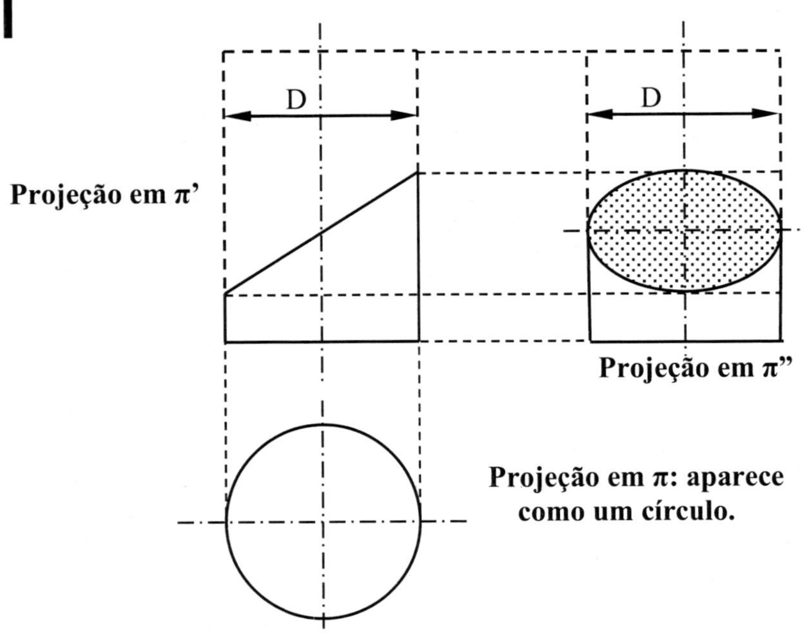

6.9.11) Imagem tridimensional da mola que, em verdade é uma hélice circular ou helicoide.

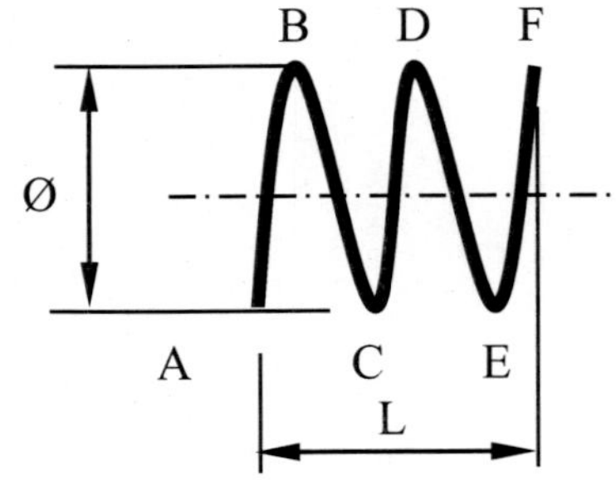

6.9.12) Projeções cilíndricas ortogonais do tronco de pirâmide reta:

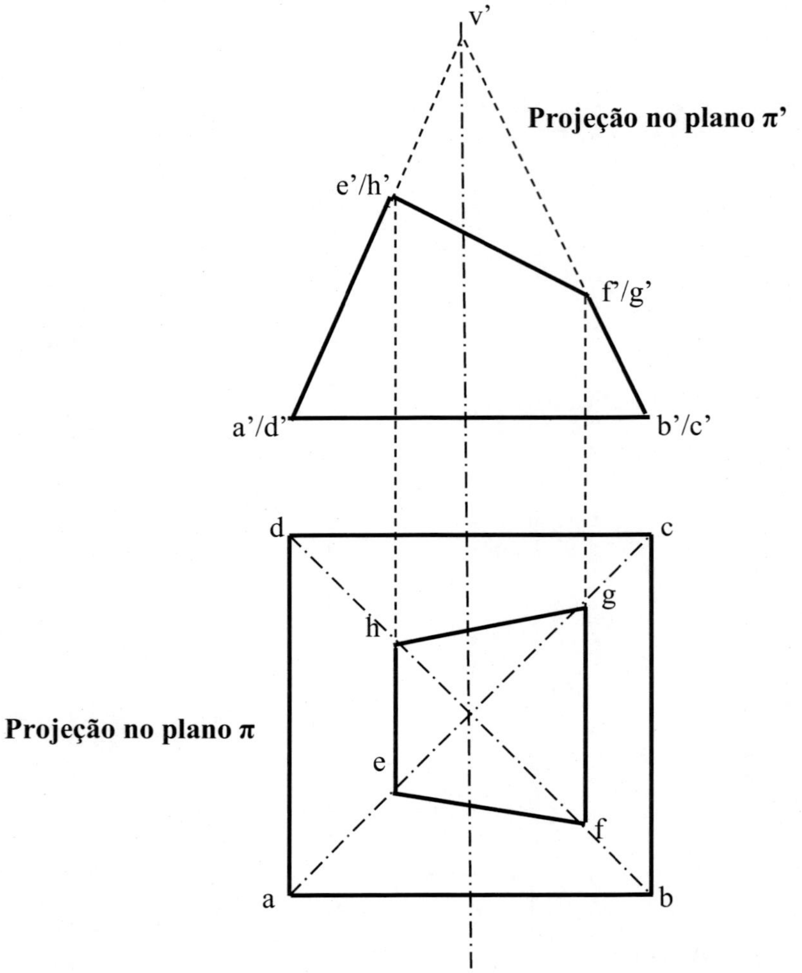

Capítulo 7: O Hexaedro Básico e as Seis Vistas Ortogonais. Introdução ao Desenho Técnico Projetivo Básico.

Exercício 7.4.2: Representar a peça a seguir nas seis vistas ortogonais ou ortográficas, tanto no 1^0, quanto no 3^0 diedro.

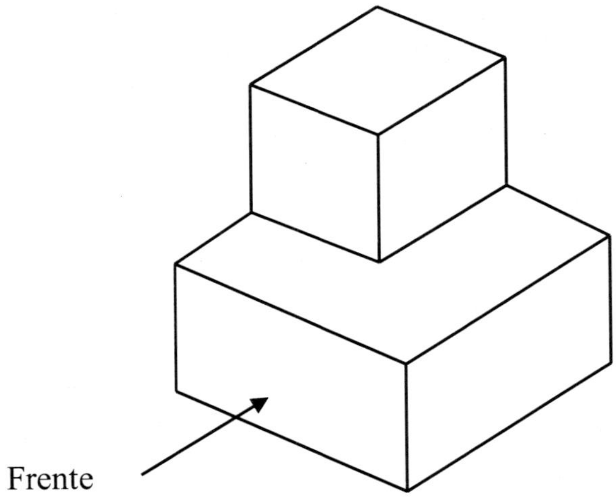

A) Representação no 1^0 diedro

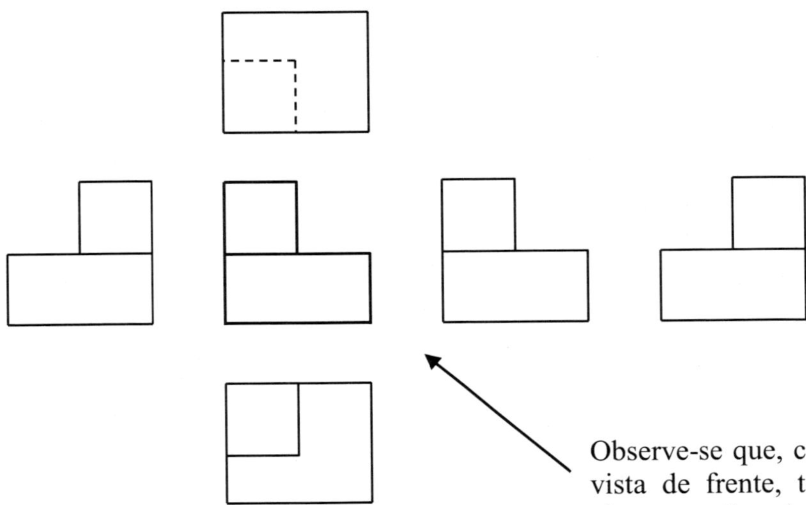

Observe-se que, com exceção da vista de frente, todas as outras cinco estão invertidas. Isto ocorre devido forma de se planificar o hexaedro básico.

B) Representação no 3^0 diedro

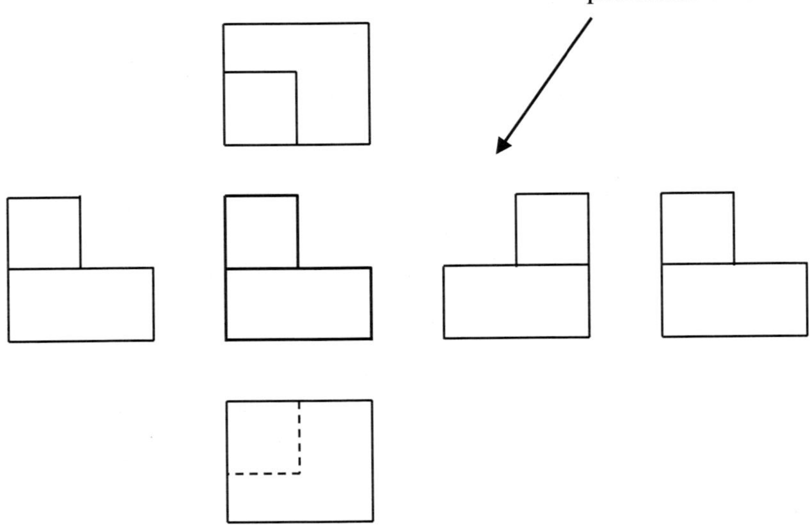

Capítulo 8: Introdução à representação gráfica espacial usando as perspectivas: cônica, cavaleira, isométrica dimétrica e anisonométrica ou trimétrica.

Exercícios 8.8:

8.8.1) A partir das três projeções em π, π' e π'' faça a perspectiva isométrica das peças.

A) Projeções

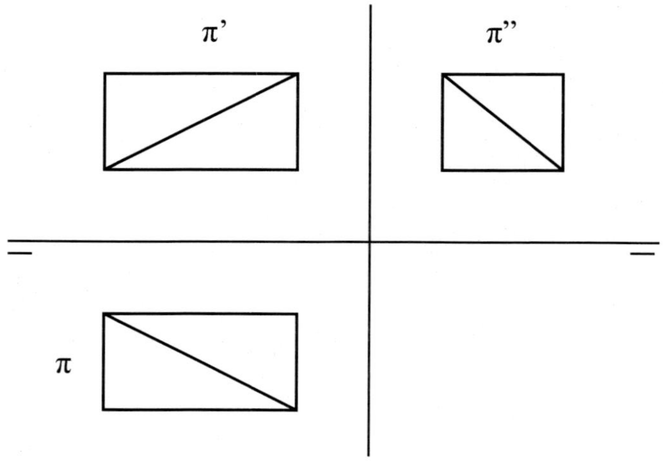

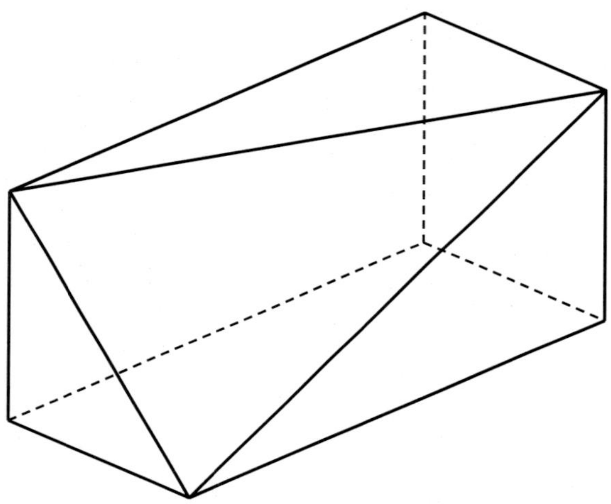

Perspectiva isométrica

B) Projeções

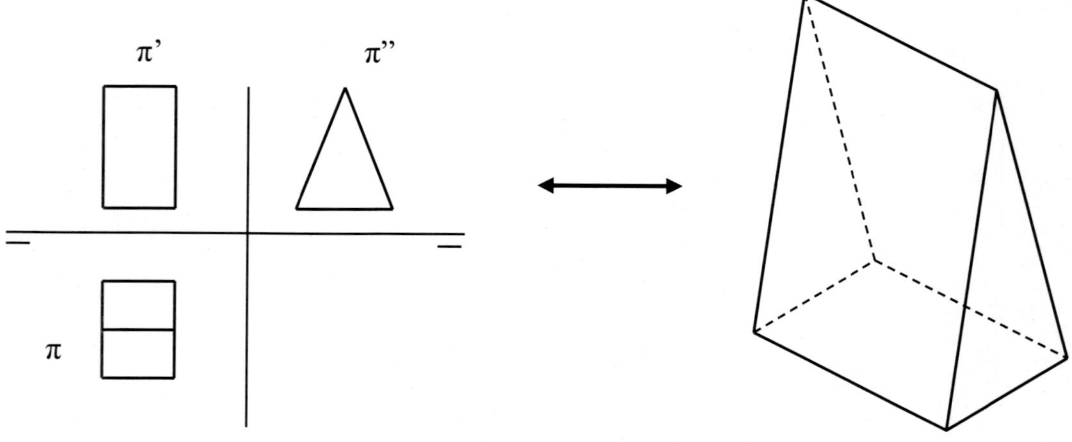

Perspectiva isométrica

8.8.2) A partir das três projeções em π, π' e π'', da peça a seguir, faça: A) A perspectiva isométrica e B) A perspectiva cavaleira a 45^0.

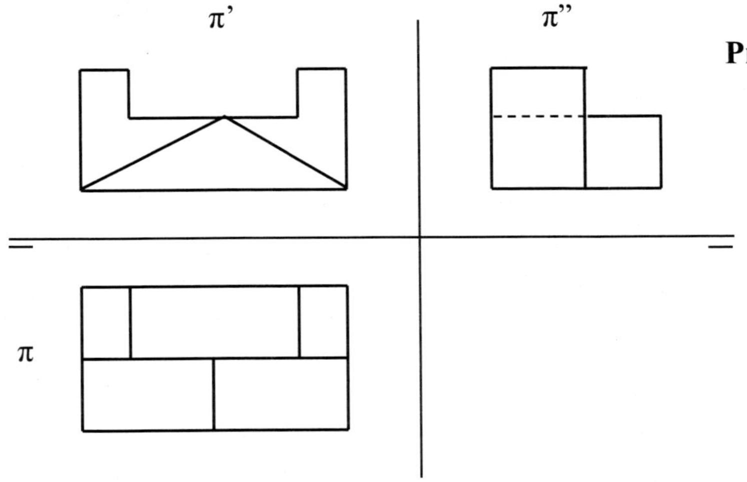

Projeções

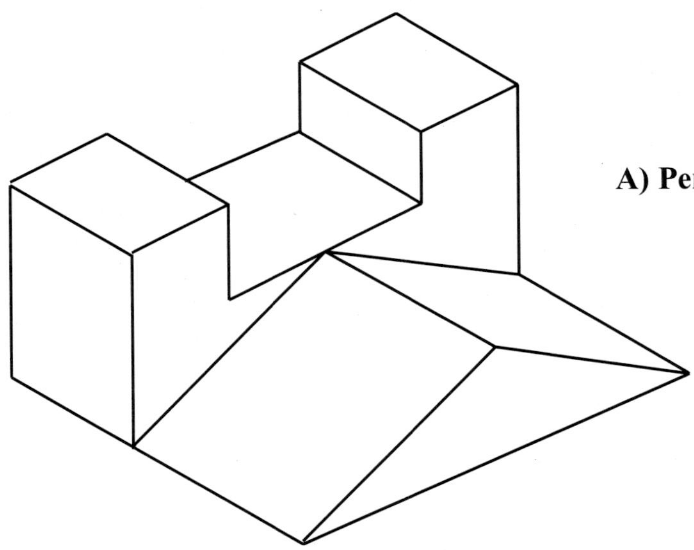

A) Perspectiva isométrica

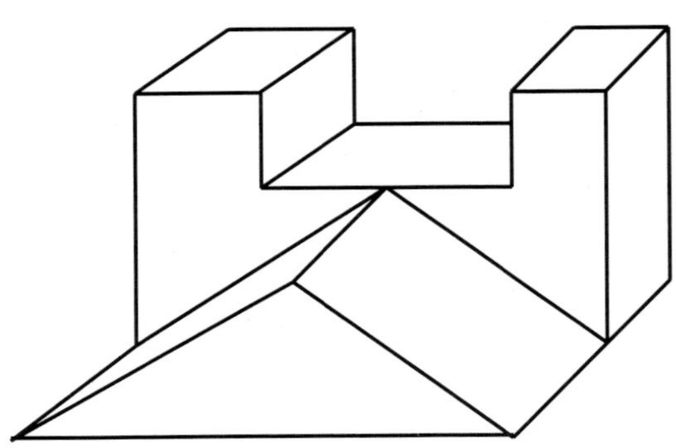

B) Perspectiva cavaleira a 45^0

8.8.3) Dada a visão espacial de uma peça, fazer as projeções em π, π' e π'' no 1^0 diedro.

Visão espacial

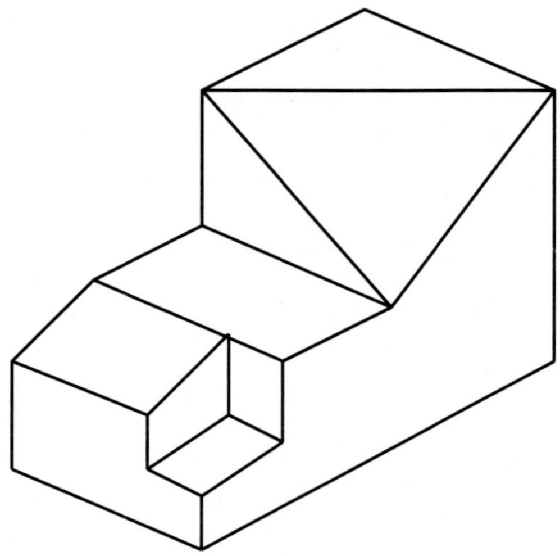

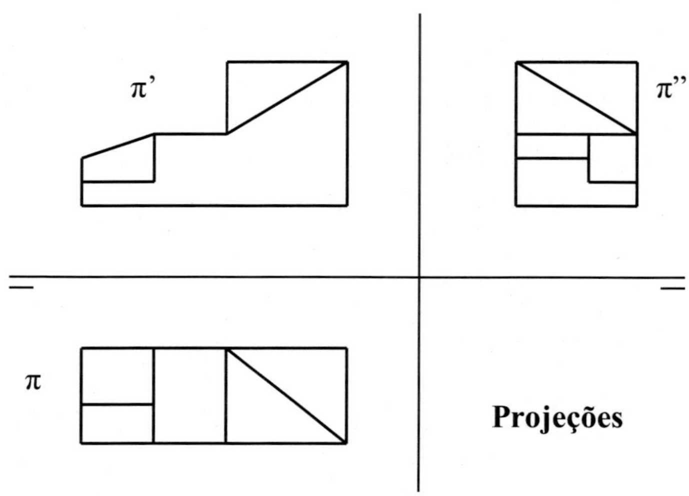

8.8.4) Faça as seis vistas ortográficas das seguintes peças, no 1^0 diedro:

A) Cilindro oco

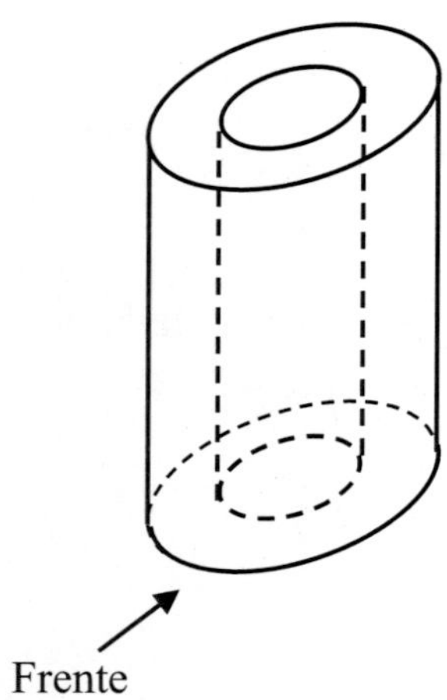

B) Pirâmide oblíqua de base triangular

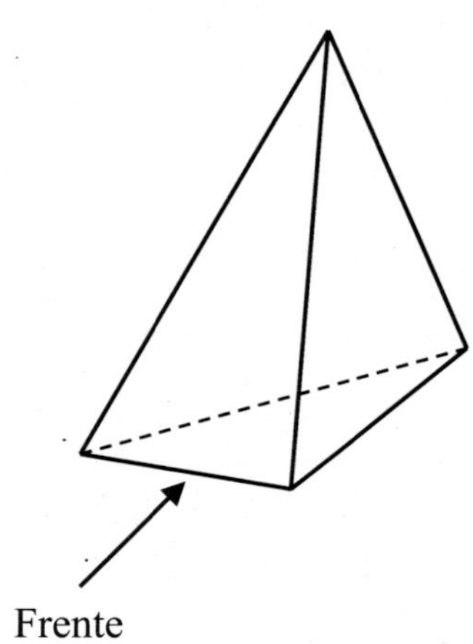

A) Seis vistas do cilindro oco

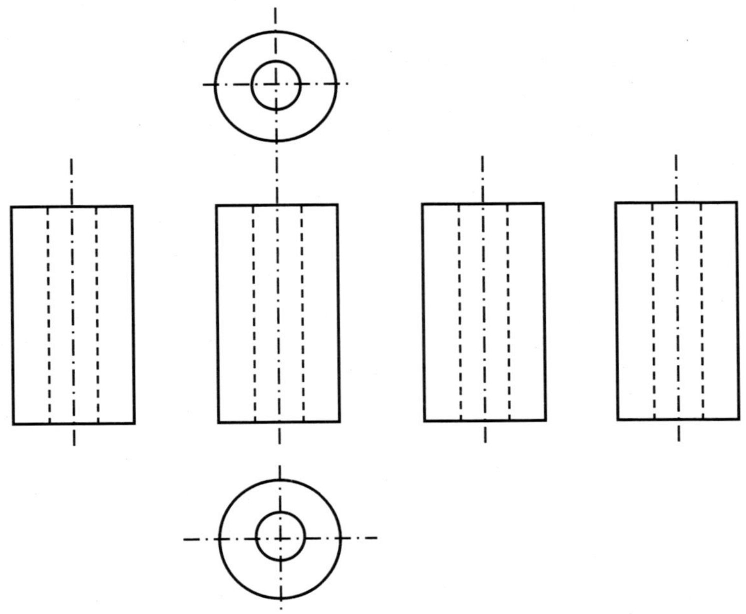

B) As seis vistas da Pirâmide oblíqua de base triangular

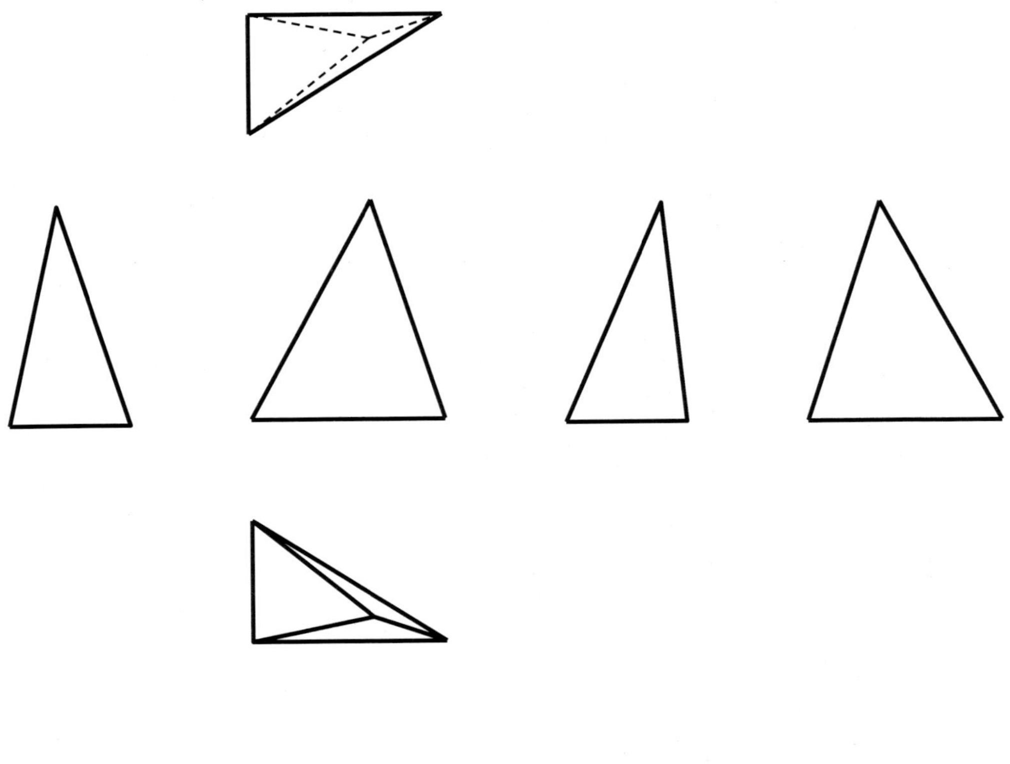

Exercícios complementares resolvidos

B.1) Dados os pontos: A(+3; +4; +3), B(+6; -5; +4), pedem-se: a) As épuras do segmento de reta AB. b) A épura do segmento AB, com a indicação dos traços horizontal e vertical, se houverem e c) As coordenadas cartesianas dos traços. Observa-se que: a visão espacial facilita muito a compreensão do problema.

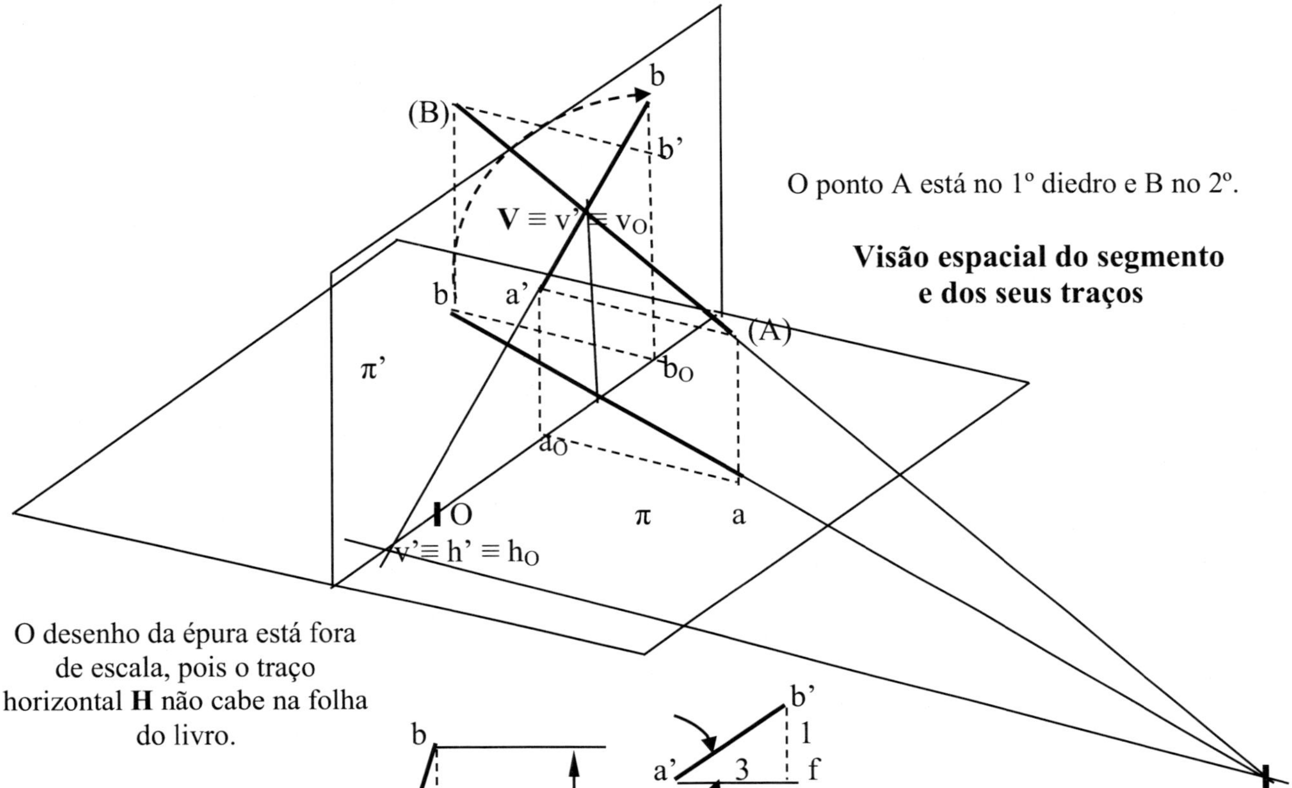

O ponto A está no 1º diedro e B no 2º.

Visão espacial do segmento e dos seus traços

O desenho da épura está fora de escala, pois o traço horizontal **H** não cabe na folha do livro.

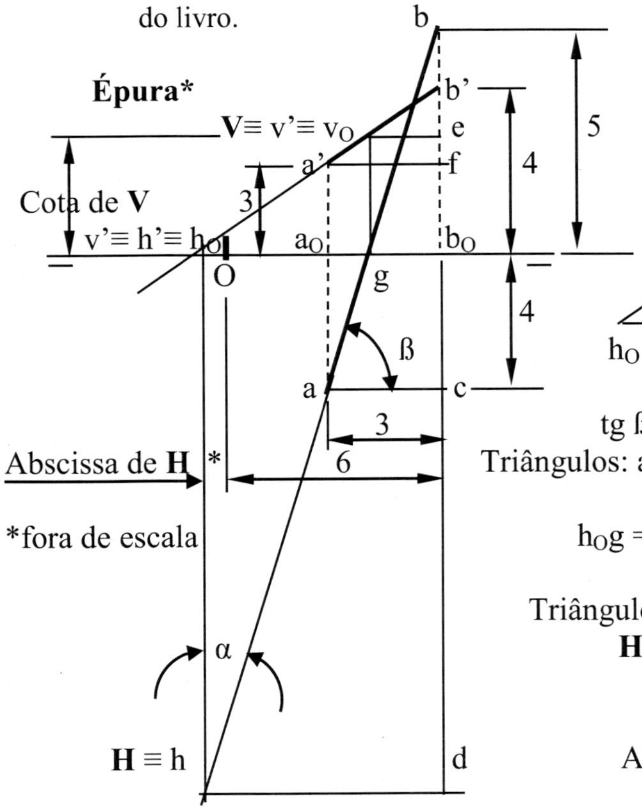

$\text{tg}\ \alpha = 1/3 = 0{,}333.$

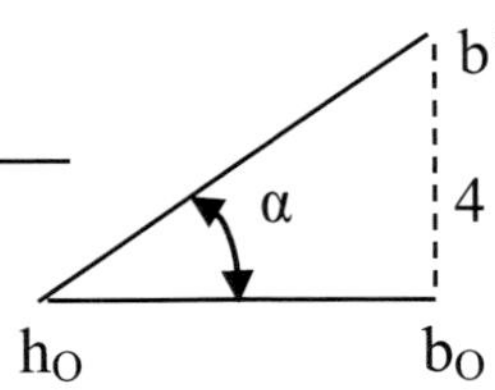

$\text{tg}\ \alpha = 4/\ h_O b_O \Rightarrow$

$h_O b_O = 4/0{,}333 = 12 = $ **Hd***.

Abscissa de H* = - (12 - 6) = -6.

$\text{tg}\ ß = bc/ac = 9/3 = 3.$

Triângulos: abc e gbb_O: $\dfrac{ac}{bc} = \dfrac{gb_O}{bb_O} \Rightarrow gb_O = \dfrac{5 \times 3}{9} = 1{,}667.$

$h_O g = h_O b_O - gb_O \Rightarrow h_O g = 12 - 1{,}667 = 10{,}333$

Triângulo $\mathbf{H}gh_O$: $\text{tg}\ \alpha = gh_O/\mathbf{H}h_O \Rightarrow \mathbf{H}h_O = gh_O/\text{tg}\ \alpha \Rightarrow$
$\mathbf{H}h_O = 10{,}333/0{,}333 \Rightarrow \mathbf{H}h_O = 31{,}03.$

Afastamento de H = +31,03.

Abscissa de **V** = Og = 6 - gb_O = 6 - 1,667 =>
Abscissa de V = +4,333.

Triângulo $h_O g\mathbf{V}$: $\text{tg}\ \alpha = gv_O/h_O g \Rightarrow gv_O = 0{,}333 \times 10{,}333 = 3{,}441.$ **Cota de V = +3,441.**

c) Coordenadas cartesianas dos traços: H(-6; +31,03: 0) e V(+4,333; 0; +3,441).

B.2) Dados os pontos A(-3,5; +1; -1) e B(-1,7; +3,5; -5) pedem-se: a) Desenhar a épura, sem considerar o plano de perfil π'', mostrando os traços horizontal **H** e vertical **V**, caso existam. b) Determinar as coordenadas cartesianas dos traços, indicando os diedros onde ocorrem.

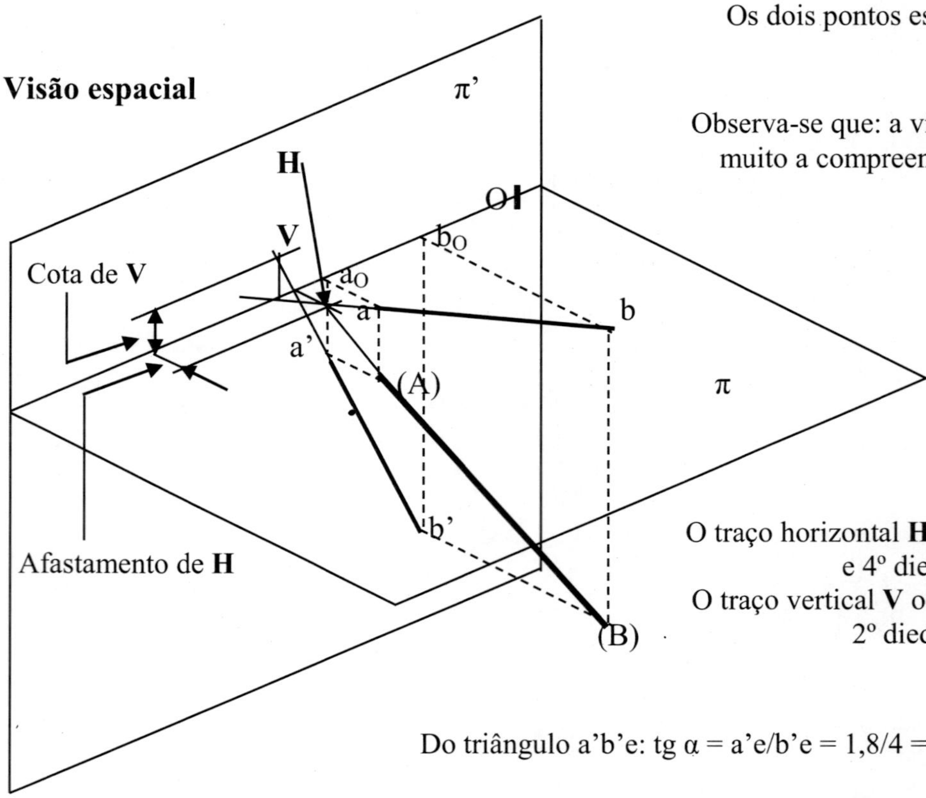

Os dois pontos estão no 4º diedro.

Observa-se que: a visão espacial facilita muito a compreensão do problema.

O traço horizontal **H** ocorre entre os 1º e 4º diedros.
O traço vertical **V** ocorre entre os 1º e 2º diedros.

Do triângulo a'b'e: tg α = a'e/b'e = 1,8/4 => tg α = 0,45.

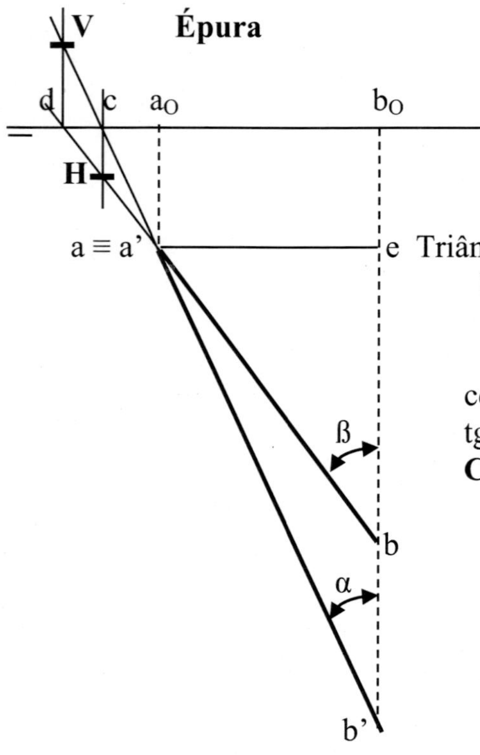

Da semelhança dos triângulos $b'b_Oa_O$ e b'ea' tem-se:

$$\frac{b_Oc}{ea'} = \frac{b_Ob'}{eb'} \Rightarrow b_Oc = \frac{ea' \times b_Ob'}{eb'} = \frac{1{,}8 \times 5}{4} = 2{,}25.$$

Abscissa de **H** = |Abscissa de B| + $|b_Oc|$ =
= 1,7 + 2,25 => **Abscissa de H = -3,95**.

Triângulo bea: tg ß = ae/be = 1,8/2,5 => tg ß = 0,72.
Triângulo bb_Od: tg ß = b_Od/b_Ob => $b_Od = b_Ob$ x tg ß = 3,5 x 0,72 =>
b_Od = 2,52. |Abscissa de V| = b_Od + |Abscissa de B| =
= 2,52 + 1,7 => **Abscissa de V = -4,22**.

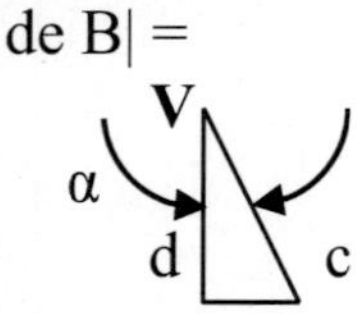

cd = $b_Od - b_Oc$ = 2,52 - 2,25 => cd = 0,27.
tg α = cd/**V**d => **V**d = cd/ tg α = 0,27/0,45 = 0,6.
Cota de V = +0,6.

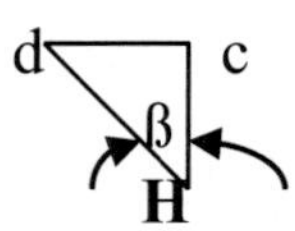

tg ß = cd/c**H** => c**H** = cd/ tg ß = 0,27/0,72 =
= 0,375 => **Afastamento de H = +0,375**.

b) Coordenadas cartesianas dos traços: H(-3,95; +0,375; 0) e V(-4,22; 0; +0,6).

B.3) Dados os pontos A(-3,5; +3,5; -5) e B(-1,7; +1; -1) pedem-se: a) Desenhar a épura, sem considerar o plano de perfil π'', mostrando os traços horizontal **H** e vertical **V**, caso existam. b) Determinar as coordenadas cartesianas dos traços, especificando os diedros onde ocorrem. Observa-se que: a visão espacial facilita muito a compreensão do problema.

Os dois pontos estão no 4º diedro.

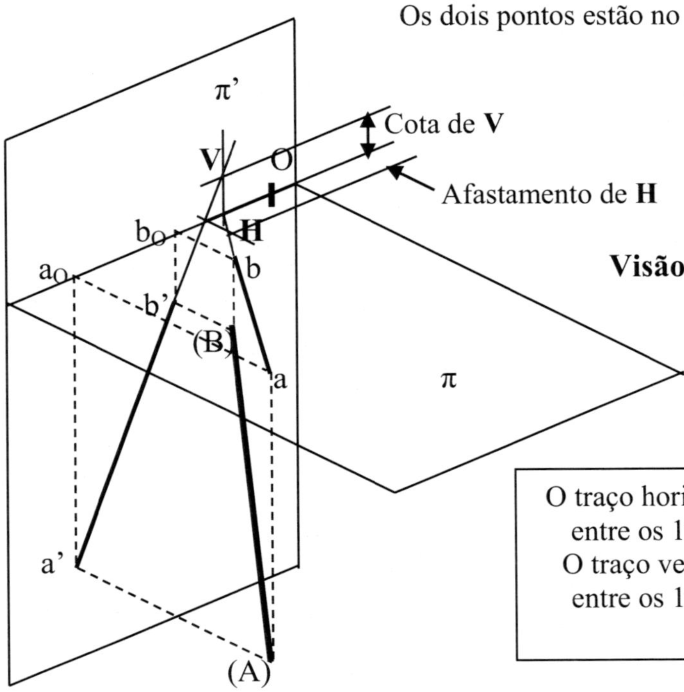

Visão espacial

O traço horizontal **H** ocorre entre os 1º e 4º diedros.
O traço vertical **V** ocorre entre os 1º e 2º diedros.

Épura

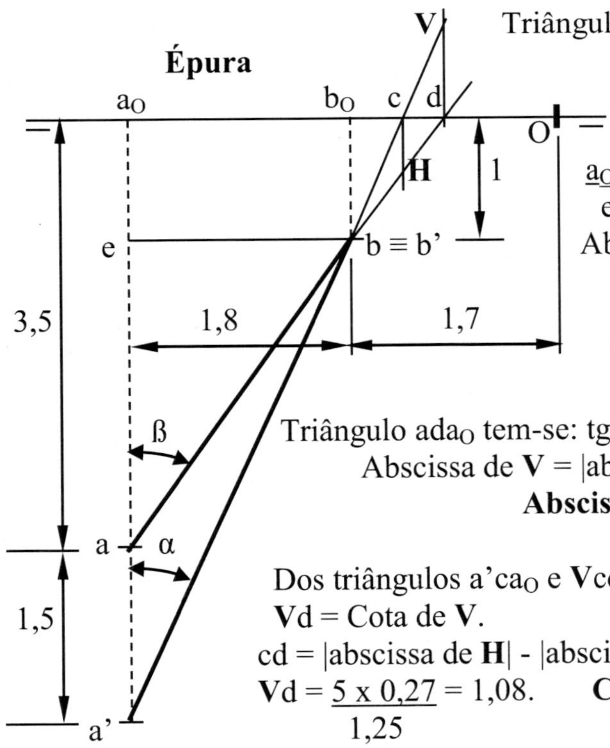

Triângulo a'be: tg α = be/a'e => tg α = 1,8/4 => tg α = 0,45.

Da semelhança dos triângulos a'c a_O e a'be tem-se:

$\frac{a_Oc}{eb} = \frac{a_Oa'}{ea'} \Rightarrow a_Oc = \frac{eb \times a_Oa'}{ea'} \Rightarrow a_Oc = \frac{1,8 \times 5}{4} = 2,25.$

Abscissa de **H** = |abscissa de A| - $|a_Oc|$ = 3,5 - 2,25 =>

Abscissa de H = -1,25.

Triângulo ada$_O$: tg ß = eb/ea' => tg ß = 1,8/2,5 => tg ß = 0,72.

Triângulo ada$_O$ tem-se: tg ß = da_O/aa_O => $da_O = aa_O$ x tg ß = 3,5 x 0,72 = 2,52.

Abscissa de **V** = |abscissa de A| - da_O = 3,5 - 2,52 = 0,98.

Abscissa de V = -0,98.

Dos triângulos a'ca$_O$ e **V**cd tem-se: $\frac{a_Oa'}{\mathbf{V}d} = \frac{a_Oc}{cd} \Rightarrow \mathbf{V}d = \frac{a_Oa' \times cd}{a_Oc}.$

Vd = Cota de **V**.

cd = |abscissa de **H**| - |abscissa de **V**| = 1,25 - 0,98 => cd = 0,27.

Vd = $\frac{5 \times 0,27}{1,25}$ = 1,08. **Cota de V = +1,08**.

c**H** = afastamento de **H**.

Dos triângulos ada$_O$ e cd**H** tem-se: $\frac{da_O}{cd} = \frac{a_Oa'}{c\mathbf{H}} \Rightarrow c\mathbf{H} = \frac{a_Oa' \times cd}{da_O} = \frac{5 \times 0,27}{2,52} \Rightarrow c\mathbf{H} = 0,536.$

Afastamento de H = +0,536.

b) Coordenadas cartesianas dos traços: H(-1,25; +0,536; 0) e V(-0,98; 0; +1,08).

B.4) Desenhar a planificação do poliedro irregular a seguir:

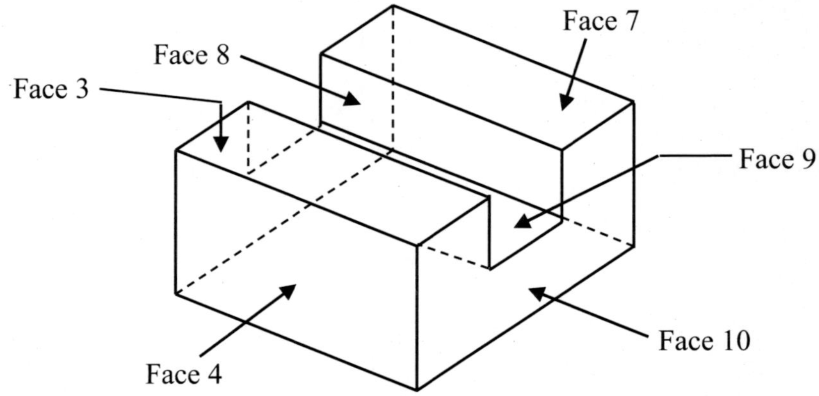

Observa-se que são 10 planos

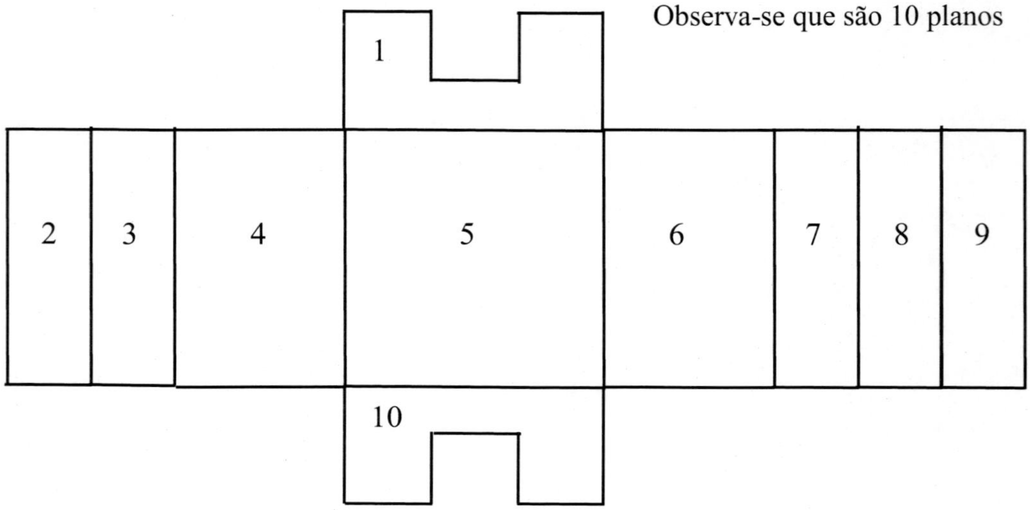

B.5) Considerando as três projeções a seguir, desenhar a visão espacial do poliedro originário em perspectiva isométrica, indicando a face frontal.

Observa-se que as projeções estão no 3º diedro.

Projeções

Face superior

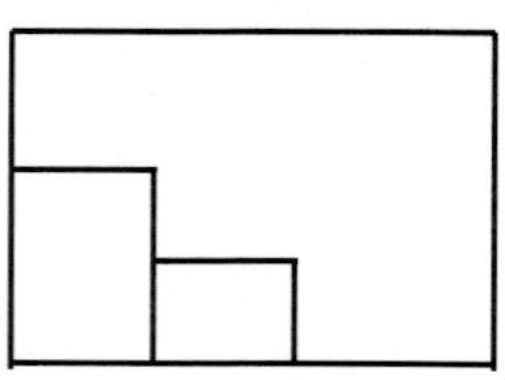

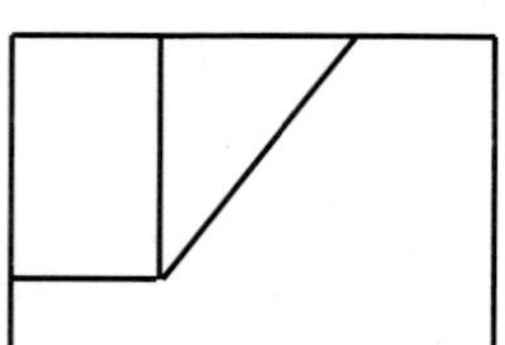

Face frontal

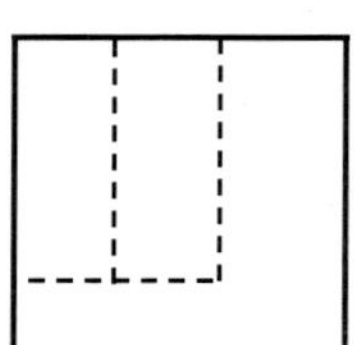

Face lateral direita

Visão espacial

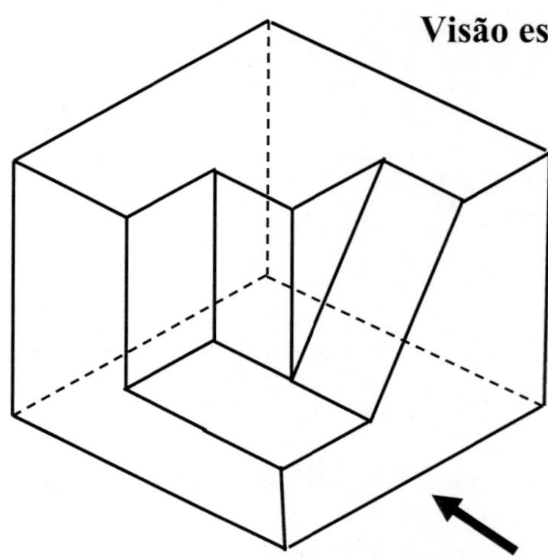

Face frontal

B.6) Considerando a visão espacial do poliedro a seguir e a face frontal marcada, representar as seis vistas ortográficas, considerando o 3º diedro, citando quais são as faces de cima e de trás.

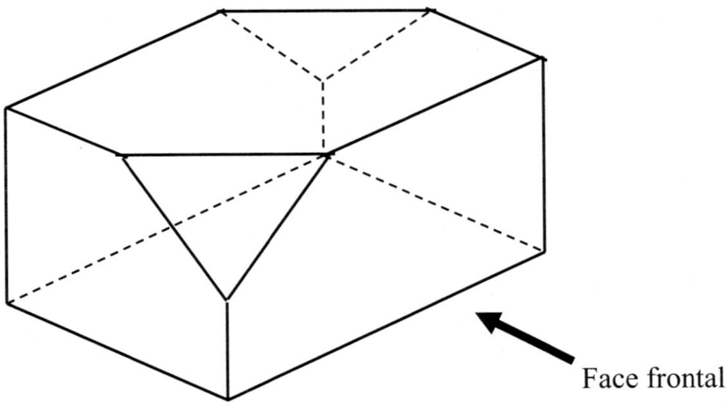

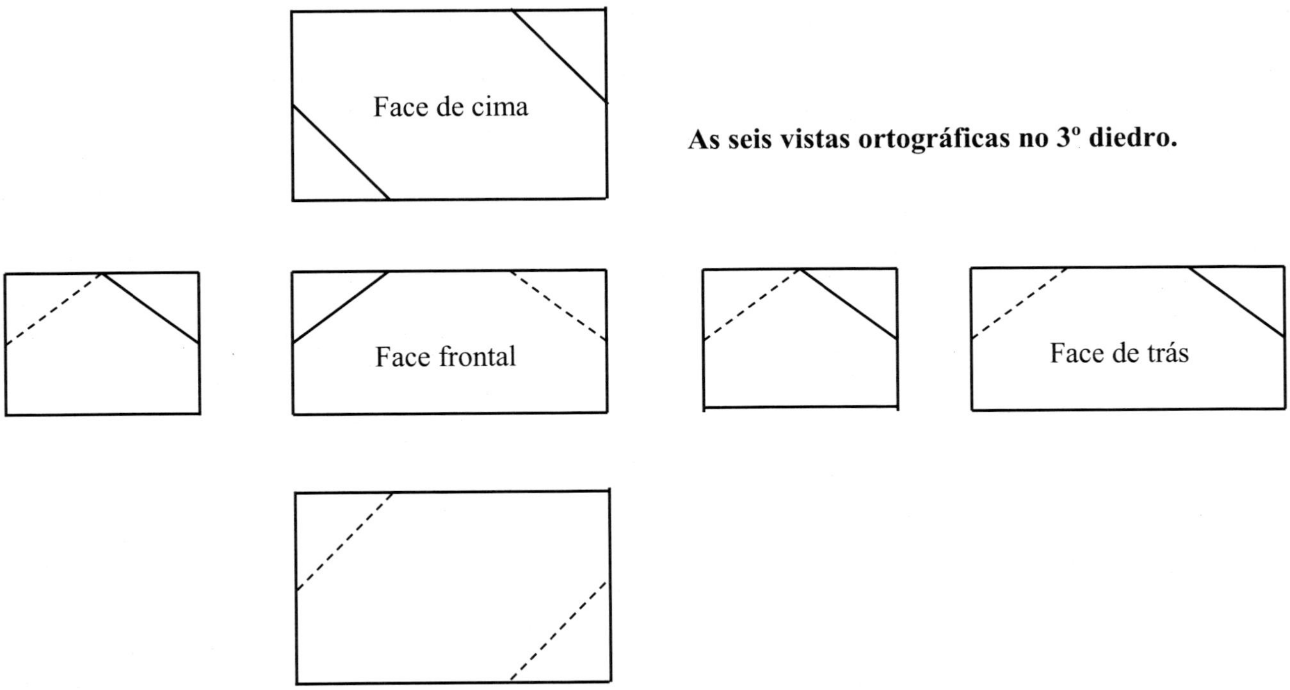

As seis vistas ortográficas no 3º diedro.

B.7) Desenhar a planificação do poliedro irregular a seguir. Na planificação mostrar as medidas A, B e C.

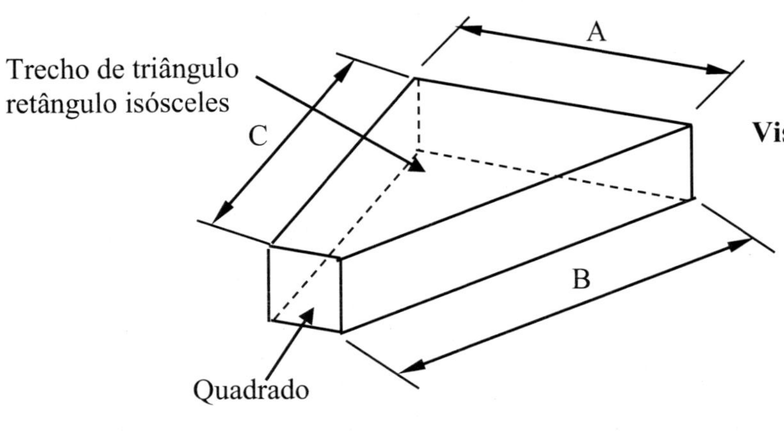

Visão espacial

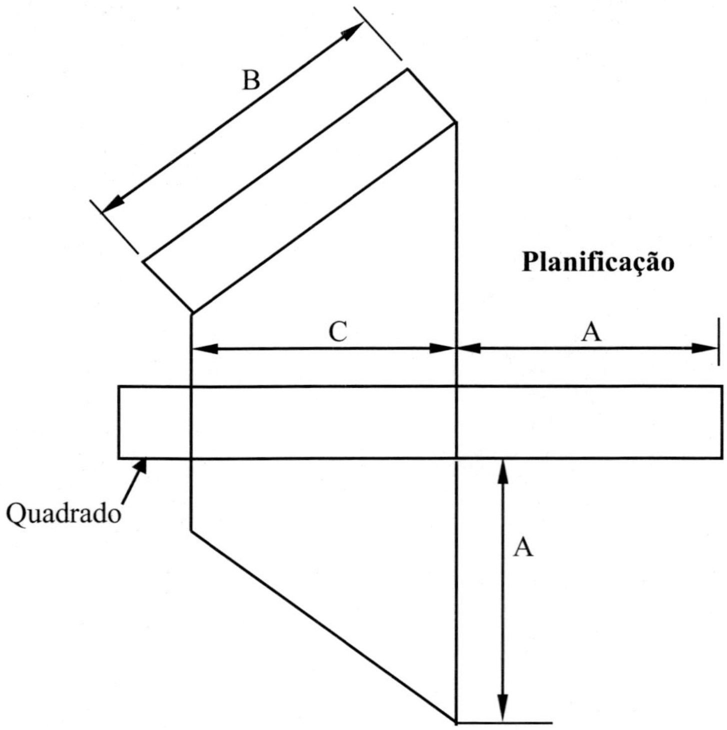

B.8) Desenhar as três projeções: de frente, de cima e de perfil, do objeto a seguir, considerando o 3º diedro e a face frontal citada.

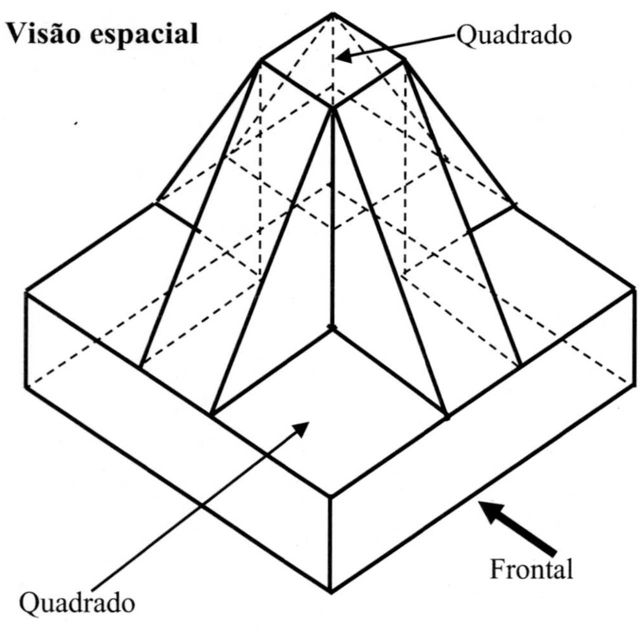

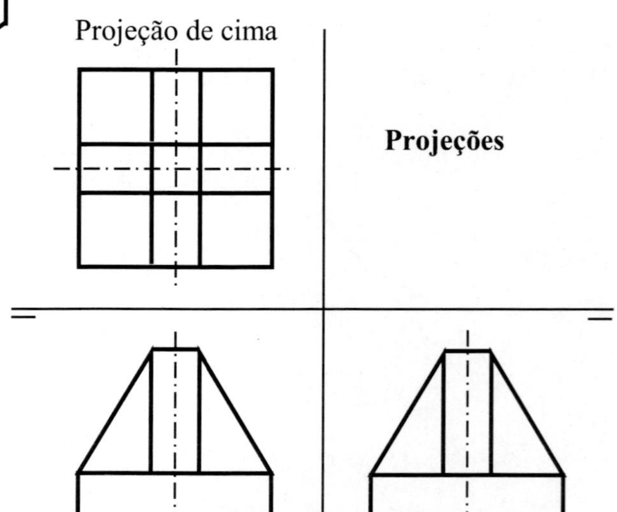

B.9) Dadas as duas projeções, a seguir, do tronco de um prisma reto de base hexagonal, desenhar a 3ª projeção.

Raciocínio espacial: devido posição das projeções, constata-se que estão no 3º diedro.

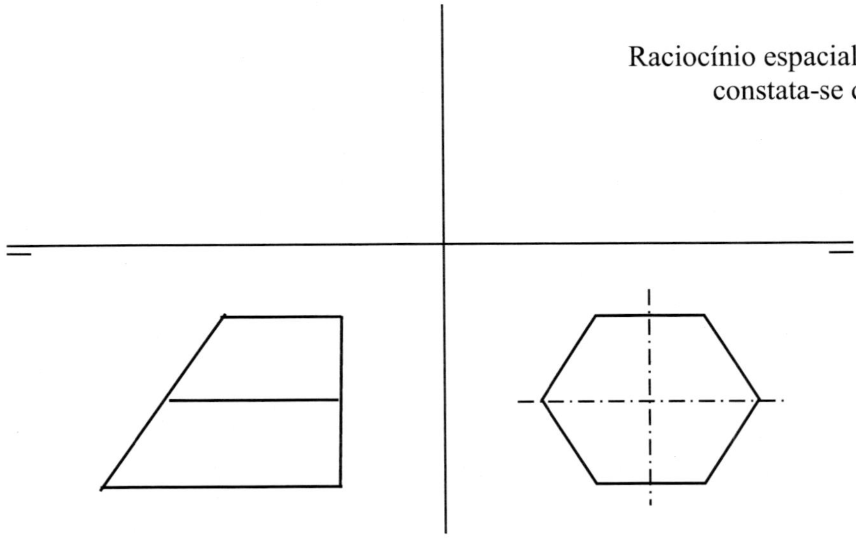

Projeção em π ou de cima

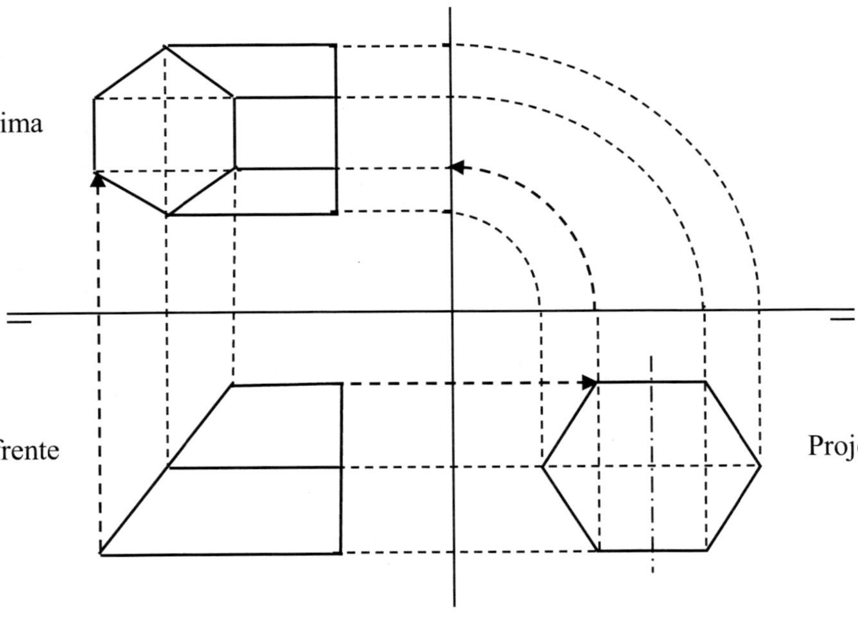

Projeção em π' ou de frente

Projeção de perfil

B.10) Considerando o poliedro a seguir e a face frontal marcada, representar as seis vistas ortográficas, considerando o 3º diedro, indicando o nome e posição de cada vista.

Visão espacial

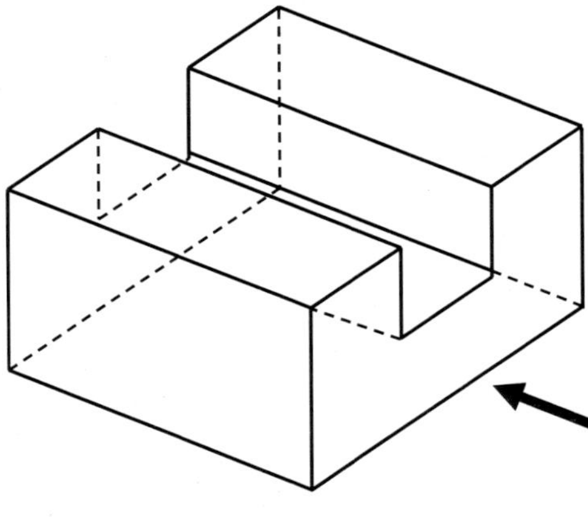

Face frontal

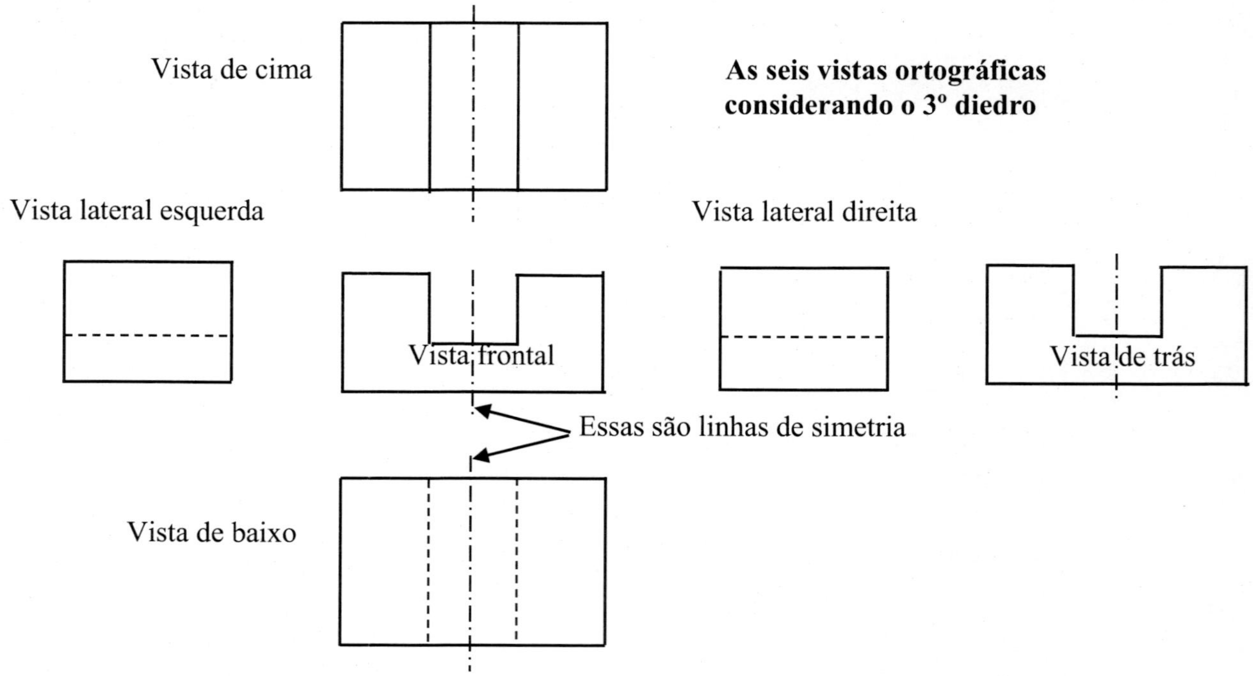

As seis vistas ortográficas considerando o 3º diedro

B.11) Considerando a visão espacial do dado a seguir, e que: a) o número seis está em um plano oposto ao número 1; b) o número quatro está em um plano oposto ao número três e c) o número cinco está em um plano oposto ao número dois, fazer a planificação do dado considerando o 3º diedro, mostrando os números em cada plano, conforme definido.

Visão espacial

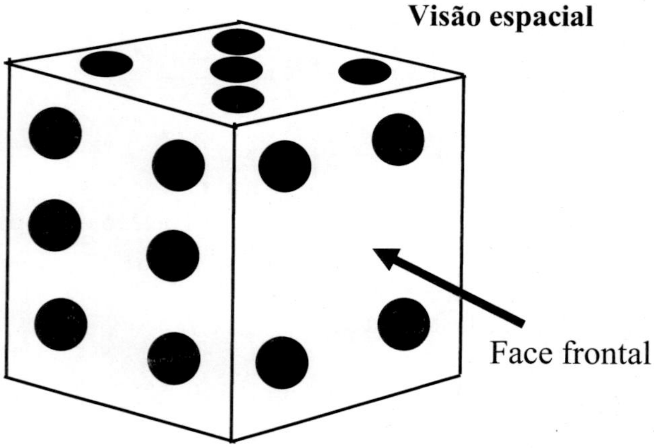

Raciocínio lógico espacial, para a planificação do cubo no 3º diedro.

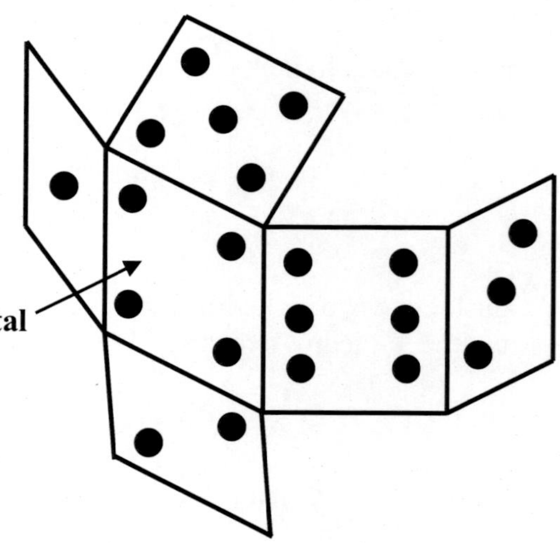

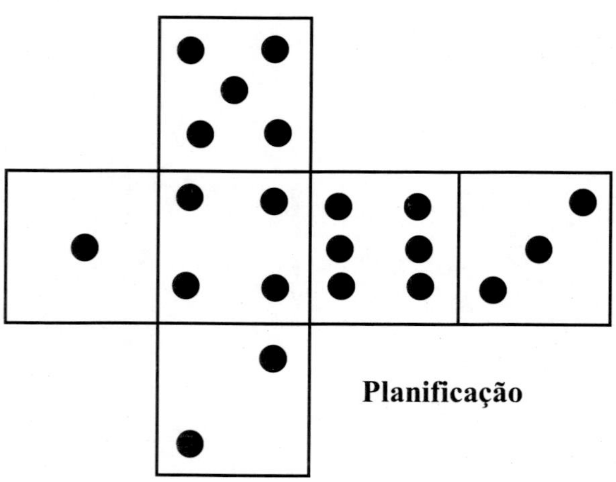

Planificação

Apêndice C

Exemplos de desenhos técnicos projetivos, baseados nas projeções cilíndricas ortogonais, como aplicações da geometria descritiva. Exemplos de desenhos técnicos não projetivos

Tudo que precisa ser construído, fabricado e montado, por exemplo, construções civis, peças mecânicas e veículos, têm que ter seus desenhos técnicos projetivos, para permitir a construção ou fabricação ou montagem. Construções civis são feitas no local definitivo. Peças mecânicas são produzidas em fábricas ou oficinas e, posteriormente, podem ser montadas com outras, gerando, por exemplo, um liquidificador. Um navio, uma aeronave e um automóvel, são exemplos de produtos compostos por centenas e milhares de peças, fabricadas uma a uma e depois montadas. Existe uma infinidade de tipos de desenhos técnicos projetivos e, nesse Apêndice, são mostrados alguns, que têm a geometria descritiva, ou melhor, nas projeções cilíndricas ortogonais, suas bases conceituais. Observa-se que os desenhos técnicos projetivos, são feitos em escala, onde aparecem as dimensões ou cotas, que permitem a construção ou fabricação.

C.1 Desenhos do projeto de um vidro de perfume e sua embalagem

Esses desenhos são o resultado de pesquisa e projeto, normalmente conduzido por um profissional da área de Desenho Industrial ou *Design*.

Desenho do frasco de perfume

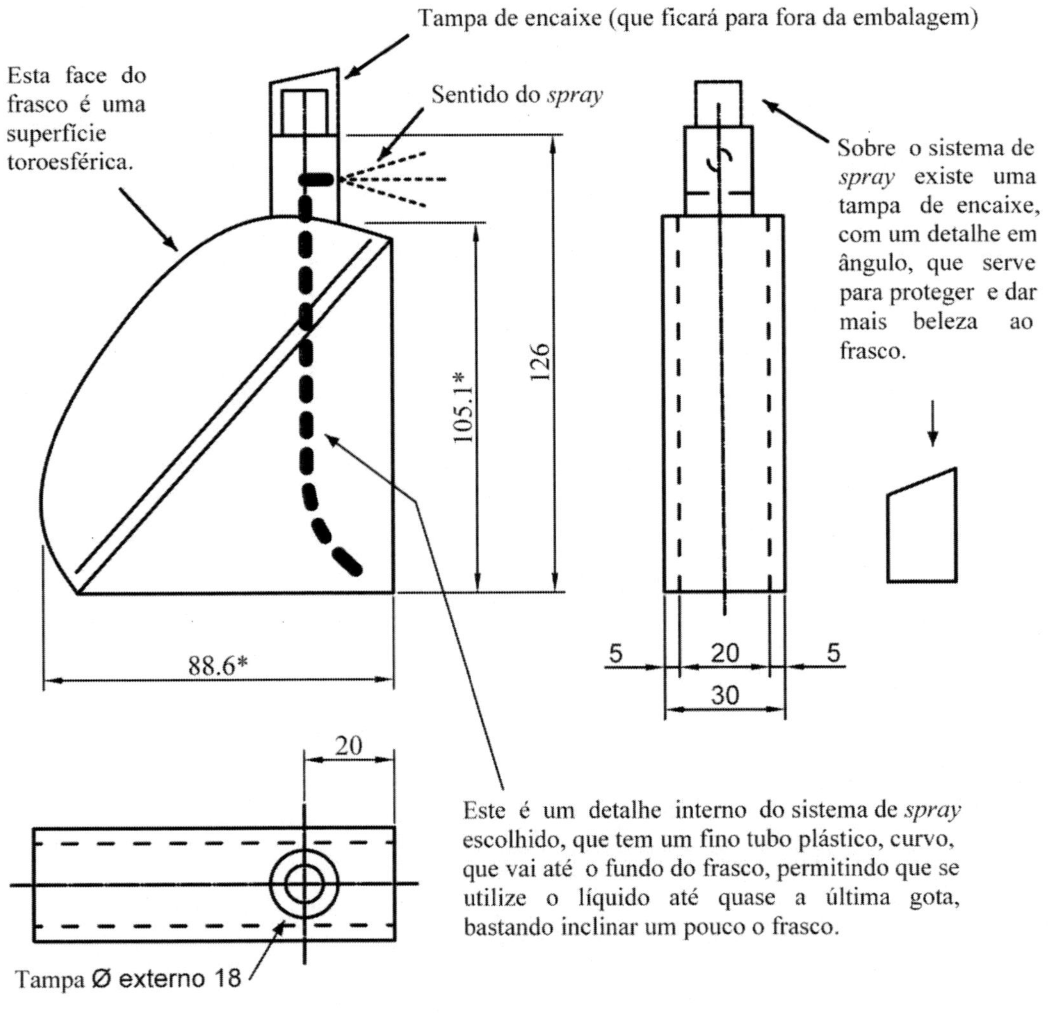

A seguir são mostrados os desenhos técnicos projetivos da embalagem do frasco.

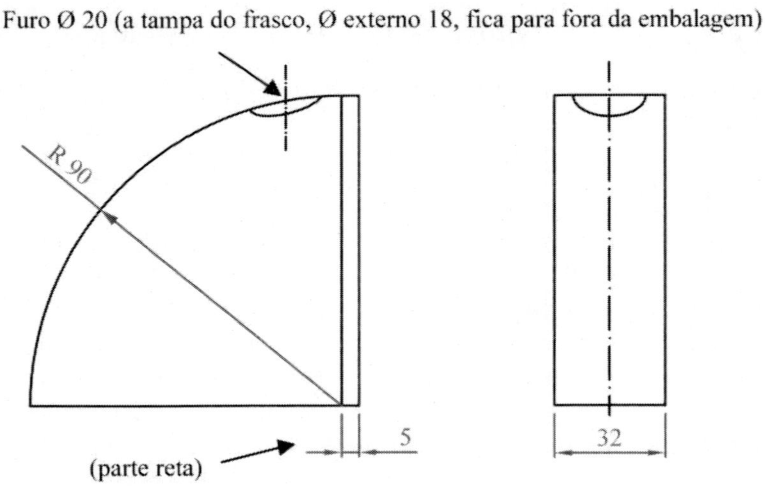

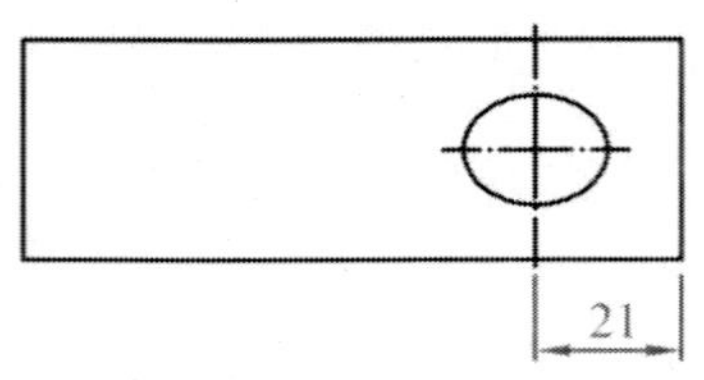

Observação: todas estas dimensões, calculadas no projeto conceitual, podem sofrer pequenas alterações, devido projeto final do frasco e da embalagem, que serão desenvolvidos por firmas especializadas.

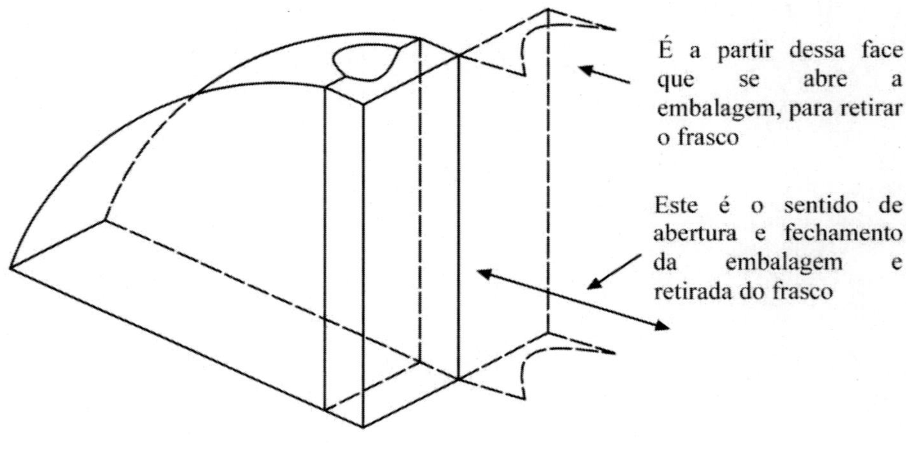

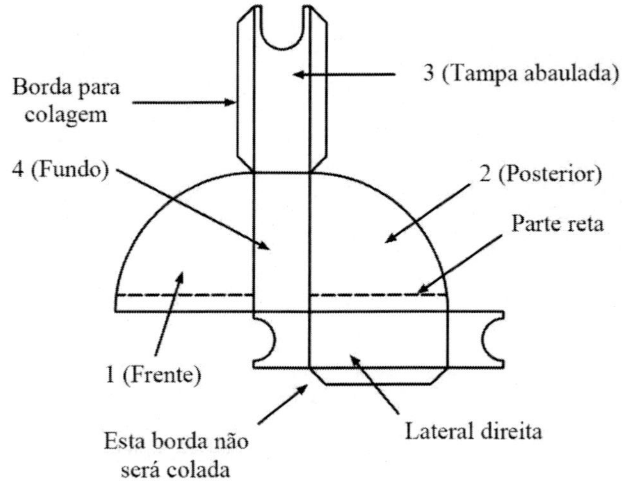

Planificação da embalagem

C.2 Desenhos técnicos, em perspectiva, de uma panela de pressão

Os desenhos a seguir representam, tanto a concepção, quanto as dimensões gerais de um tipo de panela de pressão, com fechamento interno, fabricada em uma liga de alumínio.

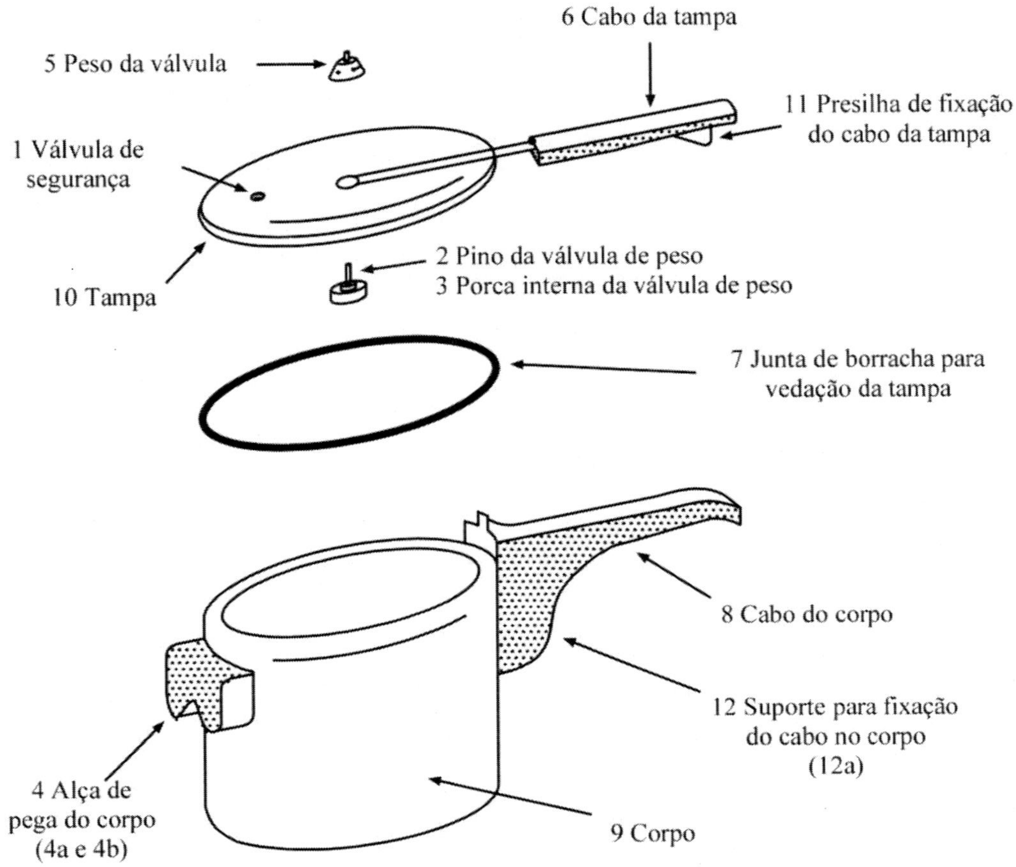

Componentes da panela de pressão

1 – Válvula de segurança.
2 – Pino da válvula de peso.
3 – Porca interna da válvula de peso (normalmente é integral ao pino central roscado).
4 – Alça de pega do corpo.
4a – Dois rebites horizontais (para fixação da alça 4).
4b – Suporte para fixação da alça de pega no corpo.
5 – Peso da válvula.
6 – Cabo da tampa (incluindo a pega de plástico).
7 – Junta de borracha para vedação da tampa.
8 – Cabo do corpo.
9 – Corpo.
10 – Tampa.
11 – Presilha de fixação do cabo da tampa.
12 – Suporte para fixação do cabo no corpo.
12a – Dois rebites verticais (para fixação do suporte 12).

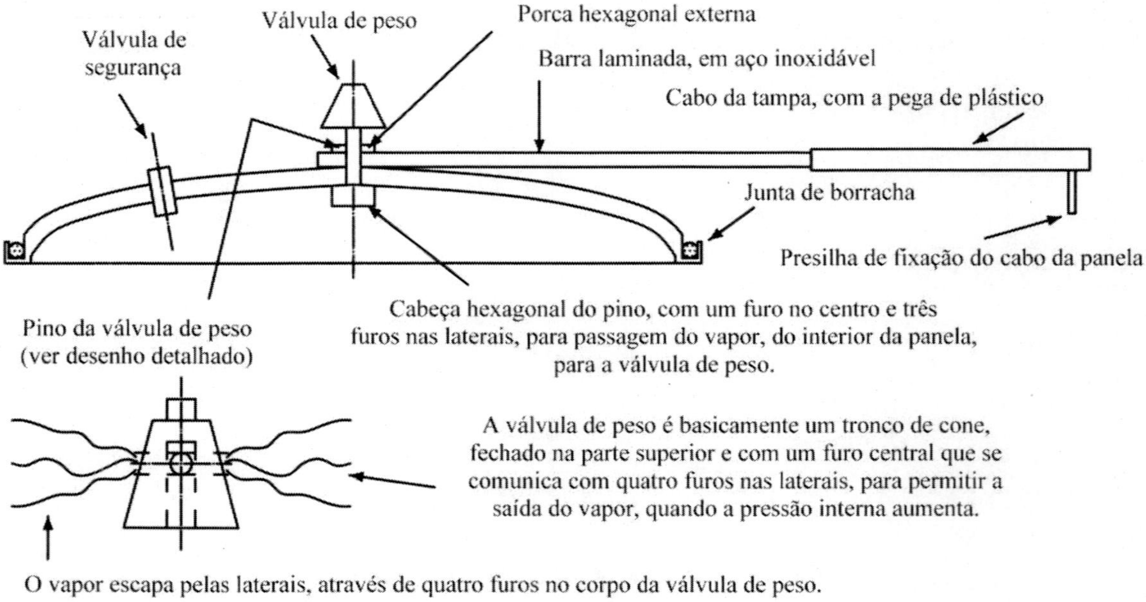

Detalhes da tampa com a válvula de peso e do pino da válvula

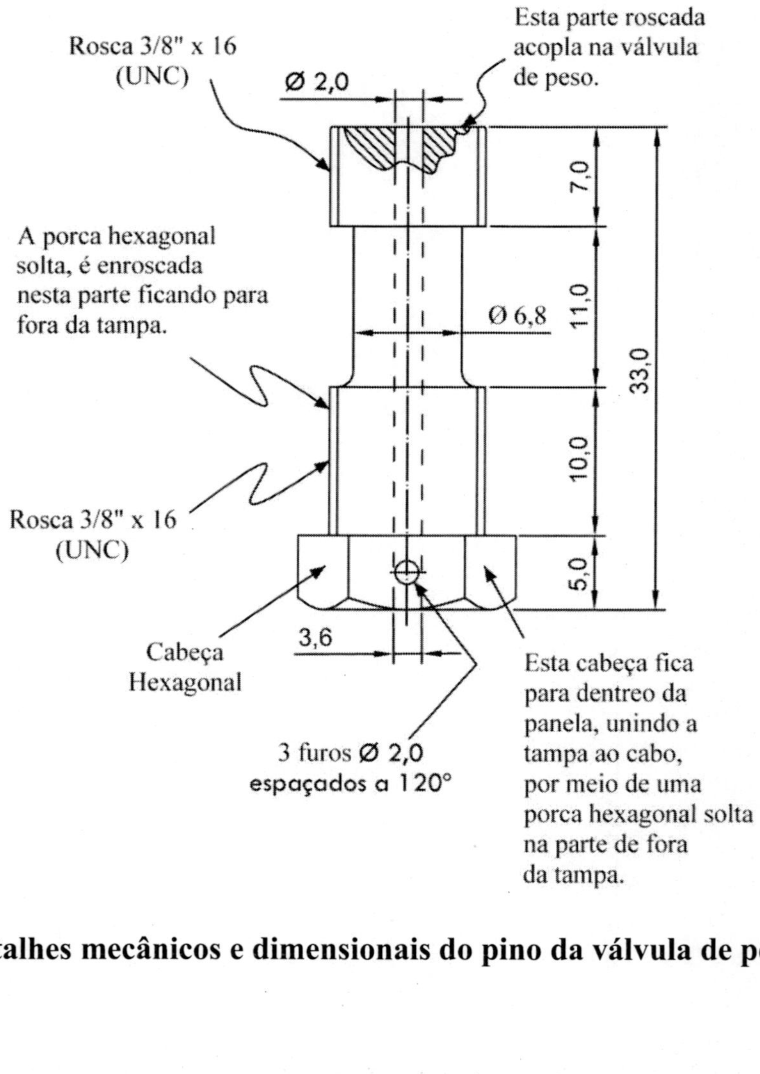

Detalhes mecânicos e dimensionais do pino da válvula de peso

FOLHA DE PROCESSO DE FABRICAÇÃO		Nº: FPF - 001
NOME DA PEÇA: Pino da Válvula de peso		PEÇA Nº: 001
MATERIAL: Al ASTM 1050 extrudado	Peso bruto: / Kg	Peso Acabado: / Kg
DIMENSÃO: 1/2" X 33,0	Emitido por: JARMG	Data: 11/10/2019

OPERAÇÃO Nº	DESCRIÇÃO	FERRAMENTA Nº	MÁQUINA
1	TORNEAMENTO	/	Torno 1
Sub. Op. A	Facear Lado A	PTBN2525M16	//
Sub. Op. B	Tornear Ø 3/8"	//	//
Sub. Op. C	Tornear Ø 6.8 mm	//	//
Sub. Op. D	Usinagem da rosca Ø 3/8" - 16	CER 1212 N 16 Q	//
Sub. Op. E	Furar Ø 2,0 mm	Broca HSS Ø 2,0	//
Sub. Op. F	Cortar no comprimento 33,0 mm	CER 1212 M 10 D	//
2	FURAÇÃO	/	Furadeira 1
Sub. Op. G	Furar Ø 2 x 120° - Gabarito F01	Broca HSS Ø 2	

Localização das operações:

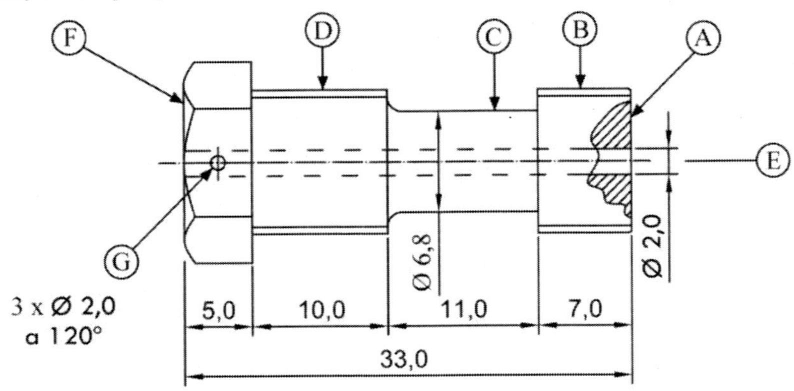

Folha do processo de fabricação do pino da válvula de peso

Perspectiva isométrica e vistas ortográficas de uma peça mecânica

Imagem tridimensional, em perspectiva isométrica

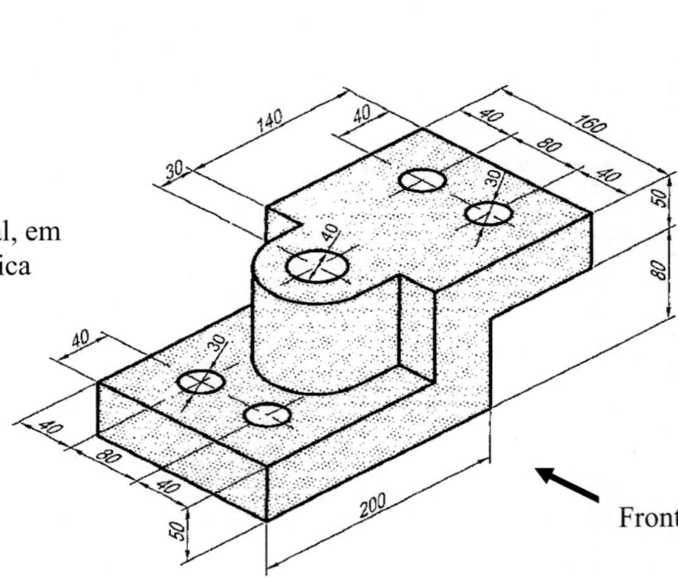

Frontal

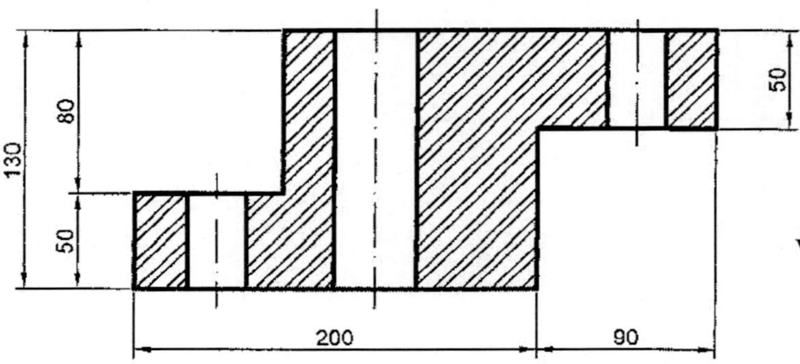

Vista de frente em corte total em desvio

A - A

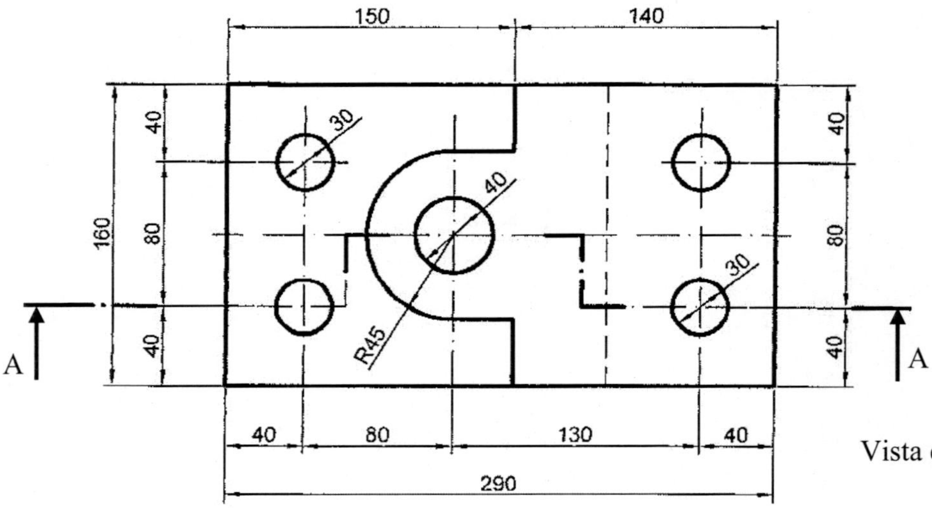

Vista em planta

C.3 Exemplos de desenhos técnicos não projetivos

Além dos projetivos, frequentemente, em especial engenheiros e desenhistas industriais, usam desenhos técnicos projetivos, que não contém vistas ortográficas, mas sim figuras geométricas. Observa-se que, as vistas ortográficas são um conjunto de figuras geométricas. A seguir são mostrados alguns exemplos.

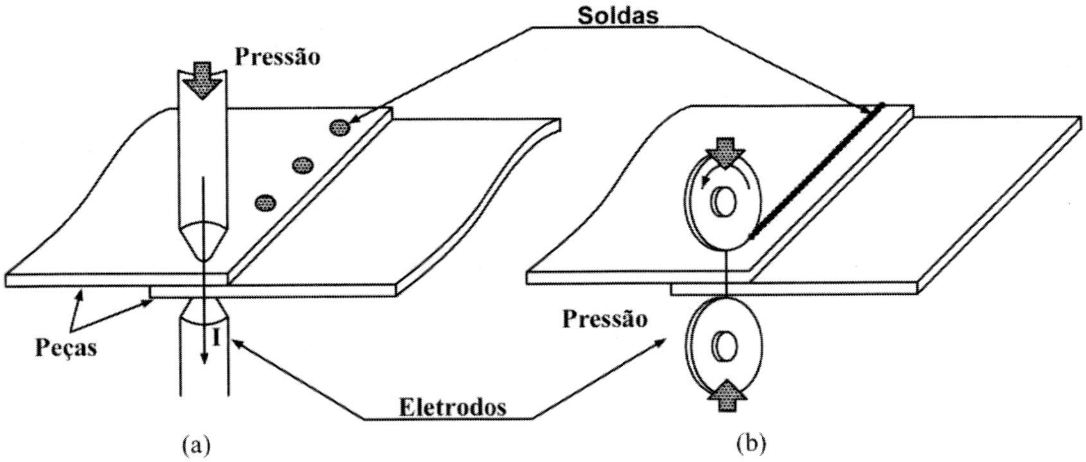

Visão macro da soldagem por resistência elétrica: (a) por pontos e (b) contínua

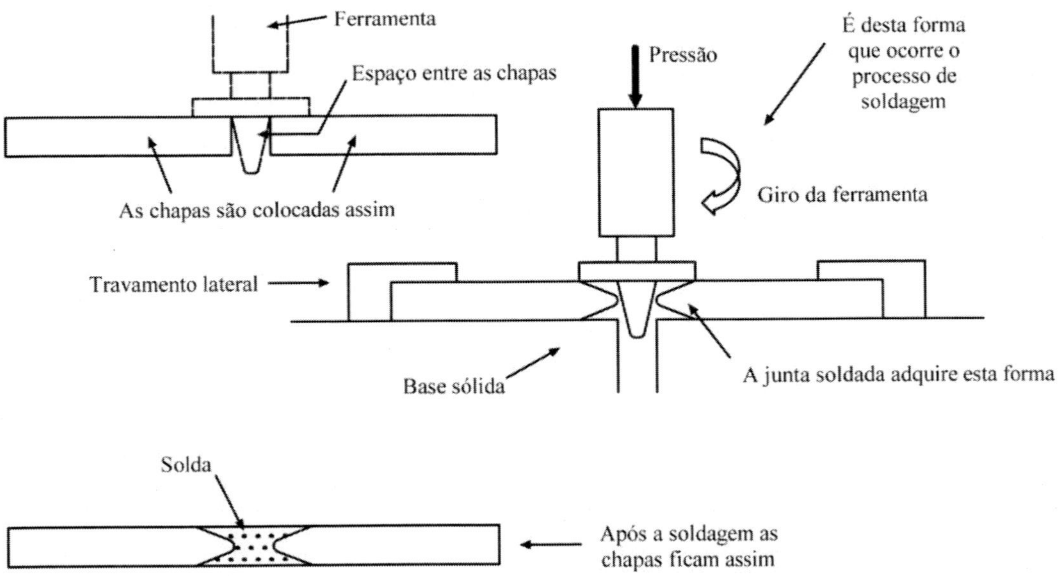

Detalhes da soldagem tipo fricção-mistura

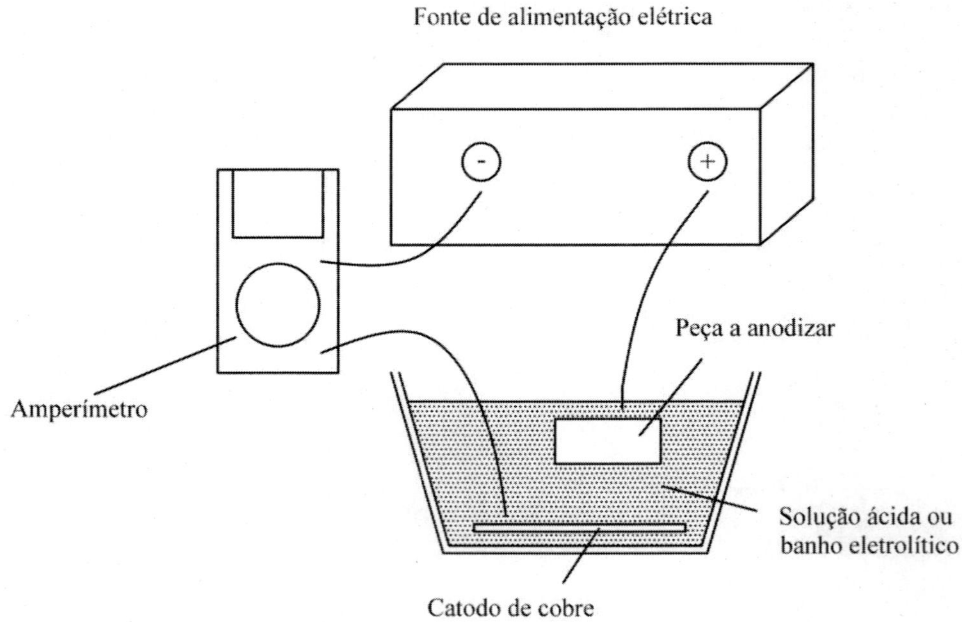

Princípio de funcionamento de um processo de anodização

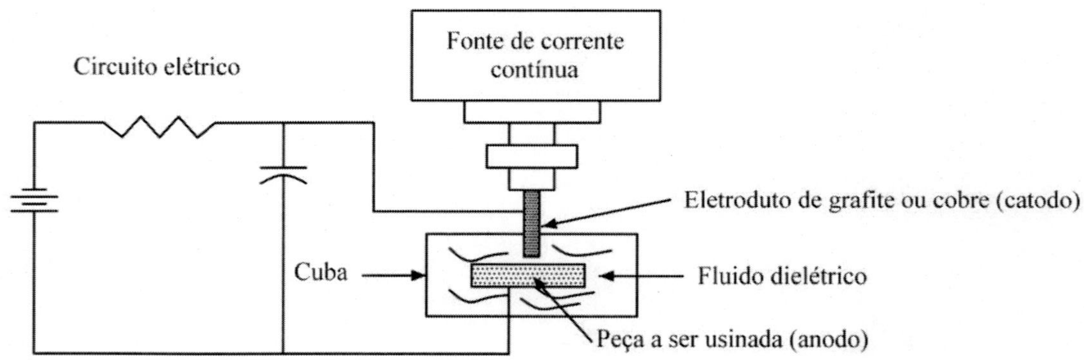

Esquema da usinagem por eletroerosão (*electrical discharge machining*)

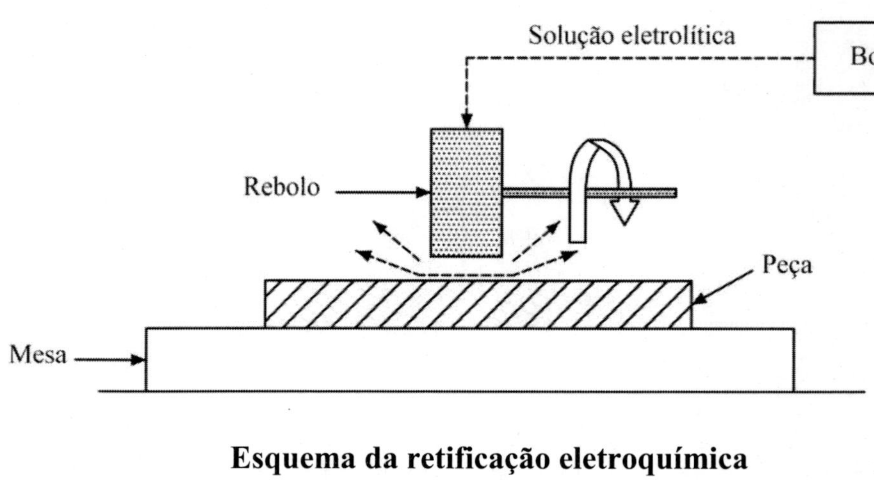

Esquema da retificação eletroquímica

Exemplo de um fluxograma de processo industrial

É a partir de um fluxograma de processo que se inicia o projeto, por exemplo, de uma fábrica de resinas plásticas, como o polipropileno. O fluxograma de processo representa uma tecnologia específica, para a produção de determinada coisa. A partir deste fluxograma são desenvolvidos os mais diversos tipos de documentos e desenhos técnicos, envolvendo praticamente todas as engenharias. Um indústria petroquímica, desde o seu primeiro fluxograma de processo, até a finalização do projeto, envolve a necessidade de serem gerados milhares de desenhos técnicos projetivos, bem como dezenas de não projetivos.

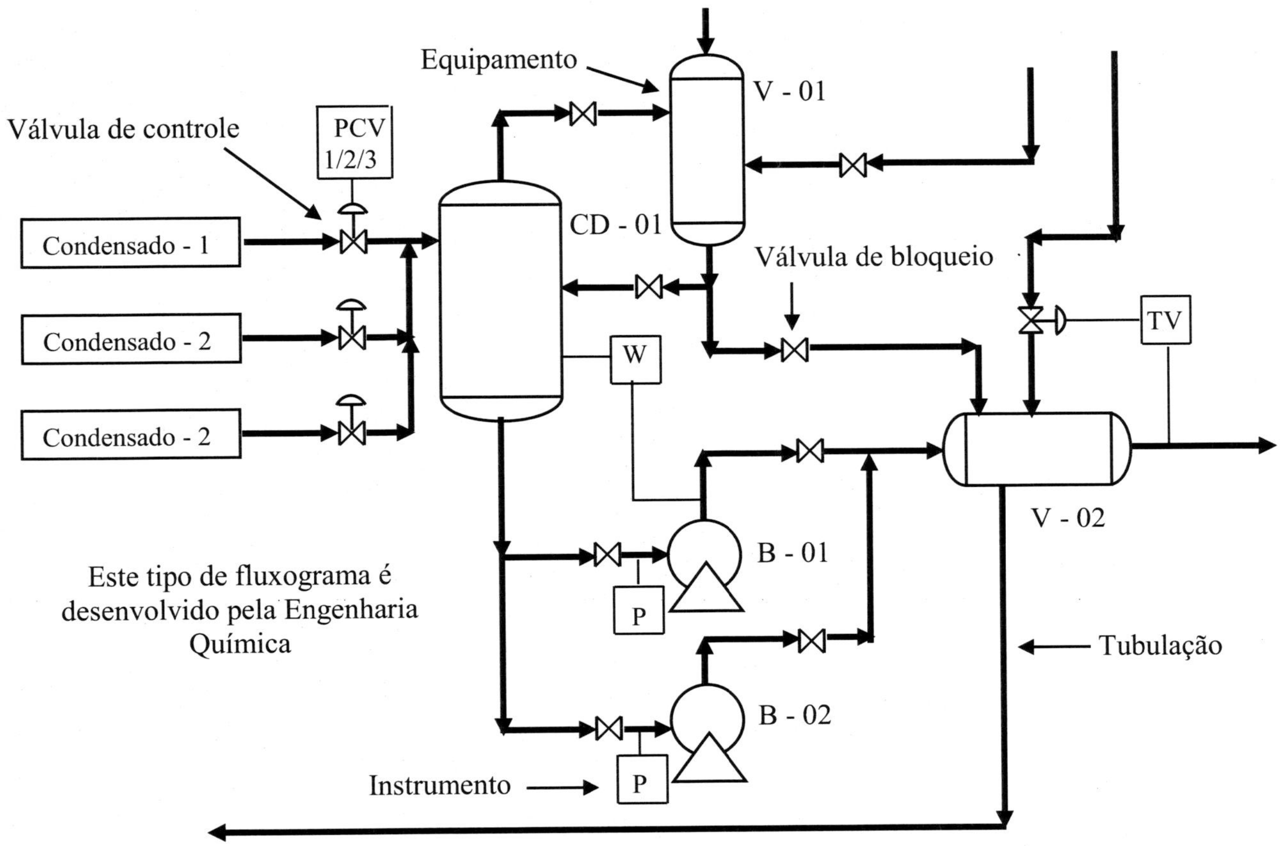

Exemplo de um fluxograma de processo, de uma planta petroquímica

Impressão e acabamento
Gráfica da Editora Ciência Moderna Ltda.
Tel: (21) 2201-6662